科学出版社"十三五"普通高等教育本科规划教材

园林花卉栽培与应用

刘玉艳 张 锐 主编

科学出版社

北 京

内 容 简 介

本书主要介绍各类草本花卉的生产栽培技术，同时介绍花卉的经营管理和室内外应用方式。本书以花卉生产准备、花卉生产栽培、花卉应用为主线，以花卉类别为载体，通过花卉生产工作过程来组织教材内容，并在教学任务后安排相应的技能实训，理实一体；同时力求全面吸收最新理念及现代技术，融合生产实际，最大程度上与花卉商品生产相结合，为学生职业能力培养提供参考。

本书适合园林、园艺、环境艺术等专业的本科生及相关事业单位、企业人员使用。

图书在版编目（CIP）数据

园林花卉栽培与应用 / 刘玉艳，张锐主编. —北京：科学出版社，2016
科学出版社"十三五"普通高等教育本科规划教材
ISBN 978-7-03-048957-9

Ⅰ．①园… Ⅱ．①刘… ②张… Ⅲ．①花卉－观赏园艺－高等学校－教材 Ⅳ．① S68

中国版本图书馆CIP数据核字（2016）第139153号

责任编辑：王玉时 / 责任校对：王晓茜
责任印制：张 伟 / 封面设计：黄华斌

科 学 出 版 社 出版
北京东黄城根北街 16 号
邮政编码：100717
http://www.sciencep.com

北京凌奇印刷有限责任公司 印刷
科学出版社发行 各地新华书店经销

*

2016 年 6 月第 一 版 开本：787×1092 1/16
2023 年 8 月第 八 次印刷 印张：21 1/4
字数：504 000

定价：79.00 元
（如有印装质量问题，我社负责调换）

《园林花卉栽培与应用》编写人员名单

主　编　刘玉艳　（河北科技师范学院）

　　　　张　锐　（河北科技师范学院）

副主编　张凤娥　（上海农林职业技术学院）

　　　　樊慧敏　（河北工程大学）

　　　　张占英　（河北省武安市职教中心）

　　　　张丽娟　（河北旅游职业学院）

参　编（按姓氏笔画排序）

　　　　王　颖　（河北环境工程学院）

　　　　王芳芳　（衡水学院）

　　　　孙振委　（保定职业技术学院）

　　　　李永进　（河北工程大学）

　　　　汪　洋　（河北科技师范学院）

　　　　张国君　（河北科技师范学院）

前　言

　　根据《教育部、财政部关于实施职业院校教师素质提高计划的意见》（教职成［2011］14号），教育部、财政部规划了"职教师资本科专业培养标准、培养方案、核心课程和特色教材开发"项目，河北科技师范学院联合河北工程大学、河北旅游职业学院、北京正和恒基滨水生态环境治理股份有限公司、上海农林职业技术学院、河北省武安市职业技术教育中心等单位承担了园林专业项目的开发任务。其中园林本科专业特色教材是本项目开发成果的一个重要组成部分，共5本，本教材为其中之一。

　　观赏植物是景观和艺术设计中的要素之一，草本花卉是景观中色彩、布置形式、季相变化的主要体现者，是人工植物群落下层的主要成分，是室内装饰的主要花卉种类。正确识别种类繁多的草本花卉，准确地掌握其生态习性、繁殖方法及栽培管理要点，并根据其观赏特点合理应用，是进行园林设计的基础，也是花卉生产的基础。《园林花卉栽培与应用》是以草本花卉为研究对象，通过对园林花卉生产的准备、各类花卉的栽培管理、花卉生产管理与营销、花卉的应用等方面的科学阐述，使读者能够全面掌握草本花卉的基本理论，结合实训掌握基本技能，并能够完成一般的室内外花卉应用设计。

　　本教材的内容组织不同于以往以知识结构为体系的本科教材，而是以工作过程系统化（即花卉商品生产）为主线组织内容，以花卉类别为载体，以任务驱动为线索串联安排教材主要内容，将花卉主要知识融于花卉栽培管理之中。一方面基于园林本科层次，知识体系具有一定的科学性和系统性，同时体现已应用于生产实践的学科前沿成果；另一方面围绕学生"专业实践能力"和"专业问题解决能力"的形成，强调理论与实践一体化。

　　本教材引用二维码技术，在教材中相应的内容处链接了对应的实物照片、PPT、视频等数字化资源，实现了纸质教材与数字化资源的紧密对接，这是在园林、园艺等相关专业教材中的首次运用。

　　中国的花文化源远流长，景观文化的体现中植物是重要的表达要素。本教材在花卉实例中对部分花卉的花文化进行了陈述，意对读者在植物应用中有所启发。

　　本教材供园林、园艺本科生使用，也可以作为环境艺术专业、风景园林专业和其他相关专业的教学参考书。教材共收录草本花卉300余种，重点介绍了67种。建议教学学时为50～90个。教材共分5个项目，编写具体分工为：项目一，项目二中的任务一，任务二的第二部分，项目三的任务一、任务二、任务三、任务四的第三、第四部分由刘玉艳编写；项目三中的任务二、任务三、任务四的第一部分，项目三的任务五，任务六的第三、第四部分，项目五的任务一由张锐编写；项目三的任务一、任务二、任务三、任务四的第二部分由张凤娥编写；项目三中任务一的第一部分由樊慧敏编写；项目五的任务二由张占英编写；项目四由张丽娟编写；项目二中的任务二第一部分由王芳芳编写；项目三中任务六的第一、第二部分由李永进编写；项目三的任务七由孙振委、王颖编写；张国君参与各类花卉繁殖内容的编写；汪洋绘制了部分插图；张锐整理了全部的照片；刘玉艳制作了数字资源中的PPT和视频；全书由刘玉艳统稿、审稿；在校研究生胡展森对全书进行了校对。

感谢在编写过程中给予热情帮助和支持的有关专家，以及为教材出版付出辛勤劳动的科学出版社人员。

由于编者水平有限，不妥之处恳请读者批评指正。

编　者

2016 年 2 月

目　　录

项目一 园林花卉导言

【任务摘要】本项目介绍了花卉、园林花卉的含义；论述花卉在园林中的主要作用及应用特点；简要介绍国内外花卉行业发展历史、现状及趋势。学习重点为掌握花卉的含义及其在园林中的作用、园林应用特点。

【学习目标】充分理解花卉的含义及其在园林中的作用、园林应用特点，了解国内外花卉行业发展趋势，能够利用实地调查法了解当前花卉行业基本情况，了解本课程在园林专业中的作用及地位。

花卉是园林植物中的重要组成部分，是园林绿化中美化、香化的重要材料。花卉不仅能迅速形成芳草如茵、花团锦簇、五彩缤纷的植物景观，给环境带来勃勃生机，产生令人心旷神怡、流连忘返的艺术效果，而且可以起到固土除尘、降温增湿、杀菌抑菌等防护作用。在当今，随着人们物质文化生活水平的提高，花卉已逐步走进千家万户，人们爱花、养花、赏花，用花卉装饰环境，美化生活，进行礼仪活动，发展人际关系，这已成为世界性的时尚。

1.1 园林花卉的含义

1.1.1 花卉的含义 "花"字在商代甲骨文中作"𠌶"（即华），表现了盛开的花形和枝叶葱茂之状。卉，汉代许慎《说文解字》称："卉，草之总名也。"花、卉两字联用，则出现较晚。南北朝时《梁书·何点传》载："园中有卞忠贞冢，点植花卉于冢侧。"这是花、卉二字联用的较早记述。《辞海》中称花卉为"可供观赏的花草"。

花卉的含义有广义和狭义两种。狭义花卉是指有观赏价值的草本植物，如菊花（*Dendranthema morifolium*）、凤仙（*Impatiens balsamina*）、唐菖蒲（*Gladiolus grandvensis*）、芍药（*Paeonia lactiflora*）、香石竹（*Dianthus caryophyllus*）、中国水仙（*Narcissus tazetta* var. *chinensis*）、百合（*Lilium browinii*）等；广义的花卉除草本之外，还包括观赏草类和木本花卉，即观花、观叶、观果、观干和其他所有有观赏价值的植物。

1.1.2 园林花卉的含义 园林花卉是指用于园林和环境绿化、美化的观赏植物，也分为狭义和广义两种。广义的园林花卉（ornamental plants）包括草本花卉和木本花卉的栽培种、品种及野生种。狭义的园林花卉（garden flowers，bedding plants）是指园林花卉中的草本植物。

1.1.3 园林花卉栽培与应用的课程内容及任务 本课程以狭义的园林花卉为主要对象（不包括草坪植物），研究其生长发育的基本理论知识和进行繁育栽培的知识技能，另外利用各种花卉的观赏特性、生物学特性进行室内外应用。

1.2 园林花卉的作用及其应用特点
园林是指在一定的地域运用工程技术和艺术手段，通过改造地形（或进一步筑山、叠石、理水）、种植树木花草、营造建筑和布置园路等途径创作而成的美的自然环境和游憩境域。随着社会的发展和观念的改变，园林植物已成为园林景观的主要因素，用于改善日益严峻的生态环境，尤其是城市生态环境。

园林植物包括园林树木、园林花卉，它们在园林中各有特色，作用各有不同，不可互相替代。从生态学角度看，在城市建设中应以植物群落为单位，把乔木、灌木、草本及藤本植物因地制宜地配植于群落中，才能获得最大的生态效益。从园林景观角度出发，在具体环境中，各类植物的比例不同，形成不同的植物群落外貌，从而创造出丰富的植物景观。

1.2.1 花卉的作用

（1）对环境的绿化、美化、彩化、香化：这是园林花卉区别于非园林植物最重要的作用。花卉种类繁多，色彩、季相丰富，是室内外环境绿化、美化、彩化、香化的重要材料。盆栽、插花可以装饰厅堂，布置会场；地栽可以布置为花坛、花境、花台、花丛、花带等；花卉与木本植物配植应用可以丰富植物景观色彩和效果。花卉能给人们创造一个优美、清新、舒适的工作、生活、休息环境，给人带来美的享受。花卉还集中应用于节日布置、各类展览会，以烘托热烈的气氛。

（2）丰富精神生活：随着经济的发展，人们的生活水平有了很大的提高，人们对工作、生活环境的要求也随之提高，利用花卉点缀、装饰环境成为更多人的需求。而现代生活中，人们以花传情达意是时尚、浪漫的象征。在美好的环境中，人们审美的标准尽管因人而异，但无论是谁，无论有什么样的喜好，都有一个共同点，那就是能从园林花卉中领略一份自然的神趣，即欣赏花卉的色、香、姿、韵，色、香、姿三美给人以自然美、外形美，花卉内在的艺术美、抽象美则通过其神韵来体现。

花的色彩有目共睹，是大自然赋予人类最美的产物，而香是花魂，富有魅力。兰花是花香美的突出代表，兰香历来被誉为"国香"、"天香"、"香祖"，冠于群香之首，"一枝在室，满屋飘香"、"兰在深谷亦自芳"。花姿是品花的重要内容，菊花花形非常丰富，有的花瓣细长，似"帘卷西风"，有的管瓣曲卷散出，似"蝴蝶飞舞"，有的长匙瓣内弯外卷，似"天女散花"；菊花的这些妙态奇姿，即使最著名的画家，有着"聚叶泼成千点墨"的功底，也难以形象地描绘殆尽。其他花卉也是千姿百态，各有其独特的风姿。花的风格、花的神韵和蕴寓于花中的气质，构成了花的神韵。"花虽无言最有情"，赏花的最高情趣即是从花的形状、色香及风姿中领略其神韵，即体会其美学意境，并从这高洁的审美意境中寄思移情，焕发出自信、乐观、祥和、友好、希望、理想、激奋向上的精神气质，这样才是真正欣赏花的灵魂美和艺术美。例如，用挺拔的青松比喻健康长寿、坚贞不屈的精神，红梅代表不畏严寒、傲霜立雪，荷花代表出淤泥而不染、濯清涟而不妖、处泽地而无怨的高洁精神。

（3）改善生态环境：植物对生态环境的改善作用早已科学论证，园林植物是改善日益严峻的城市环境的主要因素之一。园林植物可以防风固沙、净化空气、降尘滞尘、降温增湿、抑菌降噪。部分花卉对环境污染具有监测作用，如唐菖蒲对氟化氢、百日草（*Zinnia elegans*）对二氧化硫比较敏感，可以作为检测植物。

大气中含量CO_2含量约为0.03%，O_2含量为21%。由于现代工业的发展，工矿向大气排放各种各样的气体，空气污染越来越严重，生态平衡遭到破坏，使空气中，尤其是城市空气中CO_2和O_2含量的平衡被打破，对人体健康不利。绿化植物通过光合作用、呼吸作用能吸收CO_2，释放O_2，利于维持空气中二者的平衡。另外许多花卉具吸收有害气体的能力，如石竹（*Dianthus chinensis*）、美人蕉（*Canna indica*）等对SO_2有较强的吸收能力，天竺葵（*Pelargonium hortorum*）、紫茉莉（*Mirabilis jalapa*）等能吸收 HF，翠菊（*Callistephus chinensis*）能吸收 Cl_2。花木的茂密枝叶具有阻隔和滞留灰尘的作用，一般在有草皮覆盖的地方，空气中的粉尘大约只有裸露地面的 1/2。

花卉和树木具有吸收和阻隔噪声的本领。据测定，绿化的街道比不绿化的街道可降低噪声 8~12dB，公园中成片的花卉、树木可降低噪声 26~43dB。

花木和草坪能有效地消除太阳辐射热。在炎夏时，花草树木通过叶片水分蒸发，降低自身的温度，从而提高周围的空气湿度，夏天绿地气温较非绿地低 3~5℃，公园湿度比城市其他地方高 27%。

许多植物的根、茎、叶、花等可以分泌出一些能抑制和杀死各种病菌的物质，如松、樟、桉、肉桂（*Cinnamomum cassia*）、天竺葵等分泌出的杀菌素可以杀死白喉、痢疾、肺结核、伤寒等病菌。据测定，北京王府井大街和中山公园空气含菌量差别很大，前者是后者的 7 倍。

（4）促进经济发展：花卉产品，目前已成为国际上的一项大宗商品，近年来世界各类花卉贸易额已达 3000 亿美元，花卉出口最多的国家是荷兰。荷兰花卉的出口量约占全世界花卉贸易的 50%，它控制着 70% 的欧洲花卉市场，每年为国家赚取约 20 亿美元的外汇。我国商品性花卉生产起步较晚，但现在已进入花卉生产大国行列。花卉商品种类主要包括鲜切花、盆花、种子、种球、种苗等。花卉的经济效益比一般农作物要高，鲜切花一般每公顷产值在 15 万元以上。

另外花卉植物还具有药用、食用、饮用、制造香料、作为燃料等作用，作为经济作物也产生较大的经济价值。

自古以来，人们就将花卉作为防治疾病、保健强身、延年益寿的常用药物。早在秦汉时的《神农本草经》中即有菊花、百合、鸢尾（*Iris tectorum*）、连翘（*Forsythia suspensa*）等作药用的记载。明代杰出的医药学家李时珍《本草纲目》记述了近千种草本花卉及木本花卉的性味、功能和主治病症。花卉是我国药材的重要组成部分，在《全国中草药汇编》一书中列举了 2200 多种药物，其中以花卉入药的约占 1/3。在这些草花植物中，大多数具有观赏价值。在当今我国药材宝库中，将芍药、牡丹（*Paeonia lactiflora*）、白菊（*Chrysanthemum morifolium*）、月见草（*Oenothera biennis*）、凤仙花、百合、玉簪（*Hosta plantaginea*）、桔梗（*Platycodon grandiflorus*）、荷花、仙人掌（*Opuntia dillenii*）等 100 多种花卉均列为常用的中药材。仙人掌不仅可治疗胃气痛、水肿、蛇咬、急性菌痢，而且可以分泌杀菌素。赤芍是治疗冠心病药物中的一味重要药材，白芍则是养血调经、柔肝止痛及治疗妇科疾病的良药。

早在唐代，人们就把桂花糕、菊花糕视为宴席珍品，清代《餐芳谱》中，详细叙述了 20 多种鲜花食品的制作方法，有些方法至今还保留在我国的"八大菜系"中，如山东的桂花丸子、茉莉汤，北京的桂花干贝、茉莉鸡脯，上海的桂花栗子、菊花糕，广东的菊花鲈鱼、桂花汤，还有晶莹清澈的江浙冰糖百合汤。将观赏花卉加入菜肴使厚味去腻增鲜，给淡味提香提色，这是它入肴的独特之处。经有关专家收集并经多年庖厨验证，确实有益无害的入肴花卉有菊花、梅花（*Prunus mume*）、桂花（*Osmanthus fragrans*）、兰花、荷花、月季（*Rosa chinensis*）、玫瑰（*Rosa rugosa*）、蜡梅（*Chimonanthus praecox*）、木槿（*Hibiscus syriacus*）、藤萝（*Wisteria villosa*）、百合、黄花（*Hemerocallis citrina*）等近20种。例如，菊花可制高级食品和菜肴，梅花可制蜜饯和果酱，桂花可制桂花糖、糕点、桂花酱、酿酒，黄花是我国传统菜肴"木须肉"的主要原料之一。此外，许多花木的果实或鳞茎也可食用，如石榴（*Punica granatum*）、金橘（*Fortunella margarita*）、无花果（*Ficus carica*）、枸杞（*Lycium chinense*）的果实，荷花、百合、玉竹（*Polygonatum odoratum*）的地下茎和鳞茎等。

近年来，以花卉为原料制成的保健饮品有几十种，常见的有玫瑰茄保健饮料、白菊茶、草决明茶、金银花茶、金莲花茶等。

花卉在香料工业中占有重要地位，主要是从香花中提取出芳香油，用于香水、香精、香皂等日用化工产品的制造，如从白兰（*Michelia alba*）、桂花、茉莉（*Jasminum sambac*）、米兰（*Aglaia odorata*）等香花中提取的芳香油，用于制作花香型化妆品，从水仙花中提取的芳香油用来制作高级香精。从玫瑰花中提取的玫瑰油，在国际市场上1kg相当于2～3kg黄金的价值。而用香叶天竺葵叶片提取的香精，其价值比玫瑰香精还高。

1.2.2　花卉的应用特点　　园林花卉与园林树木在外部形态、生理解剖、生态习性、生物学特性上有很大区别，其栽培管理、观赏特性、景观效果也不尽相同。园林花卉种类繁多，植株体形较小，质感柔软，生命周期较短，一生中体形变化小，色彩丰富。在园林应用中的特点如下。

（1）构成人工植物群落下层的主要成分：园林树木是人工植物群落的骨架，园林花卉很好地填补了树木下部空间，更好地改善和保护环境，使人工植物群落发挥更大的生态效益。

（2）环境彩化的主要植物材料：花卉的色彩丰富，是自然色彩的主要来源。利用园林花卉使园林景观色彩、季相丰富，成为重点绿化地段的视觉焦点，如公园出入口花坛的布置、道路中间隔离带立体花坛布置等。

（3）园林景观独特：园林花卉植株低矮、质感细腻、色彩丰富，容易形成精致景观，适合作近景。同时低矮的植株具有亲近感。而其生命周期较短且不断更换的特点，又使景观处于不断变换之中。

（4）应用方式灵活多变：花卉的个体小，地栽、盆栽均可，花期控制容易，因此其应用受地域、空间、时间影响较小。在不适合木本植物的地段，或者不适合植物生长的土壤、季节，可以利用草本花卉控制花期或以盆栽形式进行布置，形成良好的景观。

花卉有花坛、花境、花丛、花群、花台、花带、种植钵等多种应用形式，形成不同景观。

（5）室内装饰的主要种类：花卉种类繁多，色彩纷呈，株型多变，是室内盆栽观赏、插花创作的主体材料。

1.3　国内外花卉栽培应用概况

1.3.1　中国花卉栽培应用概况

1.3.1.1　中国花卉的发展历史　　中国是许多著名花卉的故乡，也是世界上人工栽培花卉最早的国家。从公元前11世纪的殷商时期开始，至今已有3000多年的历史。早在4670年前就有野生月季的记载，在《诗经·郑风》中就有"维士与女，伊其相谑，赠之以芍药"、"彼泽之陂，有蒲有荷"的记载。这说明战国时期已有栽培花木的习惯。现在原产于我国的大部分花卉都有3000多年的栽培历史。屈原在《离骚》中吟到"余既滋兰之九畹兮，又树蕙之百亩"，反映出战国时期楚国在花卉栽培上已有相当大的规模。

到秦汉时，所植奇花异卉更丰富，据《三辅黄图》记载，汉武帝重修上林苑，群臣远方各献名果异卉3000余种。另据《西京杂记》所载，当时收集的梅花有几十种。

到了晋代，菊花已成为重要的观赏植物。陶渊明诗曰："秋菊有佳色"。西晋时《南方草木状》是我国最早的一部地方花卉园艺书籍，记载了茉莉、睡莲（*Nymphaea tetragona*）、扶桑（*Hibiscus rosa-sinensis*）等花卉的产地、形态、花期。晋代已开始栽培芍药和菊花。至隋代，花卉栽培渐盛，此时芍药已广泛栽培。

南北朝时期的农学巨著《齐民要术》中总结了前人的经验，介绍播种、扦插、压条、嫁接等繁殖方法，当时用嫁接方法使果树提早结果和增产已广泛应用，这比欧洲早了几百年。

唐宋时期，我国封建社会进入了一个比较安定的阶段，经济繁荣，花卉栽培也有了极大的发展。有关花卉方面的专著不断出现，如唐王芳庆《园林草木疏》、李德裕《平泉山居草木记》、宋范成大《范村梅谱》、王观《芍药谱》、王贵学《兰谱》、陈思《海棠谱》、欧阳修《洛阳牡丹记》、刘蒙《菊谱》等。其中《兰谱》不仅记载兰花的品种分类，还讲到兰花的繁殖栽培方法；《菊谱》中对加强菊花管理以改进品种，使小花变大花、单瓣变重瓣均有详细记载；《东坡杂记》所载"近时都下菊品至多，皆以他草接成，不复与时节相应，始八月尽十月，菊不绝于市"，当时菊花已应用嫁接方法以提早花期。这时已选育出白色、紫色的菊花，艺菊水平很高，有一株开花数十朵的小型立菊，并能用小菊扎门楼、宝塔，用白蒿嫁接菊花。

元代为文化低落时期，花卉栽培亦衰，至明清才又有较大发展，花卉方面的专著有《花镜》、《群芳谱》、《广群芳谱》等74部，此时已注意到人工培育可以改变植物的特性。清代赵学敏著的《凤仙谱》记载了200多个凤仙的品种，有花如碗大的'一丈红'，带茉莉香味的'香桃'，粉色的'碧桃球'，黄色的'金玉球'、'金杏'等。明清时期，北京地区的花卉业更是盛极一时，据明代刘侗、于奕正所著的《帝京景物略》记载"都人卖花担，每辰千百，散入都门"，可见当时花卉业发展之盛况。北京地区种花尤以丰台十八村即当今草桥樊家村一带最多，经验丰富，已有了土木结构的暖室，培养南方花卉，还掌握了花期的控制方法。

清末，由于遭到帝国主义的侵略，我国丰富的花卉资源及名花品种屡被掠夺，大量输出国外，这一时期广大人民在官僚地主的直接剥削下，生活困苦，民不聊生，花卉业日渐衰退，旧有良种多有散失，但这一时期也有不少国外花卉传入我国。

1.3.1.2 **中国丰富的花卉资源及对世界园林的贡献** 我国地域辽阔，地势起伏，气候各异，既有热带、亚热带、寒带、寒温带花卉，又有高山花卉、岩生花卉、沼泽花卉、水生花卉等，是许多著名花卉的原产地，也是世界上花卉种类和资源最丰富的国家之一，所以被世界公认为"园林之母"。已栽培的花卉植物（包括木本），初步统计产于我国的有113科523属，其中近100属半数以上的种产于我国。现列举原产我国部分花卉属的原种数量及各属的世界总数（表1-1）。

表 1-1　原产我国部分花卉占全球总数的百分比

花卉属名	拉丁文	世界种数	中国国产种数	我国产种数占世界种数的百分数/%
翠菊属	*Callistephus*	1	1	100.0
铃兰属	*Convallaria*	1	1	100.0
山麦冬属	*Liriope*	6	6	100.0
桔梗属	*Platycodon*	1	1	100.0
石莲属	*Sinocrassula*	9	9	100.0
沿阶草属	*Ophiopogon*	35	33	94.3
绿绒蒿属	*Meconpsis*	45	37	82.2
独花报春属	*Omphalogramma*	13	10	76.9
菊属	*Dendranthema*	50	35	70.0
报春花属	*Primula*	500	390	78.0
石蒜属	*Lycoris*	6	4	66.6
马先蒿属	*Pedicularis*	500	329	65.8
紫堇属	*Corydalis*	30	21	70.0
兰属	*Cymbidium*	40	25	62.5
蜘蛛抱蛋属	*Aspidistra*	13	8	61.5
落新妇属	*Astilbe*	25	15	60.0
百合属	*Lilium*	100	60	60.0
飞燕草属	*Delphinium*	250	150	60.0
龙胆属	*Gentiana*	400	230	57.5
翠雀属	*Delphinium*	190	111	58.4
香蒲属	*Typha*	18	10	55.6
虾脊兰属	*Calanthe*	120	65	54.2
射干属	*Belamcanda*	2	1	50.0
芍药属	*Paeonia*	33	15	45.5
凤仙属	*Impatiens*	500	150	30.0
秋海棠属	*Begonia*	500	90	18.0

　　我国是许多名花的原产地，梅花、杜鹃、月季、兰花、菊花、芍药等均久负盛名。北京的独本菊、芍药，河南洛阳和山东菏泽的牡丹，云南的山茶，苏州的梅花，广东的兰花和金橘，河南鄢陵的蜡梅均栽培历史悠久且影响广泛。

　　中外花卉的交流最早可追溯到汉武帝时（公元前 140～前 87），张骞出使西域，带去了中国的丝绸，也带去了若干植物，带回了丁香（*Eugenia grandis*）、石榴、葡萄（*Vitis vinifera*）等外国植物。唐朝时我国的杜鹃（*Rhododendron simsii*）、菊花经朝鲜传到日本。但大量的花卉交流直到 16 世纪后才从海路开始。17 世纪初，英国、荷兰两国的商人到中国后，收集了一些中国庭院里栽培的花卉运到欧洲栽培，引起西方国家园艺家和植物学家的极大兴趣。至 18 世纪已有牡丹、芍药、月季、山茶（*Camellia japonica*）、杜鹃、翠菊、报春花（*Primula malacoides*）、百合、石竹、飞燕草（*Delphinium ajacis*）等大批中国花卉传入欧洲。18 世纪大量的中国花卉资源开始外流，仅以英国派遣植物学家来华为例，1839～1938 年近 100 年中，共有 3 位植物学家 23 次来中国集中引走了数千种园林植物，绚丽多彩的中国园林植物大大丰富了英国植物园的植物种类，增添了英国公园中的四季色彩。据统计，英国爱丁堡皇家植物园内现有中国园林植物 1527 种及变种。北美引种的我国乔灌木达 1500 种以上，意大利引种的我国观赏植物约 1000 种，已栽培的植物中德国有 50%、荷兰有 40% 来源于我国。

在花卉育种方面，许多当代世界名花如香石竹、月季、杜鹃、山茶的优良品种及金黄色的牡丹也都是用中国种参加选育成功的。欧洲有一句俗语"没有中国的花卉，便不成花园"。

1.3.1.3　中国花卉产业现状　　新中国成立以来，我国的花卉园艺事业得以恢复发展，虽然 20 世纪 60 年代片面强调"以粮为纲"，使花卉业发展处于停滞状态，但 1978 年改革开放以后园林事业受到重视，尤其 20 世纪 80 年代以后，花卉业进入起步发展阶段，90 年代商品花卉进入飞速发展阶段。经过 30 年的发展，中国已经成为世界上花卉生产大国，花卉产品种类、生产面积、从事花卉行业的人员数量、花卉市场数量等均有了大幅度的提高，花卉出口也有了较快的发展（表 1-2）。

表 1-2　1998～2013 年中国花卉业统计资料

年份	种植面积 /hm²	销售额 / 万元	出口额 / 万美元	市场数量 / 个	花卉企业数量 / 个	从业人员数量 / 人
1998	85 927.5	1 073 522.8	330.35	989	67 918	1 020 618
1999	122 581.0	5 413 160.4	296.59	2 066	21 273	1 197 481
2000	147 503.2	1 600 164.7	2 508.48	2 002	21 974	1 458 832
2001	246 005.9	2 158 419.4	8 003.38	2 052	32 019	1 953 111
2002	334 453.7	2 939 916.2	8 283.17	2 397	52 022	2 470 165
2003	430 115.4	3 531 089.5	9 756.80	2 185	60 244	2 934 064
2004	636 006.3	4 305 751.1	14 433.96	2 354	53 452	3 270 586
2005	810 181.2	5 033 435.1	15 425.83	2 586	64 909	4 401 095
2006	722 136.1	5 562 338.6	60 913.00	2 547	56 383	3 588 447
2007	750 331.9	6 136 970.5	32 754.50	2 485	54 651	3 675 408
2008	775 488.9	6 669 594.8	39 896.10	2 928	55 192	3 834 441
2009	834 138.8	7 197 581.0	40 617.70	3 005	54 695	4 383 651
2010	917 565.3	8 619 594.9	46 307.60	2 865	55 838	4 581 794
2011	1 024 010.8	10 685 350.1	48 024.40	3 178	66 487	4 676 991
2012	1 120 276.1	12 077 146.5	53 265.10	3 276	68 878	4 935 268
2013	1 227 126.4	12 881 124.74	64 621.01	3 533	83 338	5 505 708

资料来源：中国农业统计年鉴

目前我国的花卉生产面积达到了 122 万 hm²，产值达到 1200 亿元，且形成了以观赏苗木、切花、盆花为主，兼有草坪、种子、种球等产品种类的花卉商品结构。花卉生产从以花农种植为主，逐渐形成以大型花卉企业引领，公司加农户的多种生产经营模式。经过多年的发展，全国花卉业区域化布局基本形成：云南鲜切花约占全国的 1/2，珠江三角洲形成了盆花、盆景和观叶植物的主要生产基地，江苏、浙江、河南、四川是盆花和绿化苗木的生产基地，东北和西北是球根花卉生产繁育基地，上海是香石竹、非洲菊（*Gerbera jamesonii*）种苗和切花主要产地，河南洛阳、山东菏泽的牡丹，福建漳州的水仙，河南鄢陵的蜡梅，辽宁丹东、福建永福、江苏宜兴的杜鹃花，吉林的君子兰（*Clivia miniata*）均是国内外热销的花卉。

经过多年的市场建设和运作，我国已基本形成以大中型花卉批发市场为主体，专业花店、超级市场、农贸市场和街头摊贩、团体花艺商、花卉租摆商、园艺中心及网络、邮递寄花等多种形式相结合的花卉交易市场格局，花卉流通体系已初步形成。在我国花卉市场体系逐步形成的同时，花卉交易方式也呈现多样化趋势。除传统的对手交易外，1999~2003 年，我国先后在北京、广东、上海、云南等地建立了花卉拍卖交易中心，开始尝试花卉拍卖。虽然除云南以外其他各地的拍卖中心都因遭遇种种问题而结束拍卖交易，但拍卖市场的尝试建立仍给我国花卉产业带来深远的影响。此外，以现代网络技术为基础的网上交易也成为许多规模较大的花卉企业的交易方式。到 2012 年我国花卉市场总数达到 3533 个。

随着花卉业的发展，花卉相关学科的科研也受到重视，取得了一大批科研成果。到2010 年，花卉科研项目获得省级以上科技进步奖 51 项，主要集中于花卉种质资源发掘和品种培育。这些成果主要集中于中国传统名花或应用广泛的花卉种类，如梅花、荷花、牡丹、菊花、山茶、兰花、月季、百合、芍药等。截至 2008 年，国家林业局受理的花卉新品种共有 454 个。这对于推动我国花卉业迈向新阶段起到了重要作用。

1.3.2　国外花卉栽培应用概况　　据考证，约在 3500 年前，古埃及帝国就已在容器中种植植物了。古埃及和叙利亚在 3000 年前就已经开始栽培蔷薇和铃兰。之后除种植乡土植物外，还种植外来植物。古巴比伦时期，人们在屋顶平台铺设泥土，种植树木花草，也用石质容器种植植物。古希腊是欧洲文明的摇篮，园林中植物的种类和布置形式对以后欧洲各国园林植物栽培应用都有影响；据记载，园林种植无花果、石榴等，并用绿篱组织空间。公元前 5 世纪后，草本花卉应用增多，花卉栽培技术进步。并且出现了悬铃木作行道树的记载。古罗马时期接受了希腊文化，园林得到发展，花园多为规则式布置，有精心管理的草坪，用植物花朵制成花环或花冠用以装饰或馈赠礼物。这个时期植物修剪技术发展到较高水平，使植物按人的意愿修剪成几何造型，并出现了专类园，也有应用芽接、劈接技术和暖房栽培花卉的记载。文艺复兴时期花卉在意大利、荷兰、英国兴起，花园的花卉常常切取后装饰室内。此时出现了许多用于研究用的植物园，引进了外来植物。此后园林植物的应用形式逐渐多样化，大量使用绿篱、树墙、花坛。花坛中应用大量的草本植物，增加园林中的色彩。花坛的应用在 17 世纪的凡尔赛宫达到高潮。文艺复兴时期也有大量的书籍出版，如 1597 年出版的《花园的草花》，1629 年出版的《世俗乐园》。1667 年出版的《宫廷造园家》收集了种类繁多的花坛设计样式，对英国园林的花卉应用影响很大。18~19 世纪，英国的风景园出现，影响了整个欧洲的园林发展。这一时期植物引种频繁，美洲、非洲、澳大利亚、印度、中国的许多植物引入欧洲。这些植物的大量引入，丰富了当地的园林植物种类，也促进了花卉园艺技术的发展。1784 年出版了第一部花卉园艺大词典《造园者花卉词典》。此时商业苗圃开始大规模种植植物。19 世纪后注意到园林中植物的色彩造景，大量应用花木、草花，并应用专类园、花境等多种形式。同时公园和城市绿地出现，成为观赏植物的主要应用场所。此时人们对植物的热衷传到了北美，建立了私人植物园。

20 世纪，欧洲国家的花卉园艺不断发展。第二次世界大战以后，花卉产业进入大规模商品生产阶段。随着世界经济的发展，花卉业已成为世界创汇农业中生产周期短、经济效益高、市场潜力大、社会及生态效益好的最具活力的产业之一。1985 年世界花卉销售额 150 亿美元，1991 年为 1000 亿美元，1996 年为 1500 亿美元，2000 年全球花卉业产值已超过 2000 亿，2012 年全球花卉业产值已超过 3000 亿美元。花卉消费正以前所未有的势头逐年激增，花卉产品成为国际贸易的大宗商品。

20 世纪 80 年代以前，花卉规模化、商品化主要集中于发达国家，如欧洲的荷兰、法国、德国，北美洲的美国、加拿大，亚洲的日本等。现在荷兰每年花卉总产值达 55 亿欧元，出口 54 亿欧元，居世界花卉出口第一位；美国花卉总产值接近 44 亿美元，以满足内需为主；日本花卉总产值 22 亿欧元，以较高的供给和一流的品质占据本国市场。20 世纪 80 年代以后，一些发展中国家花卉产业迅速崛起，新崛起的花卉生产国主要集中在亚洲、非洲和南美洲，其中亚洲增长较快的有中国、韩国；非洲有津巴布韦、肯尼亚、赞比亚等国家；南美洲有哥伦比亚、厄瓜多尔。南美和非洲国家发展花卉主要为了出口，如非洲花卉生产面积每年以 10%～15% 的速度扩大，大宗产品是切花月季，主要销往欧洲市场。近年来，哥伦比亚的鲜切花以稳定的质量、具有明显竞争优势的价格进入美国、日本及欧洲市场，目前出口到美国的鲜切花数量位居第一，在日本排名第六。

目前国际花卉贸易格局已基本形成，世界花卉消费市场是以德国为主的欧洲市场，以美国为主的北美市场，以日本为主的亚洲市场。德国是世界上最大的花卉进口国，荷兰是德国最大的贸易伙伴。美国是花坛植物、花园植物和盆花的大用户，但以自给为主，其鲜切花自产较少，进口量大，主要供应国是哥伦比亚。日本是亚洲最大的花卉消费国，以自给为主，20 世纪 90 年代以前，日本花卉自给量占 90% 以上，进入 21 世纪，日本花卉进口增长较快，2001 年鲜切花进口量 11.7 亿枝，相当于自产量 52 亿枝的 22.5%，盆花进口 0.5 亿盆，相当于自产量 3.1 亿盆的 16.1%。

欧美发达国家花卉产业结构合理，花卉生产中广泛使用先进的栽培技术、设施，采用科学先进的管理体制，应用不断更新、适应市场需求的新品种，占据国际花卉贸易的主导地位。

【实训指导】

（1）草本花卉的识别。

目的要求：认识当地常见草本花卉，初步了解其观赏特征。

内容与方法：①教师现场讲解每种花卉的名称、类型、识别特征及主要观赏用途；②学生记录，结合教材形态描述识别常见草本花卉；③整理、汇总。

实训结果及考评：提交实训报告，汇总所识别的花卉。随机选取草本花卉 10～20 种进行识别，根据正确识别的花卉种类数量评分。

（2）草本花卉应用调查。

目的要求：让学生直观感受草本花卉在园林绿地系统中的应用形式及适合应用的种类，初步认识常见草本花卉。

内容与方法：①8～10人一组，设计调查记录表格，制订调查计划；②在校园、专业实践基地、城市绿地等地进行调查，记录草本花卉种类，绘制草本花卉的应用形式简图；③整理、汇总。

实训结果及考评：提交调查报告，教师选取一组课堂汇报（建议10min）。按小组提交的调查计划、调查报告质量评分。

（3）花卉市场调查。

目的要求：初步认识常见花卉产品种类，了解花卉各类产品价格及销售情况，了解花卉流通的主要环节，锻炼学生与人沟通交流的能力。

内容与方法：①8～10人一组，设计调查记录表格，制订调查计划；②到学校附近的花卉市场进行调查，也可以利用假期社会实践在家乡、异地进行调查，记录花卉商品种类、规格、价格、产地等，注意花卉产品种类不少于3类（如鲜切花、干燥花、盆花、种子、种球、种苗等），每类调查花卉不少于10种；③整理、汇总。

实训结果及考评：提交调查报告，教师选取一组课堂汇报（建议10min）。按小组提交的调查计划、调查报告质量评分。

【相关阅读】

1. 陈俊愉，程绪珂．1990．中国花经．上海：上海文化出版社．
2. 徐海宾．1996．赏花指南．北京：中国农业出版社．
3.《中国花卉盆景》、《花木盆景》、《中国花卉园艺》等期刊．
4. GB/T18247·1—7．"主要花卉产品等级"国家标准．

【复习与思考】

1. 正确理解花卉的含义。
2. 搜集有关中国传统名花的诗词歌赋。
3. 中国花卉特色资源资料搜集。
4. 总结草本花卉与树木各自在园林应用中的特点。

【参考文献】

周维权．1999．中国古典园林史．2版．北京：清华大学出版社．

园林花卉生产准备

【任务摘要】为便于学习掌握花卉的习性、观赏特性、栽培管理要点，训练学生举一反三的能力，提高学习效率，需要对花卉进行分类。植物的自然分类系统以植物的形态特征为主要依据，该系统能够使学习者较好地了解植物间形态上或系统发育上的联系或亲缘关系，该分类方法在植物学中已详细学习。本任务主要介绍花卉按生活周期与地下形态、观赏特点等分类的方法及其特点、代表性种类，为花卉生产、花卉应用奠定基础，同时需要了解当前花卉产品的类别，与花卉行业形成直接的联系。本课程按生活周期与地下形态的分类方法组织课程内容。

【学习目标】了解不同花卉分类的依据和特征，重点掌握按花卉生活周期和地下形态分类的方法，能够通过花卉类别举一反三地掌握更多同类花卉的繁殖方法、栽培方法、观赏特性。了解花卉业主要花卉商品的种类及生产概况，从而了解花卉行业需求，为花卉生产、应用奠定基础。

1 花卉的人为分类系统

花卉与其他作物相比，具有属种众多、习性多样、生态条件复杂、应用丰富的特点。长期以来人们从不同的角度对花卉进行不同的分类，这些分类是人类根据花卉的一两个特点或应用价值进行的，称为人为的分类系统（artificial system），是与自然分类系统（natural system）不同的分类方法。花卉的分类可为识别、生产应用提供依据，对快速学习和掌握相关知识有着指导意义。

1.1 按花卉生活周期及地下形态分类

1.1.1 一年生花卉 一年生花卉（annual plant）是指在一个生长季完成全部生活史的花卉，即从营养生长到开花结实、死亡在一个生长季全部完成。一般春季播种，夏秋季开花、结实，冬前死亡。常见的一年生花卉如鸡冠花（*Celosia cristata*）、凤仙花、半枝莲（*Scutellaria barbata*）、牵牛（*Ipomoea nil*）、百日草等。

在园林花卉生产与应用中，部分多年生花卉播种当年开花结实，生态习性类似一年生花卉，经霜或冬季低温后死亡或两年后观赏效果差，这类花卉也作一年生花卉栽培和应用，如一串红（*Salvia splendens*）、矮牵牛（*Petunia hybrida*）、藿香蓟（*Ageratum conyzoides*）、美女樱（*Verbena hybrida*）等。

1.1.2 二年生花卉 二年生花卉（biennial plant）是指在两个生长季完成全部生活史的花卉，即播种当年仅形成营养器官，次年开花结实而后死亡。一般秋季播种，春季开花、结实，夏季来临前死亡。典型的二年生花卉如风铃草（*Campanula medium*）、毛地黄（*Digitalis purpurea*）、须苞石竹（*Dianthus barbatus*）、羽衣甘蓝（*Brassica oleracea* var. *acephala* f. *tricolor* Hort .）等。

在园林花卉生产与应用中，部分多年生花卉作多年生栽培时对环境不适应，不耐炎热或生长不良，或两年后观赏效果差，喜冷凉条件，当年播种后次年开花结实，与二年生花卉相似，这类花卉往往作二年生花卉栽培，如雏菊（*Bellis perennis*）、金鱼草（*Antirrhinum majus*）、紫罗兰（*Matthiola incana*）等。

1.1.3　多年生花卉　　指植株的寿命超过两年，能多次开花结实的草本花卉。根据地下部分形态有无变化，又可分两类。

1.1.3.1　宿根花卉　　宿根花卉（perennials）是指地下部分没有变态肥大的多年生草本花卉。部分花卉茎基部也会木质化，但上部是草质状，严格来讲归于亚灌木种类，但是一般归为宿根花卉，如菊花、天竺葵。根据宿根花卉对温度的要求不同又分为耐寒宿根花卉、常绿宿根花卉两类。

耐寒宿根花卉：冬季地上部枯死，根、芽进入休眠越冬，春季气温回升后再次萌发。此类宿根花卉具有一定的耐寒性，原产于北温带、寒带地区。不同种类能够忍受的低温能力不同，如菊花、鸢尾、萱草（*Hemerocallis fulva*）等。

常绿宿根花卉：无明显的低温休眠现象，气温较低时植株停止生长或生长缓慢进入半休眠状态。耐寒力弱，在北方不能露地越冬。主要原产于热带、亚热带或温带南部，如非洲菊、君子兰等。

1.1.3.2　球根花卉　　地下部分的根或茎发生变态肥大的多年生草本花卉。

（1）根据其变态形状和结构又分为以下 5 类。

鳞茎类：地下茎短缩成盘状——茎盘，叶片变成肥厚的变态体——鳞片（叶），能贮存养分，茎盘下长须根，鳞片间有芽，芽萌发后可以开花、长叶，叶芽长成新植株后，其基部又可形成新的鳞茎。根据鳞茎外部是否形成皮膜又分为：①有皮鳞茎，鳞茎外面有一层皮膜包裹，鳞片呈层状排列于茎盘上，如水仙、郁金香（*Tulipa gesneriana*）、朱顶红（*Amaryllis vittata*）、风信子（*Hyacinthus orientalis*）等；②无皮鳞茎，鳞茎外无皮膜包被，鳞片呈覆瓦状排列于茎盘，如百合。

球茎类：地下茎呈球、扁球状，实心，球茎上有环痕，为横纹状茎节，茎节上着生侧芽，且包被 1～2 层干膜，根由球茎的底部茎盘发生。球茎栽植后在生长期间随着贮藏养分的耗尽而萎缩，一般球茎顶部侧芽萌发形成地上植株，新植株叶基膨大，并在新球下部膨大形成小球，如唐菖蒲、番红花、小苍兰等。

块茎类：地下茎膨大成不规则的块状或球状，表面无干膜状鳞片，也无生根的茎盘，芽着生于块茎的一点或分散于几点，如仙客来（*Cyclamen persicum*）、白头翁（*Pulsatilla chinensis*）、马蹄莲（*Zantedeschia aethiopica*）、球根秋海棠（*Begonia tuberhybrida*）等。

块根：地上茎的基部膨大形成块状、球状根，上边有长须根，块根上无芽眼，在茎基部根颈部位有芽眼，如大丽花（*Dahlia pinnata*）、花毛茛（*Ranunculus asiaticus*）等。

根茎类：地下茎肥大多肉，地下水平发展，外形似根，茎上有节，节上有芽，并能发生不定根，如美人蕉、姜花（*Hedychium coronarium*）等。

（2）按栽植的季节分为以下几类。

春植球根花卉：原产热带亚热带地区，生长期间喜温暖湿润的条件，不耐寒。春天种植，夏秋开花，秋末冬初地上部茎叶及地下部须根枯死，球根进入休眠，翌年春天重新萌芽生长，如唐菖蒲、美人蕉、大丽花、晚香玉（*Polianthes tuberosa*）等。

秋植球根花卉：原产温带或地中海气候型地区，生长期间喜凉爽湿润环境，耐寒力较强，不耐高温。秋天种植，须根生长，顶芽萌发但不出土，入冬后停止生长，翌年春天迅速生长并开花，入夏地上部茎叶枯死，地下球根进入休眠，如郁金香、风信子、水仙、石蒜（*Lycoris radiata*）、百合等。

温室球根花卉：既不耐寒又不耐高温，高纬度地区只能在温室中栽培，如仙客来、马蹄莲、朱顶红、花叶芋（*Caladium bicolor*）、小苍兰（*Freesia refracta*）、球根秋海棠等。

1.2 按观赏部位分类

1.2.1 观花类 此类花卉以花朵或花序为主要观赏部位，以观赏花色、花形为主，如菊花、大丽花、仙客来等。

1.2.2 观叶类 以叶为主要观赏部位。这类花卉的叶形、叶色奇特，株型整齐，如喜林芋属、龟背竹（*Monstera deliciosa*）、五色草（*Alternanthera bettzickiana*）、彩叶草（*Coleus hybridus*）、银边翠（*Euphorbia marginata*）、雁来红（*Amaranthus tricolor*）及蕨类植物等。

1.2.3 观果类 以果实为主要观赏部位。其果实形状小巧玲珑，果色鲜艳，一般挂果期长，如冬珊瑚（*Solanum pseudo-capsicum*）、乳茄（*Solanum mammosum*）等。

1.2.4 观茎类 以茎为主要观赏部位，以观赏茎枝的形态和色彩为主。这类花卉的茎有的变态为肥厚掌状，有的节间极度短缩呈念珠状，有的茎色变色等，如仙人掌、光棍树（*Euphorbia tirucalli*）、扁竹蓼（*Homalocladium platycladum*）等。

1.3 按栽培方式分

1.3.1 露地花卉 凡整个生长发育周期可以在露地进行，或主要生长发育时期能在露地进行的花卉均属此类。它包括一些露地春播、秋播或早春需用温床、冷床育苗的一年生、二年生花卉及宿根花卉、球根花卉，如长春花（*Catharanthus roseus*）、百日草、石竹、金鱼草、萱草、彩叶草、唐菖蒲、鸢尾等。

1.3.2 温室花卉 指当地常年或在某段时间内，须在温室中栽培的花卉，如香石竹、非洲菊、仙客来、绿萝（*Epipremnum aureum*）等在北方栽培、应用。

1.4 根据开花季节分类

1.4.1 春花类 自然花期主要在春季的花卉，如三色堇（*Viola tricolor*）、鸢尾、郁金香、风信子等。

1.4.2 夏花类 自然花期主要在夏季的花卉，如凤仙、蜀葵（*Althaea rosea*）、荷花、宿根福禄考（*Phlox paniculata*）等。

1.4.3 秋花类 自然花期主要在秋季的花卉，如菊花、一串红、长春花等。

1.4.4 冬花类 自然花期主要在冬季的花卉，如水仙、墨兰（*Cymbidium sinense*）、蟹爪莲（*Zygocactus truncatus*）等。

1.5 依据观赏用途分类

1.5.1 花坛花卉 指适于布置花坛的花卉，如一串红、鸡冠花、郁金香、小菊、矮牵牛等。

1.5.2 盆栽花卉 适合盆栽观赏的花卉。以作室内布置为多，如蒲包花（*Calceolaria crenatiflora*）、菊花、君子兰、火鹤（*Anthurium scherzerianum*）等。

1.5.3 切花花卉 指可切取其茎、叶、花、果等部分，作为插花花艺或装饰材料的花卉，如唐菖蒲、康乃馨（香石竹）、扶郎花（非洲菊）、肾蕨（*Nephrolepis auriculata*）等。

2 花卉的商品类别

2.1 种子、种苗、种球 种子是种子植物有性繁殖的器官，由花中的胚珠发育而来。很多园林植物尤其是一年生、二年生花卉主要用播种的方法繁殖。因此花卉的种子是花卉产业的重要商品类别，尤其是杂交种子，由于其观赏特性、栽培特性表现优异而作为花卉种子生产的重要目标。

种苗是用各种方法繁殖培育的花卉幼苗或成苗。随着花卉业专业化和规模化发展，花卉的种苗生产正在走向专业化，它在花卉产品中的比例也越来越大。

种球是球根花卉作为繁殖、种植材料的地下膨大的根、茎，是球根花卉重要的商品类别。种球能很好地保持园艺性状，管理方便，种质资源交流便利，是园林应用、切花生产、盆花生产的重要生产资料。

2.2 盆花 将花卉栽植于花盆中而作为商品销售。主要用于摆放装饰。盆花往往在特定的环境下栽培，达到适于观赏阶段作为商品出售或移到被装饰的场所摆放，失去观赏效果或完成装饰任务后可以移走。一年生、二年生花卉的盆花一般用于花坛布置，宿根、球根花卉盆花多用于室内摆放装饰。盆花市场需求量较大。

2.3 鲜切花 鲜切花是用来插花或花艺设计，从植物上剪切下来有观赏价值的部位的统称，包括枝、叶、花、果甚至根。根据剪取的部位不同又分为切花、切叶、切枝、切果。切花是各种以观花为主的花朵、花序、花枝等，如菊花、月季、香石竹等。切叶是各种剪切下来的叶片或以观叶为主的枝条，如龟背竹、绿萝、肾蕨等。切枝是指剪切下来的具有观赏价值的着花或具有色彩的枝条，一般为木本，如银芽柳（*Salix gracilistyla*）、红瑞木（*Cornus alba*）、梅花等。切果是剪切下来具有观赏价值的带枝果实或果实，如乳茄、火棘（*Pyracantha fortuneana*）、金银木（*Lonicera maackii*）等。

2.4 盆景 是以树、石为基本材料，在盆内表现自然景观和意境的艺术品。我国盆景以表现形神兼备、情景交融的艺术效果为最佳作品。盆景用来装饰室内、公园等。

2.5 草坪类 主要是以专业化生产的草坪建植的草皮为主的商品。有草皮卷、草皮块等。

【实训指导】

（1）花卉的分类。

目的要求：让学生能够对学校或附近绿地的花卉进行分类，总结归纳不同类别花卉的特点。

内容与方法：①4～5人一组，设计调查记录表格，制订调查计划；②在校园、城市绿地等地进行调查，记录草本花卉种类；③将花卉按生长周期生态习性、观赏部位、观赏季节、栽培方式分别归类整理、汇总。

实训结果及考评：提交调查报告，教师选取一组课堂汇报（建议10min）。按小组提交的调查计划、调查报告质量评分。

（2）花卉的商品类别调查。

目的要求：了解目前花卉行业草本花卉商品的种类及销售品类，激发学生的学习兴趣。

内容与方法：①4～5人一组，设计调查记录表格，制订调查计划；②到花卉市场、苗木公司等地进行调查，记录草本花卉商品种类、品种及销售情况；③整理、汇总。

实训结果及考评：提交调查报告，教师选取一组课堂汇报（建议10min）。按小组提交的调查计划、调查报告质量评分。

【相关阅读】

1. 陈俊愉，程绪珂. 1990. 中国花经. 上海：上海文化出版社.
2. 汤兆基. 1996. 馈赠鲜花实用知识. 合肥：安徽科学技术出版社.

【复习与思考】

1. 近年中国花卉业花卉产品的变化有哪些？
2. 通过查阅资料分析现在的销售途径与花卉业起步阶段有哪些不同？
3. 你认为花卉商品的结构如何调整更科学合理或者适应现代社会发展？

【参考文献】

董丽. 2010. 园林花卉应用设计. 2 版. 北京：中国林业出版社.

任务二　园林花卉的生产条件

【任务摘要】花卉生产是农业生产中高投入高产出的产业，尤其是随着农业环境工程技术的发展，现代工业向农业的渗透和微电子技术的应用越来越广泛，使花卉生产的条件发生了根本的改变。现代花卉业生产中花期调控技术已经成为花卉栽培的核心技术，而花卉生产条件的改变使越来越多花卉种类的花期调控成为可能。另外花卉生产也需要一些必要的工具及设备。

【学习目标】了解各种花卉生产设施的基本结构及作用，掌握温室内的主要设备和环境调控的主要措施。了解花卉生产除栽培设施外的其他设备条件。

1　花卉生产的设施

花卉生产的设施是人为创设的利于花卉生产环境的相关设备。根据花卉生产目的的不同，花卉生产区域的不同，所生产的花卉商品类别的不同，选用的花卉生产设施不同。

1.1　荫棚　荫棚是花卉栽培与养护中必不可少的设施。主要用于栽培养护耐阴花卉，夏季扦插及播种育苗。一部分露地栽培的切花花卉在荫棚保护下进行。大部分温室花卉在夏季移出温室后，均需置于荫棚下养护。

荫棚的种类和形式分为永久性和临时性两种。其中，永久性的荫棚多用于温室花卉栽培，一般高 2.0～2.5m，以较高者为好，如喜阴性花卉杜鹃、兰花栽培，均设永久性专用荫棚。而临时性多用于露地繁殖床及切花栽培。在许多地区用遮光网覆盖在塑料棚或温室顶上来降低光照强度。

1.2　冷床　冷床是在露地上的育苗床（深池状的育苗床），它常常与风障配合在一起使用，是花卉栽培的常用设施，只利用太阳辐射热，而不需人为加温。

1.2.1　冷床的作用　冷床可用于春播花卉提前育苗；冬春开花的球根花卉的促成栽培，如水仙、风信子、郁金香等；还可用于温室或温床生产种苗移栽露地前的锻炼期栽培，即炼苗；冬季半耐寒性盆花或二年生花卉的保护性越冬。

1.2.2　冷床的建造　冷床又称阳畦，分为抢阳阳畦和改良阳畦两类。

（1）抢阳阳畦：由风障、畦框及覆盖物 3 部分组成，如图 2-1 所示。

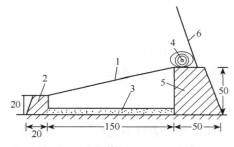

图 2-1　抢阳阳畦结构示意图（单位：cm）
1. 塑料薄膜；2. 南框；3. 培养土；
4. 草席；5. 北框；6. 风障

风障向南倾斜 70°，外侧用土堆固定风障，底宽 50cm，顶宽 20cm，高 50cm，并要高出阳畦北框顶部 10cm。

畦框：北框高 35～50cm，框顶部宽 15～20cm，底宽 40～50cm；南框底宽 20～40cm，顶宽 20～30cm，高 20～40cm。由于畦框南低北高，便于接受更多的阳光照射，故称抢阳阳畦。由垒土夯实而成，一般畦框宽 1.6m，长 5.6m。

覆盖物：透明材料有塑料薄膜、玻璃；不透明材料有草苫、蒲席等。白天接受阳光照射，提高畦内温度，傍晚在透明覆盖物上再加上不透明覆盖物保温。

（2）改良阳畦：由风障、土墙、棚顶（棚架）、玻璃窗（塑料薄膜）、蒲席（草苫）等构成。

土墙高 1m，厚 50cm。棚顶由棚架和土顶组成。棚架前柱长 1.7m，桁长 1.7m。在棚架上先铺芦苇或高粱秆作为棚底，以不漏土为度，再覆盖 10cm 厚干土并用麦秸泥封固。建成后改良阳畦后墙高 93cm，前柱距土墙和南窗均为 1.3m，玻璃窗倾斜角度为 45°，跨度约 2.7m。若用塑料薄膜覆盖，可不设棚顶（图 2-2，图 2-3）。

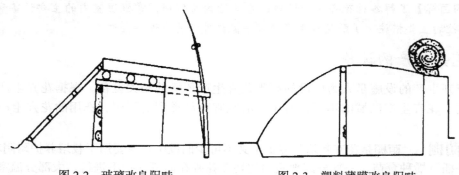

图 2-2　玻璃改良阳畦　　　　　　图 2-3　塑料薄膜改良阳畦

1.3　温床

温床是花卉栽培的常用设施，基本结构与冷床相同，除利用太阳辐射热外，还需人为加温。

温床的加温方法主要有发酵、电热线、热水、蒸汽等，应用较多的是前两种。

1.3.1　酿热温床

又称发酵温床。酿热物种类较多，发酵速度不一。在实际生产中，常将两类发酵物配合使用。按发酵速度的快慢可分为两类。

（1）快速发酵的酿热物：马粪、米糠、油饼、鸡粪、蚕粪等，此类发酵物发热快，温度高，但持续时间短。

（2）缓慢发酵的酿热物：稻草、枯草、落叶、甘薯蔓、猪粪、牛粪、有机垃圾等。此类材料发热缓慢、持续时间长，但温度不高。

酿热温床由床框、床炕、酿热物和覆盖物组成。选择向阳、背风、排水良好的场地建造，需提前把酿热物填入床内，铺 3 层，每层 15cm，每层踏实并浇温水；然后盖顶封闭，床顶加盖玻璃或塑料薄膜以呈斜面，利于阳光射入，增加床内温度；待其充分发酵，温度稳定后，再铺 10~15cm 厚基质，常用于扦插和播种育苗。

1.3.2 电热温床 主要由电加温线、控温仪、电阻等组成。电热加温主要是利用电流通过电阻大的导体，将电能转变成热能使环境增温，并保持一定温度。此法具有升温快、温度均匀、易调控的特点，是现代化控温育苗的常用方法。

温床的作用与冷床基本相同。由于其温度较高，对于较冷季节的播种育苗和扦插育苗更适宜。

1.4 塑料大棚 塑料大棚又称为温室大棚，简称大棚，是以聚乙烯或聚氯乙烯膜作为透明覆盖材料，以加钢筋棍、预制材料、竹片等硬质材料为骨架制作的简易温室。它完全依靠太阳光作为热能的唯一来源，所以其防护效果不如温室，但价廉、拆装方便，是目前花卉生产常用设施。

塑料大棚在长江以南可用于一些花卉的周年生产；在北方只是临时性保护设施，常用于观赏植物春季提前、秋季延后生产。

塑料大棚一般南北向延长，主要由骨架和覆盖材料组成，棚膜覆盖在大棚骨架上。大棚骨架由立柱、拱杆（架）、拉杆（纵梁）、压杆（压膜绳）等部件组成（图 2-4）。棚膜一般采用塑料薄膜。

根据大棚骨架材料不同，可分为竹木结构、混合结构、钢结构（图 2-5）、装配式钢管结构 4 种。

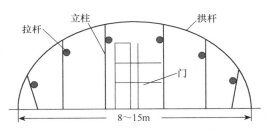

图 2-4 竹木结构塑料大棚结构示意图

图 2-5 钢结构塑料大棚

根据大棚面积大小分为塑料大棚（长 50~60m，宽 10~12m，高 2.5~3m）、塑料中棚（长 10~20m，宽 3~7m，高 1.5~1.7m）、塑料小棚（长 8~10m，宽 1.5~2.5m，高 1.0~1.2m）3 类。在小棚内作业不方便，但廉价。总体上防护效果为塑料大棚＞塑料中棚＞塑料小棚。

1.5 温室 温室（greenhouse）是以有透光能力的材料作为全部或者部分围护结构材料建成的一种特殊建筑，能够提供适宜花卉生长发育的环境条件。温室是花卉栽培中最重要同时也是应用最广泛的栽培设备。比其他栽培设备对环境因子的调节和控制能力更强、更全面，是比较完善的保护地类型。它可以调节温度、湿度、光照、CO_2 等环境因子，可以在中国大部分地区的冬季进行花卉生产栽培。

生产常用的是生产性温室，以花卉生产栽培为主，其建筑形式以适于栽培需要和经济实用为原则，不注重外形美观与否。一般建筑低矮，造型和结构都较简单，室内地面利用经济。

1.5.1 温室的分类及特点

1.5.1.1 根据加温来源分类（主要参考是否有人工热源划分）

（1）加温温室：除利用太阳热能外，还利用热水、蒸汽、烟道、电热等人为加温的方法来提高温室温度，其中前3种方法应用最为广泛，为多数中温、高温温室常用的加温方法。

（2）不加温温室：也称为日光温室，只利用太阳热能来维持温室温度，常作低温温室或冷室应用。

1.5.1.2 根据温室覆盖材料分类

（1）玻璃温室：以4～6mm厚玻璃为温室覆盖材料，为了防雹也可使用钢化玻璃。玻璃的透光度大，使用年限较久，可达20年以上。

（2）塑料薄膜温室：以各种塑料薄膜为温室覆盖材料，可用于各类温室。其透光率大于80%；传热系数较小，7.35～7.5 K 值；使用寿命1～4年；设置容易；造价低，但易燃、易老化、易污染。常用塑料薄膜材料有聚乙烯（PE）、聚氯乙烯（PVC）、线性低密度聚乙烯（LLDPE）、乙烯-乙酸乙烯共聚酯（EVA）等。

（3）硬质塑料板温室：多见大型温室，形式多为半圆形或拱形，近年来应用很普遍，尤其是聚碳酸酯板（PC）是当前温室制造应用最广泛的覆盖材料，透光率高（单层大于90%，双层、三层分别76%～80%、78%～80%）；传热系数很小（单层6.0 K 值，双层、三层分别2.9～3.1 K 值、2.7～3.0 K 值）；使用寿命10年以上；但易燃、易老化和灰尘污染。常用材料还有丙烯酸塑料板、聚酯纤维玻璃（玻璃钢，FRP）、玻璃纤维强化聚丙烯板（FRA）等。

1.5.1.3 根据建筑形式分类

（1）单屋面温室：温室只有一向南倾斜的屋面为透明层，而其北东西三面为墙体。这种温室保温性好，造价低，小面积温室多采用此类形式，尤其是北方严寒地区。但其通风差，光照不均，室内盆花需定期转盆。

（2）双屋面温室：温室有2个相等坡度的屋面为透明层，坡度一般在28°～35°，室内从日出到日落都能受到均匀的光照，又称为全日照温室。这种温室跨度大，6～10m，室内光照均匀，温度稳定，多用于南方地区使用。但其通风差，保温差，需完善通风、遮阴及温度调节设备。

（3）不等屋面温室：温室具有2个宽度不等的屋面为透明层，向南的一面较宽，向北的一面较窄，二者的比例常为4∶3或2∶1。这种温室提高了光照强度，通风好，但光照仍然不均匀，保温性不及单屋面温室，也适合作小面积温室。

（4）连栋温室：由相同结构和样式的双屋面或不等屋面温室连接而成，形成室内串通的大型温室。这种温室占地面积小，建筑费用省，采暖集中，便于机械化生产；但光照和通风差，现代温室多属于此类。

图2-6为不同建筑形式的温室示意图。

1.5.1.4 根据温度分类

（1）高温温室：室温冬季18～36℃，主要用于冬季花卉的促成栽培和栽培养护热带观赏植物，如王莲（*Victoria regia*）、热带莲、热带棕榈等。

（2）中温温室：室温冬季10～18℃，主要栽培亚热带花卉和对温度要求不高的热带

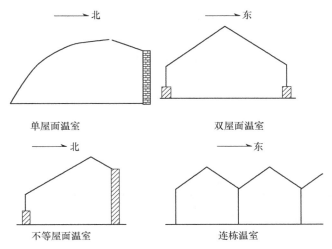

图 2-6 温室建筑形式

花卉，如热带蕨类、天南星科植物、凤梨科植物、多浆植物及中温常绿植物等。

（3）低温温室：室温冬季5～10℃，用以栽培温带观赏植物，如温带兰花、温带蕨类及低温常绿植物等。

（4）冷室（库）：室温冬季0～5℃，用于耐寒草花的生产栽培和保护不耐寒的观赏植物越冬，如常绿半耐寒植物、松柏类等。

1.5.1.5　根据建筑材料分类　　分为土结构温室、木结构温室、钢结构温室、钢木混合结构温室、铝合金结构温室和钢铝混合结构温室6种。

1.5.2　温室环境的调控及其设备　　为了获得高产、优质的花卉及按时上市，必须给花卉创造一个比较理想的温室环境，温室环境的创设需要相应的系统、设备。

1.5.2.1　加温设备　　温室加温的主要方法有热水、热风、电热、红外线加温等。

（1）热水加温：由热水锅炉、供热管道和散热设备三部分构成。此法温室温度、湿度都易保持稳定，而且室内温度均匀，湿度较高；但当不加温冷却后，不易使温度迅速升高，热力不及蒸汽力大。缺点是造价高，一次性投资较大。

（2）蒸汽加温：设备结构与热水加温相同。由锅炉加温产生热蒸汽输送到散热设备。此法可用于大面积温室，加温容易，调温容易，室内湿度比热水加温的低，易于干燥，近蒸汽管处温度高，易使附近植物受烫伤。

（3）热风加温：又称暖风加温，由加热管、风机和送风管组成。用风机将燃料加热产生的热空气，由悬吊在温室上部的塑料薄膜管吹送出来，散布在植物生长区。本加热系统温室温度分布均匀，热惰性小，易于实现快速温度调节，设备投资少。缺点是运行费用高，温室较长时，风机单侧送风压力不足造成温度分布不均。

（4）电热加温：常用于温室育苗，将电热线埋在苗床或扦插床下面，用于提高地温。此法最清洁、方便，但电能比较贵，常作临时加温措施。

温室常采用以上4种加温方法，而采暖方式和设备的选择涉及温室投资、运行成本、生产经济效益，需要慎重考虑。从地区差异上看，南方地区加温时间短，热负荷低，采用燃油式设备较好，加温方式以热风式较好；北方地区，冬季加温时间较长，采用燃煤热水锅炉比较保险，虽然一次性投资较大，但可以节约运行成本，从长远看比较合理。

1.5.2.2　保温设备　　温室通过覆盖材料散热量占总散热量的 70%，通风换气及冷风渗透造成的热量损失占 20%，通过地下传出的热量损失占 10% 左右。因此提高温室的保温性能，主要是通过增加温室围护结构的热阻，减少通风换气和冷风渗透。

（1）室外保温设备：常采用草苫、纸被、棉被、保温被进行室外覆盖。多用于单屋面温室的保温，傍晚温度下降覆盖，早晨升温时揭开。

（2）室内保温设备：主要采用保温幕。常用材料为无纺布、聚乙烯薄膜、真空镀铝薄膜等。一般设在温室透明材料的下边，白天打开进光，晚上密闭保温，可以人工、机械开启和自动控制开启。

1.5.2.3　降温设备　　温室蓄热保温均有良好的密闭条件，但密闭的同时造成高温、低二氧化碳浓度及有害气体的积累。因此，良好的温室还应具备通风降温设备。

（1）通风降温设备：包括自然通风降温和强制通风降温两种形式。自然通风是指利用顶窗、侧窗进行通风，适于高温、高湿季节通风及寒冷季节的微弱换气。强制通风系统是在温室安装排风扇，强制通风降温。

（2）蒸发降温系统：利用水蒸发带走热量来降温。目前采用的有湿帘 - 风机降温和喷雾降温两种方式。

湿帘 - 风机降温系统由湿帘箱、循环水系统、轴流风机、控制系统组成。其结构是由温室北墙（迎风区）安装湿帘，温室南墙（背风区）安装排风扇与湿帘配合使用。湿帘具有高吸水、高耐水、抗霉变、使用寿命长的优点。使用时室外热空气通过湿帘与水分进行热量交换，通过水蒸发而达到降温效果。此系统在北方使用夏季降温效果明显，但温室温度梯度明显。

喷雾降温是直接将水以雾状喷在温室中，水雾可在空气中直接汽化，吸收热量，降低温室温度。本方法降温速度快，温度分布均匀。但系统比较复杂，对设备要求很高，造价及运行费均高。

（3）遮阴降温：利用遮阳材料减少进入温室内的太阳辐射，起到降温的效果。目前使用较多的是遮阳网。根据生产的花卉种类、不同时期选择不同的遮阳网。遮阳网又根据其设置的位置分为内遮阴和外遮阴两种形式。从遮阴降温效果来看，内遮阴系统没有外遮阴效果好。

1.5.2.4　补光设备　　补光的目的一是延长光照长度，调节光周期，二是增加光照强度，满足光合作用的需要。补光的方法是用电光源补光。

用于温室补光的人工光源要有与自然光照相似的光谱成分，或类似于植物光合有效辐射的光谱；要具有一定的强度，一般为 $3 \times 10^4 \sim 5 \times 10^4$ lx，最大达 8×10^4 lx。补光量及时间以花卉种类、生长发育阶段及补光目的来定。用于温室补光的光源有白炽灯、荧光灯、高压汞灯、金属卤化物灯、高压钠灯。它们的光谱成分不同，成本不同，寿命也不同。

给长日照植物进行补光时，按产生光周期效应的有效性强弱各种光源排序如下：白炽灯＞高压钠灯＞金属卤化物灯＝冷白色荧光灯＝低压钠灯＞汞灯。

除用电光源外，还可以在温室北墙内涂白或加设反光板将光线反射到温室中后部，使温室后部花卉生长健壮。

1.5.2.5　遮光设备　　遮光的目的是缩短日照时间，用于利用光周期处理调控花期。常采用黑布、黑色塑料薄膜和双层结构的遮光幕（一面白色反光，一面黑色）等材料，可以铺设在设施的顶部或四周，或者覆盖于植物外围的支架上。

1.5.2.6　施肥系统　　温室生产中常利用缓释性肥料和营养液施肥。无土栽培中广泛应用营养液施肥系统。施肥系统分为开放式（不回收废液）和循环式（回收废液，处理后再利用）两种。施肥系统常由贮液槽、供水泵、浓度控制器、酸碱控制器、管道系统、传感器组成。营养液施肥系统常与自动灌溉系统结合使用。

1.5.2.7　灌溉设备　　是温室必不可少的设备。目前常见的有人工浇灌、喷灌、滴灌、渗灌等。人工浇灌是较原始的浇灌形式，无法精确控制水量，水分利用率低。喷灌和滴灌、渗灌多为机械化或自动化灌溉，常用于规模化花卉生产。

滴灌系统由贮水池、过滤器、水泵、注肥器、输入管道、滴头和控制器组成。

喷灌系统有固定式喷灌和移动式喷灌，固定式喷灌是喷头固定于一个位置进行浇灌，温室中常用倒挂式喷头；移动式喷灌常用于专业育苗温室，将带喷头的双臂吊挂于温室上部，机械操控使其沿轨道滑行，从而浇灌温室中所有植株。

渗灌是将带孔的管道埋于地下 10～30cm 处，通过渗水孔将水送到植物根区，借土壤孔隙毛细管作用自下而上湿润土壤。优点是不冲刷土壤、省水，灌水质量高，温室空气湿度低；缺点是土壤表层湿度低，造价高，管孔堵塞时检修困难。

另外欧美国家还常采用湿垫灌溉（mat watering）、潮汐式灌溉系统（ebb-and-flood system）等。

1.5.2.8　二氧化碳施肥设备　　即在现代化温室中配备二氧化碳发生器，结合二氧化碳浓度检测和反馈控制系统进行二氧化碳施肥，施肥浓度一般为 600～1500μl/L。二氧化碳施肥能促进花卉的生长和发育，提高品质，提高抗性。

1.5.2.9　温室气候控制系统　　是现代化大型温室必须具备的设备。按对环境控制的程度不同有 4 种形式。

（1）自动调温器：只调控温度。

（2）模拟控制系统：利用温度调温器或电子传感器收集环境温度信息来驱动信号放大器和电子逻辑电路。该系统控制效果较好，可以和更多环境控制设备协调使用，全方位控制温室各环境因子。但扩展性差，不适于有多个种植区分区的温室。

（3）计算机控制系统：计算机微处理器代替了模拟控制系统的放大器和逻辑电路，计算机将各传感器的信息进行综合分析，并确定运行各种设备控制环境条件。该系统可控制协调更多的设备，操作简单。但增容性差，适用于简单的反馈控制。该控制系统适用于中等规模温室生产。

（4）计算机环境管理系统：该系统可协调控制各种环境控制设备，包括肥水管理系统。该系统扩展性强，可提供花卉生长发育的最适环境条件，但造价高。

2　花卉栽培容器及机械

2.1　栽培容器　　现代花卉种苗生产及盆花栽培均需要大量不同的容器。利用容器育苗具有很多优点：可以机械播种，提高生产效率；护根效果好，在起苗、运苗和定植过程中根系受损轻微；具有移动性，可以根据需要置于适宜的环境条件下；可有效控制土壤病虫害的传播；运输方便，能够立体多层摆放，适宜长距离运输。而盆花栽培作为一种栽培、应用形式向来是花卉业生产的主要内容。不同的花卉种类，不同的生产方式，不同的生产目标，不同的投资成本，选择的容器不同。

2.1.1 育苗容器

（1）育苗盘：一般为塑料材质、长方体浅盘、下面有条形排水孔的育苗盘，一般进行工厂化生产（图2-7）。种苗生产规模较小的可以自己钉作硬木板的育苗盘。塑料材质质轻，但透气性弱。

（2）穴盘：为专业化生产，长方形，根据花卉种类及育苗方法选择穴孔大小、形状不同的穴盘。现在生产的穴盘有32、40、50、72、128、200、288、406等不同穴数规格的穴盘。只培育籽苗的选择200穴或288穴，培育生长量大的种苗选择32穴、40穴、50穴的，育生长量中等或作为一次移苗的选择72穴、128穴（图2-8）。

图2-7　育苗盘

图2-8　穴盘

穴盘可用于培育播种苗、扦插苗，也可用于小苗的移植。穴盘育苗由于其种苗独立、根系完整、移栽成活率高、缓苗迅速、适合大规模专业化生产而越来越得到广泛应用。

（3）育苗钵：上口直径6～12cm的塑料育苗容器称为育苗钵。现在生产中常用的为软质塑料育苗钵。育苗钵可用于播种苗、扦插苗的培育或移植。

（4）播种盆：又称浅子盆，多为素烧盆，黏土烧制。盆的口径较大，直径一般30～40cm；较浅，12～15cm高；排水孔较大，3～5个。为传统播种育苗的容器，透气性好。

2.1.2 栽培容器

（1）素烧盆：又称瓦盆，黏土烧制。质地粗糙、排水良好、透气，价格较低。口径大小不同，盆高不同。由于其观赏性欠佳，不宜室内盆花装饰直接使用。常用于生产。

（2）陶瓷盆：为上釉盆，常有不同颜色、花纹。外形美观，各种形状。盆壁透气性差。常作室内装饰用。

（3）塑料盆：塑料质地，常见有白色、紫砂红色等，白色塑料盆外经常有花纹。质轻价廉。透气性差。可作室内装饰用，也可作花坛用花生产、摆放。

（4）紫砂盆：江苏宜兴产的花盆，用朱砂泥、紫泥或团山泥烧制。紫砂盆精致美观，透气性不如素烧盆，造价高。一般用于室内名贵盆花或树桩盆景。

（5）木盆或木桶：用质地坚硬不易腐烂的材料如红松、杉木、柏木等制成。一般做成较大体量的盆或桶，用于栽培大型盆花。现在塑料或玻璃钢质也有大型花盆生产。

（6）水养盆：专用于水生花卉盆栽，盆底无排水孔，盆面较大而浅。以陶质或瓷质为多。

（7）种植槽：种植槽主要用于花卉的无土栽培，用来盛放栽培基质或溶液，形状大小可根据花卉种类及生长时间而定，槽底有可以开闭的排水孔，肥水可以通过栽培槽向花盆底部渗灌。种植槽常与潮汐式灌溉配合使用。

2.2　生产机械

花卉生产的机械多种多样，其中灌溉设备、施肥设备在温室中已详述。另外我国常见花卉生产的机械主要是播种机械和上盆机械。

2.2.1　播种机械

2.2.1.1　混料填料设备　对育苗的基质混合并装填到穴盘中。

2.2.1.2　播种机　是机械化播种最主要的设备，常见的分为5类。

（1）真空模板型播种机：手工操作的真空模板型播种机是人工将种子撒播于带有孔穴的模板上，在真空吸附下每个孔穴吸附一粒种子，然后将真空盘放到管子模型上（或直接放穴盘上）。人工切断真空气源后，种子通过下种管下落至孔穴中，完成播种。本种类型也有机械化程度极高的机型，适用种子范围广，播种速度也较快。

（2）复式接头真空型播种机：这种机械的播种头一般为一排吸种嘴或吸种针，通过真空将种子吸附到吸种嘴上，每次播一排，穴盘再向前移动一格。种子大小不同，播种针的接头不同。

（3）电眼型播种机：也称计数播种机，是利用电子眼技术将种子以计数方式分拣出来并送入穴盘。这类播种机无需更换播种模板，复式播种接头或滚筒可播种大小、形状各异的种子，但播种速度较慢。

（4）真空滚筒型播种机：使用带孔滚筒来进行播种。工作原理是利用真空将种子从种子斗中吸出，随后关闭真空气源，种子下落至穴盘。此播种机速度、精度均较高，但不同滚筒适播大小不同的种子和穴盘。

（5）真空锥形筒型播种机：是利用锥形筒模板和真空装置进行操作，当锥形筒模板在真空的作用下发生倾斜时，种子自然倒入锥形筒内，位于下面的穴盘传递系统正好将穴盘推至锥形筒下方，然后锥形筒在真空作用下打开，种子下落到穴孔中。

2.2.2　上盆机

上盆机又称装盆机、花卉自动化上盆机、盆栽植物上盆机、自动盆栽装盆机，是机械化上盆的设备，机械化上盆可以提高上盆一致性，实现自动化和半自动化操作，种植时的人为损伤少，减少用工数量，可在短时间内完成大量上盆和换盆的工作。

按上盆机的工作流程，上盆机可包括培养基质（俗称土料）储存与输送装置、培养基质提升装置、装盆主盘旋转装置、花盆存储与分离装置、钻土装置与出盆分离装置。

【**实训指导**】花卉栽培设施考察。

目的与要求：通过实地考察花卉栽培设施，了解花卉生产主要的设施种类及其作用，初步掌握温室内的主要环境控制系统及环境调控的措施。

内容与方法：①根据学校基地及附近花卉生产设施情况安排学生参观各种花卉设施、设备，详细了解设施设备的应用情况、作用；学生分组记录，撰写实训报告，一般5～10人一组；②按调查教学法组织该项调查内容的实施，包括上交与审核调查方案，调查工作的开展，调查内容的总结与成果汇报，该项目的成绩考评等。

实训结果及考评：每组提交实训报告，要求报告中包括考查方案或计划、结果、结果分析，提出考察过程中存在问题及改进建议。项目考评包括方案、结果汇报时的组内学生互评成绩、全班学生互评成绩、教师综合评价成绩，各占一定比例构成综合成绩。

【相关阅读】

1．DB11/T 291—2005．日光温室建造规范．

2．GB/T 18621—2002．温室通风降温设计规范．

3．GB/T 18622—2002．温室结构设计荷载．

4．GB/T 19165—2003．日光温室和塑料大棚结构与性能要求（转化为行业标准JB/T 10594—2006）．

5．GB/T 19561—2004．寒地节能日光温室建造规程（转化为行业标准 JB/T 10595—2006）．

【复习与思考】

1．了解花卉保护地栽培的含义、作用、历史及发展趋势。

2．掌握各类温室的特点和设计建造依据。了解温室环境的调控及调控设备。

3．掌握常用的保护地类型及特点。

【参考文献】

包满珠．2003．花卉学．2 版．北京：中国农业出版社．

北京林业大学园林学院花卉教研室．1988．花卉学．北京：中国林业出版社．

刘燕．2008．园林花卉学．2 版．北京：中国林业出版社．

邹志荣．2002．园艺设施学．北京：中国农业出版社．

花卉栽培与管理

一二年生花卉的栽培管理

【任务摘要】一二年生花卉是园林绿地中布置形式灵活多变、色彩鲜艳美丽、用于人工群落下层的常用种类，是进行规则式布置的主体花材，也是室内小型观花盆栽的主要种类。本任务需要掌握一二年生花卉生产、管理的知识与技能，重点掌握常见、常用的露地一二年生花卉的生态习性、栽培管理要点、观赏与应用。教学以重点花卉种类能生产、会应用为目标。

【学习目标】掌握各类花卉的生长发育规律及生态习性，能够根据其共性知识结合个性特点了解常见草本花卉的发育特点和对环境的要求并能应用于栽培管理。能够进行常见花卉的栽培管理，了解其观赏特点，能够识别200种以上的草本花卉。

1 一二年生花卉的生长发育规律及生态习性

1.1 一二年生花卉的生长发育过程及规律

1.1.1 一二年生花卉的生长发育过程

1.1.1.1 一二年生花卉的生长发育 花卉是有生命的有机体，它的生长发育具有一定的规律性，并要求适宜的环境条件。遗传基因和花卉的生态环境共同决定了植物的生长发育过程。要栽培花卉必须首先了解、掌握其生长发育的规律，然后满足它对环境条件的要求，使之正常生长发育，才能达到观赏的目的。由于植物的种类不同，它们的生长发育类型和对外界环境条件的要求也不相同。目前，国际上采用的先进的光照生产、遮光处理、种子与球根的低温处理等技术措施，均是在充分了解和掌握了花卉的生长发育特点的基础上制订的栽培措施，从而大大提高了花卉生产的经济价值和观赏价值。因此，了解和掌握花卉的生长发育规律是花卉工作者首要的任务，也是进行栽培和应用的理论基础。

花卉的生长，表现为茎叶数量和体积的增加，即处于营养生长阶段。发育则意味着个体经过营养生长阶段后呈现生长停滞，生长点的分生组织发生质的变化，分化形成了花芽，出现了花器官，进而开花、结果，即进入生殖生长阶段。

花卉的生长发育规律表现为：

（1）在花卉的一生中既有生命周期的变化，也有年周期的变化。一年生花卉其年周期即生命周期。草本花卉其观赏特点主要根据其年周期变化来体现，生命周期变化较小。

（2）不同种类的花卉生命周期的长短差距很大。一般花木类生命周期从数年至数百年，如牡丹的生命周期可达300～400年之久，草本花卉的生命周期短的只有几日（短命菊），长至一年、二年、数年。

（3）个体发育中多数种类均经历种子休眠和萌发、营养生长、生殖生长三大时期，不同时期对环境因子的要求各不相同。

（4）花卉年周期中有两个明显阶段：生长期、休眠期。不同花卉的原产地条件极为复杂，年周期的情况有很多变化，休眠期的类型和特点多种多样：一年生花卉春天萌芽、当年开花结实后死亡，仅有生长期的各时期变化，年周期即为生命周期，较短而简单；二年生花卉秋播后，以幼苗状态越冬休眠或半休眠，多数宿根和球根花卉则在开花结实后，地上部枯死，地下贮藏器官形成后进入休眠越冬或越夏。常绿的多年生花卉，在适宜的环境条件下，几乎周年保持生长而无休眠，如万年青（*Rohdea japonica*）、麦冬（*Ophiopogon japonicus*）等。

（5）不同花卉花前成熟期长短不同，一般草本花卉的花前成熟期短，木本花卉的较长。花前成熟期差异很大，有的短至数日，有的长至数年甚至几十年。瓜叶菊（*Senecio cruentus*）播种后经 6 个月能开花，牡丹播种后 3～4 年甚至 4～5 年才能开花，有些木本观赏树更长，可达 20～30 年，如欧洲冷杉为 25～30 年。一二年生花卉花前成熟期较短，如矮牵牛，在短日照条件下，于子叶期就能诱导开花；不同品种间花前成熟期具明显差异，据德国的 W·拉杰实验，在同样条件下发芽后同时进行短日照处理，红景天（*Rhodiola rosea*）'Goldland' 品种花前成熟期的平均对生叶数为 11.3，而 'A. Graser' 则为 4.2，后者花前成熟期很短；唐菖蒲早花品种种植后 90d 开花，而晚花品种需要 120d。

1.1.1.2　一二年生花卉的个体发育过程　　一二年生花卉完整的生命过程包括：在适宜的环境条件下种子萌发，长出根和芽，继而长出茎和叶；而后幼苗向高生长，茎增粗，部分种类出现分枝，叶片数量和叶面积增大；在一定条件下，出现花蕾继而开花，花谢后结实，产生新的种子；然后植株死亡。即经过种子萌发→幼苗生长→开花→结实→死亡的个体发育过程。种子成熟后，大多数花卉均有不同程度的休眠期。有的花卉休眠期较长，有的较短，甚至没有休眠期。休眠状态的种子代谢水平低，如保存在冷凉而干燥的环境中，可以降低其代谢水平，保持更长的种子寿命。

植物的生长和发育不同，营养生长与生殖生长之间存在着相互促进和相互制约的关系。在花或果实形成以前，植株必须具有较大的同化面积，才能保证其正常的生长和发育。

种子萌发向下形成根系，草本花卉的根系在土壤中分布较浅，一二年生花卉相对于宿根花卉和球根花卉则更浅，主要分布于土壤表面以下 30cm 以内，因此一二年花卉抗旱能力较弱。地下根系在土壤中的分布情况取决于该物种的根系类型、繁殖方法和根系的环境条件。大多数草本花卉的根系只有伸长生长没有增粗生长。

植株的地上部分主要是茎的伸长和增粗或产生分枝，草本花卉的茎不发生木质化或木质化程度低。植物生长的规律表现为慢—快—慢的历程。

植物生长到一定程度受内外环境的影响转为生殖生长。营养生长和生殖生长是植物生长周期的两个阶段，营养生长是生殖生长的基础。营养器官充分生长，达到成花感受态，接受所需的外界条件的刺激后成花，开始花芽分化，然后开花、结实。

多数花卉在贮藏器官形成后有一个休眠期（营养休眠期，与种子休眠不同），二年生花卉及多年生花卉均有休眠期，有的是自发的休眠（生理休眠），大多数是被迫休眠，遇到适宜的温度、光照及水分条件即发芽或开花。二年生花卉在秋季播种后幼苗经过营养生长的旺盛时期，然后会进入一个短暂的休眠期，第二年春天又开始旺盛生长，为开花结实打下基础。一年生花卉没有营养器官的休眠期。

1.1.2　花芽分化　　大部分园林花卉的观赏对象是花，植物花芽的多少和质量的高低，不但直接影响观赏效果，而且影响花卉产业的种子生产。因此，了解和掌握各种花卉的花芽分化时期和规律，确保花芽分化顺利进行，对花卉栽培和生产具有重要的意义。当前普遍应用的促成与抑制栽培就是在正确地掌握每种花卉的生长规律和花芽分化规律后，制订相应合理栽培技术的结果。

1.1.2.1　花芽分化的理论　　随着花卉生产和应用的发展，对开花植物花芽分化的机制研究日渐深入，有关的报道和理论研究也很多，但到目前只有碳氮比学说和成花素学说被普遍接受。但这两个学说也不能完全概括或解释植物花芽分化的过程和表现。

（1）碳氮比学说：植物体内含碳化合物含量与含氮化合物含量的比例，即 C/N，决定了植物是生长还是成花。只有当碳、氮化合物含量均充足，枝叶的生长量达到一定水平时，才能正常开花结实。一般地，当含碳物质含量多于含氮物质时，植株便开花，当含碳物质含量低于含氮物质时，植株不开花或开花延迟。

但有一些植物如短日性植物，短日照下成花加速，但它们的体内 C/N 值不一定增加，这与上述结论不一致，因此 C/N 不能普遍影响成花。

（2）成花素学说：该学说认为花芽分化是以花原基的形成为基础，而花原基的发生则是由于植物体内各种激素趋于平衡所导致。形成花原基以后的生长发育速度，主要受营养和激素、环境因素影响。综合有关研究和报道，目前广泛认为，花原基的发生与植物体内的激素有重要关系，但至今未提取出成花素，有关其机制未搞清楚，有待进一步探讨和研究。

无论哪种学说，植物的花芽分化均必须在内（组织分化基础、物质基础）、外（环境条件）条件综合作用下产生。物质条件是首要的因素，激素和外界环境因子是重要条件。

1.1.2.2　花芽分化的时期　　植物营养生长达到一定程度，通过春化阶段及光照阶段后进入生殖阶段。了解各种花卉花芽分化的确切时期，不论是以观赏还是收获种子为目的，均有指导意义。

顶花芽的分化需要在新梢停止生长以后，或单子叶植物抽叶停止，先端不再形成叶片，而是形成顶芽，此时顶芽外部形成鳞片，芽中央形成花芽原基和苞叶，如枇杷（*Eriobotrya japonica*）、瑞香（*Daphne odora*）。对于多年生木本植物，一般须在新梢生长停止的 3～4 周以后开始，而草本植物可能这个时期的间隔要短得多。

侧生花芽分化的程序是由枝基部最先开始，然后按枝上节位的顺序先后进行。花芽分化前，枝条往往已停止生长，并且常在侧芽形成不久，约需经过一定时间才开始花芽分化。花芽分化时间依植物种类和气候条件而不同，同一品种在同一地区，每年花芽分化时期大致接近，这样才会出现在相同纬度地区同一植物有类似的开花期。

花芽分化整个过程分为生理分化期、形态分化期、性细胞分化期。三者顺序不可改变，而且缺一不可。

1.1.2.3　花芽分化类型　　由于花芽开始分化的时间及完成分化全过程所需时间的长短不同，不同品种、生态条件、栽培技术也使花芽分化时间不同。根据花芽分化时期及年周期内分化次数可分以下几种类型。

（1）夏秋分化类型：花芽一年分化一次，于 6～9 月高温季节进行，至秋末花器的主要部分已分化完成，其性细胞的形成必须经过一定时间的低温，因此第二年早春或春天开花。秋植球根花卉进入夏季后于球根休眠期进行花芽分化。

（2）冬春分化类型：原产温暖地区的某些木本花卉及一些园林树种多属此类。特点是分化时间短并连续进行，冬春分化花芽，或只在春季温度较低时进行。一些二年生花卉和春季开花的宿根花卉仅在春季温度较低时期进行，如金盏菊（*Calendula officinalis*）、紫罗兰、雏菊、三色堇（二年生草花花芽分化是在冬季低温阶段以后于早春长日照下开始，鸢尾属植物在冬季低温时形成花芽，9～13℃最适宜，春季开花）。

（3）当年一次分化一次开花的类型：一些当年夏秋开花的种类，在当年茎顶端形成花芽，如夏秋开花的宿根花卉萱草、菊花等和紫薇（*Lagerstroemia indica*）、木槿、木芙蓉（*Hibiscus mutabilis*）等。

（4）多次分化类型：一年中多次发枝，每次枝顶均能形成花芽并开花，如茉莉、月季、倒挂金钟、香石竹等四季开花的花木及宿根花卉、花芽分化时期较短的一年生花卉等。这些花卉通常在花芽分化和开花过程期间营养生长仍继续进行。一年生花卉的花芽分化时期较长，只要在营养生长达到一定大小时，即可分化花芽而开花，并且在整个夏秋季节气温较高时期，继续形成花蕾而开花。

（5）不定期分化类型：每年只分化一次花芽，但无一定时期，只要达到一定的叶面积就能开花，主要视植物体自身养分的积累程度而异，如凤梨科和芭蕉科的某些种类及万寿菊、百日草等。

无论哪种类型，在某种特定的环境条件下，某一花卉其花芽分化的时期有相对集中性和稳定性，也有一定的时期范围。了解某类花卉或某种花卉花芽分化的时期对于花卉生产、管理均有重要意义。

1.2 生态因子对一二年生花卉的影响
花卉与其他植物一样，赖以生存的主要环境因子有温度（气温与地温）、光照（光的组成、光的强度和光周期）、水分（空气湿度与土壤湿度）、土壤肥料（土壤组成、物理性质及土壤 pH 等）、大气及生物因子等。花卉的生长发育除取决于本身的遗传特性外，还取决于外界环境因子。因此，花卉栽培的成功与否，取决于对环境因子的调控。正确了解和掌握花卉生长发育与外界环境因子的主要关系，是花卉生产和应用的关键。

1.2.1 温度对一二年生花卉的影响
温度是影响花卉生长发育最重要的环境因子之一，温度的高低直接或间接影响着花卉的分布、生长发育及植物体内的一切生理变化。

1.2.1.1 温度三基点
每一种花卉的生长发育，对温度都有一定的要求，都有温度的"三基点"，即最低温度、最适温度和最高温度。最低温度是指花卉开始生长所需的最低温度值；最高温度是能维持正常生命活动的最高温度值。对特定的花卉种类或品种而言，只有当温度处于最低温度和最高温度之间时，才能正常生长。当温度低于最低温度时，光合作用减弱，生理功能失调，生长缓慢，甚至萎蔫而死；当温度高于最高温度时，花卉光合作用受阻，呼吸作用增强，生长缓慢，甚至死亡。最适温度是指花卉生长发育迅速而良好，健壮、不徒长的温度范围。

花卉种类不同，原产地气候型不同，温度的"三基点"也不同。原产热带的花卉，生长的基点温度较高，一般在 18℃开始生长；原产温带的花卉，生长基点温度较低，一般 10℃左右开始生长；原产亚热带的花卉，其生长的基点温度介于二者之间，一般在 15～16℃开始生长，如热带水生花卉王莲的种子，须在 30～35℃水温下才能发芽生长，仙人掌科的蛇鞭柱属多数种类，则要求 28℃以上高温才能生长。原产温带的芍药，在北京冬季−10℃下，地下部分不会枯死，次春 4℃左右即能萌动出土。一般来说，花卉的最适生长温度为 25℃左右，在最低温度到最适温度范围内，随着温度升高而生长加快；当超过最适温度后，随着温度升高生长速度反而下降。绣球花在 18～25℃生长最好，超过30℃会出现生长不良现象，在 10℃左右停止生长，进入休眠。

各种花卉的最适温度不同，如瓜叶菊、仙客来、天竺葵为7～13℃，月季、百合、石榴为13～18℃，牡丹为20～25℃，茉莉花为25～35℃。

花卉生长发育的不同阶段，其最适温度有一定的变化。例如，一年生花卉，种子萌发的最适温度较高，幼苗期则稍低，从幼苗期到开花结实，最适温度逐渐增高。而二年生花卉，种子萌发最适温度较低，幼苗期更低，否则不能通过春化阶段，开花结实阶段的最适温度要稍高于营养生长阶段。最适温度随光照强度的大小也有变化。

1.2.1.2　积温的概念及意义

（1）积温的概念：积温是指某一时段内逐日平均气温累积之和，它是衡量花卉生长发育对热量条件要求和评价热量资源的重要指标，单位为℃·d。花卉在一定的温度范围内，要达到一定的温度总量才能健壮生长。不同种类的花卉对积温要求不同，取决于花卉的生态习性、生长期长短等。例如，月季从现蕾到开花需要积温300～400℃·d，杜鹃则需要600～750℃·d。

在一定的温度范围之内，当其他环境条件基本满足的情况下，花卉发育速度主要受温度的影响，花卉完成某一发育阶段所需的积温基本上是一定的。这就是积温理论，又称为积温学说。

积温学说可以归纳为三个方面：①在其他因子基本满足的前提下，温度因子对花卉生长发育期起主导作用；②花卉开始生长发育要求一定的下限温度；③完成全生育期或某个生长发育期要求一定的积温。

温度对花卉生长发育的影响包括温度强度和持续时间两个方面。英国Monteith认为积温的实质是由温度对于生物的有效性加权后的累积时间度量。对于某一植物，其生长的下限温度为0℃，出苗到开花要求600℃·d，如生长期间日平均温度为15℃时，出苗到开花需40d，在20℃时则只需30d。温度低则生长发育慢，温度高则生长发育快。

（2）积温的种类及意义：积温有两种，即活动积温和有效积温。

活动积温：每种花卉都有一个生长发育的下限温度（或称生物学起点温度），这个下限温度一般用日平均气温表示。低于下限温度时，花卉便停止生长发育，但不一定死亡。高于下限温度时，花卉才能生长发育。高于生物学下限温度的日平均气温值称为活动温度。例如，某天日平均气温为15℃，某花卉生长下限温度为10℃，则当天的活动温度就是15℃。把花卉某个生育期或全部生育期内活动温度的总和，称为该花卉某一生育期或全生育期的活动积温。

有效积温：活动温度与生物学下限温度之差，称为有效温度。也就是说，这个温度对花卉的生育才是有效的。花卉某个生育期或全部生育期内有效温度的总和，为该花卉这一生育期或全生育期的有效积温。

例如，短日照的象牙红从开始生长到形成花芽需要10℃以上的活动积温1350℃，它在高于20℃气温环境中仅需两个多月就能形成花芽并开花，而在15℃的环境中需3个月才能形成花芽。荷花现蕾期的有效积温为505～520℃，初花期的有效积温为580～610℃。

积温在花卉生产上的应用，其主要用途有以下几个方面。

第一，积温是花卉与品种特性的重要指标之一。在种子鉴定上标明该花卉品种从播种到开花、成熟所需的积温，可以为引种与品种推广提供重要的科学依据，避免引种与推广的盲目性。

第二，作为物候期预报、收获期预报、病虫害发生发展时期预报等的重要依据。根据杂交育种、制种工作中父母本花期相遇的要求，或根据花卉上市、供花期的要求，可用积温来推算适宜播种期或栽植期，对于促成和抑制栽培很有意义。

第三，积温是热量资源的主要标志之一。可以根据积温的多少，确定某花卉在某地能否正常开花、结果，并预计能否高产优质。此外，通过积温分析可为各地确定种植制度提供依据。

1.2.1.3 温度对一二年生花卉生长发育的影响

（1）温度对花卉分布的影响：不同的气候带有不同的植被类型，也分布着不同的花卉。例如，气生兰类分布于热带、亚热带；百合类分布于北半球温带；仙人掌类分布于热带、亚热带干旱地区、沙漠地带或森林。

不同海拔也分布着不同花卉：雪莲、各种龙胆、杜鹃、报春分布在高海拔地区；金莲花分布在海拔 1800m 左右；翠菊分布在 800～1000m 的海拔。

花卉依耐寒性的不同分为以下几类。

耐寒性花卉：原产于温带和寒带的二年生花卉及宿根花卉。抗寒力强，在我国的寒冷地区露地越冬，能耐 0℃ 以上温度，甚至 −10～−5℃ 的低温，如三色堇、诸葛菜（*Orychophragmus violaceus*）、金鱼草、蛇目菊（*Coreopsis tinctoria*）、蜀葵、玉簪、一枝黄花（*Solidago canadensis*）等。

半耐寒性花卉：原产于温带较暖处，北方冬季加防寒才能越冬，如金盏菊、紫罗兰。一般秋季露地播种育苗，早霜到来之前移于阳畦中，保护越冬；春季晚霜后定植于露地。春季冷凉气候迅速生长，初夏较高温度下开花，炎热时期死亡，如三色堇、金鱼草等。

不耐寒花卉：原产热带、亚热带，生长期间要求高温，不能忍受 0℃ 以下的温度，其中部分甚至不能忍受 5℃ 以下的温度。这类花卉生长发育只能在无霜期内进行。

一年生花卉及不耐寒的多年生花卉属此类。温室花卉为不耐寒花卉，原产热带或亚热带，依生长适温的不同可以将其分为三类。

a. 高温温室花卉：大多原产于热带地区，具较高的耐热能力。生长期间要求 15～30℃ 的温度，有些甚至在 45℃ 时仍能旺盛生长。但耐寒性极差，冬季要在 12℃ 以上的温室中才能安全越冬，如洋兰、变叶木（*Codiaeum variegatum*）、鸡蛋花（*Plumeria* var. *acutifolia*）、红桑（*Acalypha wikesiana*）、花叶万年青（*Dieffenbachia picta*）等。花叶万年青和洋兰的最适温度为 25～35℃。

b. 中温温室花卉：大多数原产于亚热带地区，其上限温度、下限温度和最适温度均低于高温花卉，一般在 10℃ 以下时停止生长，不耐 5℃ 以下的低温，如蒲包花、大岩桐（*Sinningia speciosa*）、彩叶草、仙客来等。

c. 低温温室花卉：大多原产于亚热带地区的北缘，生长的上限温度、下限温度和最适温度均明显较低，越冬温度不低于 0℃，如苏铁（*Cycas revoluta*）、蒲葵（*Livistona chinensis*）、山茶、杜鹃、兰花类等。

（2）温度影响花卉的生长发育、生存状况：任何一种花卉都在一定的温度范围内才能生存并进行生长发育。在最适温度下，花卉生长发育最好，当温度偏离最适温后，花卉生长发育受阻，严重时花卉不能开花结实。在花卉的最低温度、最高温度以外，每种花卉还有温度的冷死点、热死点，是花卉植株的生存极限温度，超过此温度，花卉不能生存。不同的花卉生存温度不同，这主要取决于原产地的极端温度。这也在一定程度上决定了自然条件下花卉适宜的栽植区域和不同地区人们对它的栽培应用方式。

不同类型花卉适宜温度不同，这与原产地气候有关。高山花卉最适生长温度10℃，可在0℃或以下生长；温带植物最适生长温度为25～30℃，可在5℃或40℃生长；热带亚热带花卉最适生长温度30～35℃，可在10～45℃生长。

不同种或品种、同一种或品种的园林花卉在不同生长发育阶段对温度的要求可能不同。但同一类花卉通常有相似的温度要求。一年生花卉整个生长发育期均需要较高的温度，二年生花卉则需要较低的温度，一二年生花卉种子萌发阶段温度高于幼苗生长和开花阶段。花卉的一切生长发育均受温度的影响。

（3）温度影响花卉的生长速度：花卉在最适温度时生长速度最快。但某种花卉的最适温度不是固定不变的，随花卉生长发育的诸多环境因子的相互作用而变，随季节和地区而变，随花卉的生理年龄和生长发育阶段而变。

自然界中温度具有周期性变化和非周期性变化。花卉具有一定的适应能力，一定范围的温度变化不会对花卉生长发育造成影响。

欲使花卉生长迅速，应有适宜的昼夜温差。白天的温度应在光合作用的最佳温度范围内；夜间的温度，则宜尽量降低至呼吸作用较弱的温度区间内，以增大有机物的积累，加快植株的生长。昼夜温差较大利于花卉的生长发育，积累的有机物质较多。不同花卉种类昼夜适温值不同，如彩叶草白天最适温度是23～24℃，夜间适温是16～18℃；香豌豆白天17～19℃，夜间9～12℃。原产不同气候带的花卉，其昼夜温差要求也不相同，一般热带植物昼夜温差为3～6℃；温带植物为5～7℃；沙漠地区原产的植物如仙人掌类为10℃以上。

近年来，国外（主要是美国）在可控环境栽培理论方面提出差温这一概念，即差温＝昼温－夜温，并在花卉生产中推广应用，对控制株高效果较好。研究发现植物的株高受差温控制，从正差（昼温＞夜温）至零差（昼温＝夜温），对植株起矮化作用；零差至负差（昼温＜夜温），则使植株更矮。其规律是：①植物株高的矮化，可用降低昼温，提高夜温来实现；而植株的增高，可用提高昼温、降低夜温的方法取得。②差温不影响植株的节数和叶数。③对差温敏感的花卉有一品红、倒挂金钟、天竺葵、矮牵牛、牡丹、菊花、百合、蔷薇等；对差温不敏感的花卉有郁金香、风信子、桔梗、水仙等。差温可在一定程度上代替矮化剂。在保持相同的日平均温度条件下，采用不同的差温组合，可产生几组不同株高而同时开花的植株，满足不同应用的需要。差温的应用不是差值越大越好，差值过大，会造成生长不良、缺绿等现象。差温的使用也有一定的局限性，夏季炎热季节即难以进行。这一理论和技术仍有待进一步研究和完善。

（4）温度影响花芽分化和发育：花芽分化和发育是植物生长发育的重要阶段，温度对花芽分化和发育起着重要作用。不同原产地的花卉或不同特性的品种要求的温度不同。

高温季节进行花芽分化：一些木本花卉在6～9月气温高的夏秋季进行花芽分化，入秋后进入休眠，经过一定低温后结束或打破休眠而开花，如杜鹃、山茶、梅、桃（*Prunus persica*）、樱花（*Prunus serrulata*）、牡丹等。一年生花卉、宿根花卉中在夏秋季开花的种类及球根花卉的大部分种类，在较高的温度下进行花芽分化。春植球根花卉在夏季生长期进行花芽分化；而秋植球根花卉在夏季休眠期进行花芽分化。唐菖蒲植株长到3～4片叶时开始花芽分化，6～7 片叶时花芽分化终止，花芽分化最适温度为 17℃。郁金香的花芽分化始于 7 月初，8 月中旬结束；温度在 15～20℃时分化最快，1 个月即可完成整个分化过程。

低温下进行花芽分化：有些花卉在低温条件下花芽分化，如金盏菊、雏菊等。原产温带中北部的高山花卉，需要在 20℃以下的凉爽条件下进行花芽分化。

还有部分花卉，只有经过一段时间的低温刺激，才能促进花芽形成和花期发育，这一过程称为春化阶段，而使花卉通过春化阶段的这种低温刺激和处理过程称为春化作用。典型的二年生花卉花芽分化需要春化作用，如果没有低温条件或低温时间不够，则不能开花，如紫罗兰，一般品种是在 8～10 枚叶片，经过 20d 左右的 10℃低温通过春化。

根据花卉对低温值要求的不同，可将花卉分为以下 3 种类型。

a. 冬性植物：这一类植物在通过春化阶段时要求低温值为 0～10℃，能够在 30～70d 的时间内完成春化阶段。在近于 0℃的温度下进行得最快，如月见草、毛地黄、鸢尾、芍药。

b. 春性植物：这一类植物在通过春化阶段时要求低温值为 5～20℃，完成春化阶段所需时间为 5～15d，如一年生花卉和秋季开花的多年生草花属于此类。

c. 半冬性植物：在上述两种类型之间。有许多种类，在通过春化阶段时，对于温度的要求不甚敏感，这类植物在 3～15℃，15～20d 通过春化阶段。

花芽发育：温度对花芽发育的阶段也有一定的影响。温度对花芽发育从外部形态到内部结构都有显著的影响：温度越高，花芽发育越快，开花越早；但温度超过一定范围，就会不同程度地抑制花芽发育，造成高温伤害；随着温度的升高，花粉粒发育速度加快，雌性败育趋势增加。大多数种类花卉花的发生、花芽分化和花芽伸长所需的温度基本一致，但是秋植球根类花卉花芽分化最适温度与花芽伸长的最适温度常不一致。例如，郁金香花芽分化的适温为 20℃左右，花芽伸长的温度为 7～9℃。

（5）温度影响花卉的休眠与萌发。

a. 影响种子的休眠与萌发：任何花卉种子的萌发都需要适宜的温度，在一定的温度范围内才能萌发。部分种类的种子需要低温完成其休眠，这类种子自然条件下靠自然界低温满足其种子低温的条件，但是在温室中栽培则需要人为满足其低温要求，从而使之正常萌发生长。部分种子变温利于其萌发。

b. 影响宿根花卉芽的休眠和萌发：在本项目任务二中详述。

c. 影响球根的休眠和萌发：在本项目任务三中详述。

（6）温度影响花色：温度对花卉的花色也有一定的影响，不同的花卉适应不同的温度。较高的温度使喜温花卉的花色艳丽，如荷花；但会使大部分花卉尤其是喜低温花卉的花色暗淡，如春季开花的三色堇、金鱼草、虞美人（*Papaver rhoeas*）等，花期遇 30℃以上高温时，花量减少，花朵色彩暗淡；秋菊开花时遇气温偏高，粉红及橙色品种花色暗淡。稍低的温度能使多数花卉花色鲜艳且维持较长时间。

一般凉爽而不过于偏低的气温宜于大多数花卉开出鲜艳的花朵，而且维持时间较长。常见的寒冷地区栽植的植物如菊花、翠菊及其他草花，在北方比在南方地区开得浓艳。

开花时气温过低，不仅花色不鲜艳，而且还影响花朵固有的色彩特征，尤其花瓣为白色、浅色品种，白色中会带有杂色。例如，秋菊花期遇到低于 16℃或更低的气温时，白色花瓣带有粉红色，黄色花瓣带有红铜色。月季霜后开花也有这种情况。

很多花卉随着温度的升高和光强的减弱其花色变浅，如月季、大丽花，在高温条件下栽培颜色变浅，冷凉处变艳；樱草在20℃左右开粉红色花，30℃左右开纯白花。

（7）温度影响花香：多数香花植物开花时遇气温较高、日照充足，花朵芳香浓郁。例如，茉莉花以7～8月开花的"伏花"香味最纯，"春花"最差。白兰花6～7月开花的花朵香味比春花和秋花更浓。荷花也是伏花芳香最佳，早花、秋花香味较淡。

很多不耐高温的芳香植物，开花期集中于春季、秋季或冬季，夏季花量少，香味淡，如玫瑰的'墨红'品种，春花香气最浓，夏花香气最淡。

花朵芳香的浓淡受开花当时温度的影响，其原因是那些参与各种芳香油形成的酶类的活性与温度有关。

1.2.1.4　温度的调节　　为了满足花卉对温度的要求，生长季尽量使花卉处于最适温度以利于生长发育。必要时可以调节环境温度。温度调节措施包括防寒、保温、加温、降温。常用的防寒措施是于地面覆盖秸秆、落叶、塑料薄膜、设置风障等；在生产上常采用棚膜、玻璃、覆盖物、保温幕等设施加温；采用锅炉、暖气管道、热风炉、电热线等设施加温；常采用灌溉、松土、叶面喷水、设置荫棚等措施来降温。此外，要善于利用具体应用地点的小气候、小环境的局部温度差异，创造花卉适宜的生长环境。

露地一年生花卉为了提前花期常需要温室或塑料大棚、温床等保护地育苗，或者是早春在露地搭建小拱棚提前育苗。露地二年生花卉较耐寒种类在寒冷地区可以采用畦面覆盖（草帘、秸秆等）越冬，耐寒能力较差的种类则需要在阳畦中保护越冬。温室的一二年生花卉在寒冷季节或地区则需要在保护地完成整个栽培管理过程。

1.2.2　光照对一二年生花卉的影响　　光照是绿色植物生产的必需条件，它是叶绿素的形成、光合作用的能源。光照随地理纬度、地形、坡向的改变而改变，也随季节和昼夜的不同而变化。而光照强度、光质、光照长度的变化，都能对花卉的形态结构、生理生化、生长发育产生深刻影响。

1.2.2.1　光照强度对花卉的影响　　光照强度是指单位面积上所接受可见光的能量，常以照度勒克斯（Lux，lx）表示。光照强度常随纬度的增加而减弱，随海拔的升高而增强。一年中以夏季光照强度最强，冬季最弱；一天中以中午光照最强，早晚光照最弱。

（1）不同的花卉对光照强度要求不同：由于对原产地光照条件的适应性，不同的花卉对光照的需求不同。依据花卉对光照强度要求的不同分为以下几类。

阳性花卉：该类花卉必须在完全的光照下才能正常生长，不能忍受遮阴，否则生长不良。很多原产于热带及温带平原上、高原南坡及高山阳面的花卉为阳性花卉。这类花卉包括大部分露地栽培的一二年生花卉、宿根花卉、球根花卉、木本花卉及仙人掌、景天科等多浆植物，如鸡冠花、百日草、千日红（*Gomphrena globosa*）、荷花、芍药、唐菖蒲、仙客来、月季、一品红（*Euphorbia pulcherrima*）、仙人掌、长药八宝景天（*Hylotelephium spectabile*）等。

阴性花卉：该类花卉要在适度荫蔽下才能生长良好，不能忍受强烈的直射光，喜漫射光，生长期间要求有50%～80%遮阴度的环境条件。多原产于山背阴坡、热带雨林、山沟溪涧、林下或林缘，如蕨类、苦苣苔科、姜科、秋海棠科、鸭跖草科、天南星科花卉，以及玉簪、石蒜、大岩桐等。

中性花卉：对光照强度的要求介于阳性花卉与阴性花卉之间。一般喜欢阳光充足，但在微阴下也生长良好，如萱草、桔梗、耧斗菜（*Aquilegia vulgaris*）、红花酢浆草（*Oxalis rubra*）等。

在园林应用和花卉生产时，要根据不同花卉对光照强度的要求，在不同的区域选择适宜的种类，或提供给花卉适宜的光照强度。例如，在林下或建筑物的北侧，适宜配植玉簪等阴性花卉，在侧面可以选择三色堇、一串红等具有一定耐阴能力的花卉；室内光照充足的空间可以选择阳性花卉装饰。

一般花卉的最适需光量为全日照的50%～70%，多数花卉在50%以下的光照时生长不良。就一般花卉而言，20 000～40 000lx已可达到生长、开花的要求。在夏季平均照度可达50 000lx，一半的照度即为植物所需的最适照度，过强的光照强度会使植物同化作用减缓。

（2）光照强度影响部分种子的萌发：多数花卉的种子萌发只需要适宜的温度、水分、氧气，对光照没有要求，因此播种后覆土主要起到保温保湿作用，其覆土厚度由种子粒径决定。但有些花卉种子需要一定的光照刺激才能萌发，称好光性种子，如报春花、秋海棠、非洲凤仙（*Impatiens wallerana*）等，这类种子播种后不需覆土或稍覆土即可。有些花卉种子萌发需要在黑暗条件下，在光照下萌发受抑制，通常称为嫌光性种子，如仙客来、黑种草（*Nigella damascena*）等。光对种子萌发的影响是通过影响其体内的光敏素实现的。

（3）光照强度影响花卉的形态建成和营养生长：花卉在暗处生长，幼苗形态异常，表现为黄化现象；光照弱，茎叶发黄、节间长、含水量高、茎尖弯曲、叶片小而不开展。但是只要接受每天4～10min的弱光即可使以上现象消失。这种由低能量的光调节的植物生长发育过程称为光形态建成（photomorphogensis）。光在其中起信号作用，与光合作用中的角色有本质不同。

光照强度不同，不仅直接影响光合作用的强度，而且影响一系列形态上和解剖上的变化。光照充足，则光合作用旺盛，制造的糖分多，花卉体内积累有机营养多，花卉植株生长发育健壮，花芽多，花大，色艳，香气浓；光照不足，不能满足其光合作用的需要，营养器官发育不良，花卉植株瘦弱、干长，节间延长，叶片变大变薄，花芽少，花色淡，香气不浓；光照过强，花卉枝叶枯黄或灼伤，叶片增厚，生长停止，甚至死亡。

（4）光照强弱对花朵的开放和闭合有直接影响：据观测，半支莲、午时花（*Pentapetes phoenicea*）、郁金香、酢浆草（*Oxalis corniculata*）必须在强光下开花；月见草、紫茉莉、晚香玉傍晚光照减弱时花朵才绽放，香气更浓；昙花（*Epiphyllum oxypetalum*）需在夜间开花；牵牛常在早晨阳光初照时开放。

（5）光照强度影响花色：充足的光照，不仅能使植物开花正常，而且花朵也更为鲜艳，多数花朵喜欢在阳光下开放，植物缺少阳光，不仅花色较差，甚至开花也困难。

一些耐阴性花卉，不宜在直射光下生长和开花，尤其在强光下暴露过久，花朵色彩和芳香都会受到影响，甚至花朵过早凋萎，如兰花、杜鹃。

紫红色花是由于花青素的存在而形成的，花青素必须在强光下才能产生，在散射光下不易形成，如春季芍药的紫红色嫩芽及秋季红叶均为花青素的颜色。

光照强度对矮牵牛某些品种的花色有明显影响，Harder等的研究中指出：具蓝、白复色的矮牵牛花朵，其蓝、白部分比例不仅受温度影响，还与光强和光的持续时间有关。用不同光强和温度共同作用下的实验结果表明：随温度升高，蓝色部分增加，而随光强增大则白色部分变大。

1.2.2.2　光照长度对花卉生长发育的影响　　光照长度是指一天中日出到日落太阳所照射的时间。昼夜长短交替变化的规律，称为光周期。植物对光照长度发生反应的现象，称光周期现象。植物在发育上，要求不同光照长度的这种特性，与它们原产地光照长度有关，是植物系统发育过程中对环境的适应。光照长度是每种植物赖于开花的必需因子。除开花外，植物的其他生长发育过程，如种类分布、休眠、球根的形成、节间的伸长、叶片发育及花青素的形成等都与光照长度有一定的关系。

（1）光照长度与花卉的分布：日照长度的变化随纬度而不同，花卉的分布也因纬度而异。因此，日照长度也必然与花卉分布有关。

低纬度的热带、亚热带地区、赤道附近，由于全年日照几乎均等，昼夜几乎为12h，原产该地区的花卉属短日植物；而离赤道较远的高纬度地区，夏季日照渐长，黑夜缩短，冬季日照渐短，黑夜渐长，所以原产该地区的花卉必然为长日植物，即长日照植物花卉分布在南北温带，短日花卉常分布在热带、亚热带。

（2）光照长度对花卉成花的影响：由于原产地不同，花卉成花过程对光照长度的要求不同。依据它们成花时对光照长度的要求分为以下几类。

长日照花卉：每天的光照长度必须长于一定的时数（临界日长）才能形成花芽和开花的花卉。如果在发育期不能提供这一条件，就不会开花或延迟开花，许多在春、夏季开花的花卉，属于长日照花卉，如唐菖蒲、金鱼草、紫罗兰、鸢尾、天人菊（*Gaillardia pulchella*）、藿香蓟等。

短日照花卉：每天的光照时间长度必须短于一定的时数才能进行花芽分化和开花的花卉。这类花卉在长日照条件下花芽难以形成或分化不足，不能正常开花或开花少。多数在秋季、冬季开花的花卉属于短日照花卉，如波斯菊（*Cosmos bipinnatus*）、金光菊（*Rudbeckia laciniata*）、一品红、秋菊、牵牛花、金莲花（*Laburnum anagyroides*）等。一品红和秋菊是典型的短日照花卉，它们在夏季长日照的环境下只进行营养生长而不开花，入秋以后，日照时间减少到10～11h，才开始进行花芽分化。

日中性花卉：花芽的形成和开花对光照时间长短不敏感，只要温度适合，营养生长正常，一年四季均可开花。大多数花卉属于此类。

（3）光照长度影响一些花卉的营养繁殖：光照长度影响部分花卉的营养繁殖。在长日照条件下，落地生根属植物叶缘上易产生小植株，虎耳草叶腋易抽生出匍匐茎；而一些球根花卉（如大丽花、球根秋海棠）的块根、块茎易在短日照条件下形成。

（4）光照长度对休眠有影响：多数温带花卉遇长日照，促进营养体生长，遇短日照抑制生长和促进休眠芽形成。

对于冬休眠花卉，短日照促进地下贮藏器官形成，促进休眠，如唐菖蒲、美人蕉、晚香玉、大丽花、荷花等。相反地，长日照是解除植物冬休眠的因素之一。对于夏休眠花卉，长日照诱导休眠，短日照有解除休眠的作用。

1.2.2.3　光质对花卉生长发育的影响　　光质即光的组成，是指具有不同波长的太阳光谱成分。太阳光波长主要为150～4000nm，其中可见光（红、橙、黄、绿、青、蓝、紫）波长为380～770mm，占太阳总辐射的52%，不可见光中红外线占43%，紫外线占5%。不同光谱成分对植物生长发育的作用不同。

在可见光范围内，大部分光波能被绿色植物吸收利用，其中红光吸收利用最多，其次是蓝紫光。绿光大部分被叶子所投射或反射，很少被利用。研究表明，红光、橙光有利于植物碳水化合物的合成，加速长日照植物的发育，延迟短日照植物发育。相反，蓝紫光能加速短日照植物发育，延迟长日照植物发育。蓝色有利于蛋白质的合成，而短光波的蓝紫光和紫外线能抑制茎的伸长和促进花青素的形成，紫外光还有利于维生素 C 的合成。

太阳光照射植物时，有直射光和散射光，晴天的光照由直射光和散射光组成，阴天时只有散射光。直射光所含紫外线比例大于散射光，对防止徒长、使植株矮化的效用较大。一般高山上紫外线较强，能促进花青素的形成，所以高山花卉的色彩比平地的艳丽。

花卉在生活环境中受光质影响较大，在高原、高山地区，阳光充足，蓝紫光及紫外光含量多，因此高原、高山的花卉具形态矮小、茸毛发达、叶绿素增加，体内花青素、类胡萝卜素、维生素 C 丰富、花色艳丽等特点。许多阴性花卉所处的自然环境中大多数是阴暗、潮湿，只有散射光，光谱中短波成分很少，红、黄光成分比较多，所以叶色青翠、嫩绿，但花朵色泽远不如阳性花卉那样鲜艳。阳性花卉的生长环境多具直射光，有较多的蓝紫成分，利于形成和积累较多的有机物质和色素物质。室内培育的花卉常不如露地栽培的花卉色彩艳丽，除光照强度偏弱外，还与室内光谱中紫外光成分较少，红光及其他中波段光较多有关。

1.2.2.4　光的调节　　栽培花卉时，温室内的光照强度调节可以使用遮阳网和电灯来实现，目前作为补光的光源有白炽灯、荧光灯、高压水银光灯、高压钠灯等。光照长度的调节可使用黑布或黑塑料布遮光减少日照时间，用电灯延长日照时间。

根据不同光质对花卉生长发育的不同影响，可以人为地调整和改善光质，满足花卉对光质的需要，从而使花卉正常生长发育。例如，室内培育花卉，可应用人工光源，各种有色塑料薄膜及各种温室玻璃瓦，以达到某种花卉对某种、某些光质需要的目的。

1.2.3　水分对一二年生花卉的影响　　水分是花卉植物生长发育的基础。种子发芽、幼苗生长、开花结实都离不开适量的水分。水为植物体的重要组成部分，也是植物生命活动的必要条件。植物生活所需要的元素除碳和少量氧气外，都来自含在水中的矿物质，被根毛吸收后供给植物体的生长和发育。光合作用也只有在水存在的条件下，光作用于叶绿素时才能进行。

1.2.3.1　不同花卉对水分的要求　　花卉种类不同，需水情况有很大差异，这与原产地的降水量及其分布有密切关系。为适应环境的水分状况，植物体在形态结构和生理机能上产生了相应的变化，形成不同的水分代谢类型。可分为如下 4 类。

（1）旱生花卉：多原产于热带干旱、沙漠地区，耐旱性强，对干燥的空气、土壤有较强的忍受能力。其特点是叶片较小或退化变针刺状，或肉质化；表皮层角质层加厚，气孔下陷；叶表面具厚茸毛及细胞液浓度和渗透压增大等，这样大大减少植物体水分的蒸腾。同时该类花卉根系都比较发达，能增强吸水力，从而更增强了适应干旱环境的能力，如仙人掌类、景天类、龙舌兰（*Agave americana*）、酒瓶兰（*Nolina recurvata*）、芦荟（*Aloe vera* var. *chinensis*）等。在栽培管理中，应掌握宁干勿湿的浇水原则，防止水分过多造成烂根、烂茎而死亡。

（2）湿生花卉：多原产于热带雨林中或山涧溪旁，喜湿润的空气和土壤，不耐干旱。喜光的如水仙、燕子花（*Iris laevigata*）、马蹄莲、花菖蒲（*Iris ensata* var. *hortensis*）等；喜阴的如海芋（*Alocasia indica*）、龟背竹、春羽（*Philodenron selloum*）、蕨类、凤梨类等。在养护中应掌握宁湿勿干的浇水原则。

（3）中生花卉：多原产于温带地区，对于水分的要求及形态特征介于旱生花卉和湿生花卉两者之间，既不耐干旱又不耐水湿，如一串红、菊花、唐菖蒲、非洲菊等。栽培管理中浇水要掌握见干见湿的原则。一二年生花卉大多属于此类。

（4）水生花卉：通常是指在水中或沼泽地、低洼地中生长的花卉。根或茎具有发达的通气组织，生长期间要求有大量的水分存在，如荷花、睡莲、凤眼莲（*Eichhornia crassipes*）、千屈菜（*Lythrum salicaria*）等。

不同花卉对水分的需求不同，同时其耐旱能力也不同。花卉的耐旱性与花卉的原产地、生活型、形态及所处的生长发育阶段有关。一般一二年生花卉由于其根系较浅耐旱能力较弱，球根花卉次之，宿根花卉相对较强。

1.2.3.2　水分对花卉生长发育的影响

（1）同一种花卉在不同生长时期对水分的需要量不同：种子发芽期，需要较多的水分，以便透入种皮，有利于胚根的抽出，并供给种胚必要的水分。种子萌发后，在幼苗状态时期因根系弱小，在土壤中分布较浅，抗旱力极弱，必须保持表土适度湿润。苗期为培育壮苗，应适当控制浇水量，降低土壤湿度防止徒长。营养生长旺盛期，需给予充足的水分。水分不足会使花卉处于凋萎状态，表现为叶色变淡发黄，叶面起皱而无光泽，叶柄软瘪，叶子整片下垂、萎蔫。水分过多会导致叶色发黄、植株徒长、易倒伏、易受病菌侵害，易导致徒长。另外，水分过多还会使土壤空气不足，根系正常生理活动受到抑制，影响水分、养分的吸收，严重时会使根系窒息死亡。

（2）水分对花芽分化的影响：土壤水分含量影响花卉的花芽分化。花芽分化期，适当控制水分供应，抑制花卉的营养生长，促进花芽分化。在花卉栽培中利用控制水分促进花芽分化的应用很普遍。梅花的6月"扣水"就是在6月控制水分供给，使新梢顶端自然干梢，叶面卷曲，停止生长而转向花芽分化；广州的盆栽年橘就是在7月控制水分，使之花芽分化、开花结果而获得。开花期内，土壤水分应保持适当，水分少则开花不良，花期变短；水分过多会引起落花落蕾。开花时空气湿度应适当，利于花粉自花药中散出，正常授粉。种子成熟时，要求空气干燥，可促进种子成熟。

（3）水分影响花色：花朵组织内含有适量的水分，才能显示出各种植物品种固有的美丽色彩，而且花色也能维持得较为长久。水分缺失时花色常常变深，花色不滋润，如蔷薇科的花朵，当高温供水不足时，其白色花瓣会变成乳黄色，淡红色花瓣变成深红色。

在花卉栽培中，过干过湿均对花卉生长发育不利，水分不足时，呈现萎蔫现象，叶片及叶柄下垂，尤叶片较薄的花卉更易显露出来。中午由于叶面蒸发量大于根的吸水量，常呈暂时萎蔫现象，此时若使它在温度较低、光照较弱和通风减少的条件下，就能较快恢复过来；若长期处于萎蔫状态，老叶及下部叶子先脱落死亡，进而整株死亡。多数花卉干旱时虽然所显症状没有上述明显，但植株各部分由于木质化的增加，使其表面粗糙而失去叶子的鲜绿色泽。水分过多时，植株表现极似干旱，这是由于水分过多使一部分根系遭受损伤，同时由于土壤中缺乏空气，使根系失去正常的作用，吸水量减少，而呈现生长不正常的干旱状态。水分过量，还易使植株徒长，易倒伏，易患病。

（4）空气湿度对花卉的影响：花卉可以通过气孔或气生根直接吸收空气中的水分，这对于原产热带和亚热带的花卉，尤其是附生类花卉极为重要。对于大多数花卉来说，空气湿度主要影响花卉的水分蒸发。

　　不同的花卉对空气湿度要求不同。原产热带雨林的观叶植物要求空气湿度大，如附生植物、部分蕨类植物、苦苣苔类植物、凤梨科植物、气生兰类，在原产地附生于树的枝干上或生于岩壁上，吸收树干、空气、云雾中的水分；原产于沙漠地区的仙人掌类花卉要求空气湿度小。一般花卉要求 65%～70% 的空气湿度。空气湿度过大会使枝叶徒长、植株柔弱，易感病虫；也会造成落花落果。空气湿度过小，会使要求高空气湿度的花卉叶色暗淡，没有光泽，花卉易产生红蜘蛛等病虫害，也会使花色变浓。

1.2.3.3　水分调节

　　（1）土壤水分的调节：园林中可以依靠自然降水和各种排灌来满足花卉对水分的要求。还可以通过改良土壤质地来调节土壤持水量。根自土壤中吸收水分受土温的影响，不同植物间也有差别。原产热带的花卉在 10～15℃ 才能吸水，原产寒带的花卉甚至在 0℃ 以下还能吸水，多数室内花卉要求 5～10℃。土温越低植物吸水越困难。

　　（2）空气湿度的调节：空气湿度对花卉的生长影响很大。许多花卉要求 60%～90% 的空气相对湿度，室内常通过空中喷雾和地面洒水以提高空气湿度，通过开窗、排风扇来降低空气湿度。

　　（3）水质的调节：水质对花卉的影响也至关重要。清洁的河水、池塘水较适合浇花。生产中主要使用自来水浇花，对一般的自来水，可先晾水，使氯气挥发，同时改变水温，对花卉生长有利。大多数花卉适合 pH 为 6.0～7.0 的水。对于碱性水，可以用有机酸中的柠檬酸、乙酸，无机酸中的正磷酸、磷酸，酸性化合物硫酸亚铁等进行酸化来降低 pH。含盐量高的水，需要特殊的水处理设备加以净化处理，使水中可溶性含盐量（EC 值）小于 1.0mS/cm 后浇花为好。

1.2.4　土壤对一二年生花卉的影响

土壤是植物生命活动的场所，是花卉栽培的重要基质。土壤除对花卉有固定支持作用外，主要向花卉提供所需的营养元素、水分和氧气。土壤质地、物理性能和酸碱度都能影响花卉的生长发育。

1.2.4.1　土壤性状与花卉的关系

　　（1）土壤质地：土壤矿物质为土壤组成的最基本物质，其含量不同，颗粒大小不同所组成的土壤质地也不同。通常按照矿物质颗粒粒径的大小将土壤分为砂土类、黏土类及壤土类 3 种。

　　砂土类：含沙粒较多，土壤质地较粗，土粒间间隙大，土质疏松，通透性强，排水良好。但保水保肥性差，土温升降迅速，昼夜温差大，有机质含量少，肥劲强但肥力短。常用作培养土的配制成分和改良黏土的成分，也常用作扦插用土、播种基质或栽培球根花卉和耐旱的多肉植物。

　　黏土类：含黏粒多，土壤质地较细，土粒间隙小，通透性差，排水不良但保水性强；含矿质元素和有机质较多，保肥性强且肥力也长；土温昼夜温差小，早春土温上升慢，花卉生长较迟缓，尤其不利于幼苗生长。除少数喜黏性的花卉外，绝大部分花卉不适应此类土壤，常与其他土类配合使用。

　　壤土类：壤土中各种土粒的比例适宜，大小居中，土壤质地均匀，性状介于砂土与黏土之间，有机质含量较多，通气透水性能好，保水保肥能力强，土温比较稳定，适宜多数花卉的生长，是比较理想的花卉栽培用土。

　　（2）土壤酸碱度：土壤酸碱度一般指土壤溶液中的 H^+ 的浓度，用 pH 表示。土壤

pH 多为 4~9。土壤酸碱度与土壤的理化性质、微生物的活动、有机质和矿物质元素的含量密切相关，因而也直接影响着花卉的生长发育。我国南方多数土壤表现为弱酸性或酸性，北方多数土壤表现为弱碱性或碱性。原产于不同地区的花卉对土壤酸碱度的要求不同，大多数花卉在 pH 6.0~7.0 的土壤中均能生长良好。只有少数花卉能适宜强酸性（pH 4.5~5.5）和碱性土壤（pH 7.5~8.0）土壤。依据花卉对土壤酸碱度的要求，可将其分为以下 4 类。

强酸性花卉：要求土壤 pH 为 4.0~6.0，碱性土壤影响铁离子吸收，使花卉缺铁，叶片发黄，如杜鹃花、山茶、栀子（*Gardenia jasminoides*）、八仙花（*Hydrangea macrophylla*）、兰科花卉、凤梨科植物、蕨类植物等。

酸性花卉：要求土壤 pH 为 6.0~6.5，如仙客来、百合、秋海棠、朱顶红、蒲包花、一品红、倒挂金钟、茉莉、石楠（*Photinia serrulata*）、棕榈（*Trachycarpus fortunei*）等。

中性花卉：要求土壤 pH 为 6.5~7.5，绝大多数花卉均属此类。土壤过酸或过碱均影响花卉的生长，如月季、菊花、牡丹、芍药、一串红、鸡冠花、半枝莲、凤仙花、君子兰等。

碱性花卉：要求土壤 pH 为 7.5~8.0。土壤过酸影响花卉生长，如丝石竹（*Gypsophila elegans*）、天竺葵、非洲菊、蜀葵、玫瑰、白蜡（*Fraxinus chinensis*）、紫穗槐（*Amorpha fruticosa*）等。

表 3-1 列出了部分花卉适宜的土壤酸碱度。

表 3-1 部分花卉适宜的土壤酸碱度

花卉名称		适宜 pH
中文名	拉丁名	
藿香蓟	*Ageratum conyzoides*	5.0~6.0
金鱼草	*Antirrhinum majus*	6.0~7.0
香豌豆	*Lathyrus odoratus*	6.5~7.5
金盏花	*Calandula officinalis*	6.5~7.5
桂竹香	*Cheiranthus cheiri*	5.5~7.0
紫罗兰	*Matthiola incana*	5.5~7.5
雏菊	*Bellis perennis*	5.5~7.0
勿忘草	*Myosotis sylvatica*	6.5~7.5
三色堇	*Viola tricolor*	6.3~7.3
石竹	*Dianthus chinensis*	7.0~8.0
紫菀	*Aster tataricus*	6.5~7.5
香堇	*Viola odorata*	7.0~8.0
野菊	*Dendranthema indica*	5.5~6.5
风信子	*Hyacinthus orientalis*	6.5~7.5
百合	*Lilium brownii*	5.0~6.0
水仙	*Narcissus tazetta* var. *chinensis*	6.5~7.5
郁金香	*Tulipa gesneriana*	6.5~7.5
美人蕉	*Canna indica*	6.0~7.0

续表

花卉名称		适宜 pH
中文名	拉丁名	
仙客来	*Cyclamen persicum*	5.5～6.5
孤挺花	*Amaryllis vittata*	5.0～6.0
大岩桐	*Sinningia speciosa*	5.0～6.5
文竹	*Asparagus plumosus*	6.0～7.0
四季报春	*Primula obconica*	6.5～7.0
紫鸭趾草	*Setcreasea purpurea*	4.0～5.0
倒挂金钟	*Fuchsia hybrida*	5.5～6.5
蟆叶秋海棠	*Begonia rex*	6.3～7.0
蹄纹天竺葵	*Pelargonium zonale*	5.0～7.0
盾叶天竺葵	*Pelargonium peltatum*	5.5～7.0
八仙花	*Hydrangea macrophylla*	4.0～4.5
兰科植物	*Orchidaceae*	4.5～5.0
凤梨科植物	*Bromeliaceae*	4.0
蕨类植物	*Filices*	4.5～5.5
仙人掌科	*Cactaceae*	5.0～6.0

在适宜酸碱度范围的土壤中，花卉能生长良好，花卉所需要的养分在土壤中有效性最高，有利于花卉吸收利用。土壤过酸或过碱会直接影响矿质元素的溶解度，使某些元素为不可吸收的状态，对花卉的生长不利。

此外，土壤酸碱度对某些花卉如八仙花的花色变化也有重要影响，在 pH 较低时，花呈蓝色，pH 较高时，花呈粉红色。

（3）土壤有机质：土壤有机质是指土壤中以各种形式存在的含碳有机化合物。主要分布在土壤表层，占土壤容积的 0.5%～5%，是土壤养分的主要来源，对土壤的理化性质、生物特性、肥力状况都有很大影响。有机质含量高低是衡量土壤肥力大小的一个重要标志。主要来源是植物残体和根系及施入的各种有机肥。

土壤有机质所含营养元素不仅丰富而且全面，既有碳、氮、硫、磷、钾、钙、镁、铁、硅，还有微量元素硼、铜、锌、钼、钴、锰等。土壤中的有机质经过土壤微生物的分解矿化，可成为被植物根系吸收利用的有效养料，主要有 3 种存在状态：新鲜有机质、半分解有机质、腐殖质。腐殖质是一种有机胶体，有巨大的吸收代换能力和缓冲性能，对调节土壤的保肥性能及改善土壤酸碱性有重要作用。因此有机质含量高的土壤肥力平稳持久，保肥性能强，蓄水通气性也强。

园林绿地土壤有机质含量较低，一般低于 1%，土壤结构性差。

（4）土壤微生物：土壤中微生物数目极大，大多集中在植物根系附近，有细菌、真菌、放线菌、藻类原生动物、病毒噬菌体等，以细菌最多。土壤微生物可将有机物和无机物分解为植物根系可以吸收利用的状态；有些微生物能合成胡敏酸、吲哚乙酸等物质，可刺激植物的生长；有些细菌可使土壤中的有毒物质无毒化。同时，土壤中少数病原菌，可侵入植物体引起病害；在通气不良情况下，一些土壤微生物会使植物可利用的肥分变成不可利用状态，并能产生对植物有害的物质。土壤中有益微生物越多，土壤中可利用的肥分越多，土壤越肥。

1.2.4.2 一二年生花卉对土壤的要求 一二年生花卉要求排水良好的砂质壤土、壤土及黏质壤土，在重黏土及过度轻松的土壤上生长不良，适宜的土壤是表土深厚、地下水位较高、干湿适中、富含有机质的土壤。夏季开花的种类最忌干燥的土壤，要求灌溉方便；秋播花卉如金盏花、矢车菊（*Centaurea cyanus*）、羽扇豆（*Lupinus micranthus*）等以表土深厚的黏质壤土为宜。

1.2.4.3 土壤性状调节

（1）土壤质地改良：在花卉栽培中常使用秸秆、树皮、木屑、刨花、木片等材料沤制的有机肥和泥炭来改良土壤的理化性质。现在新型土壤改良剂发泡塑料颗粒、尿醛树脂也在推广应用，其吸水性强，可以促进土壤的团粒化过程。

（2）土壤酸碱度的调节：测定土壤酸碱度（pH）的最粗略方法是用试纸法。精确测量使用土壤酸度计。

降低土壤 pH 可以采用在土壤中施入细硫黄粉、硫酸亚铁，浇施矾肥水、施用腐熟有机肥等措施。pH≤5.5 的土壤，可施用细生石灰中和酸性。pH≤6 的土壤可用草木灰等综合酸性。

1.2.5 空气成分对一二年生花卉的影响 大气组成成分复杂，各种成分在花卉的生长发育中起着不同的作用。

1.2.5.1 氧气对花卉生长发育的影响 空气中的氧气是植物呼吸作用所必需的。空气中的氧气含量对花卉的生长需要能充分满足，但土壤中氧气含量比大气要低得多，通常只有 10%～12%，特别是质地黏重、板结、性状结构差、含水量高的土壤，常因氧气不足，植株根系不发达或缺氧而死亡。各种花卉的根系多数有喜氧性，花卉盆栽选用透气性好的瓦盆最好。栽培管理中常通过松土使土壤保持团粒结构，空气可以透过土层，使氧气达于根系，以供根系呼吸。

大多数花卉种子都需要土壤含氧量在 10% 以上才能发芽良好，土壤含氧量在 5% 以下时，许多种子不能发芽。例如，牵牛花种子有湿度就能发芽，而大波斯菊、翠菊、羽扇豆的种子如果浸泡于水中，因为缺氧而不能发芽。

1.2.5.2 二氧化碳对花卉生长发育的影响 二氧化碳是绿色植物光合作用的主要原料。空气中二氧化碳的浓度对光合强度有直接影响。有实验证明，当二氧化碳浓度从 0.03%增加到 0.3% 时，植物的光合作用随之增加，有利于植物生长发育；当进一步增加到 3%时，则光合作用停止。如果空气流通不畅，二氧化碳的浓度低于正常浓度 80% 时，就会影响光合作用正常进行。露地花卉的栽培株行距或盆花栽培摆放的密度不要太密，应留有一定的风道进行通风。在保护地栽培时，常因覆盖而使设施内的二氧化碳浓度降低，因此在温室栽培条件下，可通过二氧化碳施肥技术，提高二氧化碳的含量，达到提高产量和品质的目的。但花卉种类繁多，栽培设施也多种多样，究竟施用多大浓度既安全又能增加光合作用强度，需进行实验。人体对二氧化碳的安全极限为 0.5%，因此人为施用二氧化碳的浓度绝对不能近于 0.5% 的安全极限。二氧化碳具体施用浓度一般以阴天

500～800mg/L，晴天 1300～2000mg/L 为宜。此外还应根据气温高低、植物生长期的不同而有所区别。温度较高时，二氧化碳浓度可稍高些；花卉在开花期、幼果膨大期对二氧化碳需求量较多。

1.2.5.3 氮气对花卉生长发育的影响 空气中含有 78% 以上的氮气，但它不能直接为多数植物所用，只有借豆科植物及某些非豆科植物根际的固氮根瘤菌才能将其固定成氨或铵盐。土壤中的氨或铵盐经硝化细菌的作用转变为亚硝酸盐或硝酸盐，才能被植物吸收，进而合成蛋白质、构成植物体。

1.2.5.4 有害气体对花卉生长发育的影响 空气中除去正常成分外，常因人为因素增加一些有毒有害的气体而污染大气。大气污染对花卉的毒性，一方面取决于有毒气体的成分、浓度、作用时间及当时其他环境因子；另一方面，取决于花卉对有毒气体的抗性。对花卉生长发育有毒有害的气体主要有以下几种。

（1）二氧化硫（SO_2）：是我国当前最主要的大气污染物，对花卉的危害也较严重。主要由煤、石油一类化石燃料的燃烧而产生的有害气体。当空气中二氧化硫含量增至 0.002% 甚至 0.001% 时，便会使花卉受害，浓度越高，危害越严重。危害方式为二氧化硫从气孔浸入叶部组织，使细胞内叶绿体破坏，组织脱水并坏死。受害症状表现为在叶脉间发生许多褐色斑点，使组织脱水，叶片焦枯。受害严重时，致使叶脉变为黄褐色或白色。

花卉种类不同，对二氧化硫抵抗能力不同，常发生不同的症状。综合一些报道材料，对二氧化硫抗性强的花卉有美人蕉、金盏菊、百日草、晚香玉、鸡冠花、大丽花、玉簪、酢浆草、凤仙花、扫帚草（Kochia scoparia）、石竹、菊花、醉蝶花（Cleome spinosa）、广玉兰（Magnolia Grandiflora）、紫叶李（Prunus var. atropurpurea）、桂花、海桐（Pittosporum tobira）等；抗性弱的有美女樱、麦秆菊（Helichrysum bracteatum）、福禄考、硫华菊（Cosmos sulphureus）、瓜叶菊、樱花、木瓜（Chaenomeles sinensis）等。

（2）氟化氢（HF）：主要来源于炼铝、磷肥、搪瓷、玻璃、有色金属冶炼等厂矿地区。氟化氢首先危害植株的幼芽和幼叶，使叶尖和叶缘出现淡褐色至暗褐色的病斑，然后向内扩散，以后出现萎蔫现象。氟化氢还能导致植株矮化、早期落叶、落花及不结实。不同花卉对氟化氢的抵抗能力不同，对氟化氢抗性强的花卉有葱兰（Zephyranthes candida）、木芙蓉、棕榈、大丽花、天竺葵、万寿菊、山茶、秋海棠、丁香、小叶女贞（Ligustrum quihoui）等；抗性弱的有玉簪、锦葵（Malva sinensis）、凤仙花、郁金香、唐菖蒲、万年青、杜鹃、海棠（Malus spectabilis）、碧桃（Prunus duplex）等。

（3）氯气（Cl_2）：来源于某些化工厂的废气，聚氯乙烯树脂原料不纯所制成的塑料薄膜也会放出少量氯气。杀伤力比 SO_2 大，能很快破坏叶绿素，使叶片褐色、漂白、脱落。初期伤斑主要在叶脉间，呈不规则点或块状。对氯气抗性强的花卉有木槿、紫荆（Cercis chinensis）、桂花、海桐、山茶、唐菖蒲、一串红、鸡冠花、金盏菊、大丽花、大叶黄杨（Buxus megistophylla）、月季等；抗性弱的有锦葵、茉莉、四季秋海棠（Begonia semperflorens）、瓜叶菊、倒挂金钟、广玉兰、紫薇等。

（4）氨气（NH_3）：在设施中使用大量有机肥或无机肥常会产生氨气。当空气中氨气含量达到 0.1%～0.6% 时就可发生叶缘烧伤现象；含量达到 0.7% 时，质壁分离现象减弱；含量若达到 4%，经过 24h，植株即中毒死亡。施用尿素后也会产生 NH_3，最好在施后盖土或浇水，以避免发生氨害。当氨气与花卉接触时，会发生黄叶现象。

（5）其他有害气体：其他有害气体如乙烯、乙炔、丙烯、硫化氢、氯化氢、氧化硫、一氧化碳、氰化氢等，它们多从工厂烟囱中散出，对植物有严重的危害。因此，在工厂附近建立防烟林，选用抗有害气体的树种、花草及草坪地被植物，以净化空气，是行之有效的措施。

有些剧毒的无色无臭的气体（有机氟）很难使人察觉，而敏感植物能及时表现出症状，所以在污染地区还应重视和选用敏感植物作为"报警器"以监测预报大气污染程度，起指示作用。

常见的敏感指示花卉有：①监测二氧化硫的有向日葵（*Helianthus annuus*）、波斯菊、百日草、紫花苜蓿（*Medicago sativa*）等；②监测氯气的有百日草、波斯菊等；③监测氮氧化物的有秋海棠、向日葵等；④监测臭氧的有矮牵牛、丁香等；⑤监测过氧乙酰硝酸酯的有早熟禾（*Poa annua*）、矮牵牛等；⑥监测大气氟的有地衣类、唐菖蒲等。

1.3　一二年生花卉的生态习性

1.3.1　对光的要求　　大多数一二年生花卉喜欢阳光充足的环境，少部分喜欢半阴环境，如三色堇、醉蝶花等。现在栽培的多数品种种类对光周期要求不严格，一般短日照利于一年生花卉开花，长日照利于二年生花卉开花。

1.3.2　对土壤的要求　　除重黏土和过度疏松的土壤外，多数土壤均可生长，以壤土为宜。

1.3.3　对水分的要求　　由于一二年生花卉根系较浅，因此不耐干旱，要求保持土壤湿润。

1.3.4　对温度的要求　　一年生花卉和二年生花卉对温度的要求差异较大。一年生花卉喜温暖，不耐寒，大多数不能忍受 0℃ 以下的低温；其生长发育需要在无霜期内进行，自然条件下春季在晚霜过后开始生长，秋季早霜到来时死亡。二年生花卉喜冷凉，耐寒性较强，多数种类能够忍受 0℃ 以下的低温，但不耐高温；不过多数二年生花卉抗寒力有限，在北方冬季需要防护越冬。部分典型二年生花卉要求春化作用，一般需要 0～10℃ 30～70d 处理，自然生长的二年生花卉利用冬季的低温完成春化作用。

2　一二年生花卉的育苗技术与栽培管理

2.1　一二年生花卉的种苗生产

一二年生花卉常用有性繁殖培育种苗。随着花卉业的发展，一二年生花卉的种苗培育从传统的自给逐渐到专业化生产。

2.1.1　育苗的基本设备与工具　　一二年生花卉的种苗生产需要保护地结合露地进行。需要利用的设施主要有冷床、温床、温室及荫棚。在温室或温床中育苗时可能需要电热温床，同时专业化生产需要播种机及相配套的穴盘。

2.1.2　播种育苗技术　　一二年生花卉主要是播种繁殖，因此本任务中主要介绍一二年生花卉的播种育苗技术。

2.1.2.1　营养土的配制　　现代专业化育苗多采用容器育苗，容器育苗对育苗基质提出相应的要求。

地栽花卉根系能够自由伸展，对土壤的要求不太严格，只要土层深厚，通气和排水良好，有一定的肥力即可利用。容器栽培时，由于容器的容积有限，根系伸展受到限制，为了在有限的容积内满足幼苗生长的需要，多以人工的方法利用各种土类配制成富含营养物质、疏松肥沃、排水良好的优质营养土。营养土可根据花卉种类和育苗方法配制。

配制的营养土常用的土壤类型及栽培基质有以下几种。

（1）园土：一般取自果园或种过农作物的表层土壤，具有一定的肥力和良好的团粒结构，是配制营养土的主要原料之一。南方园土偏酸，北方园土偏碱。园土缺水时表层容易板结，湿时透气、透水性差，不能单独使用。只能作为调制培养土的成分之一。

（2）河沙：颗粒较粗，不含杂质，洁净，酸碱度为中性，排水透气性能良好，但没有肥力，保水保肥性差。可作扦插苗床培养土配制使用。也是调制培养土的主要成分，提高通透性。一般黏重土壤可掺入河沙，改善土壤的结构。

（3）腐叶土：腐叶土由秋季落叶加上肥水和田园土通过分层堆积后腐熟而成。含有大量有机质，疏松肥沃，透气性和排水性良好。呈弱酸性，pH 为 5～7，是较理想的基质材料。一般于秋冬季节收集阔叶树的落叶（以杨、柳、榆、槐等容易腐烂的落叶为好），与园土、鸡粪、骨粉等混合堆放 1～2 年。腐熟完全后过筛使用。

（4）泥炭土：也称草炭，分为褐泥炭和黑泥炭。褐泥炭呈浅黄至褐色，含有机质多，呈酸性反应，pH 6.0～6.5，是酸性土植物培养土的重要成分；黑泥炭，炭化年代久远，呈黑色，矿物质较多，有机质较少，pH 6.5～7.4。泥炭土的总孔隙度在 90% 以上，具有透气性和保水性好、质轻、无病菌、无虫卵、无杂草种子的优点，是穴盘播种育苗、盆花栽培的常用配土材料。

（5）水苔：是一种天然苔藓，生长在海拔较高的山区、热带、亚热带的潮湿地或沼泽地。质地柔软且吸水力极强，保水时间较长又透气，pH 5～6。多用于喜湿植物和附生植物的栽培、育苗，如洋兰。

（6）蛭石：为镁铝硅酸盐的水合物，由云母类矿物经 800～1000℃ 加热制备而成。质轻，能吸收大量的水，保水、持肥、吸热、保温的能力也很强。花卉生产上常用的为颗粒大小为 0.2～0.3cm 的 2 号蛭石。由于蛭石经高温制备，因此在使用新蛭石时不用再进行消毒灭菌。经长期栽培植物后会使蜂房状结构破坏，因此常与泥炭或珍珠岩混合使用。

（7）珍珠岩：是一种由灰色火山岩加热至 1000℃ 左右时，岩石颗粒膨胀而形成的材料。通气性能良好，易消毒和贮藏。但有效含水量和吸收能力差。常和蛭石、泥炭混合使用。

播种用的营养土要求疏松、透气性好。常用的配方为：①泥炭 2 份＋河沙 1 份；②腐叶土 5 份＋园土 3 份＋河沙 2 份；③泥炭 2 份＋珍珠岩或蛭石 1 份。也可以根据具体材料及花卉种类进行配制。

培育成苗的培养土可适当增加园土的比例，减少草炭、腐叶土的比例。

多数一二年生花卉的种子较小，因此播种前要将营养土过筛（蛭石、珍珠岩、草炭除外），并在播种前消毒。营养土消毒的方法包括紫外消毒法（阳光暴晒）、药剂消毒法、高温蒸气消毒法。

2.1.2.2 播种育苗

（1）种子消毒：专业化进行种苗生产，或苗床温度较低、播种苗期病害较严重的花卉种类，播种前需要对种子进行消毒，生产上多用杀菌剂处理种子，如多菌灵可湿性粉剂。也可用 0.5% 的高锰酸钾溶液浸泡种子一定时间，还可以用农药拌种。

（2）播种：一二年生花卉大多数种子出苗较快，播前不需要浸种、催芽。

　　一年生花卉耐寒力较弱，春季需要在晚霜过后播种。南方在2月下旬到3月上旬，中部地区在3月中旬至下旬，北方地区在4月上旬至下旬。有时为了提前开花或着花较多，需要在温室、温床或冷床等保护地中提前播种育苗。

　　二年生花卉耐寒性较强，种子需要在较低温度下发芽。出苗后需要根系和营养体有一定时间生长。南方地区一般在10月中下旬播种，中部地区在9月下旬至10月上旬，北方地区在8月下旬至9月中旬播种。冬季特别寒冷地区，如青海、黑龙江，二年生花卉春季播种。部分二年生花卉具有直根性、不耐移植的特点，同时需要进行春化作用，采用在初冬（11月中下旬）土壤封冻前或者春季表层土壤解冻之后露地直播于观赏地段，如花菱草（*Eschscholzia californica*）、虞美人等。

　　人工播种育苗需要装土、喷水、播种、覆土、覆盖保湿等步骤。机械播种育苗经过装盘、填土、播种、覆料、淋水等步骤，但是基本是自动完成，采用穴盘育苗，适合大规模工厂化育苗。国内已有大型企业进行一二年生花卉的专业化生产采用此法。在此主要针对人工播种育苗进行介绍。

　　装土：将配制的营养土装于播种容器中，用木板将土面刮平。若是在苗床育苗，则用平耙将营养土耙平。

　　浇水：用喷壶将营养土浇透水，注意保持土面平整。如果采用传统的培养土，不加泥炭、珍珠岩、蛭石等保湿性好、颗粒较大的基质材料，则采用浸盆的方法浇水为佳，即将添加好培养土的播种容器置于较大的盛水容器中，水面不超过播种容器的上沿，利用水的压力和土壤孔隙使水分从排水孔自下而上渗透到整个播种基质，使培养土含水量达到饱和。

　　播种：用穴盘播种常用点播，一穴一粒，对于种子极细小的种类如矮牵牛、蒲包花、毛地黄等，最好使用经丸粒化（种子包衣）的种子；若是播种盘育苗，除大粒种子用点播外，其余种类用撒播的方法，注意播种均匀，不可过密。

　　覆土：播种后用细土覆盖种子。一般掌握覆土厚度为种子粒径的2倍。多数为0.2～1.5cm。矮牵牛、蒲包花、毛地黄等微粒种子覆土0.2cm，鸡冠花、麦秆菊、瓜叶菊、三色堇等小粒种子覆土0.5cm，凤仙花、一串红、百日草、万寿菊等中粒种子覆土1.0cm左右，金盏菊、紫罗兰等较大粒种子覆土1.2～1.5cm。不可覆土太薄，以免种子带种皮出土。

　　覆盖保湿：覆土后用塑料薄膜或玻璃板盖在育苗盘或播种床上，直至幼苗大部分出土。

　　在温度低时，也可以将育苗盘置于电热温床上加温，使花卉种子出苗快而整齐。花卉种苗专业化生产时，往往配有专门的发芽室，可以精确地控制温度、湿度和光照，为种子萌发创造最佳的条件。

　　播种后若温度适宜，一般一二年生花卉5～10d即可出齐苗。但出苗过程中也易发生一些问题。①死苗：幼苗出土后很快死亡，可能部分发生，也可能全部发生。主要原因有：猝倒病、立枯病、地下害虫危害、有机肥没有充分腐熟。②不出苗或出苗少：可能是种子本身问题，主要是陈旧种子，也可能是环境条件较差，如地温太低、土壤水分不宜等。③出苗不整齐：播种不均匀、浇水不均匀、电热温床上的育苗盘位置不当造成的部分出苗多、部分出苗少；出苗不整齐、陆续出苗则可能是种子的问题。④幼苗带种皮出土：即子叶带种皮出土。由于子叶受种皮的影响不能展开，影响其生长，使幼苗长势较慢。发生此种现象主要是覆土太薄，土的重力不足以脱去种皮。百日草易发生此现象。一旦发生此种情况时，马上覆盖细土。

（3）幼苗移栽：种子出苗后，为使幼苗生长健壮，促进幼苗的侧根生长，扩大营养面积，有效防治猝倒病的发生，需要进行移苗的操作。穴盘播种育苗时也可以不进行移苗直接培养至成苗。

在育苗盘中的幼苗叶片刚刚互相遮阴时就需要移苗了，晚则生长受到抑制。根据种苗的要求和培育目标，从幼苗到销售可能需要 1～2 次的移苗。注意移苗时尽量避开花芽分化时期。

若在育苗盘或育苗床中育苗，可以在子叶期进行第一次移苗。幼苗可以移入穴盘，也可以移入另一育苗盘，主要扩大营养面积。移苗时注意轻拿轻放，尽量少伤根系。移入穴盘则一格一苗。另外一种移苗形式是将具 3～5 片真叶的幼苗移入育苗钵中。

（4）苗期病害防治：花卉幼苗阶段特别容易发生猝倒病，尤其是一串红、鸡冠花。
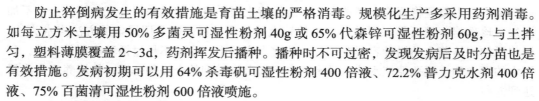
症状为：幼茎或根系呈水渍状，变成黄褐色，并向上下扩展，幼苗倒伏，贴于地面，而子叶没有症状。严重时下胚轴和子叶均腐烂，变褐枯死。开始个别植株发病，几天后以此为中心向外蔓延，成片倒伏。

防止猝倒病发生的有效措施是育苗土壤的严格消毒。规模化生产多采用药剂消毒。如每立方米土壤用 50% 多菌灵可湿性粉剂 40g 或 65% 代森锌可湿性粉剂 60g，与土拌匀，塑料薄膜覆盖 2～3d，药剂挥发后播种。播种时不可过密，发现发病后及时分苗也是有效措施。发病初期可以用 64% 杀毒矾可湿性粉剂 400 倍液、72.2% 普力克水剂 400 倍液、75% 百菌清可湿性粉剂 600 倍液喷施。

2.2　一二年生花卉的栽培管理技术

2.2.1　一二年生花卉的露地栽培管理
现在园林中应用的一二年生花卉多数是在应用地栽植商品种苗，少量的地段为露地直播于观赏地段，如部分二年生花卉、私人花园等。苗期的栽培管理内容在种苗生产部分陈述。这里主要介绍一二年生花卉商品苗栽植后的栽培管理内容。

2.2.1.1　整地
露地一二年生花卉若地栽应用应选择光照充足、土地肥沃平整、水源方便和排水良好的土地定植。栽植之前对土壤进行耕地、平整。整地的目的在于改良土壤的物理结构，使其具有良好的通气和透水条件，便于根系伸展；同时整地还能促进土壤风化，利于微生物的活动，从而加速有机物的分解，提高土壤肥力。

二年生花卉根系较浅，不必深耕，一般 20～30cm 即可。新开垦的土地需要上年秋季深耕，并施入大量的有机肥。另外整地深度也与土壤质地有关，一般砂土宜浅耕，黏土宜深耕。

整地应先翻起土壤，细碎土块，清除石块、瓦片、残根、断茎及杂草等，然后适度镇压。新开垦土地最好先种农作物，如甘薯、大豆、麦类等一、二季，并施予适量堆肥，酸性土壤中施入石灰、草木灰等。黏重的土壤应预先掺入沙或有机肥再进行翻耕，使土壤通透性增加。整地时要在土壤的含水量适宜时进行，一般含水量 40%～50% 时进行最适宜。

耙地是在栽植前将土壤表层细碎、平整，并按设计要求整理成相应的坡度。有疏松土壤、保蓄水分、提高土温等作用。

一二年生花卉在园林绿地中通常不需要作畦。但是在苗圃地育苗或部分应用地需要作畦。作畦有高、低之分，高畦畦面高于地面，两侧有排水沟，通常畦高20~30cm，多用于南方多雨地区及低洼处。低畦用于北方干旱地区，畦面两侧有畦埂以便灌溉。

畦的大小依花卉种类而定，一二年生的植株一般较小，1~1.2m宽的畦可栽3~4行植株。畦面要平整，坚实一致，顺水源方向稍有坡度。

2.2.1.2　移植与定植　除不宜移植需直播的花卉外，大多数传统播种方法繁殖的花卉出苗后须进行移植而后定植。移植是指将植株栽植到其他地方的操作。移植的作用主要包括：苗床中的幼苗通过移植加大株行距来扩大营养面积，增加日照，使空气流通，使幼苗生长健壮；移植时，切断主根促生侧根，使植株容易恢复生长，而且防止倒伏；移植还可抑制徒长，使幼苗生长充实，株丛紧密。

移植分裸根移植和带土移植两种。裸根移植通常用于小苗，带土移植多用于较大的种苗，少数不耐移植的花卉种类也采用带土移植。移植时先起苗，再栽植。一二年生花卉移植多在真叶4~6片时进行，有的需移植1~2次。时间在水分蒸腾量较低时进行，最好在无风的阴天，天气炎热则需在午后或傍晚日照不过于强烈时进行。

起苗时土壤需为湿润状态，既减少对根系的损伤，又使湿润的土壤附着于根群上。裸根移植的苗，用手铲将苗带土掘起，然后将根群附着的土块轻轻抖落，起苗后栽植前勿使根群长时间暴露于强烈日光下或强风之中，若不能立即栽植，需要给幼苗喷水后遮盖防止失水。带土移植时，用手铲从苗株基部周围斜向下铲进，使土球上大下小，起出后保持土球完整，并轻轻置于浅盘中。有时为了保持水分平衡，苗起出后可摘除一部分叶片以减少蒸腾，但不能过多。

通过穴盘育苗繁殖的花卉不需要移植。

对起出的种苗进行栽植。栽植分为沟植和穴植。沟植是以一定的行距开沟栽植；穴植是以一定的株行距掘穴栽植。裸根移植时，应将根舒展，然后覆土、镇压，镇压是使土壤与根系紧密相接。镇压时用力均匀向下，勿伤根系。带土移植在土球四周填土并镇压，但不可镇压土球，防止土球破碎，影响成活。栽植深度以根颈与土面相平为宜，注意幼苗为基生叶的花卉种类栽植时生长点一定要露出土面，如翠菊、矮牵牛、雏菊。栽植完后，以细喷壶充分灌水。定植大苗可畦面漫灌。移植时应边栽植边浇水，以保持湿润，防止萎蔫。第一次灌水后，新根未生长前，不可灌水过多，易使根腐烂。移植后数日应遮住强烈日光，利于恢复生长。

二年生花卉在10月底到11月初要将幼苗栽到阳畦越冬。

花卉种苗生长发育到一定大小栽植到观赏地段即为定植。现代花卉生产与应用中，一二年生花卉多在苗圃中上盆栽植，到初花时栽植于观赏地。盆花培育的植株与穴盘育苗的种苗类似，其根系独立，扣盆或将苗从穴盘移出后根系几乎没有损伤，栽植初期主要生长于原来的土壤环境，几乎没有缓苗过程，因此成活率几乎为100%。栽植前将花盆或营养钵去掉，按设计株行距掘穴栽植，栽植深度同移植，镇压时勿压土坨。然后浇透水。

2.2.1.3　灌溉　灌溉是一二年生花卉生长发育过程中最频繁的一项管理工作，对其生长发育影响很大。由于一二年生花卉根系较浅，抗旱能力较弱，因此科学合理的灌溉是一二年生花卉健壮生长的基本保障。

一二年生花卉灌溉的方法主要有地面灌溉、喷灌。地面灌溉是园林绿地、育苗苗床常用的方法，地面灌溉常采用畦灌，即从井、城市供水中用渠道或管道进入栽植地里。此法灌水充足，但土壤容易板结，也比较浪费水。喷灌依靠机械力将水压向水管，喷头喷成水雾进行灌溉。本法省水、省工，保水保肥，地面不板结，水分利用率高。喷灌方法的地块冬季土温高于畦灌，夏季高温时喷灌地块温度低于畦灌。缺点是设备投资较大。

灌溉次数及时间、灌水量依季节、土质、花卉种类而定。移植后的植株浇3次水：移植后浇水1次，3d后第二次浇水，5～6d后第三次浇水。若采用地面灌水，灌水后注意松土，防止板结。缓苗后进行正常灌溉。夏季温度高浇水次数多，轻松土质浇水次数多于较黏质的土壤。

灌水时间掌握水温与土温相差较小为准则。夏季早、晚进行，冬季则在中午前后。

2.2.1.4 施肥 肥料的种类主要有无机肥、有机肥、微生物肥等类型。无机肥包括氮肥、磷肥、钾肥、微肥等；有机肥又称农家肥，有堆肥、厩肥、人粪尿、饼肥、鸡鸭粪、腐殖酸肥等。

施肥的方式分为基肥和追肥两大类。基肥是在翻耕土地之前将肥料撒于地表，或栽植之前施于穴底，以厩肥、堆肥、油饼或粪干等有机肥料和颗粒状无机复合肥为主。追肥是在花卉生长发育过程中，为补充基肥中某些营养成分不足，满足花卉不同时期对营养成分的需求而追施的肥料。追肥常用无机肥，有机肥中人粪尿、饼肥也常用作追肥。

每种花卉对氮、磷、钾的需求各不相同，一般要配合使用。在确知特别缺少某一肥分时，才可施用单纯肥料。一般花卉每100m² 地面宜施厩肥100～200kg。

一二年生花卉，幼苗期追肥2～3次，以氮肥为主；孕蕾开花前追肥1～2次磷、钾肥。

2.2.1.5 整形修剪 为使花卉株型美观，调整其营养生长、生殖生长的关系，使植株通风透光，部分花卉需要进行整形修剪。一二年生花卉常用的整形修剪方法包括以下几种。

（1）摘心：摘除生长点。摘心可促进侧枝萌发，植株低矮分枝多，株型圆整，开花整齐。同时摘心也可以推迟花期。可以采用摘心的一二年生花卉如一串红、美女樱、金鱼草等。但是植株矮小、分枝多的不宜摘心，如大花三色堇（*Viola tricolor* var. *hortensis*）、雏菊等；还有部分花卉主茎上花朵多或花朵花序大也不宜摘心，如凤仙花、鸡冠花。

（2）修剪：剪去部分枝梢。一二年生花卉应用修剪措施较少，主要用于部分花卉的二次或多次开花，如一串红、矮牵牛等，在花期过后，将花序及下部部分枝梢剪除，促进侧芽萌发，而后实现二次开花。

（3）剪除残花：部分一二年生花卉花谢后花梗外观不良或花瓣枯死于枝头，影响其继续开花和观赏，需要在花后及时剪除残花，促其侧芽萌发。

2.2.1.6 中耕除草 中耕能疏松土壤表土，减少水分蒸发，增加土温，促使土壤内空气流通及土壤中有益微生物的繁殖和活动，从而促进土壤中养分的分解，为花卉根系的生长和养分的吸收创造良好的条件。幼苗期间及移植后不久，大部分土壤暴露于空气之中，土面极易干燥，应及时中耕。植株长大后，枝叶覆盖地面，土面水分蒸发减少，杂草生长也受到抑制，花卉根系已扩大到株行之间，此时应停止中耕。中耕深度依花卉根系的深浅及生长时期而定。根系分布浅的宜浅，幼苗期宜浅，以后随苗株的生长逐渐加深。一般中耕深度为3～5cm。

中耕同时除去杂草。但除草不能代替中耕。及时去除杂草既利于保存养分水分，又利于花卉生长发育和保持应用地的观赏效果。除草的方法主要是人工除草和化学除草两种。

2.2.1.7　种子采收　　一二年生花卉多数用种子繁殖，留种采种是一项繁杂的工作。一般留种应选阳光充足、气温凉爽的季节。

（1）采种母株的选择：为了解决观赏与留种之间的矛盾，确保种子质量，花卉种子必须在种用花圃内进行采收。通常选用生长健壮、充分表现出该花卉优良性状、无病虫害的植株。若为异花授粉的花卉，同种不同品种的植株之间必须保持一定的间隔距离，如金鱼草、百日草、鸡冠花、翠菊，它们的不同品种栽植距离在200m以上，防止因花粉混杂而引起品种变异或退化。

（2）适时采收：花卉种子达到生理和形态成熟时就应采收。对于花期长、连续开花的一二年生花卉，采收应多次进行。有些花卉边开花边结实，以首批成熟种子品质最佳。有些花卉种子不仅陆续成熟，而且果实易裂引起种子自然散落，如大花三色堇、凤仙花。对这类花卉种子应适当时期分批采收。

目前许多一二年生花卉品种如矮牵牛、金鱼草、三色堇、百日草等，为杂种一代种子，其后代性状会发生分离，不能继续用于商品生产，这类花卉不能自行采种。

（3）贮藏：将花卉果实或果枝采收后，经过晾晒、脱粒、过筛、去杂等，得到纯净的种子，然后贮藏备用。

2.2.1.8　防寒越冬　　寒冷季节，部分二年生花卉在相应时期需要采取必要的防寒措施，使之安全越冬。由于各地区的气候不同，采用的防寒方法也不同。常见的防寒的方法有以下几种。

（1）覆盖法：霜冻到来之前，畦面覆盖干草、落叶、秸秆、草帘等，直到晚霜过后再将畦面覆盖物去掉。此法操作简单，防寒效果较好，应用极为普遍。

（2）薰烟法：露地越冬的二年生花卉可采用薰烟法防霜冻。在晴天无风的夜里，温度降到近0℃时，在圃地地面点燃干草或木锯末使其发烟，减少地面散热，防止地温下降。烟粒吸收热量使水分凝结成液态放出热量，也使气温升高，防止霜冻。

（3）阳畦（冷床）越冬：北方寒冷地区，以上两种方法仍不能保证大部分二年生花卉安全越过整个冬季，常用阳畦囤苗保护越冬。秋季播种后，10月底到11月初要将幼苗栽植到阳畦中，阳畦在晴天上午9时前后打开草帘，下午4时盖上。天气渐冷，可延迟或提前拉盖草帘。春季土壤解冻后将小苗移栽至观赏地段或营养钵。

华东及以南地区二年生花卉可露地越冬。

2.2.2　一二年生花卉的容器栽培管理

2.2.2.1　栽培容器与盆土配制　　一二年生花卉许多种类适宜布置花坛，生产上往往规模化生产达到初花状态的盆花。

一二年生花卉的栽培容器常采用塑料花盆，上口直径为12～18cm；若园林应用时需要定植于植地中，也可以采用育苗钵培育；传统的栽培容器还有瓦盆。

配制盆土的材料与本项目任务一中种苗生产中的基本相同。还可以应用的材料有以下几种。

（1）针叶土：由松柏科针叶树种的落叶残体和苔藓类植物堆积腐熟而成，以云杉

（*Picea asperata*）、冷杉（*Abies fabri*）的落叶为好，松柏等落叶较差。为强酸性土，腐殖质多，不含石灰质，对热带喜酸类花卉尤为适宜。

（2）山泥：我国南部山地阔叶林下的表土即为山泥，质地疏松，属天然的腐叶土，呈酸性反应。山泥很适宜栽培兰花（地生兰）、杜鹃花、山茶等。

（3）草皮土：取草地或牧场的上层土壤，厚度5～8cm，连草及草根一起挖取，将草根向上堆积起来，经一年腐熟即可应用。草皮土含较多矿物质，腐殖质含量较少，堆积年数越多，质量越好，因土中的矿物质能得到较充分的风化。pH 6.5～8.0，呈中性至碱性反应。

（4）堆肥土：由植物的残枝落叶、旧换盆土、垃圾废物、青草及干枯的植物等，一层层堆积起来，经发酵腐熟而成。堆肥土含有较多的腐殖质和矿物质，一般呈中性、微碱性，pH 6.5～7.4。

国际上盆花的栽培基质要求必须是无土基质，我国2001年实施的花卉国家标准也要求为无土基质，因此无土栽培基质是未来盆栽基质的主流。

常用的培养土的配制比例为：①园土6＋腐叶土8＋河沙6＋骨粉1（数字为体积比例）；②腐叶土（或堆肥土）2＋园土3＋砻糠灰1；③泥炭1＋砻糠灰2；④泥炭1＋珍珠岩1＋蛭石1。

花卉种类不同，各地容易获得的材料不一，栽培管理方法不同，实践中很难拟定统一的培养土配方。总体要求降低土壤的容重，增加孔隙度，增加水分和空气含量，提高腐殖质的含量。一般混合后的培养土容重应低于1g/cm³。专业化生产时盆土在使用前需要消毒。

2.2.2.2 上盆与换盆

（1）上盆：指将繁殖的幼苗栽植到花盆中的操作。一二年生花卉培育的种苗经过移苗后在有5～7片叶时可以上盆。

按幼苗大小选用适应规格的花盆，然后在盆底排水孔上放一片碎盆片，凹面朝下。若花卉不耐水湿，盆底填入大粒砂粒、碎砖块等排水物，再加培养土。将花卉摆放在盆内中央，向根系四周填入培养土直至将根系完全埋入，轻轻提植株，使根系舒展，用手向根部下压盆土，使土粒与根系密切接触，再加培养土至盆口2～4cm，使根颈埋于土中，然后用细孔喷壶浇水，直至从排水孔有水渗出。花卉上盆后第一次浇水叫定根水，要浇足浇透，利于花卉成活，刚上盆的盆花应摆在阴凉处3～4d，枝叶上适当喷洒水雾，待苗恢复生长后，逐渐放于阳光充足处。

（2）换盆：把盆栽植物换到另一盆中去的操作。包括3种情形：①随小苗的生长，根群在盆内土壤中已无再伸展的余地，生长受到限制，部分根常自排水孔中穿出或露出土面，应及时换到大盆中，扩大根群的营养面积，利于苗株的继续健壮生长；一二年生盆花换盆即属于此种情形。②盆栽多年的花卉，原来盆中的土壤物理性状变劣，养分丧失或为老根所充满，也需要换盆，盆大小可以不变。③盆花由于病虫害原因造成根部受损或由于浇水施肥不当造成根系出现问题，也需要换盆。

由小盆换到大盆时，应按植株发育的大小逐渐换到较大的盆中，不可换入过大的盆内。因为这样不仅增加成本，且水分不易调节，苗株根系通风不良，生长不充实，花蕾形成较迟，着花也较少。温室一二年生花卉生长迅速，如瓜叶菊先栽入7cm盆中，以后逐步换入

10cm、15cm 盆，最后定植于 20cm 花盆中直至开花。一般换 2～4 次。换盆次数较多，能使植株健壮，生长充实，植株较低，株形紧凑。开花前最后一次换盆称为定植。

一二年生花卉生长期根据需要在营养生长期换盆 2～4 次，花芽形成及花朵盛开时不宜换盆。

换盆的方法：①换盆前盆花停止浇水，保持盆土一定的干燥；②分开左手指，按住植物基部，将盆提起倒置，用右手轻扣盆边，土球即可取出，如不易取出，将盆边向他物轻扣，则可取出；③一二年生花卉换盆，土球不做任何处理，即将原土球栽植，注意勿使土球破裂。若幼苗已渐成长，盆底排水物可少填一些或完全不填，在盆底填入少许培养土后即将取出的土球置于盆的中央，然后四周填土，稍稍镇压即可。

换盆后须保持土壤湿润，第一次充分灌水，此后灌水不宜过多，保持湿润为度。因为换盆后，根系受伤，吸水减少，灌水过多时，易使根部腐烂，待新根生出后，再逐渐增加灌水量。换盆后数日置阴处缓苗。

2.2.2.3　转盆　在单屋面温室及不等式温室中，光线多自南向一方射入，因此温室中放置的盆花，经过一段时间，由于向光生长，植株会向南倾斜，偏斜的程度和速度与植株的生长速度密切相关，生长快的盆花，偏斜的程度和速度大一些。因此，为防止植株偏向一方生长，破坏圆整匀称的株形，应相隔数日后，转换花盆的方向。

露地放置的盆花，转盆也可以防止根系自排水孔穿入土中，否则时间过久，移动花盆易将根切断而影响生长，甚至萎蔫死亡。

双屋面南北延长的温室，光线自四方射入，不用转盆。

2.2.2.4　倒盆　即更换盆花的位置。盆花经一定时期的生长，株幅增大，从而造成株身拥挤。为加大株间距离，使之通风透光良好，盆花苗壮成长，必须进行的操作。不及时倒盆，会引起病虫危害及徒长。

另外温室中各部位的光照、温度、通风等环境因子不均匀，这样盆花的生长情况各异，为使花卉产品生长均匀一致，要经常倒盆，将生长旺盛的植株移到条件较差的温室部位，而将较差部位的盆花移到条件较好的部位。

一般倒盆和转盆同时进行。

2.2.2.5　施肥与浇水　盆花所用的肥料种类同地栽一二年生花卉，也有专门针对盆花或某类花卉生产的专业花肥。上盆、换盆时施以基肥，生长期间追肥。盆花施肥的原则是"勤施薄施"，但是一二年生花卉在开花后不再施肥。

盆花生长好坏在一定程度上决定于浇水适宜与否。关键环节是综合各项因素，科学地确定浇水次数、浇水时间和浇水量。大多数花卉浇水的原则是"见干见湿"，盆土见干才浇，浇则浇透，要避免只湿表层盆土的"半腰子水"。

2.2.2.6　容器栽培下环境条件控制　容器栽培的一二年生花卉对逆境的耐受力低于露地花卉，尤其在温室栽培下更需要精心管理。这里仅就一般一二年生花卉盆花栽培中涉及的环境调控进行叙述。

（1）遮阴：在夏季高温季节或某些花卉种类喜阴，不能忍受夏季高温或夏季强光直射，为避免高温或强光对花卉造成的伤害，需要对盆花进行遮阴。遮阴可以通过两种方式进行，一是将盆花置于荫棚下，二是在原有温室、塑料大棚骨架上放置遮阳网。遮光材料可用白色涂层（石灰水和钛白粉等）、草席、苇帘、无纺布和遮阳网。涂白遮光率为 14%～27%，一般夏季涂上，秋季洗去，管理省工，但不能随意调节光照强度，早晚室内光照过弱；草席遮光率 50%～90%，苇帘遮光率 24%～76%，因厚度和编制方法不同而异，但是不能做的太大，操作麻烦，一般用于小型温室或荫棚；白色无纺布遮光率 20%～30%。目前遮阳网最常用，不同种类遮光率可以有 25%～80%，可根据花卉种类及不同时期进行选择，常见的为黑塑料编织网。

一年生花卉若需要经历夏季高温时期可遮掉中午前后强光。二年生花卉一般不需要。

（2）通风：在温室栽培一二年生花卉时，要根据花卉对温度、湿度的要求及时通风，达到降温、降湿的目的。温室通风主要有自然通风（打开门、窗）和强制通风（排风扇）。露地生产时不需要进行通风操作。

2.2.3　一二年生花卉的花期控制技术　　花卉产品的周年供应或错季销售比蔬菜、果树等园艺产品等更普遍，目前花卉的花期调控技术已成为花卉生产中的核心技术。

花期控制又称促成与抑制栽培或催延花期，就是人为地改变环境条件和采取一些特殊的栽培管理方法，使一些花卉提早或延迟开花，或延长花期的技术措施。使花期提前的称为促成栽培，使花期延迟的称为抑制栽培。

我国的地理位置跨度比较大，从南到北，从东到西，各地气候条件差异很大，各种花卉不可能适应各地的气候条件。例如，冬季北方寒冷地区，气温过低，不能露地生产鲜切花，为了满足冬春对鲜花的需要，就要采用促成与抑制栽培的方法进行生产。我国"十一"、"五一"、元旦、春节等传统节日用花量大，种类多，且要求质量高，应时开花，单纯靠自然季节的花卉远远不够，也达不到一定的装饰效果，这样，促成栽培和抑制栽培成了理想的栽培手段。随着人们生活水平日益提高，花卉逐渐走进千家万户，人们对花的需求越来越多，需要一年四季供应鲜切花和盆花，因此也必须进行促成与抑制栽培。世界贸易发展，鲜切花及其他方面如种球的出口是一项重要的外汇收入来源，要想打入国际市场，必须有拳头产品的四季供应，这更需要先进的促成与抑制栽培技术。

2.2.3.1　一二年生花卉花期控制的主要原理　　不同花卉花芽分化和开花需要的条件各不相同，其中影响较大的是温度和光照。人为地控制影响花芽分化和开花的关键因子就可以控制花卉是否成花或开花及开放时间；另外部分花卉在一年中有一定休眠特性，打破它的休眠状态，可以提早生长活动，也就可以提早开花，反之，延迟开花；花卉生长与发育过程中其速度主要受外界环境影响，因此在满足影响花卉成花及休眠的条件下，控制花卉的生长发育速度和时期，也能控制花卉的花期。

露地一年生花卉在夏秋开花，往往具有短日照要求，同时其发育要求较高温度，因此其花期控制主要是控制生长发育的时期及条件，控制其生长发育速度。二年生花卉多数具有低温春化要求，同时冷凉温度、长日照利于其开花，因此控制低温春化的时期和条件，调节外界环境条件控制其生长发育时期和速度是控制二年生花卉花期的主要方法。

2.2.3.2　一二年生花卉花期控制的主要方法

（1）一年生花卉。

A．生育特点：不耐寒，生长期内要求较高的温度，而发育阶段要求高温与短日照条件。多数种类自然花期在夏末秋初。其花芽分化不存在低温春化的要求，但成花与植物体营养生长量关系十分密切，而植物营养生长速率又受环境温度、光照的控制。

B．花期控制：一年生花卉能耐高温，成花时对光照时数要求多数不严格，且成花和开花在春夏间短期完成。一般只要能满足植物对温度的要求即可。

a. 分期播种，分期开花：一年生花卉种子萌发要求较高温度，最低温要在20℃以上，部分植物甚至要求在27～32℃。可在温室或温床内播种育苗，提早开花。

多数种类可在清明后分两三批播种，每隔10～15d播种一次，可使花期延长，如藿香蓟通常在4月下旬播种，花期可自7月始至早霜出现时才结束。若3月初温床播种育苗，花期可提前到6月初，延长一个月。百日草提前至2月初温室播种，花期可于7月提早到5月，观赏期可延长两个月。我国每年"五一"用花，所用的一年生花卉多是通过提前播种实现的提前花期的目标。

b. 冬季增温，延长花期：一些花期较长的一年生花卉在严寒来临前，改用盆栽，并移入温室进行增温培育，仍可开花不绝，如午时花，自然花期7～10月，移入温室后，可使花期延长至第二年1月。

c. 光照处理：一些一年生花卉的成花要求一定的日照时数，如翠菊、蒲包花为长日性，延长日照使之提前开花；波斯菊短日性，提前在温室播种，春季短日照处理，可使花期由夏、秋提前到春、夏。大花牵牛是典型的短日照植物，20℃以上温度下，进行短日照处理，促进成花。

d. 其他：利用摘心、摘除枯花等栽培措施，可以使花期推迟，也可以实现二次或多次开花，如一串红、矮牵牛等。

（2）二年生花卉。

A. 生育特点：耐寒或半耐寒生态型，种子发芽的适温略低，18～25℃，发芽最低温度为10～16℃，苗期要求0～10℃的低温下春化，而开花要求在较高温度下进行。生育阶段的过渡，苗期要求短日照，成花过程要求长日照，而长日条件下又是紧随低温春化后出现，大多数为阳性植物。二年生花卉冬季低温和早春长日照下开始花芽分化，植物体内矿质营养水平的影响较小，甚至不受影响。

B. 花期控制。

a. 秋播改为春播：将种子或幼苗进行0～5℃人工低温春化处理，则可在当年顺利开花。

b. 分期播种：一些种类或品种，对光周期较为迟钝，则可分期播种。金鱼草为长日植物，有些品种对日照长短不敏感，则可分批播种全年开花。瓜叶菊7～8月播种，12月开花；4～6月播种，11月开花。

c. 光周期处理：瓜叶菊花芽分化要求短日照，开花要求长日照，这样可以在花蕾形成期采用人工补充光照的方法，促成提早开花。

d. 化学药剂处理：GA具有代替低温和长日照的作用，用100～1000mg/kg GA叶面喷施，则可使植株诱导成花。

e. 其他田间措施：摘心可延迟开花。翠菊、金鱼草、紫罗兰等，摘除枯花，花后重剪，可实现二次开花。

3　一二年生花卉的观赏应用特点

一二年生花卉繁殖容易，生长迅速，生长周期短，见效快；栽培管理要求严格精细；种子易混杂，种性退化，播种繁殖对种子质量要求较高；种类繁多，株型矮小，花色丰富，花期控制较容易。由于具有以上特点，其园林应用具有以下特点：①是园林植物景观中下部的主要材料；②由于其开花繁茂，开花持续时间较长，能够较长期保持良好的观赏效果；③一二年生花卉植株个体较小，方便及时更换，可以持续保持四季或三季景观；④适宜大面积应用，群体观赏效果好，适合重点美化时应用；⑤一年生花卉是夏秋季景观的重要花卉，二年生花卉是春季景观的重要花卉；⑥是植物景观中四季均能体现丰富色彩的主要材料；⑦部分种类具有自播能力，可以作为宿根花卉应用，管理应用成本较低，适合作野生花卉园，如翠菊、鸡冠花、波斯菊、硫华菊、凤仙花等；⑧是规则式布置的常用花卉，如花坛、种植钵等；⑨由于生长周期有限，要保证观赏效果需要多次更换植株，管理应用成本较高。

一二年生花卉可以布置花坛、花境，也可以布置花丛及花带，又是花钵、花台的主体植物材料，草本蔓性花卉适用于篱棚、门楣、窗格、栏杆及小型棚架的掩蔽与点缀。

4 一二年生花卉栽培管理实例

4.1 一串红

学名：*Salvia splendens*。

别名：墙下红，撒尔维亚，爆竹红，西洋红。

英名：scarlet sage。

科属：唇形科鼠尾草属。

产地与分布：原产南美巴西，各地广泛栽培。

4.1.1 形态特征 多年生草本，作一年生栽培。茎基部多木质化，直立，茎光滑有四棱，茎节常为紫红色，高30～90cm。单叶对生，卵形至心脏形，先端渐尖，叶缘有锯齿。总状花序顶生，被红色柔毛，花多朵轮生，苞片深红色，早落，萼钟状，宿存与花冠同色，花冠筒状，伸出萼外，先端唇裂，上唇平展，下唇3裂，鲜红色（图3-1），花期7～10月。种子生于萼筒基部，卵形，浅褐色。种子千粒重2.8g。

图3-1 一串红（引自北京林业大学，1990）

4.1.2 种类与品种 一串红的主要变种有一串白（*Salvia splendens* var. *alba*）：其花瓣及花萼均为白色；一串紫（*Salvia splendens* var. *atropurpurea*）：花瓣及花萼均为紫色。

现在栽培的一串红品种非常丰富，目前市场常见的有以下几种。

‘萨尔萨’（Salsa）系列：其中双色品种更为著名，玫瑰红双色（Rose bicolor）、橙红双色（Salmon bicolor）。

‘赛兹勒’（Si-zzler）系列：是目前欧洲最流行的品种，多次获得英国皇家园艺学会品种奖，其中‘勃艮第’（Burgundy）、‘奥奇特’（Orchid）等品种在国际上十分流行，具有花序丰满、色彩鲜艳、矮生性强、分枝性好、早花等特点。

‘绝代佳人’（Cleopatra）系列：株高30cm，分枝性好，花色有白、粉、玫瑰红、深红、淡紫等，从株高10cm开始开花。

‘火焰’（Blaze of fire）系列：株高30～40cm，早花种，花期长，从播种至开花55d左右。

'圣殿'系列：株高 20～25cm，抗逆性极强，中日性，开花非常快，自然分枝，极耐热性，花穗紧密浓艳，花穗最长达 15cm，叶片墨绿色，欧洲获奖品种。

'花王'系列：株高 25～28cm，花穗粗壮浓密鲜红，叶片宽厚圆润墨绿色。在冬季低温条件下，幼苗的抗病力很强，夏季耐热性好，花期持久，高温下不易褪色、不易落花。

同属植物有 1050 种，常见栽培的有以下几种。

红花鼠尾草（*S. coccinea*）：又名朱唇，一年生草本，株高 80～90cm，全株有毛。叶卵形或三角形，对生，花序与花朵与一串红类似，花小，长 2～2.5cm，深红色，花期 7～10 月。常见品种为'红夫人'（Lady in red），花鲜红色；'珊瑚仙女'（Coral nymph），橙红花萼，白色花萼双色种；'雪仙女'（Snow nymph），花萼和花冠均为纯白色。

一串蓝（*S. farinacea*）：多年生草本作一年生栽培，株高 60～90cm，多分枝。基部叶卵形，上部叶披针形。轮伞花序，花瓣紫蓝或灰白色，长 1.2～2.0cm。花期 7～10 月。较耐寒。常见品种有：'银白'（Silver white），花白色；'阶层'（Strata），花萼白色，花冠蓝色，播种至开花需要 85～90d；'维多利亚'（Victoria），花萼和花冠均为深紫色。

4.1.3 生态习性　　一串红喜光，耐半阴；原为短日照花卉，经人工培育选出的中日照品种对光周期不敏感。不耐寒，忌霜害，最适温度 20～25℃，温室培养一般保持 20℃左右。喜疏松肥沃的土壤。

4.1.4 繁殖方法　　可播种及扦插繁殖，播种为常用繁殖方法。一般晚霜过后播种，为提早花期可以利用温室、温床提早播种育苗。现在应用的品种从播种至开花需要 60～90d。播种温度 20～22℃，10～14d 发芽，低于 10℃不发芽。扦插繁殖在春秋两季进行生根最快。

4.1.5 栽培管理　　一串红幼苗 5～6 片真叶时可以移植或上盆，现在一串红常用营养钵育苗，即将幼苗栽植于小营养钵中，随着生长再换至较大的营养钵中至初花，然后定植于应用地。一串红幼苗易得猝倒病，应注意防治。

花前追施磷钾肥，可以使一串红花色艳丽、种子饱满。传统品种一串红在 5～6 片叶时进行摘心，侧枝 4～6 片叶时二次摘心，促发侧枝，使植株矮化、株型紧凑、开花繁茂。现在新的品种一串红株型较矮，为使花期较早，可以不必摘心。

一串红种子易落，应及时采收。在温暖地区花后重剪，加强肥水管理，可使茎基部萌发侧枝，再次开花。

4.1.6 观赏与应用　　一串红色艳醒目，花期长，花朵耐久不落。常用作花坛的主体材料，是节日花坛普遍应用的种类。另外在草坪边缘、树丛外围群植效果也很好，也可以在阶前、庭院中小面积应用。

在花语中一串红代表恋爱的心，一串白代表精力充沛，一串紫代表智慧。

4.2 翠菊

学名：*Callistephus chinensis*。

别名：江西腊，蓝菊，七月菊。

英名：common china-aster。

科属：菊科翠菊属。

产地与分布：原产中国东北、华北、四川及云南等地，现在各地均有栽培。

4.2.1 形态特征　　一年生或二年生草本，全株疏生短毛，茎直立，上部多分枝，高

图 3-2 翠菊（引自臧德奎，2002）

20～100cm。叶互生，叶卵形至匙形，上部叶无柄。头状花序单生枝顶，栽培品种花径 3～5cm；栽培品种花色丰富，有桃红、橙红、粉红、浅粉、紫、墨紫、蓝、天蓝、白色、乳白、乳黄、浅黄等颜色，管状花黄色（图 3-2）。春播花期 7～10 月，秋播 5～6 月。种子楔形，浅黄色，千粒重 2.0g。

4.2.2 种类及品种 1728 年在我国发现本种，同年由传教士殷卡维勒把种子送到巴黎植物园。至今传入欧洲已有 250 多年，经过世界各国广泛进行品种选育，园艺品种极其丰富。翠菊有重瓣、半重瓣；花型有彗星型、驼羽型、管瓣型、松针型、菊花型等；按植株高度又分为高秆种 45～75cm、中秆种 30～45cm、矮秆种 15～30cm。市场常见品种有以下几种。

'小行星'（Asteroid）系列：株高 25cm，菊花型，花径 10cm，有深蓝、鲜红、白、玫瑰红、淡蓝等色，从播种至开花 120d。

'矮皇后'（Dwarf queen）系列：株高 20cm，重瓣，花径 6cm，花有鲜红、深蓝、玫瑰粉、浅蓝、血红等，从播种至开花需 130d。

'迷你'（Mini lady）系列：株高 15cm，球状型，花色有玫瑰红、白、蓝等，从播种至开花约 120d。

'波特·佩蒂奥'（PotN' Patio）系列：株高 10～15cm，重瓣，花径 6～7cm，花色有蓝、粉、红、白等，从播种至开花只需 90d。

'矮沃尔德西'（Dwarf waldersee）系列：株高 20cm，花朵紧凑，花色有深黄、纯白、中蓝、粉红等。

'地毯球'（Carpet ball）系列：株高 20cm，球状型，花色有白、红、紫、粉、紫红等。

'彗星'（Comet）系列：株高 25cm，花大，重瓣，似万寿菊，花径 10～12cm，花色有 7 种。

'夫人'（Milady）系列：株高 20cm，耐寒、抗枯萎病品种。

'流星'（Meteor）系列：花大，直径 9～10cm，花茎长，粗壮，地栽高度 75～100cm。

4.2.3 生态习性 翠菊要求光照充足。稍耐寒，秋播需冷床越冬，喜夏季凉爽通风的环境，忌酷热。浅根性植物，对土壤要求不严，但在肥沃砂质壤土中生长最佳。不耐水涝，高温高湿易罹病虫害，不耐连作，栽过翠菊的土地，需 4～5 年后才可进行栽植。

4.2.4 繁殖方法 种子繁殖，春、夏、秋均可，一般多春播。种子发芽率随种子贮藏期延长明显下降，因此生产中不宜长期保留种子。发芽需要 10～15d，发芽适温 18～21℃。翠菊具有自播能力。

4.2.5 栽培管理 翠菊幼苗期移植 2～3 次，可使茎秆粗实，防止徒长倒伏，同时须根繁密，株形丰满，抗旱抗涝，但中、高型品种以早移栽为妥。若作切花栽培，高型品种株行距 30～40cm，中型 25～30cm。高型品种切花栽培时，要设立支架张网，防止倒伏。

翠菊为异交植物，兼自花授粉与异花授粉。重瓣品种天然杂交率低，基本上自花授粉，可以保持优良性状，少量的异花授粉，可为选育新品种提供方便条件。单瓣品种天然杂交率很高，与重瓣品种杂交易使之退化，产生许多单瓣类型后代。为防止品种间异花授粉，注意种间隔离。头状花序上舌状花枯干，开始散落，并露出白色冠毛时就应采收种子。

切花栽培的翠菊当花朵 5 成开放时切取花枝，经整理分级后包装上市。

4.2.6 观赏与应用　　翠菊花型饱满，花色繁多，鲜艳美丽，开花丰盛，花期较长。矮型品种宜用于花坛和花坛边缘。中、高型品种适于各种类型的园林布置。高型品种常用于背景花卉，而且花梗长而坚挺，水养持久且略具清香，为良好的切花材料。

翠菊的花语为：担心你的爱，我的爱比你的深；追寻可靠的爱情，请相信我。

4.3　矮牵牛

学名：*Petunia hybrida*。

别名：碧冬茄，灵芝牡丹，杂种撞羽朝颜。

英名：common petunia

科属：茄科矮牵牛属。

产地与分布：原产南美，现在各地均有栽培。

4.3.1 形态特征　　多年生草本，通常作一年生栽培。株高 20～60cm，全株具黏毛，茎直立或匍匐。叶卵形，全缘，近无柄，下部叶互生，至上部叶对生。花单生叶腋或顶端，花萼 5 深裂，裂片披针形；花单瓣者漏斗形，重瓣者半球形，花径 5～15cm；瓣缘多变化，有皱褶或不规则的锯齿；花色有红、紫、白、深紫、粉红、玫瑰红、淡蓝、白底红纹及各式各色的斑驳相参，或镶边、或成星形（图 3-3）；花期 3～11 月。蒴果尖圆形，种子细小，黑褐色，千粒重 0.16g。

图 3-3　矮牵牛（引自费砚良和张金政，1999）

4.3.2 种类及品种　　矮牵牛的变种有：矮生种（var. *nana compacta*），株高仅 20cm，花小，单瓣；大花种（var. *grandiflora*），花径在 10cm 以上，花瓣边缘波状明显，有呈卷曲状。市场上常见品种有以下几种。

'梦幻'（Dreams）系列：株高 18～20cm，抗病品种，其中'玫瑰梦'（Rose dreams）为花玫瑰红，黄心，花径 8～10cm。

'阿拉丁'（Aladdin）系列：株高 30cm，花色多种，其中'蓝天'（Sky blue）花鲜蓝色，花径 10cm。

'猎鹰'（Eagle）系列：矮生种，株高 10cm，花径 9cm，花色多，其中'红星'（Red star）鲜红、白双色呈星状。

'呼啦圈'（Hulahoop）：株高 30cm，双色种，早花型，花径 9cm。

'地毯'（Carpet）：单瓣多花品种，抗热品种，分枝性强，花紧凑。

'幻想曲'（Fantasy）系列：单瓣密花品种，株高 25～30cm，花小，属迷你型，花径 2.5～3cm，分枝性强，其中'天蓝'（Sky blue）最为突出。

'梅林'（Merlin）系列：单瓣密花品种，株高 25cm，早花种，分枝性强，花色多样，从播种至开花需 80d，为抗病品种。

'超级'（Ultra）系列：早花种，适用于室外栽培，花大，花径10cm，其中'超级深红星'（Ultra crimson star）最典型。

'云'（Cloud）系列：株高25～30cm，其中'红云'（Red cloud）花鲜红色，花径10～12cm。

'风暴'（Storm）系列：抗雨性强，其中'紫色风暴'（Storm lavender）花淡紫色，花径7～8cm。

'超级小瀑布'（Supercascade）：早花种，分枝性强，花径10～12cm，适用于吊盆栽培。

'幻想'系列 F_1：株型矮，花径小，花量多，小花覆盖整个植株，耐热性强，适合盆栽、花钵或吊篮栽植。

'皮考百拉'系列 F_1：迷你小花型品种，株高20～25cm，冠幅20～25cm，生育期75～95d。抗逆性强，生长旺盛，风雨后极易恢复，且十分耐热。

'双瀑布'系列 F_1：矮生重瓣大花型，株高20～25cm，花径10～13cm，花瓣浓密，株型紧凑，分枝性好，非常耐寒。

'情人'系列 F_1：重瓣大花型，株高20～25cm，花色独特，株型紧密，分枝良好。

同属种有25种左右，常见栽培的有以下两种。

撞羽矮牵牛（*P. violacea*）：一年生草本，高15～25cm，全株密生腺毛。叶卵圆形，具短柄。花顶生或腋生，紫堇色。

腋花矮牵牛（*P. axillaris*）：一年生草本，高30～60cm，叶片长椭圆形，植株下部叶片有柄，上部无。单花腋生，纯白色，夜间开放，有香气。

4.3.3　生态习性　　喜温暖和阳光充足的环境。不耐寒，生长适温为13～22℃，冬季温度在4～10℃，如低于4℃，植株生长停止，能经受—2℃低温；能耐35℃以上的高温。忌积水，喜排水良好微酸性砂壤土。

4.3.4　繁殖方法　　播种或扦插繁殖，以播种为主，春播、秋播均可。因种子细小，宜盆播育苗或穴盘育苗，穴盘育苗需用丸粒化种子。室温20～24℃，5～10d发芽，出苗后适度降温。矮牵牛于11月中旬温室播种，1月下旬上盆，4月中旬开花；春花于1月上旬温室播种，3月下旬至4月初定植，5月中旬开花；夏花于4月上旬播种，5月下旬定植，7月上旬开花；秋花于7月上旬播种，8月中旬定植，9月上中旬开花。

一些大花重瓣品种不容易收到种子，即便能收到一些种子，其实生后代变异也很大，常不能保持品种的优良性状，因而多采用扦插繁殖。生根适温为20～25℃，5～6月或8～9月扦插成活率最高。用于采条扦插的母株需将老茎剪掉，利用其根际新发的嫩枝作插穗瓣下来扦插，15～20d即可生根。

4.3.5　栽培管理　　目前市场上矮牵牛多以营养钵育苗，即真叶5～6片时移植上盆，初花时供应市场，定植于应用地。也可以5～6片叶小苗带土坨定植，易成活，但缓苗较慢。矮牵牛喜干怕湿，在生长过程中，需水分充足，特别夏季高温季节，应保持土壤湿润；但梅雨季雨水多、对矮牵牛生长不利，盆土过湿，茎叶容易徒长，花期雨水多，花朵褪色，易腐烂；长期积水，往往根部腐烂，整株萎蔫死亡。

矮牵牛生产中一般不经摘心处理。但摘心可以降低株高，促发侧枝发生，使株型丰满。花后可以修剪过长的枝茎，促生新芽，使其多次开花。

矮牵牛属长日照植物。生长期要求阳光充足，大部分矮牵牛品种在正常阳光下，从播种至开花在 100d 左右，如果光照不足或阴雨天过多，往往开花延迟 10～15d，而且开花少。

定植后一般 10～15d 追肥一次，以复合肥为主，但施肥量不可过大，防止植株徒长。

4.3.6　观赏与应用　矮牵牛品种繁多，花色鲜艳、丰富，开花繁茂，花期长，是布置花坛的良好材料。由于枝茎匍匐生长，植株较矮，也是空间绿化美化的优质材料，如窗台垂直装饰，花架、栅栏的吊钵种植，花台外侧的装饰等。

矮牵牛的花语：安全感，与你同心。

4.4　鸡冠花

学名：*Celosia cristata*。

别名：红鸡冠，鸡冠海棠。

英名：common cockscomb，celosia。

科属：苋科青葙属（鸡冠花属）。

产地与分布：原产非洲、美洲热带和印度。现在各地均有栽培。

4.4.1　形态特征　一年生草本，株高 25～100cm，茎直立粗壮，多数品种无分枝，茎光滑，有棱或浅沟；叶互生，卵状至卵状披针形，绿色、黄绿或红色；肉穗花序顶生，呈扇形、肾形、扁球形等，多数种类花序波状皱褶鸡冠状，深红、鲜红、粉红、橙黄、金黄、白等颜色，花小，集生于花序梗两侧，花被膜质 5 片（图 3-4），上部花退化，花被及苞片有白、黄、橙、红和玫瑰紫等色，花色与叶色有一定相关性，花序上部呈丝状，下部呈干膜质状，花期 6～10 月；种子小，扁圆形，黑色有光泽，千粒重 1.0g。

图 3-4　鸡冠花（引自北京林业大学，1990）

4.4.2　种类及品种

（1）普通鸡冠：高 20～120cm，极少有分枝。花序扁平而且皱褶似鸡冠状，花色紫红、深红、粉红、淡黄或乳白，单色或复色。

（2）子母鸡冠：株高 30～50cm，多分枝而开展，全株成广圆锥形。主干顶生花序最大，下部侧枝顶端着生较小花序，所有花序均为鸡冠状。花色紫红、橘红。

（3）圆绒鸡冠：株高 40～60cm，部分品种有分枝，不开展。花序卵圆形，表面流苏状或绒羽状，紫红、玫红、橙红等色。

（4）凤尾鸡冠：又名芦花鸡冠或扫帚鸡冠、羽状鸡冠，株高 30～150cm，全株多分枝而开展，各枝顶端着生疏松火焰状花序。花序表面呈芦花状细穗，花色有红、紫、黄、玫瑰、橙等多色。

市场常见的鸡冠花品种有以下几种。

‘和服’（Kimono）系列：羽状花序，株高 20～25cm，穗长 6～8cm，红、黄、玫红等色，播种至开花需要 100d。

‘红顶’系列：鸡冠状花序，株高 25～30cm，花径 7.5cm，播种到开花 100d。

‘新羽’系列：羽状花序，株高 30～40cm，基部分枝性强。花穗大而饱满，花色鲜艳醒目，耐热性好。

'东方2号'：鸡冠状花序，株高30～35cm，株型整齐。花冠鲜红色近圆球形，花径13～16cm。花茎直立，耐热性强。

'红龙'：鸡冠状花序。早生种。绿茎，叶色浓绿，花茎细而坚韧，花冠鲜红色。耐热性强，夏季栽植不易得日烧病，切花种。

'亚美高'系列：株高15～20cm，花头紧密，早花习性，花色艳丽不褪色，耐热性好。

'威红'系列：铜色叶片，花冠鲜红，花径8cm，株高30cm，在炎热潮湿条件下依然表现良好，是夏秋季理想的花坛花卉。

'新目'系列：独特的红叶红花品种，株高35cm，花序粗大，可盆栽或花坛种植，花坛中表现极好。

4.4.3　生态习性　　喜炎热干燥、阳光充足的环境，较耐旱不耐寒。生长适温20～25℃，生长温度在15～30℃均可良好生长；鸡冠花只要在5℃以上就不会受冻害，超过35℃对植株的生长有影响。适宜肥沃的砂质土壤。耐贫瘠，怕积水。

4.4.4　繁殖方法　　播种繁殖。通常4～7月播种，可露地苗床育苗，现在常进行盆播或穴盘育苗。鸡冠花高大品种生长期较长，播种太晚，常因秋季凉寒而结实不佳，一般3月可播种于温床。覆土应薄，盖上种子即可，约10d可出苗。出苗初期保持育苗基质的湿润，光照有利于鸡冠花种子的发芽，发芽温度保持在22～24℃。鸡冠花有自播能力。夏季高温多雨季节，鸡冠花小苗易得猝倒病，因此注意勿积水，苗床要通风，出芽后要保持苗床的半干状态，及时移苗。

4.4.5　栽培管理

（1）及时上盆：鸡冠花幼苗具5～8片真叶时及时上盆，上盆不及时会导致花芽分化提前，从而使植株产生小老苗现象，品质下降，严重时整批花报废。用穴盘育苗，应在5～6片对真叶完全展开时移植上盆。一般上盆用12～13cm口径的营养钵，一次上盆到位，不再进行换盆。如果是苗床育苗，最好在1对真叶时，用72穴或128穴盘移苗一次，然后再移植上盆。

（2）光照：鸡冠花为阳性植物，生长期要求阳光充足，使植株生长健壮，防止植株徒长，特别是在苗期更应注意加强光照。

（3）温度控制：上盆后温度最好在20～25℃，生长温度在15～30℃均可良好生长。开花后降低温度对延长花期很有效。

（4）水肥管理：水分管理的关键是采用排水良好的栽培基质，掌握见干见湿的原则浇水。上盆时施足基肥，以复合肥为主，快速生长期，7～10d追施一次水溶性肥料。

（5）采种：鸡冠花异花授粉，品种间极易天然杂交，致性状混杂，后代失去观赏价值。留种栽培时注意种间隔离。种子以中央花序中下部为佳。

4.4.6　观赏与应用　　矮型及中型鸡冠花用于花坛，高型品种适作花境及切花。凤尾鸡冠、子母鸡冠适于花境、花丛及花群、基础栽植。鸡冠花又可作干花，经久不凋。

鸡冠花花语：永不褪色的恋情或不变的爱的象征。在欧美，第一次赠给恋人的花，就是火红的鸡冠花，寓意真挚的爱情。

4.5　万寿菊

学名：*Tagetes erecta*。

别名：臭芙蓉，蜂窝菊，臭菊花。

英名：aztec marigold。

科属：菊科万寿菊属。

产地与分布：原产墨西哥及中美洲地区，现在各地均有栽培。

4.5.1　形态特征　　一年生草本，高 20～90cm；茎直立，粗壮，具纵细条棱，分枝向上平展；叶羽状分裂，长 5～10cm，宽 4～8cm，裂片长椭圆形或披针形，边缘具锐锯齿，上部叶裂片的齿端有长细芒；沿叶缘有少数腺体；头状花序单生，径 5～13cm，花序梗顶端棍棒状膨大；总苞长 1.8～2cm，宽 1～1.5cm，杯状，顶端具齿尖；舌状花黄色或橙色，也见白色品种，长 2.5～3.0cm（图 3-5），舌片倒卵形，基部收缩成长爪，顶端微弯缺；管状花花冠黄色，顶端具 5 齿裂；花期 6～10 月。瘦果线形，基部缩小，黑色或褐色，长 8～11mm，被短微毛；冠毛有 1～2 个长芒和 2～3 个短而钝的鳞片，种子千粒重 3g。

图 3-5　万寿菊（引自傅玉兰，2001）

4.5.2　种类及品种　　由于国际上对万寿菊的需求量不断增加，品种更新快，园艺品种极为丰富。按花型变化分有单瓣、重瓣、散展型、绣球型、蜂窝型、卷钩型等；按植株高度变化可分为高型（70～90cm）、中型（40～60cm）、矮型（25～30cm）。目前市场常见品种有以下几种。

‘优秀’系列 F_1：适合春夏播种，株高 25～30cm，花径 8cm，重瓣大花，叶片宽大墨绿，伴随长日照生长，茎秆强壮，花数多，耐高温耐运输。

‘草帽’系列 F_1：适合秋冬播种，株高 25～35cm，花径 8cm，重瓣蜂窝状花头，短日照下生长仍然健壮，花色纯正。

‘安提瓜’系列 F_1：适合春夏播种，株高 25～30cm，冠幅 25～30cm，重瓣蜂窝状大花，花径 8cm，花瓣紧密，花朵的纵径较厚，花色纯正。叶片浓绿丰满，基部自然多分枝，长日照下植株粗壮，茎秆坚挺，耐运输。抗病性极强。

‘梦之月’系列 F_1：秋冬播种早春开花型，花梗坚挺，耐运输，株高 25～30cm，多分枝多花，花朵紧密蜂窝状，花径 10cm。

‘亚特兰’系列 F_1：株高 25～35cm，冠幅 30～35cm，叶片浓绿舒展，完全重瓣蜂窝状大花，圆球形花径 9cm，花瓣紧密，它独特的花瓣结构有超强的耐热性，抗病性好茎秆坚韧，运输过程中不容易出现花头折断现象。

同属常见栽培的有以下几种。

（1）孔雀草（*T. patula*）：别名红黄草、小万寿菊。一年生草本，株高 30～40cm，茎多分枝，有紫晕。头状花序，径 2～6cm；舌状花黄、橙黄，基部有红褐色，或红褐色边缘为黄色；花期 6～10 月。为常见一年生花卉。市场常见的栽培品种如下。

‘曙光’（Aurora）：花较大，花径 6cm，播种后 48d 开花。

‘赠品’（Bounty）：株高 25～30cm，花径 5cm，抗病品种。

'迪斯科'（Disco）：株高 30cm，单瓣花，花径 6cm，分枝性强。

'索菲娅'（Sophia）：株高 25～30cm，花重瓣，银莲花型，花径 7～8cm。

'极美'系列：株高 20cm，超大花径 6～8cm。杂交三倍体品种，长势极其旺盛，非常耐雨耐旱，对日照不敏感。

'小英雄'系列：小花丰花型，花径 4cm，花量非常大，基部多分枝，株型漂亮，抗病性好，是耐热性极好的丰花型品种。适合夏季使用。

'沙发瑞'系列：大花多花型，花径 6cm，开花迅速整齐，叶片宽厚浓绿，长势健壮。北方地区可全年生产，南方地区春、秋两季比较合适。

（2）细叶万寿菊（*T. tenuifolia*）：一年生草本，多分枝。叶羽状分裂，裂片线形。舌状花 5 枚，淡黄或橙黄，基部色深。

（3）香叶万寿菊（*T. lucida*）：多年生草本，亚灌木，株高 60～120cm，单瓣头状花序，金黄色或橙黄色，花径 1.5cm。叶全缘，全株可散发出一种带有茴香味的芳香。

4.5.3 生态习性 喜温暖、阳光充足的环境，稍能耐早霜，耐半阴，抗性强，对土壤要求不严，以肥沃、排水良好的砂质壤土为好。生长适温 15～20℃，冬季温度不低于 5℃；夏季高温 30℃以上，植株徒长，茎叶松散，开花少。10℃以下能生长但速度减慢，生长周期拉长。

4.5.4 繁殖方法 可以播种、扦插繁殖，以播种为主。扦插用于稀有品种繁殖。一年四季均可播种，通常春播秋花，夏播秋、冬花。种子易萌发，可自播繁殖。现在万寿菊的品种一般播后 60～90d 开花。种子发芽温度 20～25℃，播后 3～7d 出苗。可以苗床育苗，也可以穴盘育苗，4～5 片真叶时进行一次移植。

4.5.5 栽培管理 万寿菊栽培管理比较简单，定植前施足基肥，定植后生长迅速，对水肥要求不严。花后不再施肥。为促进分枝，可以摘心 1～2 次，也可以不摘心。花后及时修剪掉残花、枯枝，控制株高，防止倒伏。

 4.5.6 观赏与应用 万寿菊适应性强，且株型紧凑丰满、叶翠花艳。主要用于花坛、花境的布置，也是切花的良好材料。同时，它还是一种环保花卉，能吸收氟化氢和二氧化硫等有害气体。

万寿菊的花语是：健康。

4.6 大花三色堇

学名：*Viola tricolor* var. *hortensis*。

别名：蝴蝶花，猫脸花。

英名：garden pansy。

科属：堇菜科堇菜属。

产地与分布：原产南欧，现在各地均有栽培。

4.6.1 形态特征 多年生草本，常做二年生栽培。株高 15～30cm，全株光滑。地上茎较粗，直立或稍倾斜，有棱，单一或多分枝。基生叶叶片长卵形或披针形，具长柄；茎生叶叶片卵形、长圆状圆形或长圆状披针形，先端圆或钝，基部圆，边缘具稀疏的圆齿或钝锯齿，上部叶叶柄较长，下部较短；托叶大型，叶状，羽状深裂，长 1～4cm；叶互生。花腋生，花瓣 5 枚，不整齐，一瓣有短而钝的矩，下面花瓣有线形的附属体，向后伸入矩内，花色为黄、白、紫三色，还有纯白、浓黄、紫堇、蓝青、古铜色、黑紫等，或花朵中央具一对比色之眼，花期 3～6 月（图 3-6）。蒴果椭圆形，三裂，种子倒卵形，种子千粒重 1.1～1.4g。

4.6.2 种类及品种 三色堇经过多年的栽培、育种，现在园艺品种非常丰富。目前根据常用的大花三色堇的花色、花径等有以下分类。

图 3-6 大花三色堇（引自傅玉兰，2001）

（1）按花朵是否带有斑点分为：纯色三色堇、花脸三色堇、双色三色堇和霜状脸三色堇。

（2）按花朵直径大小可以分为：特大花型、大花型、中花型和小花型。

特大花型三色堇：花径为 9～10cm，冠径为 20～25cm，常作为盆花栽培。该类三色堇花朵特大，单株观赏效果好，品种主要有'宾哥''阿特拉斯'等。

大花型三色堇：花径为 6～9cm，冠径为 20～25cm。品种主要有'皇冠'、'德尔塔'等。

中花型三色堇：花径为 5～6cm，冠径为 15～20cm。品种主要有'荣誉'、'宝贝宾哥'、'水晶宫'、'包罗万象'、'小康'等。

小花型三色堇：花径约 4cm，冠径为 15～20cm，品种有'紫雨'。

目前市场常见常用大花三色堇品种有以下几类。

'阿特拉斯'（Atlas）F_1 系列：大花型，颜色非常丰富，有纯色、花脸和霜状脸颜色。株高 22～30cm，花径 9～10cm，开花早。

'水晶宫'（Crystal bowl）F_1 系列：花色为纯色，早花，中花型，花径 5～6cm，株高 15cm，为极矮生品种，叶片小呈深绿色，植株分枝多，生长茂盛。耐高温性好，花期长，从初秋直至次年春季花开不止。

'皇冠'（Crown）F_1 系列：大花型，纯色花，花径 8cm，株高 20cm。花色亮丽，开花早，耐低温，花色花形最适宜作立体造型栽培和花坛色带布置。株型整齐丰满，枝叶茂盛。适宜秋、冬、春三季栽培。

'大花高贵'（Majestic giant）F_1 系列：是三色堇各品种中花朵最大的系列之一。早花，花脸花，花径约 10cm，株高 18cm，冠径 15cm，生长势强。植株生长健壮。

'包罗万象'（Universal plus）F_1 系列：改良种，株型整齐，花量丰富，开花早，花径 6cm。耐热和耐低温性能良好。夏季种植，秋季开花，可以自然露地越冬。

'宾哥'（Bingo）F_1 系列：大花型，花径 9～10cm，花茎短，株型整齐紧凑。

'宝贝宾哥'（Baby bingo）F_1 系列：开花多、开花早，具有极强的抗热性和顽强的越冬能力。中花型，花径 5～6cm。

'德尔塔'（Delta）F_1 系列：春季开花型，株型整齐，叶片优美，花径 7～8cm，株高 18cm 左右，直立性好，茎秆粗壮，耐炎热。

'舰队'（Armado）系列：特选混交种，早花，其品种表现介于 F_1 代三色堇和常规三色堇之间。

'紫雨'F_1（Purple rain）：小花型，花径只有 4cm，明亮的蓝紫色花朵带黄色花心，极佳的越冬性和早花性，叶片深绿色，分枝性好，冠径可达 25cm，园林群体效果极好。

堇菜属植物世界约有 500 种，常用于园林的有以下几种。

香堇菜（*V. odorate*）：全株被柔毛，有匍匐茎，花深紫堇、浅紫堇、粉红或纯白色，芳香。2～4 月开花。

紫花地丁（*V. chinensis*）：多年生草本，无地上茎，高 4～14cm，叶片下部呈三角状卵形或狭卵形，上部者较长，呈长圆形、狭卵状披针形或长圆状卵形，花中等大，紫堇色或淡紫色，喉部色较淡并带有紫色条纹，花期 3～5 月。

角堇（*V. cornuta*）：多年生草本，常作一年生栽培。株高 10～30cm，茎较短而直立，丛生。花径 2.5～4cm，花堇紫色、白、黄等色。

4.6.3　生态习性　　喜光照充足，好凉爽环境，较耐寒，忌炎热雨涝，要求肥沃湿润的沙壤土，在贫瘠地品种显著退化。大花三色堇在昼温 15～25℃、夜温 3～5℃的条件下发育良好；昼温若连续在 30℃以上，则花芽消失，或不形成花瓣。

4.6.4　繁殖方法　　可播种、扦插、分株繁殖，多为播种繁殖。秋天 8 月下旬至 9 月播于露地苗床或容器中，移植一次于 10 月下旬移入阳畦，也可在风障前覆盖越冬，第二年 3～4 月可定植，4 月下旬开花。寒冷地区可春播，但不如秋播生长好。发芽适温为 13～19℃，播后 10～15d 发芽。采种也以秋播为好。

三色堇也可以扦插繁殖，5～6 月进行，剪取植株基部萌发的枝茎，插入泥炭或河沙中，保持空气湿润，插后 15～20d 生根，成活率高。

开花后可以进行分株繁殖，将带不定根的侧枝或根茎处萌发的带根新枝分开，单独栽植即可。

4.6.5　栽培管理　　大花三色堇无论苗期还是定植后均应处于冷凉的温度条件，并保持光照充足。初秋季节温度最好降至 20℃以下，才有利生长，而 15℃或以上有利开花，15℃以下会形成良好的株型，但会延长生长期；夏季 30℃以上花朵变小，生长细弱。选用肥沃排水良好的土壤，土壤 pH 应在 5.8～6.2 为宜，如大于 6.5 会出现根系发黑，基叶发黄。上盆或定植时施入含氮、磷、钾的复合肥。浇水需在土壤干燥时进行，过多的水分影响生长，又易产生徒长枝；气温高时，要防止缺水干枯。

三色堇种子以首批成熟者为好，果实成熟前后不一，且易散失，故果实开始向上翘起，蒴果外皮发白时即采收。

三色堇为异花、自花授粉植株，留种植株应进行种间隔离，防止品种退化。

4.6.6　观赏与应用　　大花三色堇开花早，花姿优雅，色彩斑斓，多用于布置花坛、花台、花境及镶边植物，也可盆栽供早春装饰及点缀景观。

三色堇常用花语：沉思，快乐，请思念我。

4.7　雏菊

学名：*Bellis perennis*。

别名：延命菊，春菊，满天星。

英名：english daisy。

科属：菊科雏菊属。

产地与分布：原产西欧、地中海沿岸、北非和西亚，现在各地均有栽培。

4.7.1　形态特征　　多年生草本植物，常作二年生栽培（高寒地区春播作一年生栽培）。株高 10～20cm。叶基部簇生，匙形，先端钝。头状花序单生，花径 3～5cm，舌状花为条形，数轮，平展放射状，有白、粉、红等色，管状花黄色；花期 3～6 月

（图3-7）。瘦果扁平，倒卵形，黄色，千粒重0.21g。

4.7.2　种类及品种　　园艺品种多为重瓣、半重瓣，舌状花有平瓣、管状瓣等。常见的品种有以下两种。

'塔苏'系列：重瓣花型，温度适宜时几乎没有花心，株高12～15cm，花径3～4cm，喜冷凉。

'舞蹈'系列：绒球状大花型，株型紧凑丰满，株高25cm，花径5～6cm，全重瓣，花梗短而粗壮，基部自然多分枝，开花整齐，花色十分丰富，且有复色品种。

4.7.3　生态习性　　喜冷凉湿润、阳光充足的环境，耐寒而不耐酷热，生育温度2～25℃，能耐－4～－3℃低温，南方可露地越冬。能适应一般园土，而以肥沃、富含腐殖质的土壤最为适宜。

图3-7　雏菊（引自臧德奎，2002）

4.7.4　繁殖方法　　播种或分株繁殖，常用播种繁殖。在8月中旬或9月初于露地苗床播种繁殖，特别寒冷地区早春播种。种子发芽具好光性，故播种时无需覆土，但需保持栽培介质的湿润。长出2～3片叶后进行第一次移栽，以后在5～6片真叶时进行第二次移植。10月底带土坨囤入阳畦越冬，保持在3～5℃的低温、光照充足环境。晚间盖保温材料防寒。雏菊越冬耐冷凉，但怕严霜和风干。保温材料的薄厚和盖撤时间早晚，视花苗长势和天气冷暖灵活掌握，以防徒长和有效地控制花期。

4.7.5　栽培管理　　经过冬季低温后，3～4月将雏菊定植于观赏地段，也可以上盆栽植。雏菊生长季节要给予充足的肥水，花前约2周追施一次肥料，使开花茂盛。夏季来临时往往生长不良甚至枯死。

4.7.6　观赏与应用　　雏菊植株低矮，色彩丰富，优雅别致，花期较长，是春季布置花坛、花境的重要材料。也是缀花草坪常用花卉材料。

花语：纯洁的美，天真、幼稚、愉快、幸福、和平、希望，深藏在心底的爱。

4.8　四季秋海棠

学名：*Begoniaceae semperflorens*。

别名：四季海棠，虎耳海棠，瓜子海棠，玻璃海棠。

英名：florists flowering begonia。

科属：秋海棠科秋海棠属。

产地与分布：原产于南美巴西，现在各地均有栽培。

4.8.1　形态特征　　多年生肉质草本，多作一年生栽培。株高15～40cm。茎直立，肉质，无毛，多分枝。叶卵形或宽卵形，长5～8cm，基部略偏斜，边缘有锯齿，叶互生，有光泽，绿色或红铜色等。雌雄同株异花，聚伞花序腋生，花色有红、粉红和白色等，单瓣或重瓣，雄花较大，有花被片4，雌花稍小，有花被5；花期较长，几乎全年开花。蒴果绿色，有带红色的翅（图3-8）。种子千粒重0.01～0.03g。

图3-8　四季秋海棠（引自北京林业大学，1990）

4.8.2　种类及品种　　　四季秋海棠园艺品种极其丰富，按花型分为单瓣品种和重瓣品种，按株高分为高、矮两种。市场销售的品种几乎都是杂交 F_1 品种，其性质强健。目前常见品种有以下几种。

'鸡尾酒'（Cocktail）系列：深铜叶系，株高 15～20cm，花径约 2.5cm，株型丰满紧密。花色有淡粉色、深粉红、白色玫红边、玫红、红色、白色等，与叶色形成鲜明对比，适应性强。早花、花期长，花期一致，极耐热，户外表现好。适宜容器栽培和布置花坛，是国际市场上销售最好的铜叶系四季秋海棠的代表品种。

'超奥'（Super olympia）系列：绿叶系，由"奥林匹亚"改良而来。株高 20～25cm，花径 2～3cm，花色有白色粉边、淡粉红、红色、玫红、白色等。早花且花期一致。适应能力强，各种条件下均开花良好，是全球四季秋海棠市场的主流品种。

'舞会'（Party）系列：该系列有绿叶和铜叶两种叶色，株高 30cm，多花性，花开不断，株幅较宽，适合大面积的花坛群植，花色有铜叶粉红、铜叶红花、铜叶白花、绿叶红花、绿叶白花，是理想的露地景观材料。

'幻想'（Vision）系列：铜叶系，株高约 20cm，大花，花色有亮玫红、粉红、红色、鲑红、白色。植株强健，耐热性好。

'乐图'（Lotto）系列：绿叶系，株高 25～30cm，株型紧凑圆整，巨大花，花期长，花色有红色、粉红、白色。耐雨性、耐热性好。

'超速'（Sprint）系列：绿叶系，株高 20～25cm，早花，是四季海棠中开花最早的绿叶系列，是铜叶'夜影'的姊妹系列。花色有胭脂红、深粉红、粉红、红色、玫红、鲜红、白色。

'夜影'（Nightlife）系列：铜叶系，是绿叶'超速'的姊妹系列，株高 20～25cm，早花、大花、多花，花期超一致，花色有胭脂红、深玫红、粉红、红色、玫红、白色。植株紧凑，整齐性好。气候适应性广，是极优秀的花坛种植品种。

'皇帝'（Emperor）系列：矮生型。绿叶系，大花，丰花性好。花期极早型，花期比其他主要品种早 10～14d。花色有白色、柔粉色、粉色、玫红色、红色。长势强壮，在高温干燥、高温高湿均表现良好，地栽和盆栽均适合。

'议员'（Senator）系列：矮生型，铜叶系，大花，株型紧凑。丰花性强，生长势一致。花色有白色、粉色、玫红色、深玫红色、猩红色、双色。适合大规模花坛种植。

秋海棠属种类繁多，共约 500 种。根据地下部分形态分为以下 3 种。

（1）须根类：又称灌木类，包括多浆草本、亚灌木、灌木，常绿，生长高大，分枝多，主要花期在夏秋两季，冬季进入半休眠，但仍可供观叶之用。包括四季秋海棠。另外有银星秋海棠（B. argenteo-guttata），亚灌木，茎红褐色，高 60～120cm，茎节膨大，多分枝，叶片长圆形至长卵圆形，叶面绿色，上密布小型银白色斑点，叶背有红晕，叶面微皱；花序腋生，花白色染红晕；四季有花，盛花期在夏季。绒叶秋海棠（B. cathayana），茎高 60～80cm，肉质，被红色毛，叶斜卵圆形；花朱红色或白色，9 月开花。

（2）根茎类：茎匍匐地面，粗大多肉，节极短，叶及花茎自根茎叶腋抽出，叶柄粗壮，花期均在冬春之间，叶多具美丽的斑纹，如蟆叶秋海棠（B. rex），叶及花轴自根茎发出，卵圆形，表面暗绿色有皱纹，带金属光泽，具不规则的银白色环纹，叶背红色，叶脉上多毛；秋冬开花，花淡红色，高出叶面；园艺品种极多，叶片色彩变化丰富。枫叶秋海棠（B. heracleifolia），根茎粗大，密布红色长毛；叶有长柄，叶片圆形，有 5～9 狭裂片，深达叶片中部；花小，白色或粉红色。莲叶秋海棠（*B. nelumbiifolia*），叶圆形至卵圆形，形似莲叶；花小，粉色或白色。

（3）球根类：地下部具有块茎或球茎。为温室春植球根，秋季花谢后地上部分逐渐枯死，球根在冬季休眠，如球根球海棠，在任务三中详细介绍。

4.8.3 生态习性 喜阳光充足，稍耐阴；喜温暖的环境，生长适温 18～20℃，冬季温度不低于 5℃，否则生长缓慢，易受冻害；夏季温度超过 32℃，茎叶生长较差。怕热及水涝。宜栽培在肥沃、疏松和排水良好 pH 5.5～6.5 的微酸性土壤中。

4.8.4 繁殖方法 可以播种、扦插、分株繁殖，一般商品化的栽培均采用播种繁殖。

四季秋海棠播种春、秋两季均可进行。发芽温度 20～24℃，播种 1 周发芽。由于种子细小，播种基质要求通透性、保湿性好。一般采用盆播或穴盘育苗，若机械播种，种子需要丸粒化。四季秋海棠籽苗生长非常缓慢，从播种到第一片真叶长出需要 20～25d。有 1～2 片真叶时移苗至穴盘，在穴盘育苗的 3～4 片真叶时移出。由于根系脆嫩，基质忌黏重。出苗期间应给予较高的空气湿度和基质湿度，真叶出后降低湿度，防止茎、根的腐烂。当出现 4 片真叶时可移入小盆。商品生产种苗若基质采用草炭和蛭石应注意施肥，每周一次。

扦插以四季秋海棠的嫩枝作为插穗，多在 3～5 月或 9～10 月进行，用素砂土、蛭石等作扦插基质，2 周后生根。重瓣品种不易得到种子，可以采用扦插繁殖。

作多年生栽培的盆栽四季秋海棠可以采用分株的方法繁殖。在春季换盆时进行。

4.8.5 栽培管理 由于现在市场常用品种尤其园林应用品种耐热性均较强，同时能耐夏季强光，因此定植或摆放后的四季秋海棠主要注意水、肥管理，并于适当时候进行修剪摘心。

四季秋海棠水分过多易发生烂根、烂芽、烂枝的现象；高温高湿易产生各种疾病。掌握见干见湿的原则浇水。

定植缓苗后，每隔 10～15d 追施一次液体肥料，施肥时，要掌握"薄肥勤施"的原则。迅速生长发育期主要施腐熟无异味的有机薄肥水或无机肥浸泡液，在幼苗发棵期多施氮肥，促长枝叶；在现蕾开花阶段多施磷肥，促使多孕育花蕾。夏季高温季节停止施肥。

当花谢后，及时修剪残花、花枝，促使多发新枝，保持株型整齐、美观，开花不断。

4.8.6 观赏与应用 四季秋海棠株姿秀美，叶色油绿光洁，花朵玲珑娇艳，且株型圆整，花多而密集，花期持久。可以用于园林中花坛、花钵布置，也是花叶俱美的室内盆花良好材料。

4.9 百日草

学名：*Zinnia elegans*。

别名：百日菊，节节高，步步高，火球花，秋罗，对叶梅。

英名：youth-and-old-age。

科属：菊科百日草属。

产地与分布：原产墨西哥，现在各地均有栽培。

4.9.1 形态特征 一年生草本。茎直立，高 30～100cm，被糙毛或长硬毛。叶宽卵圆形或长圆状椭圆形，长 5～10cm，宽 2.5～5cm，基部心形抱茎，两面粗糙，下面被密而短糙毛，基出三脉。头状花序径 3～6.5cm，单生枝端，具中空肥厚的花序梗。总苞宽钟状；总苞片多层，宽卵形或卵状椭圆形，外层长约 5mm，内层长约 10mm，边缘黑色。

图 3-9 百日草（引自北京林
业大学，1990）

托片上端有延伸的附片；附片紫红色，流苏状三角形。舌状花多轮，倒卵形，近扁盘状，顶端稍向后翻卷，深红色、玫瑰色、紫堇色、黄色或白色；管状花黄色或橙色，长 7～8mm，先端裂片卵状披针形，上面被黄褐色密茸毛（图 3-9）。花期 6～10 月。舌状花瘦果倒卵圆形，长 6～7mm，宽 4～5mm，扁平；管状花瘦果倒卵状楔形，长 7～8mm，宽 3.5～4mm，极扁。种子千粒重 5～9g。

4.9.2 种类及品种 百日草品种比较丰富。按株高可分为以下几种。

大花高茎类型：株高 90～120cm，花序直径 12～15cm，花型分为平展型和卷瓣型。分枝少。

中花中茎类型：株高 50～60cm，花序直径 6～8cm，花型近平展型而外形略呈球型。分枝较多。

小花丛生类型：株高 30～40cm，花序直径 3～5cm，外形呈扁球型，舌状花平展。分枝多。

按花型常为大花重瓣型、纽扣型、鸵羽型、大丽花型、斑纹型、低矮型。

目前市场上常见品种如下。

'宇宙'系列 F_1：株高 20～25cm，大花重瓣，花径 10cm，分枝较多，盛花期整个植株被花朵覆盖，花期可从初夏直至霜降，花色丰富。非常耐热耐高温，播种后 50～60d 即可开花。

'甜酒'系列 F_1：矮生大花重瓣品种，株高 25～30cm，冠幅 30cm。

'丰盛'系列：单瓣花，株高 25～30cm，分枝多，花量大。根系十分发达，抗病抗旱，耐高温，播种后 60～80d 即可开花。

同属约 20 种，常见栽培的有以下两种。

（1）细叶百日草（*Z. linearis*）：一年生草本，株高 30cm，叶条状披针形。花序直径 2～4cm，橙黄色，边缘淡橙色。花期从 7 月至降霜。原产墨西哥。

（2）小百日草（*Z. angustifolia*）：一年生草本，株高 30～50cm，茎上有短毛。叶矩圆形至卵状披针形。花序径 2.5～4cm，橙黄色。

4.9.3 生态习性 喜温暖、阳光充足的环境。生长期适温 15～30℃，不耐寒，怕酷暑。耐干旱、耐瘠薄、忌连作。要求排水良好、疏松、肥沃的土壤。

4.9.4 繁殖方法 可播种、扦插繁殖，多为播种繁殖。

百日草常进行春播或夏播，多用苗床播种育苗，种子发芽适温 20～25℃，5～7d 萌发。幼苗经 2～3 次移植后定植。苗期要求阳光充足，有足够的生长空间和营养面积，并注意适当控制水分，否则容易徒长。另外，为防止徒长育苗期间应适当降低温度，加大通风量。

扦插苗不如播种苗整齐，可选择长 8～10cm 侧芽进行扦插，一般 5～7d 生根。

4.9.5 栽培管理 百日草植株的管理主要在植株定型管理、水肥管理几方面。

整形修剪：百日草分枝能力有限，适当的摘心可以促进植株矮化、株型饱满、花朵繁茂。当幼苗长至 4～5 对叶时，定植并留 3～4 对真叶摘心，并视植株生长及分枝情况决定是否进行再次摘心。当花谢时，要及时从花茎基部留下 2 对叶片剪去残花，以在切口的叶腋处诱生新的枝梢。修剪后要勤浇水，并且追肥 2～3 次，可以延长开花到霜降之前。

　　水肥管理：定植时盆底或土壤中施入复合肥，保持盆土湿润，以促进根系生长。缓苗后开始追肥，每 1～2 周施肥 1 次。在最后 1 次摘心后约两周进入生殖阶段，可逐步增加磷钾肥，如喷施磷酸二氢钾，促使出花多且花色艳丽，并相应减少氮肥的用量。期间应保证土壤湿润。

　　百日草不耐酷暑，进入 8 月会出现开花稀少、花朵较小的现象，需加强灌溉，防治红蜘蛛。至 9 月可正常开花、结实。

　　百日草第一批成熟种子质量最好，应及时采收。同时若不及时采收，先熟种子遇雨水容易萌发或腐烂。

4.9.6　观赏与应用　　百日草花大色艳，开花早，花期长，株型美观，是常见的花坛、花境材料，矮生种可盆栽，高杆品种适合作切花。

　　百日草的花语是：想念远方朋友，天长地久。

4.10　非洲凤仙

　　学名：*Impatiens walleriana*。

　　别名：洋凤仙。

　　英名：impatiens，busy lizzie。

　　科属：凤仙花科凤仙花属。

　　产地与分布：原产非洲东部地区，现各地均有栽培。

4.10.1　形态特征　　多年生肉质草本，多作一年生栽培，高 25～70cm。茎直立，绿色或淡红色，不分枝或分枝，无毛或稀在枝端被柔毛。叶互生或上部螺旋状排列，具柄，宽椭圆形或卵形至长圆状椭圆形，长 4～12cm，宽 2.5～5.5cm，顶端尖或渐尖，有时突尖，基部楔形，沿叶柄具稀数个具柄腺体，边缘具圆齿状小齿，齿端具小尖，侧脉 5～8 对，两面无毛。总花梗生于茎、枝上部叶腋，通常具 2 花，稀具 3～5 花，长 3～6 cm；花梗细，长 15～30mm，基部具苞片；苞片线状披针形或钻形，长约 2mm，顶端尖；花大小及颜色多变化，鲜红色、深红、粉红、紫红、淡紫色、蓝紫色或有时白色；侧生萼片 2，淡绿色或白色，卵状披针形或线状披针形，长 3～7mm；花为不整齐花，5 瓣单瓣或重瓣，旗瓣宽倒心形或倒卵形，长 15～19mm，宽 13～25mm，顶端微凹，背面中肋具窄鸡冠状突起，顶端具短尖；翼瓣无柄，长 18～25mm，2 裂，基部裂片与上部裂片同形，且近等大，基部裂片倒卵形或倒卵状匙形，长 14～20mm，宽 14mm，上部裂片长 12～23mm，宽 18m，全缘或微凹；唇瓣浅舟状，长 8～15mm，基部急收缩成长 24～40mm 线状内弯的细距（图 3-10）。花期 6～10 月。蒴果纺锤形，长 15～20mm，无毛。种子球形，黑色，千粒重 0.5～0.6g。

4.10.2　种类及品种　　非洲凤仙品种极为丰富，目前市场常见的有以下几种。

　　'重音'（Accent）系列：株高 25～30cm，冠幅 25～30cm，7～8cm 株高始花，分枝性强，花大，花径 6cm，是非洲凤仙中色彩最丰富的系列之一，有 24 种花色，8 种复色。

　　'超级小精灵'（Super elfin）系列：纯色系列，有粉、白、橙、红、玫瑰红、杏黄等色。

图 3-10 非洲凤仙

'沙德夫人'（Shady lady）系列：早花种，株高 25～30cm，植株 10cm 时始花，从播种至开花需 60d，其中'红与白'（Red&white）花瓣红色，中央有白色宽纵条，呈星状。

'闪电战'（Blitz）系列：耐热品种，适用于吊盆栽培。

'自豪'（Pride）系列：花大，径 6～7cm，是非洲凤仙中花朵最大的系列。

'速度'（Tempo）系列：为超级早花种，花径 6cm，播种后 50d 开花。

'旋转木马'（Carousel）系列：重瓣花系列，适用于吊盆和栽植箱栽培。

'糖果'（Confection）系列：重瓣花系列，花色有红、玫瑰红、粉、橙等色，适用于盆栽、吊盆和栽植槽栽培。

同属观赏种有以下 3 种。

（1）凤仙花（I. balsamina）：原产中国、印度和马来西亚。茎直立肉质，光滑，有分枝。叶互生，阔披针形，缘具细齿，叶柄两侧具腺体。花单生或簇生于上部叶腋。有紫红、朱红、桃红、粉、白及杂色。我国曾有许多表现优异的古老品种，但目前栽培品种很少。一般作基础栽植。

（2）赞比亚凤仙花（I. usambarensis）：叶狭卵形或长圆形至长圆状椭圆形，上面被疏柔毛，下面特别是沿中脉和侧脉毛较密，侧脉 8～14 对，边缘具细锯齿或细锯齿状小齿，叶柄上部具许多长 2～4mm 具柄腺体，花粉红色至深红色或朱红色。

（3）新几内亚凤仙（I. hawkeri）：亲本原产新几内亚、爪哇岛和西里伯岛。株高 25～40cm。植株挺直，株丛紧密低矮。茎含水量高稍肉质。叶互生，披针形，绿色、深绿或古铜色；叶表面有光泽，叶脉清晰，叶缘有锐齿。花簇生叶腋，花大，花色丰富，有红、紫、粉、橙、白等多色。花期长。园艺品种比较丰富。主要用于室内盆栽观赏。

4.10.3 生态习性 　非洲凤仙性喜温暖、阳光充足、湿润的气候，忌烈日暴晒。生育适温 15～25℃，冬季室温不应低于 12℃，夏季要求凉爽，并需稍加遮阴。既不耐干旱，又怕积水。在肥沃、疏松和排水良好的微酸性砂质壤土中生长良好。

4.10.4 繁殖方法 　可播种、扦插繁殖，大量生产应用时多用播种繁殖。

非洲凤仙多作容器播种育苗或穴盘育苗。全年均可播种。播种土壤要求碎细、平整，有较高的保湿性。发芽适温为 20～22℃，播后 15～20d 发芽。出苗后应控制浇水，多通风、见光，使植株健壮，以减少病害发生。在幼苗 10cm 左右留 2～3 片叶摘心，促发分枝，使株型饱满。

扦插繁殖适宜小量繁殖及重瓣花繁殖。扦插可随时进行。选取生长强健的枝条，剪取约 10cm 长的顶端，插于沙中，20d 左右生根。

4.10.5 栽培管理 　栽培非洲凤仙的土壤要选用疏松、肥沃的砂壤土，并在定植前施入基肥。随着苗的长大，应加强肥水管理，可 10d 浇施 1 次稀薄有机液肥或 0.3% 复合化肥；为避免徒长，在生长季节只需适当追施少量稀薄液肥，并以磷、钾肥为主，忌施氮肥。非洲凤仙忌强光照，夏季最好遮去中午前后光照。但现在培育的品种能够耐受强光直射，园林应用应选择此类品种。非洲凤仙的茎含水分较多，非常脆弱而易折断，所以要把握好盆土的浇水量，不能缺水，应给予充分的水分，又不能过湿，以免烂根，但在花期应避免浇大水而造成烂根。

4.10.6 观赏与应用 非洲凤仙叶片亮绿，繁花满株，色彩绚丽，开花不断，是良好的盆花及园林景观植物。适合进行花坛、花钵、吊盆、花柱、花墙、窗盒的布置。

4.11 瓜叶菊

学名：*Senecio cruentus*。

别名：千日莲，蛇目菊。

英名：florists cineraria。

科属：菊科千里光属。

产地与分布：原产地中海加纳列群岛，现各地均有栽培。

4.11.1 形态特征 多年生草本，多作一二年生栽培。全株密被柔毛，茎直立，草质，叶大，心脏状卵形，掌状脉，叶缘具波状式多角锯齿，形似黄瓜叶；头状花序簇生成伞房状，每个头状花序具总苞片 15～16 枚，舌状花 10～12 枚，花紫、粉、黄、蓝、白等多色，还有舌状花双色形成蛇目的类型，具天鹅绒光泽（图 3-11）。花期 12 月至次年 5 月。瘦果黑色，纺锤形，千粒重 0.19g。

图 3-11 瓜叶菊（引自臧德奎，2002）

4.11.2 种类及品种 瓜叶菊异花授粉，易产生变异，因此园艺品种众多，可分为 4 种类型。

（1）大花型：花大，径 4cm 以上，有的达 8～10cm，株高 30cm 左右，花密集，花色从白到深红及蓝色，一般多为暗紫色，也有蛇目类品种。

（2）星型：花小，径 2cm，一株着 120 朵花左右，花瓣细短，花色有红、粉、钳紫、紫红等色及蛇目类。植株疏散高大，多 60～100cm；叶小。为切花用类型，生长强健，也育出矮性品种。

（3）中间型：花径较星型大，约 3.5cm，株高 40cm，多花性，宜盆栽。

（4）多花型：1921 年在瑞士育出。花小型，着花极多，一株达 400～500 朵，株高 25～30cm；花色丰富。本品种与大花型杂交，则产生大花多花类型。

以上各种类型中，还各有不同高度和不同重瓣性的品种，其花色异常丰富，除纯黄色外，几乎各色均有，而以蓝色、紫色为其特色。

4.11.3 生态习性 喜温暖湿润，忌冬季严寒夏季高温，怕强光与霜冻，通常低温温室栽培，耐 0℃ 左右的低温。栽培中夜间温度不低于 5℃，白天温度不超过 20℃ 为主，生长适温 10～15℃。室温高易引起徒长，夏忌烈日及雨涝。短日照促进花芽分化，花芽分化后长日照可促进花蕾发育。喜腐殖质丰富而排水良好的砂质壤土，pH 6.5～7.5。

4.11.4 繁殖方法 以播种为主，也可扦插。

（1）播种法：播种期依所需花期而定。现代瓜叶菊品种多数播后5～8个月开花，3～10月分期播种，可得到不同花期的植株，但瓜叶菊短日照进行花芽分化，播期早，植株冠幅大；播期晚，营养生长时间短，植株较小，开花量少。其中以8～9月播种最为适宜，这时天气转凉，雨季已过，幼苗生长迅速，栽培容易。若9月后播种，苗株还小时，日照长度已逐渐转短，使花蕾提早发育开花，这样株茎细长，花小而稀，观赏价值降低。播种发芽适温21℃，3～5d发芽。

（2）扦插法：5～6月间，花后选生长充实的腋芽扦插，芽长6～8cm，摘除基部大叶，留2～4枚嫩叶扦于粗砂内即可，20～30d即生根。

4.11.5　栽培管理　　瓜叶菊从播种到开花的过程中，需移植2～4次。以北京地区8月播种为例，播种出苗后经20d，真叶2～3片时进行第一次移苗，株行距5cm，移于浅盆中，用土为腐叶土2、园土2、河沙1，此时增加日照量，一周后可施稀薄液肥。经约30d的生长，根充满株间，真叶抽出5～6片，可行第二次移苗（上盆）至7cm盆，腐叶土2、园土2、河沙1，缓苗后每1～2周追施液肥一次，浓度逐渐增加。此时至9月末，天气转凉，幼苗生长迅速，给予充足光照，11月末定植在13～17cm盆，腐叶土2、园土3、河沙1的培养土中，并施以豆饼、骨粉等为基肥。培养期间注意倒盆，转盆，每2周追施液肥一次，花芽分化前2周停止施肥并减少浇水，夜间温度10℃，白天最高温度21℃为宜。

栽培中应注意的问题。

（1）越夏问题：瓜叶菊性喜凉爽，不耐炎热，避免烈日曝晒。我国很多地区夏季高温对瓜叶菊生长不利。应置于荫棚下栽培，注意通风，勿淋雨，可向地面洒水，向叶面喷水降温。

（2）花芽分化和催延花期：花芽分化前2周控制浇水，可提高着花率，也使株形低矮紧凑。现蕾后则正常管理。瓜叶菊对光敏感，单屋面温室每周要倒盆、转盆1次，花蕾伸出后，提高室温催花，花初开放低温处延长花期。据实验，在15℃以下的低温中处理6周左右，可完成花芽分化，其后经8周就可开花。

（3）采种：瓜叶菊为异花授粉植物，以种子繁殖极易杂交而产生变异。采种母株宜选花大或繁密、花色艳丽、花梗粗壮、叶大而厚、叶色深绿、叶柄粗短的植株。催花的植株不能采种。筒状花与舌状花颜色一致，否则后代易发生分离，避免蓝色花。

有目的的人工授粉时，不用去雄，在雌雄未成熟时套袋，成熟时在上午10时至下午2时授粉，隔天授粉一次，共3次即可。当子房膨大、花瓣萎缩时，去掉纸袋，使充分见光。瓜叶菊在3～4月间种子甚易成熟，在4月中旬后应遮蔽中午前后的强烈日照，否则结实不良，从授粉到种子成熟需40～60d。

（4）冬季管理：光照足，通风良好，温度10～13℃，太高太低均不利，喜肥水，7～10d施稀薄液肥水，保持盆土湿润。

4.11.6　观赏与应用　　瓜叶菊花色艳丽，花头硕大密集，簇生在宽阔舒展的碧绿叶片上，碧叶丽英，浓妆艳抹，鲜艳夺目，显得富丽庄重，而且有一般室内花卉少见的蓝色花。栽培简单，花期长，是人们喜爱的冬春代表性盆花。人工调节花期，从12月到翌年5月都可开花，是元旦、春节、"五一"节日布置的主要花卉，星类品种可作切花。

表3-2为其他一二年生花卉特性简介。

表 3-2 其他一二年生花卉主要特性简介

序号	中文名称	学名	科属	株高/cm	花色	花期	繁殖方法	生态习性				观赏用途
								光照	温度	水分	土肥	
1	彩叶草	Coleus scutellarioides	唇形科鞘蕊花属	50~80	观叶	—	播种、扦插	喜光照	喜温暖	喜湿润	中肥	毛毡花坛、盛花坛、盆栽
2	长春花	Catharanthus roseus	夹竹桃科长春花属	30~40	红、紫、粉、白、黄	全年	播种、扦插	喜光照	喜高温	喜高湿	中肥	花坛、花境、丛植、盆栽
3	美女樱	Verbena hybrida	马鞭草科美女樱属	30~50	白、红、蓝、雪青、粉红	5~11月	播种、扦插、分株	喜光照	不耐寒	不耐旱	疏松肥沃	花坛、盆栽、地被、吊篮
4	藿香蓟	Ageratum conyzoides	菊科藿香蓟属	50~100	淡紫	全年	播种、扦插	喜光照	喜温暖	喜湿润	不择土壤	花坛、地被、岩石园、盆栽、花境
5	金盏菊	Calendula officinalis	菊科金盏菊属	30~60	黄、橙	4~6月	播种	喜光照	较耐寒	耐干旱	不择土壤	花坛、花境、盆栽、切花
6	紫罗兰	Matthiola incana	十字花科紫罗兰属	20~80	红、紫、白、玫瑰	3~5月	播种	喜光照	喜凉爽	冬季湿润夏季干爽	疏松肥沃	花坛、花境、切花
7	金鱼草	Antirrhinum majus	玄参科金鱼草属	20~70	白、红、黄、粉、紫	5~7月	播种、扦插	喜光照	不耐热	忌水湿	疏松肥沃	花坛、花境、岩石园
8	香雪球	Lobularia maritima	十字花科香雪球属	8~25	白、堇、淡紫	4~8月	播种、扦插	喜光照	喜凉爽	耐干旱	较耐贫瘠	花坛、花境、模纹花坛、岩石园
9	勋章菊	Gazania rigens	菊科勋章菊属	15~40	红、橙、黄、粉、白	4~6月	分株、扦插	喜光照	温暖	喜湿润		花坛、丛植
10	醉蝶花	Cleome spinosa	白花菜科	50~100	白、粉、紫	夏秋	播种	全光	温暖	中水、耐旱	中肥	花坛、丛植、切花
11	波斯菊	Cosmos bipinnatus	菊科秋英属	100~200	紫红、粉红、白	6~9月	播种、扦插	喜光耐干旱	不耐高温 不耐寒	耐干旱	疏松肥沃	花境、切花、山石、崖坡、宅劳
12	矢车菊	Centaurea cyanus	菊科矢车菊属	80	蓝、白、紫、粉	5~6月	播种	喜光照	较耐寒	不耐湿	疏松肥沃	切花、花坛、花境、丛植

续表

序号	中文名称	学名	科属	株高/cm	花色	花期	繁殖方法	生态习性				观赏用途
								光照	温度	水分	土肥	
13	旱金莲	*Tropaeolum majus*	旱金莲科旱金莲属	30~70	黄、橙、粉红、橙红、乳白和双色	6~10月	播种、扦插	喜光照	喜温暖		疏松肥沃	盆栽装饰、花坛、花槽、花箱
14	麦秆菊	*Helichrysum bracteatum*	菊科麦秆菊属	50~100	白、红、黄、紫、玫红	7~9月	播种、扦插	喜光照	不耐寒	喜湿润	耐贫瘠	花坛、花境、丛植、切花
15	千日红	*Gomphrena globosa*	苋科千日红属	40~60	紫红、淡红、金黄、橙、白	7~10月	播种	喜光照	喜温暖	耐干旱	疏松肥沃	花坛、花境、切花、干花
16	虞美人	*Papaver rhoeas*	罂粟科虞美人属	25~90	红、粉、黄、白	3~6月	播种	喜光照	耐寒		喜肥沃	花坛、花境、丛植
17	羽衣甘蓝	*Brassica oleracea* var. *acephala* f. *tricolor*	十字花科芸薹属	30~40	紫红、粉红、白、牙黄	—	播种	喜光照	耐寒	喜湿润	肥沃	盆栽、花坛
18	五色苋	*Alternanthera bettzickiana*	苋科虾钳菜属	15~40	观叶（红褐、绿）	—	扦插		喜温暖	耐旱		模纹花坛
19	香彩雀	*Angelonia angustifolia*	玄参科香彩雀属	40~60	紫、红、白	5~10月	播种、扦插	喜光照	喜高温	喜湿润	疏松肥沃	花境、花坛
20	茑萝	*Quamoclit pennata*	旋花科茑萝属	蔓性	红、白、玫红	6~9月	播种	喜光照	喜温暖	喜湿润	喜肥沃	篱垣、棚架、盆栽
21	黑眼苏珊	*Thunbergia alata*	爵床科山牵牛属	蔓性	淡黄、橘红	6~9月	播种、扦插	喜光照	喜温暖	喜湿润	喜肥沃	吊篮、棚架
22	银边翠	*Euphorbia marginata*	大戟科大戟属	50~100	白、观叶	7~9月	播种	喜光照	喜温暖	耐干旱	疏松肥沃	花丛、花坛、花境、插花

续表

序号	中文名称	学名	科属	株高/cm	花色	花期	繁殖方法	生态习性				观赏用途
								光照	温度	水分	土肥	
23	半枝莲	Portulaca grandiflora	马齿苋科马齿苋属	10~15	白、黄、红、紫、粉红	5~11月	播种、扦插	喜光照	喜温暖	喜干燥	耐贫瘠	花丛、花坛、岩石园
24	锦葵	Malva sinensis	锦葵科锦葵属	50~90	紫红、白	5~10月	播种	喜光照	耐寒	耐干旱	不择土壤	花境、庭园
25	毛地黄	Digitalis purpurea	玄参科毛地黄属	90~120	紫红、白、粉	5~8月	播种	喜光且耐阴	忌炎热	喜湿润	中肥	花境、花坛、丛植片植
26	飞燕草	Delphinium ajacis	毛茛科飞燕草属	35~120	蓝、紫	5~6月	播种、扦插	喜光照	较耐寒、忌高温	耐旱	喜肥沃	丛植、花坛、花境、切花
27	蛇目菊	Coreopsis tinctoria	菊科蛇目菊属	60~80	黄、橙黄、暗紫	春播6月开花，6月播9月开花	播种	喜光照	忌炎热、不耐霜寒	耐旱	中肥	丛植、花坛、花境、切花
28	南非万寿菊	Osteospermum ecklonis	菊科南非万寿菊属	25~40	白、粉、红、紫红、蓝、紫	5~9月	播种	喜光照	耐寒	耐干旱	疏松肥沃	花坛、丛植、盆栽
29	硫华菊	Cosmos sulphureus	菊科秋英属	30~100	黄、金黄、橙、红	6~9月	播种、扦插	喜光照	喜温暖	耐旱	耐贫瘠	丛植、花境
30	风铃草	Campanula medium	桔梗科风铃草属	30~120	白、粉、蓝、紫	4~6月	播种	喜光照	耐寒	喜湿润	中肥	盆栽、花境、岩石园
31	一点樱	Emilia javanica	菊科一点红属	40~60	红、橙黄	6~9月	播种	喜光照	喜温暖	喜湿润	不择土壤	树坛、林缘、切花
32	矮生向日葵	Helianthus annus	菊科向日葵属	30~40	黄	5~10月	播种	喜光照	喜温热	较耐旱	不择土壤	花坛、花境、丛植
33	赛菊芋	Heliopsis helianthoides	菊科赛菊芋属	60~150	黄	6~9月	播种、分株	喜光照	耐寒	喜干燥	耐贫瘠	花境、路旁、林缘、岩石园

续表

| 序号 | 中文名称 | 学名 | 科属 | 株高 /cm | 花色 | 花期 | 繁殖方法 | 生态习性 | | | | 观赏用途 |
								光照	温度	水分	土肥	
34	观赏葫芦	Lagenalia var. microcarpa	葫芦科葫芦属	蔓性	白、观果	6~7月	播种	喜光照	喜温暖	喜湿润	喜肥沃	棚架、篱垣、门廊
35	柳穿鱼	Linaria maroccana	玄参科柳穿鱼属	20~80	黄、粉红	6~9月	播种、扦插	喜光照	较耐寒	湿润	中肥	花坛、花境、丛植
36	含羞草	Mimosa pudica	豆科含羞草属	30~60	白、粉红	3~10月	播种	喜光照	不耐寒	喜湿润	喜肥沃	庭院、盆栽
37	高雪轮	Silene armeria	石竹科蝇子草属	30~50	桃红、白、淡红	5~6月	播种	喜光照	喜温暖	喜湿润	喜肥沃	花径、花境、岩石园栽、切花 盆
38	贝壳花	Moluccella laevis	唇形科贝壳花属	60~70	白、观茎叶	6~7月	播种	喜光照	喜温暖	喜湿润	喜肥沃	插花、干花、盆栽
39	紫茉莉	Mirabilis jalapa	紫茉莉科紫茉莉属	50~80	紫红、黄、白、杂色	6~10月	播种	耐半阴	不耐寒	喜湿润	疏松肥沃	地被、丛植
40	花烟草	Nicotiana alata	茄科烟草花属	90~120	白、红、黄、紫	4~10月	播种	喜光照	不耐寒	喜湿润	喜肥沃	花坛、丛植
41	钓钟柳	Penstemon campanulatus	玄参科钓钟柳属	15~45	紫、玫瑰红、紫红、白	4~5月	播种、扦插	喜光照	不耐寒	喜湿润	喜肥沃	花坛、花境
42	翠蝶花	Lobelia erinus	桔梗科半边莲属	12~20	红、桃红、紫、紫蓝、白	6~9月	播种	喜光照	喜低温		中肥	花坛、盆栽、吊盆、庭园
43	千鸟草	Delphinium consolida	毛茛科飞燕草属	蔓性	紫、粉、白	—	播种	喜光照	较耐寒	喜干燥	喜肥沃	花坛、丛植
44	香豌豆	Lathyrus odoratus	豆科香豌豆属	7~300，蔓性	各色	冬、春、夏	播种	喜光，短日	喜高温，不耐寒	湿润	中肥	切花、盆栽
45	蒲包花	Calceolaria herbeohybrida	玄参科蒲包花属	20~40	黄、红、紫	2~6月	播种	喜光	喜温暖忌高温不耐寒	喜湿润	喜肥	盆栽
46	羽扇豆	Lupinus micranthus	豆科羽扇豆属	20~70	白、红、粉、紫、蓝、黄	3~5月	播种	喜光照	喜凉寒	耐湿	肥沃	花坛、花境、丛植、切花

注:"—" 表示无固定花期

【实训指导】

（1）园林绿地露地一、二年花卉应用调查。

目的与要求：了解目前当地园林绿地中一二年花卉应用的种类、品种，掌握主要一二年花卉的用途，分析当地园林绿地一二年花卉应用和管理中存在的问题。

内容与方法：①根据学校附近园林绿地具体情况分片区，然后对学生分组，一般5~10人一组；②按调查教学法组织该项调查内容的实施，包括调查方案上交与审核，调查工作的开展，调查内容的总结与成果汇报，该项目的成绩考评等。

实训结果及考评：每组提交调查报告，调查报告中包括调查方案或计划、调查结果、结果分析、存在问题及改进建议等内容。项目考评包括方案、结果汇报时的组内学生互评成绩、全班学生互评成绩、教师综合评价成绩，各占一定比例构成综合成绩。

（2）园林绿地露地一二年花卉观赏特性调查。

目的与要求：在了解当地园林绿地中一二年花卉应用的种类的基础上，通过调查掌握主要一二年花卉的株高、花期、花色、冠幅，为以后一二年花卉的应用及栽培管理奠定基础。

内容与方法：①根据学校附近园林绿地具体情况分片区，然后对学生分组，一般5~10人一组；②按调查教学法组织该项调查内容的实施，包括调查方案上交与审核，调查工作的开展，调查内容的总结与成果汇报，该项目的成绩考评等。

实训结果及考评：每组提交调查报告，要求调查报告中包括调查方案或计划、调查结果、结果分析、存在问题及改进建议等内容。项目考评包括方案、结果汇报时的组内学生互评成绩、全班学生互评成绩、教师综合评价成绩，各占一定比例构成综合成绩。

（3）一二年生花卉的栽培管理。

目的与要求：掌握一二年生花卉栽培管理的方法及技术要点。

内容与方法：①每人或一组选择一二年生花卉各1~3种，可以结合前面的播种实训后的种苗，上盆或定植于露地中；②对这几种花卉进行管理，包括中耕、除草、施肥、浇水、整形修剪、防寒等。

实训结果及考评：每人或每组选出每种花卉10株盛花期的植株，参考国家花卉标准进行分级、评分。

（4）一串红的"五一"供花栽培。

目的与要求：掌握一串红花期调控的方法。

内容与方法：①每人或一组繁殖一串红植株10~20株，并上盆；②对盆栽一串红进行养护管理，10月下旬将幼苗带土坨移入温室上盆养护直至开花。

注意：①品种选择，要选矮型、抗寒、抗病的品种。能适应夜温2~4℃，日温10~25℃，空气湿度大的品种。②适时繁殖，常采用播种法，一般在9月中旬播种。

实训结果及考评：每人或每组提供已开花的一串红植株10株，参考国家花卉标准进行分级、评分。

（5）花卉幼苗的识别。

目的与要求：能够对常见花卉幼苗进行识别。

内容与方法：结合本课程或园林苗圃等课程的进程，在合适的时期对草本花卉进行幼苗的识别，主要根据播种苗的子叶（子叶形状、是否出土）、新生真叶形状等特征进行识别，为花卉苗期生产管理奠定基础。

主要是教师带领学生现场识别，然后学生对识别的花卉幼苗的特征进行归纳总结。

实训结果及考评：每人提交实训报告，实训报告中需要描述幼苗子叶、新生叶形状特征，子叶出土情况。对实物花卉幼苗进行识别，以正确识别的幼苗种类多少考核。

【相关阅读】

1. GB/T 18247.4—2000. 主要花卉产品等级第四部分：花卉种子.

2. GB/T 18247.2—2000. 主要花卉产品等级第二部分：盆花.

3. GB/T 18247.5—2000. 主要花卉产品等级第五部分：花卉种苗.

4. 农作物种子质量监督抽查管理办法.

5. 商品种子加工包装规定.

6. 中华人民共和国种子法.

7. 花卉园艺工国家职业标准.

8. 绿化工国家职业标准.

【复习与思考】

1. 一二年生花卉的主要特点有哪些？在园林应用中主要有哪些布置形式？

2. 一二年生花卉的育苗技术关键环节有哪些？

3. 通过对一二年生花卉的栽培管理实践，总结一二年生花卉的栽培管理主要的内容及体会。

【参考文献】

包满珠. 2003. 花卉学. 2 版. 北京：中国农业出版社.

北京林业大学园林系花卉教研组. 1990. 花卉学. 北京：中国林业出版社.

费砚良，张金政. 1999. 宿根花卉. 北京：中国林业出版社.

傅玉兰. 2001. 花卉学. 北京：中国农业出版社.

刘燕. 2009. 园林花卉学. 2 版. 北京：中国林业出版社.

吴少华，张钢，昌英民. 2009. 花卉种苗学. 北京：中国林业出版社.

臧德奎. 2002. 观赏植物学. 北京：中国建筑工业出版社.

赵庚义，车力华. 2008. 花卉商品苗育苗技术. 北京：化学工业出版社.

任务二　宿根花卉的栽培管理

【任务摘要】宿根花卉是园林绿地中方便经济、管理简单、形态多变、用于人工群落下层的常用种类，是布置花境和基础栽植的主体花材；也是室内盆栽观赏、插花艺术创作的常用种类。本任务需要掌握宿根花卉生产、管理的知识与技能，掌握此类花卉观赏、应用特点并认识常见宿根花卉。

【学习目标】掌握宿根花卉的生长发育规律及生态习性，能够根据其共性知识结合个性特点了解常见宿根花卉的发育特点和对环境的要求并能应用于栽培管理。掌握常见宿根花卉的栽培管理要点并能够进行繁殖、栽培，了解常见宿根花卉的观赏特点及应用形式，能够识别 80 种以上的宿根花卉。

1　宿根花卉的生长发育规律及生态习性

1.1　宿根花卉的生长发育过程及规律

1.1.1　宿根花卉的生长发育过程

1.1.1.1　宿根花卉的生长发育　宿根花卉与大多数花卉具有基本类似的生长发育规律，其具有年周期变化，露地宿根花卉由于冬季地上部枯萎，因此不同年龄的植株变化较小。热带亚热带地区的宿根花卉由于可以连续生长，没有明显的休眠期，因此此类宿根花卉年份越长植株生长量越大。但是总体而言宿根花卉生命周期变化不明显。

宿根花卉多数种类具有不同粗壮程度的主根、侧根和须根，主根和侧根可以存活多年。根颈部每年可以萌发不定芽形成新的地上部，开花、结实，如菊花、玉簪等。也有部分种类地下部可以横向延伸形成根状茎，根茎上着生须根和芽，这些芽萌发出土形成地上部开花结实，如鸢尾、玉竹、荷包牡丹（*Dicentra spectabilis*）等。宿根花卉的根系较一二年生花卉发达。

1.1.1.2　宿根花卉的个体发育过程　耐寒性宿根花卉完整的生命过程包括：在适宜的环境条件下种子萌发，长出根和芽，继而长出茎和叶；在适宜的条件下，幼苗向高生长，茎增粗，部分种类出现分枝，叶片数量和叶面积增大；在一定条件下，出现花蕾继而开花，花谢后结实，产生新的种子；然后植株地上部枯萎，地下部分和芽进入休眠；第二年芽萌发，进行营养生长和生殖生长，开花结实，周而复始。即经过种子萌发→幼苗生长→开花→结实→休眠→芽萌发→生长→开花→结实的个体发育过程。

常绿的宿根花卉没有明显的休眠过程，个体发育经过种子萌发→幼苗生长→开花→结实→芽萌发→生长→开花→结实的过程。

多数耐寒宿根花卉其休眠器官需要冬季低温解除休眠，而后在第二年春季萌芽生长。通常秋季的冷凉温度与短日照诱导休眠器官的形成。春季开花的种类越冬后在长日照条件下开花，如鸢尾、风铃草；夏秋开花的种类需在短日照条件下开花，如秋菊、紫菀。常绿宿根花卉只要温度合适即可周年开花，但夏季高温和冬季低温也可导致半休眠。

1.1.2　宿根花卉的花芽分化

春季开花的宿根花卉仅在春季温度较低时期进行花芽分化，属冬春季节分化类型，如鸢尾；夏秋开花的宿根花卉，属当年一次分化类型，如菊花；部分宿根花卉则能进行多次分化，如非洲菊。

部分宿根花卉有光周期要求，部分则是日中性。

1.2　生态因子对宿根花卉的影响及其生态习性

各种生态因子对宿根花卉的影响在项目二中已详述。本任务仅针对对宿根花卉影响较大的着重提出。

1.2.1　环境因子对宿根花卉的影响

原产温带的耐寒、半耐寒的宿根花卉具有休眠特性，其休眠器官——芽或莲座枝需要冬季低温解除休眠，在次年春季萌芽生长。通常由秋季的凉温与短日照条件诱导休眠器官形成。春季开花的种类越冬后在长日条件下开花，如风铃草；夏秋开花的种类需短日条件下开花或由短日条件促进开花，如秋菊、长寿花、紫菀等。原产热带、亚热带的常绿宿根花卉，通常只要温度适宜即可周年开花。夏季温度过高可能导致半休眠，如鹤望兰（*Strelitzia reginae*）。

1.2.2 宿根花卉的生态习性 宿根花卉生长较强健，根系较一二年生花卉深广。不同种类其习性差异较大。

不同的宿根花卉对温度的要求差异较大，即使露地宿根花卉其生长发育适温、耐寒能力也不同。一般而言，春季开花种类喜冷凉条件，不耐高温；夏秋季开花的种类大多数喜温暖；常绿宿根花卉需要常年保持较高温度才生长良好。

不同宿根花卉对光照强度的要求不同。有的要求阳光充足，如菊花、景天类、石竹等；有的喜阴，如玉簪、铃兰等。

宿根花卉对土壤要求不严，除砂土和黏重土壤外，大多数土壤均能生长。

由于根系较强壮，因此多数宿根花卉耐旱能力较强。但是对水分要求不同，部分宿根花卉喜欢湿润的土壤或浅水条件，如部分鸢尾种类、千屈菜。

2 宿根花卉的繁殖与栽培管理

2.1 宿根花卉的种苗生产

2.1.1 播种繁殖 对于种子易得又要获得大量植株的可以采用播种繁殖。根据习性不同，分为春播、秋播，或春秋季均可 3 种播种时期（表 3-3）。不同种类宿根花卉花前成熟期不同，有的 1 年，部分长达 5～6 年，应用播种苗时注意其花前成熟期的长短。

表 3-3　部分宿根花卉的播种期

花卉名称	播种季节	花卉名称	播种季节	花卉名称	播种季节
小菊	春	黑心菊	春	桔梗	春
萱草	春、秋	宿根天人菊	春	火炬花	春、秋
鸢尾	秋	剪秋萝	春	松果菊	春、秋
荷包牡丹	秋	蓝亚麻	春	蜀葵	春、秋
金鸡菊	春、秋	飞燕草	春	石竹	春、秋
景天	春	随意草	秋	马蔺	春、秋

宿根花卉的播种育苗设备、播种技术、环境控制与一二年生花卉相同。部分宿根花卉的种子具有休眠特性，需要在播种之前进行处理，以利于其萌发。

影响种子萌发的休眠因素主要包括：①硬种皮；②种子或果实内含有化学抑制物质；③胚发育不完全或缺乏胚乳；④需低温休眠。

根据不同种子休眠的特性，播种前可以采用的处理方法如下。

（1）浸种处理：发芽缓慢、种皮透性差的种子可用此法。不同的种子其结构不同，所用的水温不同。一般冷水浸种，以 24h 为好；温水浸种时间根据种子吸水的速度决定，不能太长，否则种子腐烂。研究报道，天门冬种子 40～60℃温水浸种 48h 其萌发效果最好；紫萼（*Hosta ventriocsa*）种子用 15℃温水浸泡 18h 效果较好。

（2）刻伤种皮：对于种皮厚硬的种子用利器划伤种皮，如美人蕉、荷花。

（3）药剂处理：针对不同种子休眠特性的不同采用不同的药剂处理种子。①打破上胚轴休眠：如芍药，秋季播种后当年只生幼根，必须经过冬季低温春季才能伸出土面。在生出幼根后可用 50～100μl/L 的赤霉素涂抹胚轴或浸泡 24h，即可长出茎来。②完成生理后熟需求低温：如大花牵牛，播种前用 10～25μl/L 赤霉素浸种，可促进其萌发。③改善种皮透性：用强酸或强碱处理种子，使硬种皮可以透水，促其发芽，如美人蕉种子可用 2%～3% 盐酸浸种。④打破种子的二重休眠：铃兰、黄精等花卉的种子具有胚根和上胚轴二重休眠特性，先是给予胚根后熟需要的低温条件，而后在较高温度下幼根萌发，然后再在低温下使上胚轴后熟，促使幼苗出土。以上两个阶段的低温均可用赤霉素处理代替低温。

（4）低温层积：对于有低温休眠要求的种子，将种子与湿砂混合，在室外土壤冷冻层以下埋藏，利用冬季低温，完成种子低温休眠的要求。很多木本花卉有此要求。

2.1.2　扦插繁殖　　扦插繁殖是指利用植物的营养器官（根、茎、叶）能发生不定根或不定芽的习性，切取其部分插入基质中，使其生根或发芽成为新植株的方法。扦插所用的营养体称为插条（插穗），通过扦插繁殖所得的种苗称为扦插苗。

扦插繁殖主要根据植株的细胞具有全能性，同一植株的细胞都具有相同的遗传物质。在适宜的环境条件下，具有潜在的形成相同植株的能力。另外，当植物体的某一部分受伤或被切除而使植物整体受到破坏时，能表现出弥补损坏和恢复协调的能力。植物扦插就是利用离体植物器官，如根、茎、叶等的再生性能，在一定条件下经过人工培育使其发育成一个完整的植株。

宿根花卉的部分种类可以用扦插的方法进行专业化的种苗生产，如切花菊、立菊的种苗生产，香石竹的种苗生产。专业化的扦插苗生产有专门的采穗圃，提供插穗；设置一定规模的扦插床，进行扦插苗的繁殖。扦插生根后及时从扦插床移出，或移到苗床继续培育，或直接上盆进行培养。

2.1.3　分株繁殖　　许多宿根花卉有很强的分生能力，在根颈部或根茎上发生不定芽。这类宿根花卉生长一段时间后株丛扩大，可以人工分成数丛，达到繁殖目的。露地宿根花卉的多数种类主要用分株的方法繁殖，如萱草、鸢尾、芍药、金鸡菊（*Coreopsis basalis*）、玉簪、蓍草（*Achillea sibirca*）、荷兰菊（*Aster novi-belgii*）、宿根福禄考、景天等。

2.2　宿根花卉的栽培管理技术

2.2.1　宿根花卉的露地栽培管理　　宿根花卉的种苗培育均在苗圃中进行，其管理基本与一二年生花卉相同。定植后的栽培管理相对粗放。在园林绿地中主要栽培管理工作包括以下几个方面。

（1）定植地土壤要求：由于宿根花卉根系较深，定植后多年观赏，因此土壤要求深耕至 40～50cm，同时施入大量有机肥。

（2）适时浇水：宿根花卉具有一定的耐旱性，但在天气炎热、土壤特别干燥时需及时灌水。入冬前灌深水防寒、防旱。

（3）及时修剪、整理：部分宿根花卉需要进行摘心，促进分枝，降低株高，使之开花繁茂，如小菊、荷兰菊、随意草（*Physostegia virginiana*）、蓍草等；部分花卉花后剪除残花，可促进连续开花，使株型整齐美观，如肥皂草（*Saponaria officinals*）、桔梗；还有部分宿根花卉花谢后其花序、花梗枯黄、散乱，影响观赏，若不需采种，需要及时剪除，如萱草、景天类；部分种类生长后期枝叶枯黄散乱，影响景观效果，需要及时清理枯枝败叶。在秋末或初冬，应及时清理宿根花卉地上部分。

2.2.2　宿根花卉的保护地栽培　　部分宿根花卉由于生产目标需要和对环境的要求，需要在保护地中进行生产或保护越冬。目前生产上商品花卉生产常利用塑料大棚、温室结合露地进行。

2.2.2.1　保护地栽培需要的设施　宿根花卉的保护地栽培主要在温室、塑料大棚中进行，夏季高温季节结合搭建荫棚防止高温和强光照射。

2.2.2.2　保护地的环境控制　保护地进行花卉生产时需要根据花卉的种类、所处的生长发育阶段、生产目的，利用一定的设备、采用一定措施调控环境，使之利于花卉生长发育，提高产品品质和质量，提高经济效益。

（1）光照调节：温室内的光照强度调节可以使用遮阳网遮光和电灯补光，光照长度的调节可使用黑布或黑塑料布遮光减少日照时间，用电灯延长日照时间。光质可通过选用不同的温室覆盖物来调节。

（2）温度调节：温室温度的调节主要依靠温室本身、温室加温、降温设备来调节温度，同时也可以通过遮阴、通风达到降温的目的。

（3）水分调节：清洁的河水、池塘水较适合浇花。生产中主要使用自来水浇花。对一般的自来水，可先晾水，使氯气挥发，同时改变水温，对花卉生长有利。大多数花卉适合 pH 为 6.0～7.0 的水。对于碱性水，可以用有机酸中的柠檬酸、乙酸，无机酸中的正磷酸、磷酸，酸性化合物硫酸亚铁等进行酸化来降低 pH。含盐量高的水，需要特殊的水处理设备加以净化处理，使水中可溶性含盐量（EC 值）小于 1.0mS/cm 后浇花为好。

空气湿度对花卉的生长影响很大。许多花卉要求 60%～90% 的空气相对湿度，室内常通过空中喷雾和地面洒水以提高空气湿度，通过开窗、排风扇来降低空气湿度。

2.2.2.3　其他管理　宿根花卉的保护地栽培环节与一二年生花卉基本相同，涉及培养土的配制、上盆换盆、浇水施肥、整形修剪等环节。与一二年花卉相同的环节不再叙述，此处仅针对不同于一二年生花卉的内容详述。

培养土配制时要根据所栽培宿根花卉种类特性采用不同比例的材料配制，使之符合要求。

盆栽宿根花卉换盆时应在秋季生长停止时或在春季生长开始前进行。通常于春季换盆为多。常绿种类也可在雨季中进行，此时空气湿度大，水分蒸腾较少。若温室条件适合，管理周到，一年中随时均可换盆，但花芽形成及花朵盛开时不宜换盆。

宿根花卉换盆时对土坨的处理不同于一二年生花卉。将土坨磕出后，将原土球局部及四周外部旧土刮去部分，剪去盆边的老根、枯根及卷曲根；注意留护心土，即根系中心部分的土不动；然后再行上盆。一般宿根花卉同时行分株。

盆栽宿根花卉需要松盆土的操作，相当于露地栽培的中耕除草，可以使因不断浇水而板结的土面疏松，空气流通，植株生长良好，同时除去土面的青苔和杂草。青苔的形成影响盆土空气流通，不利于植物生长，而且不好确定盆土的湿润程度，不便浇水。一般用竹片或小铁耙进行。

处于休眠期或半休眠期的宿根花卉需水量减少或停止，从休眠到生长期需水量逐渐增加，旺盛生长期浇水量要充足，花前适当控制水分，盛花期适当增多，结实期又适量减少。

2.2.3　宿根花卉的花期控制技术

2.2.3.1　宿根花卉花期控制的原理　宿根花卉中影响花芽分化和开花的关键因子包括光

周期、休眠、生长发育综合环境。因此对宿根花卉进行花期调控需要根据花卉生长发育规律和特点制订相应的措施。

（1）光周期处理：有以下两种方式。

短日照处理：为使一些必须在短日照条件下才能进行花芽分化的花卉（如秋菊），在长日照季节里成花或开花，需要对其进行缩短每天的光照时间到临界日照时间以下处理，使其按期开花。另外长期给予长日性花卉以短日照处理则抑制开花。

一般春天开花的花卉为长日性花卉，秋季开花的花卉为短日性花卉。这类花卉有30～50lx的光照强度就有日照的效果，100lx有完全日照的效果。

长日照处理：对长日性花卉在日照短的季节里，用电灯补充光照，能提早开花，如瓜叶菊、唐菖蒲等用补光处理，每天保持14h光照，可提前花期。对短日性花卉，长期给予长日照处理，抑制开花。例如，菊花的抑制栽培，即用于元旦或春节用花。

（2）利用休眠控制花卉生长发育的进程：任务一中详细叙述了温度对花卉生长发育的影响。利用温度对花卉生长发育质及量的影响，人为控制休眠的时期与长短、生长发育的快与慢，从而控制花卉发育进程和开花时期。当然对于有春化作用要求的花卉则通过控制春化时期来控制花期。部分宿根花卉具有休眠的特性，可以据此调控花期。

2.2.3.2　宿根花卉花期控制的方法　　宿根花卉花的发育包括3种情形：①花的发育可能是在生长季节内营养体生长之前就已发生。这类植物较少，只限于春季开花的某些植物，如三月开花的春兰；②植物花的发育与茎叶的生长同时进行，它们多数是春季开花或四季开花的宿根花卉，如芍药、非洲菊；③花的发育是在接近营养体生长的末期进行的，这类植物的花期在夏季或秋季，多是那些在营养茎上产生末端花序的多数宿根植物，如菊花、萱草、玉簪等。

（1）光周期处理。

A. 延迟短日照花卉花期的长日照处理（以秋菊为例）。

a. 选用低温下花芽分化良好的晚花品种，抑制栽培效果好。

b. 扦插时间：元旦用花7月10日插芽，春节用花7月25日左右扦插。

c. 电照时间：晚花秋菊与寒菊于9月中旬进行花芽分化（北京附近地区），应在此之前实行电灯光照，若12月开花，电照到9月10日，春节出售，电照到10月25日，晚花秋菊电照后65～70d可开花。

d. 电照方法：处理期间总光照时间为14.5h，即在日照后再补充人工光源，8月加电照2h，9月2.5h，10月3h，11月4h，12月5h。

e. 电照有效范围：用100W白炽灯加有锡箔纸的反射罩，有效照明范围15.6m²。

f. 电照后，要保持花芽分化及花芽发育的适宜温度。

B. 短日照花卉的提前花期处理（以秋菊为例）。

a. 选品种：若使秋菊夏天开放，则选用早花或中花品种，而且由于光照作用引起花色的变化，如夏天开放的红黄色、暗橙色菊花，产生生理性淡色现象，红色常变得不鲜艳，所以应选白、黄色较好。

b. 植株要有一定的高度，营养生长充分。

c. 前半月遮光11h，然后缩短到9h。

d. 通常遮光日数为35～50d。

　　e. 一般短日照遮光处理多遮去傍晚和早晨的阳光，尤遮去傍晚的阳光为好。

　　f. 多用黑色塑料薄膜覆盖。

　　注意遮光要连续进行，若有间断，则以前的处理失效。若经连续 14d 短日照处理，头状花序形成，外轮花开始分化，在此以后的花序发育中，即使每周有 1 次疏忽，没能遮光，也对其发育影响不大，在处理的最初 14d 要求十分严格，不能疏忽。

　　（2）温度处理。

　　A. 降低温度，诱导休眠，提前开花：低温与短日照相互补充，使植物在低温条件下提前进入休眠状态，同时低温也是诱导地下贮藏器官植物进入冬季休眠的必要条件。芍药一般在秋季形成花芽，第二年春夏季开花。在 8 月中下旬，将植株在 0～2℃ 下处理一段时间，早生种 25～30d，中晚生品种 40～50d 即可，经过低温处理后，立即升高温度定植，60～70d 即可开花。

　　B. 低温处理，延长休眠，推迟开花：在休眠后期，降低温度，将一些春季开花的耐寒、耐阴健壮成熟的花卉移入冷室或地窖中，使其不因外界温度回升而休眠解除。一般处理应控制在 5℃ 以下，根据花期需要提前一定天数移到避风和遮阴的环境下养护，再逐渐向阳光下转移。也可以通过向树冠顶部洒水、喷雾、树干刷白、春季灌水等方法，使环境温度略微降低，有延长休眠的作用。例如，芍药早春掘起尚未萌芽的植株，先用 0℃ 湿润状态冷藏以抑制萌芽，后再适时定植，若在 4～8 月定植，则 30～35d 开花。

　　C. 降低温度，解除休眠，提前开花：自然界植物本身解除休眠主要靠冬季低温。人为地给予植株低温或给贮藏器官以低温处理，则可以打破休眠，提前开花。芍药打破植株休眠需要一定的低温及持续一定的时间。美国的 Evans 和 Byme 等发现，芍药在 5.5℃ 条件下 28d 的冷藏可以打破休眠；当冷藏时间从 28d 渐次延长到 140d 时，植株萌芽至开花所需的时间缩短，而植株高度和茎的总数也随之增加；但是当时间超过 140d 时，所有的花芽均败育。也有科技人员发现在 2℃ 或 6℃ 的条件下分别冷藏 60d 或 70d，休眠的解除状况最好。

　　D. 降低温度，减缓生长，延期开花：在较低温度下，微弱光照，水分不足，可使植物新陈代谢变缓而延迟开花，多用于含苞未放或开始进入初花期的花卉，如菊花、天竺葵等，可以短期控制花期。

　　E. 升高温度，提前花期：对于已完成花芽分化、休眠的植株，在自然条件温度较低时进行升温处理，使之提前生长发育，则花期提前。例如，上述的芍药植株，在秋冬季植株完成休眠后，置于适宜的温度条件下即可萌发生长，花期提前。

　　（3）药剂处理。

　　在园林花卉上，为打破休眠，促进茎叶生长，促进花芽分化和开花，常用一些药剂进行处理，并配合其他因素综合进行，达到促成和抑制栽培的目的。

　　A. 解除休眠，提早开花：赤霉素（GA）是一种生长激素，又有代替低温和解除休眠的作用，若将 500～1000mg/L 赤霉素涂在芍药休眠芽上，可使花芽在 4～7d 萌动。桔梗在 10 月至翌年 2 月休眠，在休眠初期用 100mg/L GA 处理可打破休眠，促进花的伸长，提早开花。

　　B. 促进茎叶伸长，促进开花：GA 可应用于菊花、紫罗兰、金鱼草、报春花、四季报春、仙客来等花卉上。于菊花现蕾前以 100～400mg/L GA 处理，可使花期提前。注意应用 GA 处理偏晚，会引起花梗徒长，观赏价值降低。

C. 促进花芽分化，使提前开花：GA 有代替低温的作用，对一些需低温春化的花卉如紫罗兰、秋菊等有效。例如，对紫罗兰从 9 月下旬起，用浓度为 50～100mg/L 的 GA 处理 2～3 次，则可开花。

D. 抑制花芽分化，延迟开花：IAA、NAA、2, 4-D 对开花激素的形成有抑制作用，如未处理的菊花已盛开时，0.01mg/L 的 2, 4-D 喷布的菊花只呈初花状态；秋菊花芽分化期之前（8 月中旬）以 NAA 50mg/L 处理，3d 一次，进行 50d，可延迟开花 10～14d。

（4）调节种植时间：对于没有光周期要求，温度是影响宿根花卉花芽分化和发育的关键因子的种类，利用分期播种或扦插从而控制发育时期的方法可以控制花期。例如，香石竹的扦插苗，5 月定植，9 月切花上市，若 6 月定植，则 11 月开花。

3　宿根花卉的观赏应用特点

宿根花卉由于具有繁殖容易、管理简单、一次种植可多年观赏的特点，越来越多地应用于城市园林。其园林应用特点主要有以下几方面。

（1）应用范围广。可以在园林景观、庭院、路边、河边、边坡等地方的绿化中广泛应用。

（2）应用形式多样。宿根花卉种类繁多，株型、花型、花色、花期丰富多变，因此可以用于花境、花坛、种植钵、花丛花群、地被、切花、盆花等。

（3）经济实用，应用成本低。由于宿根花卉栽植后可以多年观赏，因此种苗成本较低；同时多数宿根花卉具有萌蘖能力，因此具有不断扩大覆盖面积的特点。一方面在不要求当年覆盖地面的绿化效果时可以减少用苗量，另一方面可以在几年后蘖芽密度太大时适度疏苗，可以用于其他地段绿化。另外由于宿根花卉适应性较强，较耐旱、耐寒，生长势强，因此其日常管理成本也较低，是目前节约型园林中常用草本花卉。

（4）宿根花卉部分种类耐瘠薄，抗污染，是工矿区、街道、土壤瘠薄化地段绿化的优良植物材料。宿根花卉的主要应用形式有花坛、花丛、花群、花带，是花境布置的主体植物材料，有些种类是良好的切花材料，温室宿根花卉是室内盆花的主要种类，作为基础栽植成为园林绿地植物群落中下层的主体。

4　宿根花卉栽培管理实例

4.1　菊花

学名：*Dendranthema morifolium*。

别名：黄花，节花，秋菊，节华，鞠，金蕊，金芙，治蔷等。

英名：garden mum，Mum。

科属：菊科菊属。

产地与分布：现代的菊花为杂合体，其主要亲本原产于中国，现在各地均有栽培。

4.1.1　形态特征　宿根花卉，茎基部半木质化，高 50～150cm。茎直立，分枝或不分枝，被柔毛。叶互生，有短柄，叶片卵形至披针形，长 5～10cm，羽状浅裂或半裂，边缘有粗大锯齿或深裂，基部楔形。头状花序单生或数个集生于茎枝顶端，径 2.5～20cm；舌状花白、红、紫、黄、绿、粉各色；花瓣有管瓣、平瓣、匙瓣等多种类型，头状花序多变化。总苞片多层，外层绿色，条形，边缘膜质，外面被

图 3-12　菊花

柔毛（图 3-12）。花期 6～11 月。瘦果，扁平楔形，表面有纵棱纹，褐色，长 1～3mm，千粒重约 1g。

4.1.2　种类及品种　　菊花是我国传统名花，有 3000 多年栽培历史，被称为花卉"四君子"之一。菊花从我国传入欧洲约在明末清初时，后各国进行杂交育种，形成其各色类型，不久又传入美国。

近年来我国不断培育出菊花新品种。

菊花的品种繁多，世界各地已有 25 000 个以上园艺品种，我国的菊花品种也有 7000 多种。为了便于菊花的生产、栽培、园林应用，以及品种选育、保存、交换，对菊花的类型进行了多种分类。

（1）依自然花期分类：春菊，4 月下旬至 5 月上旬开花；夏菊，5 月下旬至 8 月；秋菊，9 月中旬至 11 月下旬；寒菊，12 月至 1 月。

（2）依菊花的瓣形、花型分类：1982 年中国园艺学会确定以瓣形、花型作为依据进行二级分类，此分类指大菊，不包括小菊，共分为 5 个瓣形，30 个花型（本文不详述）。

（3）按菊花花径大小分类：特大菊，花径大于 22cm；大菊，花径 10～20cm；中菊，花径 6～10cm；小菊，花径小于 6cm。

（4）按栽培方式分类。

A. 盆栽菊：普通盆栽菊按培养枝数不同分为 3 类。①独本菊：一株一花，充分表现品种优良特征，又称标本菊。②立菊：一株数花，又称盆菊。③案头菊：一株一花，株高 20cm 左右，花朵硕大，能表现出品种特性，常陈列于案几上。

B. 造型菊（艺菊）：也为盆栽，但是常作成特殊造型，观赏性更强。①大立菊：一株有花数百朵乃至数千朵，用生长势强、分枝能力强、枝条不易折断的中菊、大菊品种培育，常通过绑扎形成圆锥、半圆等外部造型。②悬崖菊：用分枝能力强、枝茎柔软的小菊经过反复摘心，绑扎形成类似悬崖边上悬垂生长的植株造型。③嫁接菊：以白蒿或黄蒿为砧木，嫁接小菊，形成自然圆锥形、塔形、动物等造型，一株上可以嫁接多种花色的菊花。

C. 切花菊：生产菊花切花的栽培方式，以地栽为主。根据切花保留花朵数量分为两种。①标准型切花：每个枝条顶端只保留一朵顶生花朵，其余侧蕾全部摘除，又称为标准菊。②多花型切花：一个茎秆上留有 5～7 个花朵，形成伞房花序，又称为多头菊。

D. 菊花盆景：由菊花制作的盆景或用菊、石相配成的盆景。

4.1.3　生态习性　　喜温暖湿润的气候，具有一定的耐寒性，其中小菊类耐寒力强，能在大多数地区露地越冬，多数大菊类品种冬季需保护越冬；花能经受微霜，但幼苗生长和分枝孕蕾期需较高的气温。生长适温 18～21℃；花期最低夜温 15℃，开花期（中、后）可降至 10～13℃。喜充足阳光，但也稍耐阴。较耐旱，忌积涝。喜地势高燥、土层深厚、富含腐殖质、轻松肥沃排水良好的砂壤土，在微酸性到中性的土中均能生长，以

pH 6.2～6.7 较好。忌连作。

秋菊为短日照植物，喜凉爽的气候，适宜生长的温度为 21℃，8 月前由于气候和日照的原因，秋菊进行营养生长，8 月中下旬日照减至 13.5h、最低温至 15℃时开始花芽分化，至日照 12.5h，最低温 10℃左右时，花蕾逐渐伸展，10 月中旬陆续绽蕾透色。

4.1.4　繁殖方法　菊花用扦插、分株、嫁接、组织培养、播种等方法繁殖。

（1）扦插繁殖：是菊花常用的繁殖方法，一般丛生型小菊、标本菊、立菊多采用扦插繁殖。扦插可分为芽插、嫩枝插、芽叶插。芽插：在秋冬切取植株脚芽扦插。选芽的标准是距植株根颈较远，芽头丰满；除去下部叶片，插于温室或大棚内的花盆或插床中，保持 7～8℃室温，春暖后栽于室外。嫩枝插：此法应用最广，可于 4～8 月扦插，4～5 月生根最快，截取嫩枝 8～10cm 作为插穗，插穗丰富时最好用嫩茎顶端，在 18～21℃的温度下，2 周左右生根，约 4 周即可定植。芽叶插：从枝条上剪取一段带一片叶片、一个腋芽的茎段扦插，此法仅用于繁殖珍稀品种。

（2）分株繁殖：在春季萌芽前进行，悬崖菊常用此法繁殖。

（3）嫁接繁殖：为使菊花生长强健和造型美观，可用黄蒿或青蒿作砧木进行嫁接。冬季在温室播种黄蒿或青蒿，或 3 月间在温床育苗，4 月下旬苗高 3～4cm 时移于盆中或定植田间，5～6 月间在晴天进行劈接。

（4）组织培养：用组织培养技术繁殖菊花，有繁殖迅速、成苗量大、脱毒及保持品种特性等优点。

（5）播种：一般只在杂交育种和小菊的大量繁殖时采用。播种育苗适温为 20℃，10d 左右可出苗。

4.1.5　栽培管理　菊花由于观赏与应用不同、造型不同，其栽培管理上也有所不同。这里以生产中最常用的立菊和切花菊为例介绍菊花的栽培管理。

4.1.5.1　立菊的栽培管理

（1）扦插繁殖：越冬母株早春发出新芽，抽枝即可扦插，4 月下旬至 6 月上旬为适期（矮性品种宜早插，高性晚插），扦插最好在花盆中，亦可在冷床或露地进行。基质以沙土或粗砂为宜，插后 2 周生根，移入大盆。

（2）移植用土：第一次栽植于 12～15cm 盆中，填入一般培养土。当菊苗长至 15～20cm 时，再换盆至 25cm 盆中，此时腐叶土应加大比例，或用油粕作基肥，一般腐叶土、砂壤土各 4.5 份和 1 份饼肥渣混匀的培养土较理想。

（3）浇水施肥：菊花幼苗期浇水以保持盆土湿润为宜，夏季适量增加，可早晚各一次，开花前需浇水量大，花期适量减少。

除盆土中施底肥外，需要适当追肥，生长期可用豆饼水经常施肥，苗期 7～10d 一次，立秋后 5～7d 一次，浓度稍大些，含苞待放时加施一次 0.2% KH_2PO_4 液，可使花色正，花期长。另外，夏季中午日照强烈，宜用遮阳网遮阴。

（4）摘心、抹芽、剥蕾：菊苗定植后留 4～5 片叶摘心，待腋芽长大后每个分枝留 2～3 片叶第二次摘心。每次摘心往往发生多数侧芽，除欲保留的外，均剥去。选留的枝茎要求生长势、空间分布均匀，过强、过弱应抹除，对分布不均的枝茎结合拉枝使生长势和分布均匀。一般在 9 月白露现蕾，每枝除顶端一个正蕾外，3～4 个副蕾分 1～2 次剥去，叶腋处侧蕾也全部剥除，免消耗养分，可使正蕾开花硕大。

（5）花期管理：花蕾开放后，白花及绿花品种宜移至阴处，否则花色不正。开放之前，对于花朵硕大品种，需要设立竹竿支撑，防止倒伏，同时大花品种用铅丝制作盘香状花托，使花型整齐。北方注意花期防寒，秋菊自然花期正遇北方早霜来临之际，已开放的花朵不能忍受 0℃ 以下低温，因此开花的植株注意防早霜的危害。

（6）菊花越冬：11 月至 12 月初，选留背风向阳地挖阳畦。将菊干距地面 15cm 处剪去，将宿根放至阳畦中，盆面与地面相平，保持 2～3℃、土壤微湿的条件下贮存越冬。

（7）株高控制：立菊的株高需要在一定的范围较适宜，一般 50～80cm。因此需要在栽培时控制株高。生产中可以从以下几个方面进行。①选品种：选节间短粗、对矮化剂反应敏感的品种，如'凤凰振羽'、'孔雀开屏'、'金龙现爪'等。②推迟扦插：适当推迟扦插时间，使菊花营养生长时间缩短，最晚可到 7 月 20 日左右，但这样虽然能控制高度，花头数会较少。③插穗以枝茎顶部为好，因节间短密，生长生根快，且上盆第一次摘心后很短的茎可发出几个新芽，分枝点低，花期不会出现光脚露腿（下部叶片脱落）现象。④盆土及肥分控制：上盆时基肥量较少，腐叶土比例较少，且浅植，仅填入较少量盆土；以后定植时加大培养土中基肥用量，增加腐叶土比例，培养土填满。即前抑后促。⑤使用矮化剂：目前生产上使用的矮化剂有 B9（N-2 甲胺基丁二酰胺酸）、矮壮素（CCC）、PP$_{333}$（多效唑）等多种。应用最普遍的为 B9，因其使用方便，安全可靠。喷施浓度为 1000mg/L，一般在菊苗进入生长盛期前施用。开始施用每隔 10～15d 一次。应选择晴天，在盆栽浇过水并待叶面晾干后喷施，叶的正、背面充分用药，若 24h 内淋雨会影响效果。矮化剂的使用需视长势及品种来决定喷施次数、间隔时间，一般现蕾后不再喷施。

2001 年实施的国家菊花质量等级划分标准见表 3-4 和表 3-5。

表 3-4　菊花（大中型）盆花质量等级划分标准

级别 项目	一级	二级	三级
植株/容器	协调	基本协调	不协调
花序（花朵）	舌状花：单轮平瓣型瓣宽 >3cm；管瓣型瓣长 >15cm 花朵数目：4 或 5，分布均匀	舌状花：单轮平瓣型瓣宽 2～3cm；管瓣型瓣长 10～15cm 花朵数目：3，分布均匀	舌状花：单轮平瓣型瓣宽 2cm；管瓣型瓣长 10cm 花朵数目：3，分布不匀
上市时间	初花	初花	初花

表 3-5　小菊盆花质量等级划分标准

级别 项目	一级	二级	三级
花盖度	≥95%；花朵分布均匀	80%～94%；花朵分布较均匀	65%～79%；花朵分布较均匀
植株高度/cm	30～40	20～29	>40，或 < 20
冠幅/cm	40～50	30～40	>50，或 < 30
花盆尺寸（$\Phi \times h$）/（cm×cm）	15×12	12×10	12×10
上市时间	初花	初花	初花

注：冠幅为植物冠部投影直径的平均值；花盖度为花朵或花序数量占冠幅面积的百分数

4.1.5.2　切花菊的栽培管理　　菊花切花的生产量，在整个国际商品切花中比例最高，

30%左右，是世界上最大众化的切花，它与香石竹、月季、唐菖蒲称为世界四大切花。切花菊品种需要具备的条件为：花序直立、花色艳丽、花梗短于6cm，花型整齐圆正、花瓣质厚有光泽，花径10～15cm，株高80cm以上，茎秆挺拔、节间均匀；叶片大小适中、浓绿有光，花叶协调匀称，切花吸水力强，瓶插保持7d以上。

切花菊的品种也极为丰富，现在生产应用的多数来自日本、中国台湾，也有我国自己培育和从欧美引进的优良品种。

'樱唇'：秋菊类，花色粉、绛紫，始花期9月。

'新女神'：秋菊类，花色红，始花期9月。

'秋晴水'：秋菊类，花色白，始花期9月。

'黄云仙'：秋菊类，花色黄，始花期10月。

'筑紫'：夏菊类，花色白，始花期5月。

'秀黄冠'：夏菊类，花色黄，始花期5月。

'寒樱'：寒菊类，花色红，始花期12月。

'岩之霜'：寒菊类，花色白，始花期12月。

'大绯玉'：花绯红色，9～10月开花。

'立波'：黄色花，8月下旬开花。

（1）种株保存及繁殖：扦插是切花菊主要的繁殖方式。生产上常用优良品种的脱毒组培苗作母株建立采穗圃，母株2～3年更换一次。北方寒冷地区11月中前后离地面15～20cm平茬，将种株地上部剪去，系品种标牌，囤入阳畦越冬，根颈部与表土相平。温度夜间1～2℃，白天不超过8℃；春季种株定植后采插穗，4～5月上旬为扦插适宜期。

在规模生产时，插穗常需分批采集，为得到批量统一规格的切花种苗，常常通过冷藏插穗然后同一时期扦插从而获得大批量种苗。冷藏的方法为：剪好的插穗20根一束，切口向下整齐捆扎，用不密闭的塑料薄膜包裹置于0～3℃冷藏室，若保存时间超过5周，中间需要检查，清除腐烂枝叶。已扦插生根的幼苗也可用此法冷藏。日本等国为防止冷藏期间植株顶端腐烂，使定植后生育期提前，常常冷藏之前进行摘心处理。但此时摘心处理会使定植后生长不尽一致、易产生柳芽。

（2）定植及水肥管理：不同的切花品种、不同的上市时间，种苗定植的时期不同。秋菊类常露地生产，5月下旬至6月下旬定植。定植株行距根据品种分枝能力、整枝方式、切花的类型而不同。标准菊根据每株产花枝数分为单枝式（每株产一枝切花）和多枝式（每株几枝切花，多数4～5枝），一般单枝式每平方米栽植大轮菊60株，株行距12cm×12cm；中轮菊90～100株，株行距9cm×9cm。

其他类型切花菊根据预定花期及品种特性分期定植。

切花菊的水肥管理可以参照盆花生产。

（3）摘心除蕾及植株调整：标准菊中单枝式切花一般不摘心，有时为使植株更为健壮，也可摘心1～2次，侧枝生出后，留一个健壮的芽。多枝式标准菊定植后留4～6片叶摘心，使之生长出4～5侧枝，即4～5支切花。标准菊每枝一花，需要及时抹除侧芽及侧蕾、副蕾。多花型切花一般摘心4～5次；从定植成活后第一次摘心，以后每隔3周左右摘心一次。形成多级、生长匀称的多个侧枝；为使各枝生长一致，可在花蕾如黄豆粒大小时，用针对生长势强的枝条嫩部节间刺几针，或揉枝，会抑制其生长。

菊花在生长发育过程中，部分枝顶端会出现柳叶状小叶，顶端发育出细小花蕾，花朵极小或没有花瓣，称为"柳芽"。这类花枝没有观赏价值，应尽早摘除。发生柳芽是菊花生产中的不利现象。即使摘除柳芽，后发侧枝生产的切花品质也不高。发生柳芽的原因主要有：①菊花生理老熟现象，常常由于分株、扦插繁殖的时期太早又未进行适当摘心，使枝条在高温长日照的夏季生长时间太长，体内氮素偏少；或由于干旱不良环境，植物生理老熟化；②遗传性与光周期的不适，品种特性使之营养生长达到应进行生殖生长时，外界条件没有短日照感应，则产生柳芽不能正常开花；若摘除柳芽后生长的侧枝仍不能遇见适宜的短日照条件，仍然会发生柳芽。

（4）张网：株高至30cm左右时，在畦周设立1m高的支柱，用尼龙绳按株行距大小拉成网格，使植株处于网格之中，防止倒伏，以后随着植株长高，逐步提高网格高度。菊花一般张设1～2层网。目前也有专门的不同株行距的切花网产品。

（5）切花采收与上市：近距离运输时清晨或傍晚枝茎水分较多时采收，远距离运输在含水分较少时采收。早春或晚秋温度较低时，运输距离较近时，舌状花外层开始松散或最外两层已展开时剪切；夏季温度高，或运输距离远时，舌状花紧抱或松散，1～2个外层花瓣开始伸出时剪切。采收切枝的位置应在离地面高10cm处的部位，采收后去掉下部1/4～1/3部分的叶片。剪切后立即运至阴凉处，摊放在塑料薄膜上进行分级包装，每10～12枝扎成一束，用聚乙烯塑料膜包好放入箱内，各层切花反向叠放，花朵朝外，离箱边5cm，小箱每箱20扎，大箱30扎。纸箱两侧需打孔。

收获后的切花需按标准分级，使产品规格化，便于上市交易。我国有地方及行业标准，2001年实施的国家切花标准见表3-6。

表3-6　菊花（大菊类）切花质量等级划分标准

项目＼级别	一级	二级	三级
花	纯正、鲜艳具光泽 花型完整，端正饱满，花瓣均匀对称 花径≥14cm	纯正、鲜艳具光泽 花型完整，端正饱满，花瓣均匀对称 花径：12～14cm	花色一般，略有褪色、焦边 花型完整，较饱满，花瓣略有损伤 花径：10～11cm
花茎	挺直、强健，有韧性，粗细均匀与花序协调；花颈梗长<5cm；花茎长度≥85cm	挺直、强健，有韧性，粗细较均匀与花序协调；花颈梗长：5～6cm；花茎长度75～84cm	略有弯曲，质地较细弱，粗细不均；花颈梗长>5cm；花茎长度：60～74cm
叶形和色泽	亮绿、有光泽、完好整齐	亮绿、有光泽、较完好整齐	稍有褪色
采收时期	花开七八成		
装箱容量	每10枝捆为一扎，每扎中切花最长与最短的差别不超过1cm	每10枝或20枝捆为一扎，每扎中切花最长与最短的差别不超过3cm	每10枝或20枝捆为一扎，每扎中切花最长与最短的差别不超过5cm

切花菊长期贮藏一般用干藏方式，温度保持-0.5～0℃，相对湿度90%～95%。运输温度宜保持2～4℃，不得高于8℃，空气相对湿度保持85%～95%。

（6）切花菊的周年供应措施：作为常用切花，切花菊的周年生产是必需的。生产上利用不同花期的品种进行周年供应，是最节约生产成本、切花质量较高的一种方式。但要实现这种栽培方式，需要具备自然花期在不同季节、观赏效果能满足市场要求的诸多切花菊品种。近年来，国内外切花菊品种不断选育出来，使这种栽培方式逐渐成为可能。表 3-7 列出了不同花期的切花菊品种主要性状。

表 3-7 不同花期的切花菊品种主要性状

品种名称	花色	切花类型	重瓣性	始花期（月）
'早雪山'	白	多头型	重瓣	4
'夏日峰雷'	粉	多头型	重瓣	5
'大黄一号'	金黄	标准菊	重瓣	5
'绿心白莲'	白花绿心	多头型	重瓣	6
'八月金莲'	金黄	标准菊	重瓣	9
'滨波'	白色	标准菊	重瓣	8
'太平洋菊'	白色	多头型	单瓣	8
'银波'	白色	标准菊	重瓣	9
'大白'	白色	标准菊	重瓣	9
'黄色小菊'	黄色	多头型	单瓣	9
'切白'	白色	标准菊	重瓣	10
'白秀芳'	白色	标准菊	重瓣	10
'三宝'	黄色	标准菊	重瓣	10
'花之集'	红色	标准菊	重瓣	10
'台红'	红色	标准菊	重瓣	10
'国庆红'	红色	标准菊	重瓣	10
'白珍珠'	白色	多头型	重瓣	10
'寒冬红日'	红色	标准菊	重瓣	11
'九月白'	白色	标准菊	重瓣	11
'日引'	橙色	标准菊	重瓣	11
'球粉'	粉色	标准菊	重瓣	11
'冬之金'	黄色	多头型	单瓣	11
'晚秋'	黄色	多头型	单瓣	11

另外，对于对光周期敏感的菊花品种，可以根据预定花期，分别采用长日照、短日照处理，从而使花期延迟或提前，达到调节花期的目的，使菊花切花生产实现周年供应。

4.1.6 观赏与应用 菊花是我国的传统名花，在我国已有3000多年的栽培历史。著名诗人屈原所著的《离骚》中就有"朝饮木兰之坠露，夕餐秋菊之落英"的佳句。随着时代的演变，菊花形色的发展，对菊花的爱好又逐步发展到欣赏它的姿态，赞美它的风格。"莫嫌老圃秋容淡，犹看黄花分外香"这是宋朝诗人韩琦赞美菊花开花于深秋之际的诗句。时值深秋，寒气袭人，万花凋谢，唯有菊花五彩缤纷，变化多姿，傲霜怒放。晋代陶渊明的"采菊东篱下，悠然见南山"表达了诗人悠然自得、归于自然的心境，从而也使菊花获得了"花中隐士"的封号。

菊花在秋季开放，故为秋的象征，人们甚至把九月称"菊月"，"九"与"久"同音，所以菊花也用来象征长寿或长久；并且以农历九月初九重阳节这一天采的菊花更有意义，多用其精制菊花茶，更有人将这一天采的菊泡陈年米酒，或者是用菊花沐浴，皆取"菊水上寿"之意。

菊花品种繁多，花型及花色丰富多彩，早花品种及岩菊可布置花坛、花境及岩石园。盆栽菊花可用以室内、室外布置、装饰。菊花是世界上四大切花之一，在切花销售额中居首位，因它花型整齐丰富，在欧美比较盛行。在日本，菊花是皇室的象征。菊花是插花创作的主要植物材料种类之一。

菊花的花语：清净、高洁、真情。不同颜色含意也不尽同：黄色的菊花——淡淡的爱；白色的菊花——在中国哀挽之意，一般用于追悼死者的场合；在日本则是贞洁、诚实的象征；暗红色的菊花——娇媚。

4.2 芍药

学名：*Paeonia lactiflora*。

别名：将离，没骨花，婪尾春，殿春，余容，梨食，白术。

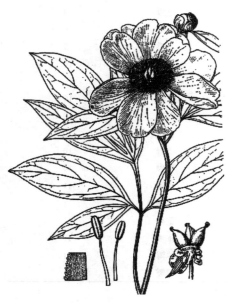

图 3-13　芍药（引自臧德奎，2002）

英名：common peony。

科属：芍药科芍药属。

产地与分布：原产中国北部、朝鲜及西伯利亚，现在各地均有栽培。我国辽宁锦州，山东菏泽、青岛，江苏扬州，浙江东阳及临安，安徽亳州，陕西秦岭，四川中江及北京等地区均为芍药重要产区。

4.2.1　形态特征　宿根草本植物，茎丛生，高 60～120cm。具肉质根，粗 0.6～3.5cm；二回三出羽状复叶，绿色近无光；花数朵着生于茎上部顶端，有长花梗及叶状苞；花紫红、粉红、黄、白或复色等，也有淡绿色品种，花径10～30cm，单瓣或重瓣，花期 4～5 月。果实蓇葖果，2～8 枚离生，呈纺锤形、椭圆形、瓶形等，光滑（图 3-13）。种子黑色或黑褐色，呈圆形、长圆形或尖圆形。

4.2.2　种类及品种　芍药园艺品种很丰富，我国主要是庭院栽植品种，国外有切花品种。

4.2.2.1　按花型及瓣形分类

（1）单瓣类：花瓣 1～3 轮，花瓣宽大，雌雄蕊发育正常。

（2）千层类：花瓣多轮，花瓣宽大，内层花瓣与外层花瓣无明显区别。根据花型又可分为荷花型、菊花型和蔷薇型。

（3）楼子类：外轮大型花瓣 1～3 轮，花心由雄蕊瓣化而成，雌蕊部分瓣化或正常。根据花型又分为金蕊型、托桂型、金环型、皇冠型和绣球型。

（4）台阁类：全花分上下两层，中间由退化的雌蕊或雄蕊瓣隔开。

4.2.2.2　按色系分类　可分为白色系、黄色系、粉色系、红色系、紫色系、复色系等。

4.2.2.3　依花期分类

（1）早花品种：花期 5 月 10 日～18 日。

　　（2）中花品种：花期5月19日～25日。

　　（3）晚花品种：花期5月25日～30日。

4.2.3　生态习性　　芍药适应性强，耐寒，在我国大部分地区可露地越冬；耐热力差，炎夏停止生长。喜阳光，稍有遮阴也能生长和开花。喜湿润怕水涝，宜土层深厚、肥沃而排水良好的砂质土壤，忌盐碱。芍药一般3月底至4月初萌芽，4月上旬现蕾，5月中旬前后开花。10月底至11月初地上部分枯死，在地下茎的根颈处形成1～3个混合芽。芍药花后地下根颈处形成新芽，8月开始进入花芽分化期，11月土壤冻结时停止发育。

4.2.4　繁殖方法　　以分株繁殖为主，也可播种。

4.2.4.1　分株法　　芍药分株必须在秋季进行。9月上旬至10月上旬，即白露至寒露之间为主。此时分株，根系能很快复壮，生长并促进宿芽饱满，第二年春迅速生长开花。不宜在春季分株，农谚中指出"春分分芍药，到老不开花"。芍药早春萌发很早，3月底4月初萌芽，4月上旬现蕾，花期4～5月，每年8～10月底为花芽分化发育期，9月中旬后地上部生长趋于停止，逐渐进入休眠，但这时根部尚未停止生长，这段时间分株，根部伤口最易愈合，且易长出新根，并使芽得到部分养分，充实饱满，第二年春天即可开花。如果分株过了寒露，根部伤口难以愈合，次年早春发芽后，茎的生长、开花都需水分养分，此时地下部未生或很少新根，不能满足地上部的需要，造成肥水供应不足，会使植株萎蔫乃至死亡。如果分株太早，气温较高，栽后萌发新叶，消耗养分，影响翌年春生长开花。春分前后分株，此时气候渐暖，芍药萌发迅速，需要消耗大量水分养料，然而此时根部尚未愈合，会造成营养失调，使植株生长衰弱，影响开花。

　　芍药分株的方法：将三年以上的株丛掘起，抖掉泥土，阴干稍蔫后，以3或4个芽为一株，于自然连接的最小处利刃切开，切口处涂木炭粉防腐。为促新根萌发，可将肉质根保留15cm进行短截。分株后尽快栽植。栽植深度以芽入土2cm左右为宜，过深不利于发芽，且容易引起烂根，叶片发黄，生长也不良，过浅则不利于开花，且易受冻害，甚至根茎头露出地面，夏季烈日暴晒，导致死亡。

　　分株年限依栽培目的的不同而有差异，切花和花坛应用时，6～7年分株一次，药用栽培时，3～5年分栽一次。

4.2.4.2　播种法　　多在育种或培养根砧时应用。种子宜采后即播，随播种时间延迟，种子含水量降低，发芽率下降。芍药种子有上胚轴休眠特性，播种后秋天的土壤温度使种子的上胚轴解除休眠状态，胚根发育生根。当年生根情况越好，则来年生长越旺盛；若播种过迟，地温不能解除上胚轴休眠，不能生根，则第二年春天发芽率大大降低。秋天播种生根后，经过冬天长时间的低温，可解除上胚轴的休眠。翌年春天气温上升，湿度适宜时，胚芽出土。如果不能及时播种，可行沙藏保湿处理，但必须于种子发根前取出播种。播种苗4～5年后可开花。

4.2.5　栽培管理　　芍药根系粗大，栽前需深耕土壤，并施入腐熟的堆肥、厩肥、油粕及骨粉等，覆薄土3～4cm。切花栽培宜用高畦或垄栽。

　　芍药喜肥，每年追肥2～3次，一般在春季展叶、花后及秋季进行，秋季可以施用有机肥。经常保持土壤湿润，注意防止雨季积涝。

　　芍药除茎顶端形成花蕾外，上部叶腋也形成数个花蕾。为保证顶花发育充分，常于4月中下旬将侧蕾摘除。若不留种子，花谢后及时剪去花梗，不使结籽，以免消耗养分。

4.2.6 观赏与应用 芍药是中国的传统名花，具有悠久的栽培历史，在《群芳谱》中有"牡丹为花王，芍药为花相"之称。我国栽培芍药至少有 3000 年历史，较牡丹更为悠久。芍药的文学形象，最早出现于《诗经》中。《诗经·郑风·溱洧》有记载："维士与女，伊其相谑，赠之以芍药。"芍药成了"别离"和"多情"的象征。因此芍药又有"将离"、"可离"的别名。历代咏赞芍药姿态、神韵的诗词，大多描写芍药的美好不凡，体现了芍药的"独占残春"、"绰约天真"的意象。

芍药花型多变，花色艳丽，绿叶潇洒株丛丰满，历史上不少诗人为之留下了许多脍炙人口的诗篇，具有丰富的花文化。现在中国芍药的观赏胜地主要有江苏扬州、四川中江、安徽亳州、山东菏泽、河南洛阳。菏泽、洛阳等地已逐渐发展成为栽培、研究中心，并形成了规模化商品性生产。

中国芍药在世界上久负盛名，较早传入国外，欧洲的芍药栽培是在从中国引进大量园艺品种后才开始的，且以切花生产为主，在 19 世纪初传入美国。

芍药适应性强，管理较粗放，各地园林普遍栽培，常作专类园观赏，或用于花境、花台及自然式栽植。中国园林中与山石相配更有特色。

芍药也常作切花应用，水养可保持 4～7d 不等。

芍药被人们誉为"花仙"和"花相"，又被称为"五月花神"，自古就作为爱情之花。芍药的花语是"美丽动人"、"依依不舍，难舍难分"。

4.3 鸢尾属

图 3-14 鸢尾（引自臧德奎，2002）

学名：*Iris* spp.。

英名：iris。

科属：鸢尾科鸢尾属。

产地与分布：同属植物约 300 种，分布于北温带，中国约有 40 种，广布全国，主要分布于西北部和北部。现在各地均有栽培。

4.3.1 形态特征 多年生草本，具块状、匍匐状根茎或具鳞茎；叶多基生，剑形或线形，嵌叠着生，绿色深浅不一；花茎自叶丛中抽出，单生或有分枝，蝎尾状聚伞花序或圆锥状聚伞花序；花被 6 片，基部呈管状或爪状，外轮 3 片大而外弯或下垂，称垂瓣，内轮片较小，多直立或呈拱形称旗瓣；内外花被片基部连合成筒状，花两性，雄蕊 3 枚贴生于外轮花被片，花柱三裂，瓣化，与花被同色；不同种类、品种旗瓣、垂瓣颜色、大小不同（图 3-14）。花期春、夏季。蒴果长圆柱形，种子多数，深褐色。

4.3.2 种类及品种 鸢尾属大多数种类具有观赏价值，其形态、株型、花色、花型各不相同，生态习性有较大差异。鸢尾属的分类除自然分类系统外，主要进行植物学分类和园艺学分类。根据鸢尾属植物地下器官的不同分为根茎类鸢尾和球茎类鸢尾。根茎类鸢尾根据垂瓣上有无须毛又分为有髯鸢尾、无髯鸢尾。园艺分类中根据亲本、地理分布及生态习性分为德国鸢尾系、路易斯安那鸢尾系、西伯利亚鸢尾系和拟鸢尾系。在此针对根茎类鸢尾及主要栽培种进行描述。

4.3.2.1 按形态分类

（1）根茎类鸢尾：地下部分呈块状或匍匐状根茎。其中又分为两类。①有髯鸢尾：垂瓣的颈部中肋具有髯毛状附属物，不同品种其色泽、疏密、多少不同。常见栽培种为德国鸢尾（*I. germanica*）、香根鸢尾（*I. florentina*）、银苞鸢尾（*I. pallida*）、矮鸢尾（*I. pumila*）等。②无髯鸢尾：垂瓣的颈部无附属物。常见栽培种为蝴蝶花（*I. japonica*）、鸢尾（*I. tectorum*）、花菖蒲（*I. ensata* var. *hortensis*）、黄菖蒲（*I. pseudacorus*）、溪荪（*I. sanguinea*）、马蔺（*I. lactea* var. *chinensis*）、西伯利亚鸢尾（*I. sibirica*）和西班牙鸢尾（*I. xiphium*）。

（2）球茎类鸢尾：地下部分为鳞茎类，如网纹鸢尾（*I. reticulata*）。

4.3.2.2 按园艺分类

（1）德国鸢尾系：以德国鸢尾为主，包括银苞鸢尾、香根鸢尾及反复杂交育成的品种。现在市场上的很多有髯鸢尾属于此类。

（2）路易斯安那鸢尾系：以美国路易斯安那州产的种、变种、天然杂交种为基础育成的园艺品种，如铜红鸢尾（*I. fulva*）、细叶鸢尾（*I. giganticaerulea*）等。本系鸢尾根茎强健，株高15～90cm，一茎多花，花色丰富，无须毛。

（3）西伯利亚鸢尾系：主要由西伯利亚鸢尾和溪荪杂交而来，包括金脉鸢尾（*I. chrysographes*）、云南鸢尾（*I. forrestii*）等。该系花白色、青紫色居多，也有粉红色，花被片有网纹。株高10～100cm，适应性强，耐旱耐湿。

（4）拟鸢尾系：为拟鸢尾（*I. spuria*）原种、变种、杂交改良品种，主要有矮鸢尾、拟鸢尾、禾叶鸢尾（*I. graminea*）等。本系有许多优良品种，外花被片圆形，种皮羊皮纸质，适应性强，喜光耐阴。

4.3.2.3 主要栽培种

（1）德国鸢尾：为有髯鸢尾。根状茎粗壮而肥厚，常分枝，扁圆形，斜伸，具环纹，黄褐色；须根肉质黄白色。叶直立或略弯曲，淡绿色、灰绿色或深绿色，常具白粉，剑形，长20～50cm，宽2～4cm，顶端渐尖，基部鞘状，常带红褐色，无明显的中脉。花茎光滑，黄绿色，高60～100cm，有1～3个分枝，每茎有花3～8朵，中、下部有1～3枚茎生叶；外花被裂片椭圆形或倒卵形，长6～7.5cm，宽4～4.5cm，顶端下垂，爪部狭楔形，中脉上密生黄色的须毛状附属物；内花被裂片倒卵形或圆形，长、宽各约为5cm，直立，顶端向内拱曲，中脉宽，并向外隆起，爪部狭楔形；花色因栽培品种而异，多为淡紫色、蓝紫色、深紫色或白色，有香味；花期5～6月。蒴果三棱状圆柱形，长4～5cm，顶端钝，无喙，成熟时自顶端向下开裂为三瓣；种子梨形，黄棕色，表面有皱纹，顶端生有黄白色的附属物。

（2）香根鸢尾：原产南欧和西亚，根茎粗大，匍匐茎，叶宽剑形，花茎上着生2～3朵花，花大有微香，垂瓣淡红紫色至堇色，有黄色须毛。花期5月。根茎可以提取天然香料。

（3）鸢尾：又名蓝蝴蝶、紫蝴蝶、扁竹花等。原产我国云南、四川、浙江、江苏一带的山林中，地下具有粗壮的根状茎，须根较细而短。叶基生，黄绿色，稍弯曲，中部略宽，宽剑形，长15～50cm，宽1.5～3.5cm，顶端渐尖或短渐尖，基部鞘状，有数条不明显的纵脉。花茎光滑，高20～40cm，顶部常有1～2个短侧枝，中、下部有1～2枚茎生叶；花蓝紫色，直径约10cm；花梗甚短；外花被裂片圆形或宽卵形，长5～6cm，宽约4cm，顶端微凹，爪部狭楔形，中脉上有不规则的鸡冠状附属物，成不整齐的穗状裂，内花被裂片椭圆形，长 4.5～5cm，宽约 3cm，花盛开时向外平展，爪部突然变细；花期 4～5 月。蒴果长椭圆形或倒卵形，长 4.5～6cm，直径 2～2.5cm，有 6 条明显的肋，成熟时自上而下 3 瓣裂；种子黑褐色，梨形，无附属物。

（4）蝴蝶花：别名日本鸢尾、开喉箭、兰花草、扁竹、剑刀草，原产中国长江以南广大地区，日本也有。根状茎可分为较粗的直立根状茎和纤细的横走根状茎，直立的根状茎扁圆形，具多数较短的节间，棕褐色，横走的根状茎节间长，黄白色；须根生于根状茎的节上，分枝多。叶基生，暗绿色，有光泽，近地面处带红紫色，剑形，长 25～60cm，宽 1.5～3cm，顶端渐尖，无明显的中脉。花茎直立，高于叶片，顶生稀疏总状聚伞花序，分枝 5～12 个；花淡蓝色或蓝紫色，直径 4.5～5cm；外花被裂片倒卵形或椭圆形，长 2.5～3cm，宽 1.4～2cm，顶端微凹，基部楔形，边缘波状，有细齿裂，中脉上有隆起的黄色鸡冠状附属物；内花被裂片椭圆形或狭倒卵形，长 2.8～3cm，宽 1.5～2.1cm，爪部楔形，顶端微凹，边缘有细齿裂，花盛开时向外展开；花期 4～5 月。蒴果椭圆状柱形，顶端微尖，基部钝，无喙，6 条纵肋明显，成熟时自顶端开裂至中部；种子黑褐色，为不规则的多面体，无附属物。

（5）玉蝉花：原产我国东北、内蒙古等地。根状茎粗壮，斜伸，外包有棕褐色叶鞘残留的纤维；须根绳索状，灰白色，有皱缩的横纹。叶条形，长 30～80cm，宽 0.5～1.2cm，顶端渐尖或长渐尖，基部鞘状，两面中脉明显。花茎圆柱形，高 40～100cm，实心，有 1～3 枚茎生叶；花深紫色，直径 9～10cm；外花被裂片倒卵形，长 7～8.5cm，宽 3～3.5cm，爪部细长，中央下陷呈沟状，中脉上有黄色斑纹，内花被裂片小，直立，狭披针形或宽条形，长约 5cm，宽 5～6mm；花期 5～6 月。蒴果长椭圆形，顶端有短喙，6 条肋明显，成熟时自顶端向下开裂至 1/3 处；种子棕褐色，扁平，半圆形，边缘呈翅状。

（6）燕子花：分布于俄罗斯、日本、朝鲜，以及中国辽宁、云南、黑龙江、吉林等地，生长于海拔 1890～3200m 的地区，多生在沼泽地及河岸边的水湿地。根状茎粗壮，斜伸，棕褐色，直径约 1cm；须根黄白色，有皱缩的横纹。叶灰绿色，剑形或宽条形，长 40～100cm，宽 0.8～1.5cm，顶端渐尖，基部鞘状，无明显的中脉。花茎实心，光滑，高 40～60cm，有不明显的纵棱，中、下部有 2～3 枚茎生叶；苞片 3～5 枚，膜质，披针形，长 6～9cm，宽 1～1.5cm，顶端渐尖或短渐尖，中脉明显，内包含有 2～4 朵花；花大，蓝紫色，直径 9～10cm；花梗长 1.5～3.5cm；花被管上部稍膨大，似喇叭形，长约 2cm，直径 5～7mm；外花被裂片倒卵形或椭圆形，长 7.5～9cm，宽 4～4.5cm，上部反折下垂，爪部楔形，中央下陷呈沟状，鲜黄色，无附属物，内花被裂片直立，倒披针形，长 5～6.5cm，宽 4.8～1.5cm。蒴果椭圆状柱形，有 6 条纵肋，其中 3 条较粗；种子扁平，半圆形，褐色，有光泽。

（7）溪荪：是西伯利亚鸢尾东方变种的一种，生于沼泽地、湿草地或向阳坡地，花色大都为蓝紫色。根状茎粗壮，斜伸，残留老叶叶鞘纤维；具多数灰白色须根。叶宽线形，长 20～70cm，宽 0.5～1.5cm，基部鞘状，先端渐尖，无明显中脉。花茎高 40～50cm，实心，具 1～2 枚茎生叶；花 2～3 朵，蓝色，直径 6～7cm，花被管长约 1cm，花被片 6，2 轮排列，外花被片倒卵形，长约 5cm，宽约 1cm，基部有黑褐色的网纹及黄色斑纹，爪部楔形，无附属物，内花被裂片 3，狭倒卵形，长约 4cm，宽约 1.5cm；雄蕊长约 3cm，花丝白色，具黄色花药，花柱分枝扁平，花瓣状，长约 3.5cm，先端裂片三角形，有细齿。花期6～7月。蒴果三棱状圆柱形，具6条纵肋，熟时由顶部开裂。

（8）西伯利亚鸢尾：原产于欧洲。其根状茎粗壮，斜伸；须根黄白色，绳索状，有皱缩的横纹。叶灰绿色，条形，长20～40cm，宽0.5～1cm，顶端渐尖，无明显的中脉。花茎高于叶片，平滑，高40～60cm，有1～2枚茎生叶；苞片3枚，膜质，绿色，边缘略带红紫色，狭卵形或披针形，顶端短渐尖，内包含有2朵花；花蓝紫色，直径7.5～9cm；花梗甚短；外花被裂片倒卵形，长5.5～7cm，宽3.3～5cm，上部反折下垂，爪部宽楔形，中央下陷呈沟状，有褐色网纹及黄色斑纹，无附属物，内花被裂片狭椭圆形或倒披针形，长4.5～5.5cm，宽1.5～1.8cm，直立；雄蕊长3～3.5cm，花药紫色，花丝淡紫色；花柱分枝淡蓝色，拱形弯曲，长4～4.5cm，顶端裂片近于半圆形，边缘有不规则的稀疏牙齿。花期4～5月。蒴果卵状圆柱形、长圆柱形或椭圆状柱形，无喙。

（9）黄菖蒲（*I. pseudacorus*）：别名黄鸢尾、水生鸢尾、黄花鸢尾等，是多年生湿生或挺水宿根草本植物。根状茎粗壮，直径可达2.5cm，斜伸，节明显，黄褐色；须根黄白色，有皱缩的横纹。基生叶灰绿色，宽剑形，长40～60cm，宽1.5～3cm，顶端渐尖，基部鞘状，色淡，中脉较明显。花茎粗壮，高60～70cm，直径4～6mm，有明显的纵棱，上部分枝，茎生叶比基生叶短而窄；花黄色，直径10～11cm；花梗长5～5.5cm；花被管长1.5cm，外花被裂片卵圆形或倒卵形，长约7cm，宽4.5～5cm，爪部狭楔形，中央下陷呈沟状，有黑褐色的条纹，内花被裂片较小，倒披针形，直立，长2.7cm，宽约5mm；雄蕊长约3cm，花丝黄白色，花药黑紫色；花柱分枝淡黄色，长约4.5cm，宽约1.2cm，顶端裂片半圆形，边缘有疏牙齿。花期5～6月。蒴果长形，内有种子多数，种子褐色，有棱角。

（10）矮鸢尾：株丛紧密，植株基部围有残留折断的老叶叶鞘。根状茎块状，短粗，木质，棕褐色；须根黄棕色，分枝少。叶略扭曲，狭条形，长10～20cm，宽约3mm，顶端渐尖，无明显的中脉。花茎短，一般不伸出地面；花蓝色带有黄斑，直径约3cm；花梗较短，长约1.5cm；外花被裂片狭倒披针形，长约3cm，宽约5mm，上部向外反折，爪部狭楔形，呈沟状，内花被裂片狭倒披针形，长约2cm，宽2～3mm，直立。蒴果长圆形，长约2cm，直径7～8mm，有6条突起的肋，顶端有短喙。花期5月。

现在市场上的很多有髯鸢尾，多数为杂交品种，下面列出几种。

（1）'魂断蓝桥'（*I. germanica* 'Blue Staccato'）：花大，垂瓣及旗瓣宽大，花瓣边缘鲜紫色，内部白色。花期较长、叶片宽大、抗逆性强。

（2）'血石'（*I.* 'Bloodstone'）：植株矮小，株高20～25cm，花瓣深红色，髯毛深紫色，花期4月下至5月上。

（3）'蜂翅'（*I.* 'Bee Wing'）：植株低矮，高10～15cm，花柠檬黄色，花期4月上。

（4）'法国回声'（*I.* 'Echo de France'）：高型鸢尾，株高60～70cm，旗瓣白色，垂瓣黄色平展，花期5月。

（5）'夕阳红'（*I.* 'Coral Sunset'）：高生型鸢尾，株高60cm，叶浅绿色，花肉粉色，花期5月。

（6）'紫边白'（*I.* 'Stitch Witch'）：植株低矮，株高15～20cm，花大，垂瓣及旗瓣宽大，白色花瓣边缘淡紫色。花期4月。

4.3.3 生态习性 因种类多，原产地各不相同，生态习性各异，但自然分布主要是在北纬 40°左右，所以多数种类耐寒性较强。

鸢尾对土壤水分的要求依种类不同有较大差异。一类喜欢排水良好、适度湿润土壤，如鸢尾、蝴蝶花、德国鸢尾、银苞鸢尾等；另一类喜欢湿润土壤至浅水中，如溪荪、燕子花等；第三类喜欢浅水，如黄菖蒲、燕子花。常见鸢尾类主要植物学特性、生态习性见表 3-8。

表 3-8 常见鸢尾一览表

中名	拉丁名	株高 /cm	花期（月）	花色	华北可露地越冬	备注
鸢尾	*I. tectorum*	30～40	5	蓝紫	√	喜半阴
	I. t. var. *alba.*	30～40	5	白	√	喜半阴
香根鸢尾	*I. florentina*	40	5	白	√	根茎可提芳香油
德国鸢尾	*I. germanica*	60～90	5～6	紫、褐、蓝、黄等	√	生长健壮，根茎可提芳香油
银苞鸢尾	*I. pallida*	40～50	5	淡紫	√	根茎可提芳香油
溪荪	*I. sanquinea*	40～60	5～6	深紫蓝	√	
矮鸢尾	*I. chamaeiris*	15～25	5	白、黄、紫、蓝	√	可作镶边及岩石园用
细叶鸢尾	*I. tenuifolia*	15～20	5	蓝紫	√	耐干旱，可作镶边及岩石园用，华北有野生
白射干	*I. dichotomia*	30～40	5～6	白	√	抗性强，华北有野生
拟鸢尾	*I. spuria*	40～50	5～6	淡蓝、淡黄、乳白	√	生长健壮，抗干旱
马蔺	*I. lactea* var. *chinensis*	40～60	5	淡蓝紫	√	抗性强、耐践踏，可镶边、地被用
蝴蝶花	*I. japonica*	30～40	4～5	淡蓝紫		喜阴湿，华东多作地被
西伯利亚鸢尾	*I. sibirica*	30	6	堇紫	√	喜湿润及微酸性土
黄菖蒲	*I. pseudacorus*	60～100	5～6	黄	√	旱生至水生
燕子花	*I. laevigata*	50～60	5	蓝至白	√	喜湿润及微酸性土
花菖蒲	*I. ensata* var. *hortensis*	50～70	6～7	白、黄、堇、紫、粉等	√	喜沼泽至浅水环境及酸性土壤，碱性土生长不良

4.3.4 繁殖方法 可用分株法、播种法繁殖，生产中主要应用分株法。

分株法：适用于丛生性的鸢尾如玉蝉花、溪荪、鸢尾、德国鸢尾等。一般在开花后立即进行，亦可在秋季进行，寒冷地区宜在春季进行。每年或 2～3 年分株一次。挖出母株分成带 2～3 个芽的子株，栽植。

播种法：通常于 9 月种子成熟后即播，播后 2～3 年开花。春播时种子要沙藏，否则发芽率大大降低。

此外，观赏价值较高的品种还可采用组织培养法繁殖。

4.3.5 栽培管理 根茎类鸢尾多数应用于园林花境、花坛、花丛，或作基础栽植，也在山石、池旁、浅水中栽种。一年（或三季）中均可栽植成活，但以早春、晚秋种植为佳。鸢尾适应性较强，管理较省工省力，一般土壤中施足基肥，每年花前追施1～2次肥料、保持适宜的土壤水分即可生长良好。湿生种类栽于浅水中，生长季不可缺水。

花后鸢尾花序梗枯黄后影响观赏，应及时剪除。秋末或初冬季节地上茎叶枯黄时距地面4～5cm剪除，清理干净。

玉蝉花、燕子花等是重要的切花种类，除露地栽培外，常进行促成与抑制栽培，供应冬季、早春或秋季市场。其花期控制主要是通过控制植株休眠期的长短来进行。

4.3.6 观赏与应用 鸢尾植物全世界约有300种以上，原产我国的60多种，其中有不少有很高的观赏价值。鸢尾的适应性很强，具有较高的抗寒性、抗旱性、抗病性，并且耐瘠薄、耐水湿、耐高温，因此栽培管理简便，养护成本较低，在园林中应用具有明显优势。鸢尾叶丛青翠碧绿，宽如剑，狭如带，清秀挺拔，花姿奇异，色彩浓艳，花色极为丰富，有纯白、纯黄、浅蓝、堇紫、大红，也有的有斑点和花纹的变色，光彩柔和，艳影绰约。常设置鸢尾专类园，如依地形变化，可将不同株高、花色、花期的鸢尾进行布置。水生的种类是水边绿化的优良材料。另外，花坛、花境、地被栽植中常见应用。一些种类是切花的材料。

鸢尾花语：白色鸢尾代表纯真，黄色表示友谊永固、热情开朗，蓝色是赞赏对方素雅大方或暗中仰慕，紫色则寓意爱意与吉祥。

4.4 荷包牡丹

学名：*Dicentra spectabilis*。

别名：荷包花，兔儿牡丹，铃儿草。

英名：common bleeding heart

科属：罂粟科荷包牡丹属。

产地与分布：原产我国北部及日本，河北、东北有野生。现在各地均有栽培。

4.4.1 形态特征 多年生草本，地下具根状茎，株高30～60cm。茎带紫红色，丛生，2回三出羽状复叶互生，小叶片倒卵形，叶略似牡丹。总状花序，着生茎顶，花序长达40cm，花序梗拱状，花朵向一侧下垂，约10余朵，花瓣4，外层2枚粉红色，基部联合成囊状，形似荷包，先端翻卷，内层2枚狭长外伸，近白色（图3-15），有白色变种 var. *alba*，花全白。花期4～5月。

图3-15 荷包牡丹（引自北京林业大学，1990）

4.4.2 种类及品种 园林中常用的种类有以下几种。

（1）缓毛荷包牡丹（*D. exima*）：原产美洲东岸。叶基生，长圆形，稍带白粉。总状花序无分枝；花红色，下垂。

（2）美丽荷包牡丹（*D. formosa*）：原产北美洲。叶细裂，株丛柔细。总状花序有分枝，花粉色。

（3）大花荷包牡丹（*D. macrantha*）：原产中国四川、贵州及湖北西部山地林下。株高 1m。叶片 3 回 3 出羽状全裂，末回裂片卵形；下部茎生叶长达 30cm，具长柄。复单歧聚伞花序，花数较少，下垂；花瓣淡黄绿色或白色，花序长 30～45cm。

4.4.3 生态习性　耐寒而不耐高温，华北地区能露地越冬；夏季高温茎叶枯黄而休眠。喜向阳，亦耐半阴。要求疏松、肥沃的壤土，黏土、河沙中生长不良。

4.4.4 繁殖方法　荷包牡丹可用分株、扦插、播种繁殖。以春秋分株繁殖为主，约 3 年左右分株一次，当年即可开花，以秋季分株为好。扦插是在花后利用嫩枝为插穗，北京地区 6～9 月均可进行，成活率较高，次年即可开花。种子繁殖是秋季播种或层积处理后春播，冬季保护越冬，3 年后开花。

4.4.5 栽培管理　荷包牡丹栽培容易，不需特殊管理，地栽时深翻土壤施足基肥，萌芽后施 1～2 次肥。夏季防日光直射，可延长花期近一个月。

荷包牡丹可以利用其休眠特性进行促成栽培，休眠后栽于冷室，至 12 月中旬移至 12～13℃室内，盆土经常保持湿润，可见全光，春节期间即可开花。

4.4.6 观赏与应用　荷包牡丹株丛匀称，叶形美丽，花朵奇特有趣，宛如一串铃铛，叶虽似牡丹，但比牡丹清秀明快，潇洒素雅，花枝拱弯，犹如彩练拖空，红英垂悬，婉若璎珞飘拂。可丛植或作花境布置，也可植于建筑物旁或点缀岩石园，又可作地被植物，矮性品种作盆栽观赏。

4.5　萱草

学名：*Hemerocallis*。

别名：忘忧草，忘郁。

英名：tawny daylily。

科属：百合科萱草属。

图 3-16　萱草（引自傅玉兰，2001）

产地与分布：原产于中国、欧洲南部及日本，现在各地均有栽培。

4.5.1 形态特征　宿根草本，具短根状茎和粗壮的纺锤形肉质根。叶形为扁平状长线型，基生，长 30～60cm，宽约 2.5cm，背面被白粉。圆锥花序顶生，有花 6～12 朵，花梗长约 1cm，有小的披针形苞片；花长 7～12cm，花被基部粗短漏斗状，长达 2.5cm，花被 6 片，开展，向外反卷，外轮 3 片，宽 1～2cm，内轮 3 片宽达 2.5cm，边缘稍作波状（图 3-16）；花色橙黄、红、复色等，花葶长于叶，30cm 以上；花期 6～10 月。蒴果钝三棱状椭圆形，长 3～5cm，种子 20 多个，黑色，有棱。

4.5.2 种类及品种　同属植物约 20 种，中国有 8 种。常见栽培的有以下几种。

（1）黄花萱草（*H. flava*）：又名金针菜。原产中国。叶片深绿色带状，长 30～60cm，宽 0.5～1.5cm。拱形弯曲。顶生疏散圆锥花序，花 6～9 朵，柠檬黄色，浅漏斗形，花葶高 120～130cm，花径约 9cm。花蕾为著名的"黄花菜"，可供食用。

（2）黄花菜（*H. citrina*）：又名黄花。叶较宽，深绿色，长 75cm，宽 1.5～2.5cm。花序上着生花多达 30 朵左右，花序下苞片呈狭三角形，花淡柠檬黄色，背面有褐晕，花被长 13～16cm，裂片较狭，花梗短，花期 7～8 月。花蕾可食用。

（3）大苞萱草（*H. middendo*）：叶长 30～45cm，花序着花 2～4 朵，黄色、有芳香，花瓣长 8～10cm，花梗极短，花朵紧密，具大型三角形苞片。花期 7 月。

（4）童氏萱草（*H. thunbergh*）：叶长 70～75cm，花葶高 120cm，顶端分枝着花 12～24 朵，杏黄色，喉部较深，短漏斗形，具芳香。

（5）小黄花菜（*H. minor*）：叶绿色，长约 50cm，宽 6mm。高 30～60cm。着花 2～6 朵，黄色，外有褐晕，长 5～10cm，有香气。傍晚开花。花期 6～9 月，花蕾可食用。

目前我国从国外引进了较多的杂种萱草，市场上常见的有以下几种。

（1）'金娃娃'萱草（*H.* 'Stella De Dro'）：株丛高 20～30cm，叶长 15～20cm，叶宽 1cm 左右，叶片浓密。花葶高 25～35cm，花金黄色，花径 4～5cm，着花密集，每葶可开花 20 余朵。4 月上旬始花，10 月下旬终花，花期 6 个月。其特点是株型矮小、分生能力强，耐盐碱，花期极长，是草坪点缀及基础栽植、布置花境的好品种。该品种是目前我国园林绿地中应用最广泛的萱草品种。

（2）'紫蝶'萱草（*H.* 'Little Bumble Bee'）：株丛高 35～40cm，叶宽 2cm，花径 3～4cm。着花密集，花瓣浅黄色，花心紫红色，美丽而别致。花期 6 月中旬至 9 月中旬，其特点是分生能力强，花葶粗壮，抗倒伏能力强，可反复开花。

（3）'奶油卷'萱草（*H.* 'Betty Woods'）：株丛高 30～40cm，叶绿色，宽 1～2cm，花葶粗壮，高 45cm。花重瓣，金黄色，花朵硕大，直径可达 8～10cm，每葶可着花 6～8 朵，花期 6 月中旬至 8 月中旬。其特点是花大，重瓣，花色艳丽，抗倒伏。

（4）'红运'萱草（*H.* 'Baltimore'）：株丛高 40～50cm，叶绿色修长，花葶粗壮，高 50cm。花红色，花朵硕大，直径可达 10cm，每葶可着花 6～8 朵，花期 6 月中旬至 8 月中旬。其特点是分生能力强，花红色且大，抗倒伏。

（5）'粉绣客'萱草（*H.* 'Pinksilku Rffle'）：株高 50～60cm。盛花期 6～7 月。花单瓣，粉色，花心黄色，花丝黄色，花径 12～14cm。

杂种萱草较易管理，花大色艳，花色丰富鲜艳，在我国可以在大多数地区露地应用，也是切花的良好材料。

4.5.3　生态习性　　萱草适应性强，喜阳光充足，排水良好、富含腐殖质的壤土利于其生长发育，耐阴、耐旱、耐瘠薄。

4.5.4　繁殖方法　　以分株繁殖为主，育种时用播种繁殖。分株繁殖于叶枯萎后或早春萌发前进行。将根株掘起剪去枯根及过多的须根，分株即可。一次分株后可 4～5 年后再分株，分株苗当年即可开花。种子繁殖宜秋播，一般播后 4 周左右出苗。夏秋种子采下后如立即播种，20d 左右出苗。播种苗培育 2 年后开花。

4.5.5　栽培管理　　栽培管理简单粗放。栽前施足基肥。定植密度以分株时株丛大小而定，也根据绿化效果要求适当调整。一般 3～5 芽一丛栽植。常用 30～50cm 株行距；若需要当年尽早覆盖地面，可缩小株行距或增加株丛芽数。由于萱草适应性强，具有萌蘖能力，定植后 1～3 年可以覆盖地面。以后若密度太大，可以全部起出重新定植或间隔挖出部分蘖芽，用于其他地段绿化。

秋季萱草叶片枯黄后及时清除。

4.5.6 观赏与应用　　萱草在中国有悠久的栽培历史，最早文字记载见之于《诗经·卫风·伯兮》："焉得谖草，言树之背"。古时候当游子要远行时，就会先在北堂（代表母亲）种萱草，希望减轻母亲对孩子的思念，忘却烦忧。唐朝孟郊《游子诗》写道："萱草生堂阶，游子行天涯；慈母倚堂门，不见萱草花"。萱草是中国的母亲花。

　　萱草花色鲜艳，花期较长，栽培管理容易。叶片观赏期较长。园林中多丛植或作有花地被大面积栽植，也是布置花境的良好材料。部分品种适合作切花材料。

　　萱草的花语：爱的忘却。

4.6　石竹类

　　学名：*Dianthus* spp.。

　　英名：dianthus。

　　科属：石竹科石竹属。

　　产地与分布：分布于欧洲、亚洲和非洲，现在各地均有栽培。

4.6.1 形态特征　　一二年生或多年生草本。茎硬，节处膨大。叶线形，对生，花大顶生，单朵或数朵至伞房花序。萼管筒状。花瓣5，具柄，全缘或齿状裂（图3-17）。蒴果圆柱形，顶端4～5齿裂；种子黑色，因品种不同，千粒重相差较大，0.14～0.5g。

4.6.2 种类及品种　　同属种类约有300种，我国有14种。常见栽培石竹的种类有以下几种。

（1）石竹（*D. chinensis*）：株高30～50cm，茎直立或基部稍呈匍匐状。单叶对生，线状披针形，基部抱茎。花单生或数朵组成聚伞花序；苞片4～6；萼筒上有条纹；花瓣5，先端有锯齿，白色至粉红色，稍有香气。花期5～9月。通常栽培的为其变种锦团石竹（*D. chinensis* var. *heddewigii*），又称为繁花石竹，植株较矮，色彩变化丰富，具有重瓣品种。

（2）美国石竹（*D. barbatus*）：又称为须苞石竹、五彩石竹。株高50～60cm，茎光滑，微有四棱，分枝少。叶片披针形至卵状披针形，具平行脉。花小而多，密集成头状聚伞花序（图3-18）。花色有白、粉、红等，单色或环纹状复色，稍有香气。花期春夏两季，原产欧洲、亚洲，美国栽培广泛。

图3-17　石竹（引自臧德奎，2002）　　图3-18　美国石竹

（3）常夏石竹（*D. plumarius*）：别名地被石竹。多年生草本，株高30cm左右，植株丛生型，全株光滑被白粉。茎、叶较其他石竹细。花2～3朵顶生；花瓣先端深裂呈流苏状，基部爪明显；花粉红、紫、白或复色；微香；花期5～9月。

（4）石竹梅（*D. latifolius*）：又称为美人草，是中国石竹和美国石竹的杂交品种，形态也介于两者之间。花瓣表面常具银白色的边缘，多为复瓣至重瓣，背面全为银白色。

（5）瞿麦（*D. superbus*）：宿根花卉，株高60cm，光滑有分枝。叶对生，质软，线形至线状披针形，全缘，具3～5脉。花淡红或堇紫，具芳香；径4cm，花瓣具长爪，边缘丝状深裂；萼细长，圆筒状，基部有2对苞片；花期7～8月。

目前绿化中常用的杂交品种有以下几种。

（1）'天王星'系列：中国石竹与美国石竹的一代种间杂交种。矮性，高15～20cm，早开，色彩丰富瑰丽，非常多花，花径3～4cm，花开不断，花期长，株型整齐，耐热性强，适合花坛、盆花栽植及景观应用布置。

（2）'魔琴'系列：种间杂交种，株高20cm，早花，多花，花径约4cm，叶较狭长，株型紧密，耐寒性好。适宜盆栽、花坛栽植。

（3）'地毯'系列：美国石竹，株高20cm，早花，多花，生育旺盛，花坛布置花期长，栽培容易。

（4）'千辉'系列：锦团石竹，株高20cm，分枝多，花径4cm，适应性强，花色丰富，具粉红、鲑红、双色、白色等多种花色，在花坛中应用广泛。

（5）'加茂'系列：锦团石竹，株高15～20cm，分枝性强，花径3cm，非常多花，叶片细而小，盛花时花朵将叶片完全覆盖。

（6）'花仙子'系列：切花专用杂交种，株高80～90cm，分枝性强，切花产量高。花朵大，花色鲜艳，花径4～5cm，花色有绯红、鲑红、鲑红/白双色。

4.6.3　生态习性　　石竹类喜阳光充足、干燥、通风的环境。耐寒性强，喜肥，但瘠薄处也能生长开花。耐干旱。15～25℃生长良好，适宜肥沃、富含石灰质的壤土，忌潮湿。

4.6.4　繁殖方法　　可播种、分株及扦插繁殖。播种时间可以春或秋季。发芽温度15～20℃，温度太高不易发芽。分株常在春季进行。扦插生根容易。

4.6.5　栽培管理　　石竹类栽培容易，部分种类虽然为宿根种类，但2～3年后植株衰老，开花不良，常作二年生栽培。

4.6.6　观赏与应用　　石竹类花色丰富，花期长，常在园林中作基础栽植，宿根种类可布置花境，部分杂交品种花大色艳，水养持久，可作切花。

石竹的花语为纯洁的爱、才能、大胆、女性美。

4.7　宿根福禄考

学名：*Phlox paniculata*。

别名：天蓝绣球，锥花福禄考。

英名：summer phlox，garden phlox。

科属：花荵科福禄考属。

产地与分布：原产北美洲东部。中国各地庭园常见栽培。

4.7.1　形态特征　　多年生草本，茎直立，高60～100cm，单一或上部分枝，粗壮，无

图 3-19 宿根福禄考（引自 臧德奎，2002）

毛或上部散生柔毛。叶交互对生，有时 3 叶轮生，长圆形或卵状披针形，长 5～10cm，宽 1.5～3.5cm，顶端渐尖，基部渐狭成楔形，全缘，两面疏生短柔毛；无叶柄或有短柄。多花密集成顶生伞房状圆锥花序，花梗和花萼近等长；花萼筒状，萼裂片钻状，比萼管短，被微柔毛或腺毛；花冠高脚碟状，淡红、红、白、紫等色，花冠筒长达 3cm，有柔毛，裂片倒卵形，全缘，比花冠管短，平展；雄蕊与花柱和花冠等长或稍长（图 3-19）；花期 6～10 月。蒴果卵形，稍长于萼管，3 瓣裂，有多数种子。种子卵球形，黑色或褐色，有粗糙皱纹。

4.7.2 种类及品种　　宿根福禄考有两种。

矮型：株高 30～50cm，叶卵圆状披针形，叶和茎略带紫色，叶面光滑，全株无毛，花大，耐寒。

高型：株高 50～70cm，叶长圆状披针形，全株有毛，花小，不太耐寒。吉林省可培土越冬。

宿根福禄考的园艺品种很多，常见的有以下几种。

（1）'庄严'（P. paniculata 'Magnificance'）：株高 30～40cm，冠幅 30～40cm；花序高于植株，花径约 2cm，粉红色，具香味，花期 4～6 月。

（2）'代维'（P. paniculata 'David'）：株高 50～70cm；花径约 3cm，纯白色，花期 7 月中旬至 10 月下。

（3）'瑞恩斯图'（P. paniculata 'Rijnstroom'）：株高 60～80cm；花粉紫色，花瓣边缘稍卷曲，花期 7～8 月。

（4）'男高音'（P. paniculata 'Tenor'）：株高 70cm；花序呈球状，花径约 3cm，花紫色，花期 6～8 月。

同属常见栽培植物还有以下 5 种。

（1）阿伦德斯福禄考（P. arendsii）：宿根草本植物，是德国 Arends 公司用宿根福禄考和福禄考（P. drummondii）杂交而成，株高 60cm，叶片椭圆形至披针形，长约 10cm。疏伞房花序，直径约 15cm，小花直径约 2.5cm，花色有浅蓝色、紫红色、粉白等色。原产北美。

（2）穗花福禄考（P. divaricata）：宿根花卉，株高 25～50cm，茎细而直立，不育枝横卧而匍匐，自节处生根，叶片卵形，无柄；可育枝叶片长椭圆形，无柄。花具梗，花瓣楔状倒心形，有缺刻，蓝色至粉蓝色，直径 2～4cm，稍具芳香。花期 5 月。原产北美。变种有：var. iaphamii，叶片卵形，花亮蓝色，较原种性健壮，花期长。主要品种 'Violet queen'，株高 30cm，花堇蓝色。

（3）丛生福禄考（P. subulata）：匍匐性多年生草本植物，株高 10～15cm，叶片常绿，质地硬，钻形簇生，长 1.3cm，花具梗，直径约 2cm，花瓣倒心形，有深裂刻，花色有白色、粉红色、粉紫色及带条纹的变种和品种，花期 3～5 月。原产北美。性健壮，既抗热也耐寒，繁殖力很强，是花坛及岩石园的重要材料。常见的变种有 10 余种：var. hentzii，花白色，中心有淡蓝色或紫色星状花纹；var. nelsonii，花白色，有粉红色彩斑；var. frondosa，花粉色，中心色深，生育旺盛。著名的园艺品种有 10 余种：'Brightnee'，花蔷薇色，具有红色斑，生育旺盛；'Vibid'，亮粉色的花瓣上生有红色斑。

（4）愉悦福禄考（*P. amoena*）：多年生匍匐草本植物，株高 15～30cm，茎细，基部横卧，全株被软毛。叶片小，多数基部丛生，长椭圆状披针形或近线形，长 2.5～5cm，聚伞花序密生，小花直径 2cm，裂片通常全缘，紫色、粉红色或白色，花期 5～6 月，原产北美，多为花坛镶边用材。主要变种有：var. *alba*，白色花；var. *foliis variegatus*，叶片上具有白斑。

（5）道格拉氏福禄考（*P. douglasii*）：匍匐状，株高 10～20cm，花小轮，单花直径 1～1.2cm，有淡紫、淡红和白色等花色。

4.7.3　生态习性　为暖温带植物。性喜温暖湿润、阳光充足或半阴的环境。不耐热，耐寒，忌烈日暴晒，不耐旱，忌积水和盐碱。宜在疏松、肥沃、排水良好的中性或碱性的砂壤土中生长。生长期要求阳光充足，但在半阴环境也能生长。在疏阴下生长最强壮，有利于其开花。

4.7.4　繁殖方法　可以用播种、分株及扦插繁殖。

播种繁殖：北方地区秋季播种冷床越冬，要注意防冻；春播则宜早，花期较秋播短。

分株繁殖：多在春季进行，现在园林工程中也可在夏季、秋季进行，但需要去掉部分地上茎叶减少水分蒸发，以利于成活。

扦插繁殖：春季新芽长到 10cm 左右的时候，剪切进行嫩枝扦插。

4.7.5　栽培管理　宿根福禄考生长旺盛，可以适时适当地修剪，降低植株高度，促进分枝，使之开花繁茂。每年进行 2 次修剪。①春剪：在春季新梢萌发后，每根枝条保留 2～4 节短截，短截后加强肥水管理，每隔 2 周施 1 次稀薄有机肥水，施肥后要及时浇水，适时松土，保持土壤良好的孔隙度，使株形优美，花繁叶茂。②秋剪：秋季花谢后，剪去开花枝，以减少养分的消耗，有利于第二年的生长开花。

在 11 月中旬，应浇一次封冻水，开春浇一遍返青水。

福禄考易患白粉病，直接影响观赏效果，因此养护中发现个别植株叶片有白粉病斑时，及时防治，防止蔓延。

4.7.6　观赏与应用　宿根福禄考姿态幽雅，花朵繁茂，色彩艳丽，花色丰富，是夏季观赏的观花植物。可作基础栽植，也可作花坛、花境材料。

4.8　景天类

学名：*Sedum* spp.。

英名：stonecrop。

科属：景天科景天属。

产地与分布：北温带为分布中心，中国约有 150 种，南北各地均有分布。现在各地均有栽培。

4.8.1　形态特征　多年生，稀一年生，多肉植物。本属主要野生于岩石地带，地带分布上没有连续性，因此即使是同一种，由于地理条件的差异也常出现一定的变异性，其形态上极富变化。本属通常茎直立、斜向或下垂。叶多互生、密集呈覆瓦状排列，也有对生、轮生；叶色有绿、红、黄、褐等；肉质。聚伞花序顶生，花瓣 4～5，花多为黄、白色，还有粉、紫、红色。

4.8.2　种类及品种　景天属植物包括许多种，且部分种类园艺品种很丰富。

（1）三七景天（*S. aizoon*）：多年生草本，高 30～80cm，根状茎粗，近木质化。全株无毛，直立、无分枝或少分枝。单叶互生，广卵形或狭倒披针形，上缘具锯齿，基部楔形，近无柄。聚伞花序密生；花瓣 5，黄色；雄蕊 10，较花瓣短；花期夏季。原产亚洲东北部及日本，我国东北、华北、西北及长江流域均有分布，华北可露地越冬。

（2）长药八宝（*S. spectabile*）：别名八宝、蝎子草。多年生肉质草本植物，高 30～50cm，地下茎肥厚，地上茎粗壮而直立，不分枝，全株略被白粉，呈淡绿色（图 3-20）。叶轮生或对生，倒卵形，肉质，具波状齿。伞房花序密集如平头状，花序径 10～13cm；花瓣 5，淡粉红色，常见栽培的有白色、紫红色、玫红色品种。雄蕊 10，排成两轮，高出花瓣；花期 7～10 月。八宝景天的园艺品种比较丰富，如'星尘'（*S. spectabile* 'Star Dust'），花白色，株高 30cm。华北可露地越冬。

图 3-20　长药八宝（引自费砚良和张金政，1999）

（3）佛甲草（*S. lineare*）：多年生肉质草本，高 10～20cm，茎初生时直立，后下垂，有分枝。3 叶轮生，无柄，线状至线状披针形，长 2.5cm，阴处叶色绿，日照充足时为黄绿色。聚伞花序顶生；花瓣 5，黄色；花期 5～6 月。原产中国和日本。北京附近地区可以露地越冬。耐旱性强，喜光照，也耐阴，具有一定的耐寒性；对土壤要求不严。

（4）垂盆草（*S. sarmentosum*）：常绿多年生肉质草本。高 9～18cm，匍匐型生长，枝较细弱，匍匐节上生根。3 叶轮生，倒披针形至长圆形，全缘，无柄，长 1.5～2.5cm。聚伞花序顶生；花瓣 5，黄色，花期夏季。原产中国、朝鲜和日本。适应性很强，耐寒、耐旱又能耐水湿，也可耐半阴。北京附近地区可露地越冬。

（5）费菜（*S. kamtschaticum*）：又名勘察加费菜。原产亚洲东部。多年生。根状茎粗壮而木质化。茎斜伸簇生，稍有棱。叶互生，偶有对生，倒披针形至狭匙形，先端钝，基部渐狭，先端具疏齿，叶无柄。聚伞花序顶生，具密集小花；花期春季。北京地区可露地越冬。

（6）凹叶景天（*S. marginatum*）：多年生肉质草本。地下茎平卧，上部茎直立。叶对生，近倒卵形，顶端微凹。小花多数，花瓣黄色，花期 6～8 月。耐旱性强，喜光照，也耐阴，耐寒性较强。

（7）反曲景天（*S. reflexum*）：多年生肉质草本。全株灰绿色。茎斜生。株高 15～25cm。叶片披针形，尖端弯曲。花色黄。喜光，亦耐半阴，耐旱，忌水涝，可用来布置花坛或用作地被植物。

（8）六棱景天（*S. sexangulare*）：多年生肉质草本，匍匐性生长，株型较小，15～20cm。叶片浅绿色，披针形。花色亮黄，花期 6～7 月。

（9）'胭脂红'景天（*S. spurium* 'Coccineum'）：多年生草本。植株垫状，茎匍匐，高 10～15cm。单叶互生，广卵形，上缘具锯波状齿，近无柄，鲜红色。花色鲜红，花期 5～7 月。北京附近地区可以露地越冬。

4.8.3　生态习性　　多数种类喜光，部分种类耐阴。对土壤适应性较强，以砂壤土为宜。可以忍受的 pH 为 3.7～7.3 的土壤。景天在气候温暖、干旱的地方（包括坡面上）长势良好。

4.8.4　繁殖方法　　以分株、扦插繁殖为主，部分种类可以叶插。分株一般在春季萌芽前进行，现在园林工程中也可以在其他季节进行。扦插繁殖易生根，播种繁殖多在早春进行。

4.8.5 栽培管理　景天类栽培管理简单容易，但须选择排水良好的地块定植为宜，匍匐类在低洼地易腐烂。部分景天类花后花序枯黄，影响后期观赏，应该及时剪除。

4.8.6 观赏与应用　景天类株型形态丰富，叶色、叶形多样，花期、花色较多，耐寒耐旱，繁殖容易，管理简单，养护成本较低，是近年园林绿化基础栽植及地被应用中大量应用的种类。可布置花境，低矮种类可布置模纹花坛，可以用于岩石园和屋顶花园，还可以作镶边植物。

4.9　黑心菊

　　学名：*Rudbeckia hirta*。

　　别名：黑心金光菊，黑眼菊，毛叶金光菊。

　　英名：blavk-eyed Susan。

　　科属：菊科金光菊属。

　　产地与分布：原产北美洲，现在各地均有栽培。

4.9.1 形态特征　多年生草本，高 30～90cm，下部稍有分支，全部被粗毛。近根出叶，上部叶互生；基部叶匙形，叶柄有翼；上部叶阔披针形，全缘，无柄。头状花序单生于茎顶；舌状花金黄色，部分品种基部褐色；管状花紫褐色，呈半球形隆起（图 3-21）。花期 7～10 月。栽培变种舌状花有桐棕、栗褐色，重瓣和半重瓣类型。种子黑褐色，柱形，小粒，千粒重 0.37g。

4.9.2 种类及品种　本属植物约 30 种。常见的有以下几种。

　　（1）金光菊（*R. laciniata*）：宿根花卉，高 60～125cm，茎具疏毛。基生叶及下部茎生叶矩圆形至卵形，上部茎生叶卵状披针形。舌状花 10～20 个，长 4cm，纯黄色，基部橙黄色；管状花褐紫色；花期 8～10 月。市场品种‘金色’（*R. laciniata* ‘Goldquelle’）为株高 60～80cm；花径 8cm，黄色，重瓣，花期 7～11 月。

图 3-21　黑心菊（引自傅玉兰，2001）

　　（2）齿叶金光菊（*R. speciosa*）：宿根花卉，高 30～90cm，有分枝，无毛或少被短粗毛。叶片较宽，基生叶羽状、5～7 裂或 2～3 裂；茎生叶 3～5 裂。头状花序一至数个着生于长梗上；舌状花 6～10 个，倒披针形下垂，长 2.5～3.8cm，金黄色；管状花黄绿色；花期 7～9 月。

　　（3）大金光菊（*R. maxima*）：株高 2～3m；叶单生，灰绿色；花大，花径可达 10cm，舌状花黄色下垂，管状花突起总体呈球状绿色，基部黑褐色，花期 8～9 月。

　　（4）三裂叶金光菊（*R. triloba*）：株高 60～150cm；茎有分枝；下部叶深裂或浅裂，裂片披针形或长圆形，上部叶片卵形至披针形，先端渐尖或锐尖，长 5～10cm；头状花序，花径约 5cm，集成伞房状，舌状花 8～12 枚，黄色或基部橙色、褐紫色，中央管状花黑紫色，花期 7～9 月。

　　黑心菊园艺品种丰富，常见栽培品种有以下几种。

'玛亚'系列：株高45～50cm，是世界上第一个矮生重瓣紧凑型黑心菊，茎秆强壮，花径9～12cm，舌状花黄色明亮。玛亚的群集种植效果优良。

'多多'系列：株高30～38cm，株型极紧凑，分枝多，开花早，极适宜于10～12cm盆栽。花色有金黄色、柠檬黄、暗红，开花持久。

'唢呐'系列：株高45～50cm，花色独特，明亮的金黄色花瓣上有一圈巨大的褐红色花环。花型巨大，花径达12～15cm。

'科多'系列：株高45～50cm，分枝多。在金黄色的花瓣上有着一圈红色花环，花量多。

'金太阳'系列：株高70～80cm，花型巨大，在金黄色的花瓣上有着浅黄色的花尖，管状花绿色。

'秋色'系列：株高50～60cm，花径12cm。铜色花瓣、红色花环、锈红色花心。

'甜点'系列：株高60～70cm，花径10cm，深色花心，金橙色花瓣。

'金锁'系列：株高60～70cm，橙色花，花径10cm，全重瓣。

'戴西'系列：株高75cm，花径12～15cm，是全重瓣的金黄色花，花型似雏菊。

4.9.3 生态习性　适应性很强，喜向阳通风的环境。耐寒，耐旱，排水良好的砂壤土生长良好。

4.9.4 繁殖方法　播种、分株法繁殖。春季、秋季均可播种，春季4月和秋季9月为自然生长的最佳播种时间。春季播种，6～7月开花，秋季9月播种，翌年春夏季开花。具自播能力。分株多在春季进行。

4.9.5 栽培管理　黑心菊性喜向阳通风的生长环境，耐寒，耐旱，管理较为粗放。多作地栽，适生于砂质壤土中。对水肥要求不严。植株生长良好时，可适当给以氮、磷、钾肥进行追肥，使黑心菊花朵更加美艳。生长期间应有充足光照。对于多年生植株要强迫分株，否则会使长势减弱影响开花。

花后剪除残枝枯叶可促再生。注意防止排水不良，产生根腐病。

4.9.6 观赏与应用　黑心菊花朵繁盛，花期持久，适应性强，适合庭院布置、花境材料，或布置草地边缘成自然式栽植。部分品种也可作切花。

4.10 玉簪

图3-22 玉簪（引自傅玉兰，2001）

学名：*Hosta plantaginea*。

别名：玉春棒，白鹤花，小芭蕉。

英名：fragrant plantainlily。

科属：百合科玉簪属。

产地与分布：原产中国，现在各地均有栽培。

4.10.1 形态特征　多年生草本。叶基生成丛，具柄，卵状心形、卵形或卵圆形，长14～24cm，宽8～16cm，先端近渐尖，基部心形，具6～10对弧形脉，叶柄长20～40cm。花葶高40～80cm，具几朵至十几朵花；花的外苞片卵形或披针形，长2.5～7cm，宽1～1.5cm；内苞片很小；花单生或2～3朵簇生，长10～13cm，白色，芳香；花梗长约1cm；有重瓣和花叶品种（图3-22）；花期6～9月。蒴果圆柱状，有三棱，长约 6cm，直径约 1cm。

4.10.2　种类及品种　本属约有 40 种，多分布在东亚，我国有 6 种。常见栽培的有以下两种。

（1）狭叶玉簪（*H. lancifolia*）：叶卵状披针形至长椭圆形，花紫色，较小，花期 8 月。变种品种很多。

（2）紫萼（*H. ventricosa*）：叶较窄小，阔卵形，质薄，叶柄边缘常下延成翅状，花淡紫色，较玉簪小，无香味，白天开放。株丛较玉簪小。

市场上常见的玉簪类品种有以下几种。

'艾伦'玉簪（*H.* 'Allen P. McConnel'）：株高约 50cm，冠幅 60～80cm，叶绿色，叶面稍有扭曲；花紫色，花期 7～8 月。

'金边'玉簪（*H.* 'Aureomarginata'）：株高约 30cm，冠幅 45cm；叶柄长，叶绿色，叶面边缘具不规则的黄色斑块；花色淡紫，花期 8 月。

'皇冠'玉簪（*H.* 'Crown imperial'）：株高约 30cm，冠幅约 40cm；叶细椭圆形，绿色，叶缘白色；花葶较长，花紫色，花期 7～8 月。

'威廉斯'玉簪（*H.* 'Frances Williams'）：株高约 25cm，冠幅 30cm；叶面黄绿相间，叶较大，稍扭曲；花色淡紫，花期 8～9 月。

4.10.3　生态习性　玉簪性强健，耐寒冷，性喜阴湿环境，不耐强烈日光照射，要求土层深厚，排水良好且肥沃的砂质壤土。

4.10.4　繁殖方法　常用分株和播种繁殖。

春季发芽前或秋季叶片枯黄后分株，最好每丛有 2～3 块地下茎和尽量多地保留根系，这样利于成活，不影响翌年开花。

秋季种子成熟后采集晾干，翌春 3～4 月播种。播种苗第一年幼苗生长缓慢，要精心养护，第二年迅速生长，第三年便开始开花。

4.10.5　栽培管理　玉簪多为穴植，栽植前施足基肥。栽植地需无直射光的荫蔽处。生长期间保持土壤湿润。若叶片出现缺肥黄化可追施肥料。霜后地上部枯萎，一般栽植 2～3 年分株一次，防止株丛太密。

4.10.6　观赏与应用　宋代诗人黄庭坚的《玉簪》诗中对玉簪花的来历进行描写："宴罢瑶池阿母家，嫩琼飞上紫云车。玉簪坠地无人拾，化作江南第一花。"玉簪原产中国，1789 年传入欧洲，之后传至日本。

玉簪是较好的阴生植物，在园林中可用于树下作地被植物，或植于岩石园或建筑物北侧，也可盆栽观赏或作切花切叶用。也是布置花境的良好材料。因花夜间开放，芳香浓郁，是夜花园中不可缺少的花卉。还可以盆栽布置室内及廊下。

玉簪的花语为脱俗、冰清玉洁。

4.11　火炬花

学名：*Kniphofia uvaria*。

别名：红火棒，火把莲。

英名：common torch lily，torch-flower。

科属：百合科火把莲属。

产地与分布：原产于南非，现在各地均有栽培。

图 3-23　火炬花（引自傅玉兰，2001）

4.11.1　形态特征　多年生草本。株高 80～120cm。叶线形，基生成丛，叶背有脊，缘有细锯齿，被白粉。圆锥形总状花序长 20～25cm，着生数百朵筒状下垂小花；花蕾红色至橘红色，开放变为黄色，自下而上开放，红黄并存（图 3-23）；花期 6～9 月。蒴果黄褐色，果期 9 月。

4.11.2　种类及品种　园林中常见的种类有如下两种。

（1）杂种火炬花（*K. hybrida*）：品种丰富，花色淡黄到白、绿白、橘黄、淡黄白色，花瓣尖端变为橘黄色和褐色。市场引进品种有 3 种。①'南希红'杂种火炬花（*K.*×'Nancy Red'）：株高约 70cm，花色橘红，花期 6～7 月，二次开花至 11 月。②'阿尔卡扎'杂种火炬花（*K.*×'Alcazar'）：株高约 90cm，花色橘红，花期 6～7 月。③'珊瑚'杂种火炬花（*K.*×'Corallina'）：株高约 90cm，花色橘红，花期 6～7 月，二次开花至 11 月下旬。

（2）小火炬花（*K. triangularis*）：植株矮小，叶细长，适合切花和岩石园应用。

4.11.3　生态习性　喜温暖湿润、阳光充足的环境，也耐半阴。性强健，耐寒，成株耐旱。要求土层深厚、肥沃及排水良好的轻黏质壤土。

4.11.4　繁殖方法　采取播种和分株繁殖。播种繁殖时间宜在春季、秋季，以早春播种效果最好。种子与湿苔藓或沙混合，存于冰箱 4～6 周或沙藏后播种。发芽最适温度为 25℃左右，一般播后 2～3 周出芽；待幼苗长至 5～10cm 即可定植；通常播种苗第一年较小，不开花，第二年开春生长量明显增大，并产生花茎，开花 3～5 支。分株繁殖可用 4～5 年生的株丛，春秋两季皆可分株，华北秋季为好。分株时从根茎处切开，每株需有 2～3 个芽，并附着一些须根，分别栽种。

4.11.5　栽培管理　火炬花多行露地栽培。定植地应选择地势高燥、背风向阳处，腐殖质丰富的黏质壤土生长良好。定植前多施一些腐熟的有机肥，并增加磷、钾肥然后深翻土壤。苗高 10cm 左右定植，株行距 30cm×40cm。

夏季要充分供水与追肥，生长旺盛期每月追肥一次。开花前用 1%～2% 的过磷酸钙作土壤追肥一次，可以增加花茎的坚挺度，防止弯曲。秋季进行分株、分栽前要多施基肥，补充植株体内的营养不足。

火炬花越冬能力和其体内的营养物质积累密切相关，花后应尽早剪除残花不使其结实，以免消耗养分。冬春干旱地区，在上冻前要灌透水，并用干草或落叶覆盖植株，防止干、冻死亡。早春去除防寒覆盖物要晚，注意倒春寒的袭击，防止植株受损伤。

　火炬花属浅根性花卉，根系略肉质，根毛少，栽植时间过久根系密集丛生，根毛数量减少，吸收能力下降，因此，每隔 2～3 年须重新分栽一次，以促进新根的生长。

4.11.6　观赏与应用　火炬花花序大而丰满，可丛植于草坪之中或植于假山石旁，用作配景；花枝可供切花。也适合布置多年生混合花境和在建筑物前配植，是花境立面设计中竖向线条的宿根花卉种类。

4.12　美国薄荷

学名：*Monarda didyma*。

别名：马薄荷。

英名：oswegotea，beebalm。

科属：唇形科美国薄荷属。

产地与分布：原产美洲，现在各地均有栽培。

4.12.1　形态特征　多年生草本植物，株高 1～1.5m。茎锐四棱形，具条纹，近无毛，仅在节上或上部沿棱上被长柔毛，毛易脱落。叶片卵状披针形，先端渐尖或长渐尖，基部圆形，边缘具不等大的锯齿，对生，质薄，上面绿色，下面较淡，上面疏被长柔毛，毛渐脱落，下面仅沿脉上被长柔毛，余部散布凹陷腺点，侧脉 9～10 对，上面平坦下面凸起，中肋在上面明显凹陷，下面十分隆起，网脉仅在下面清晰可见，有浓薄荷味。轮伞花序多花，在茎顶密集成径达 6cm 的头状花序；花冠红、紫红、白、黄色，长约为花萼 2.5 倍，外面被微柔毛，内面在冠筒被微柔毛，冠檐二唇形，上唇直立，先端稍外弯，全缘，下唇 3 裂，平展，中裂片较狭长，顶端微缺（图 3-24）。花期 6～8 月。

图 3-24　美国薄荷

4.12.2　种类及品种　本种园艺品种比较丰富，市场可见品种有以下几种。

（1）'花园红'美国薄荷（*M.* 'Gardenview Scarlet'）：株高约 70cm。叶脉通常为紫红色。苞片与花冠鲜红色，整个花序有 100～180 朵小花，花径为 6～11cm，花期 6～9 月。

（2）'柯罗红'美国薄荷（*M.* 'Croftway Pink'）：新叶紫色，10 月中旬变为紫红色。6 月中旬至 9 月开花，花葶高 40～50cm，整个花序有 180～280 朵小花，花径约 6cm，小花冠唇形开裂大，下唇边缘波状，柔粉色，有白色窄边，整个花序呈丰满的半球形。

（3）'草原'美国薄荷（*M.* 'Prarienacht'）：叶片卵圆形，叶脉下凹，叶缘及叶背紫红色，10 月中旬叶片呈紫红色。6 月中旬至 8 月底开花，花葶高 40～50cm，小花 160～320 朵，排列整齐，花径约 6cm，紫堇色，唇瓣边缘白色。

（4）'火球'美国薄荷（*M.* ×Firebair）：株高 40～50cm。7 月初至 8 月底开花，紫红色，花径约为 7cm。

同种常见的观赏种类如下。

（1）薄荷（*M. haplocalyx*）：宿根，株高 30～60cm，地下茎匍匐状。叶对生，具柄，矩圆状披针形，边缘有锯齿，背面有腺点。轮伞花序着生于上部叶腋；花冠淡紫色，上裂片较大，先端又 2 裂，其余 3 裂片近等大；花期 7～8 月。

（2）留兰香（*M. spicata*）：宿根，茎直立，高 0.4～1.3m，无毛或近无毛，绿色并有匍匐枝。叶对生，淡红色，卵状矩圆形，脉稍凹陷。轮伞花序聚生于茎及分枝顶端，组成间断的假穗状花序，长 5～10cm；花冠淡紫色，长 4mm，裂片 4，近等大，上裂片微凹；花萼上具腺点；花期夏至秋。

4.12.3　生态习性　性喜凉爽、湿润、向阳的环境，亦耐半阴。适应性强，不择土壤。

耐热，耐寒，忌过于干燥，但不耐涝。

4.12.4　繁殖方法　　美国薄荷常采用分株繁殖，也可播种和扦插繁殖。

分株宜在春、秋季（休眠期）进行。切取 2～3 分枝栽种。成活率高，由于植株的扩展性强，地栽时应至少每 2～3 年需分栽 1 次。

大规模生产可用扦插法。4～5 月进行，剪取粗壮充实、长 5～8cm 的嫩枝作插穗，插入用泥炭、沙或混合的扦插基质中，保持半阴、湿润，约 30d 即可生根。

播种多在春、秋季进行。发芽适温为 21～24℃，播后 10～21d 发芽，发芽率高达 90% 以上。春播当年可开花。

4.12.5　栽培管理　　对土壤的要求不严，耐瘠薄。在一般土壤中都能生长，但在肥沃、疏松、湿润与排水良好的土壤中生长更好。在上层深厚、湿润、富含有机质的林下砂质壤土中生长最好。在华北地区可露地越冬，在华东地区冬季常绿。

喜湿润的土壤环境，抗旱性较差。生长期间应充分供给水分，保持土壤湿润。苗期的生长更需充足的水分。但忌过湿和积水。生长季应充分浇水。

由于美国薄荷根系浅，因此应及时间苗移栽。繁殖幼苗应进行摘心，以控制高度和促发分枝，5～6 片叶时进行一次摘心，有利于形成丰满的株形和花繁叶茂。开花后残花会留在枝条顶端，应将枝条自地面 5cm 左右处剪去，有利于后期的开花繁盛。注意保持通风良好，及时疏剪去除病虫枝叶。

4.12.6　观赏与应用　　美国薄荷株丛繁盛，花色鲜丽，花期长久，而且抗性强、管理粗放。常作布置花境的水平线条材料。枝叶芳香，适宜群植于天然花园中或栽种于林下、水边，也可以丛植或行植在水池、溪旁作背景材料。

花语：有德之人。

图 3-25　穗状婆婆纳

4.13　婆婆纳属

学名：*Veronica*。

科属：玄参科婆婆纳属。

产地与分布：原产世界各国，现在各地均有栽培。

4.13.1　形态特征　　多年生或一二年生花卉。匍匐或直立。叶对生，少有互生或轮生，披针形至卵圆形，近无柄，具锯齿。总状花序顶生或侧生叶腋，有些呈穗状或头状；花冠筒短，近辐射状，常平展，后方一枚宽，前方一枚窄，有时呈 2 唇形；花色有紫、蓝、粉、白等（图 3-25）；花期 3～10 月。

4.13.2　种和品种　　本属植物约有 250 种，广泛分布于全球。园林常用种类较多，常用的有以下 3 种。

（1）穗花婆婆纳（*V. spicata*）：多年生耐寒草本，株高 20～120cm。叶对生，披针形至卵圆形，近无柄，长 5～20cm，具锯齿。花蓝、粉、白色等；小花径 4～6mm，形成紧密的顶生总状花序，花期 6～8 月。园艺品种丰富，常见有两种。①'罗密莱紫'婆婆纳（*V. spicata* 'Romilry Purple'）：株高 1.0～1.2m，冠幅 30～60cm；叶轮生，中绿色；穗状花序多而大，高出叶丛，花蓝色，夏季开放。②'阿尔斯特矮兰'婆婆纳（*V.* 'Ulster bluedwarf'）：植株低矮，株高 20～30cm；

总状花序，花蓝紫色，花期5～6月。

（2）杂种长叶婆婆纳（*V.×longitolia*）：叶呈披针形，叶缘有锯齿，总状花序长穗状。常见品种有两种。①'蓝花'杂种长叶婆婆纳（*V.×longitolia* 'Blauriesin'）：株高60～90cm；3叶轮生，披针形；花蓝色，花期5～7月。②'玫瑰色'长叶婆婆纳（*V.×longitolia* 'Rose Tone'）：株高40～50cm；花粉色，花期6月。

（3）匍匐婆婆纳（*V. prostrate*）：株高30cm；叶狭卵形，有锯齿；穗状花序直立，花小，碟状，亮蓝色，花期初夏。市场常见的品种为'霍特夫人'（*V. prostrate* 'Mrs. Holt'），植株呈疏松垫状，株高60～70cm；茎匍匐生长；叶椭圆形，基部楔形，叶柄短，叶缘有锯齿；花粉色，花期5～6月。

4.13.3 生态习性
部分种类喜光，部分种类喜阴。对水肥条件要求不高，但喜肥沃、湿润、深厚的土壤。耐寒性较强。生长适温15～25℃。

4.13.4 繁殖方法
婆婆纳可采用分株、播种、扦插繁殖，以分株繁殖为主。播种以秋播为好，种子发芽适温18～24℃，7～14d可出芽。分株在春、秋季均可进行，一般选择2～3年生的株丛，保持每株有6～8个芽，当年仍可开花。夏季用嫩枝扦插繁殖。

4.13.5 栽培管理
园林绿地的婆婆纳管理较粗放，幼苗及时移栽定植于肥沃、排水良好的砂质壤土中，注意浇水保湿。冬季寒冷季节需覆盖保温，使之安全越冬。

切花栽培则需要根据品种特性配制相应的培养土，并保持肥料的充足供应，为防倒伏挂网。切花瓶插寿命为8～14d。

4.13.6 观赏与应用
作为基础栽植布置于岩石园、庭院和花园，也适合布置花坛、花境，是花境中良好的竖向线条花材，同时可作切花生产。

4.14 蓍草类

学名：*Achillea* spp.。

别名：锯齿草，蜈蚣草，蚰蜒草，一枝蒿。

英名：yarrow。

科属：菊科蓍草属。

产地与分布：原产东亚、西伯利亚、日本，以及中国云南、四川、贵州、湖南西北部、湖北西部、河南西北部、山西南部、陕西中南部、甘肃东部，现在各地均有栽培。

4.14.1 形态特征
多年生草本。茎直立，35～100cm，茎有棱，上部有分枝。叶披针形，互生，常1～3回羽状深裂。头状花序多数，集成复伞房花序；边缘花舌状，有白、黄、紫、粉等色，中央为能育管状花，黄色（图3-26）。花期6～9月。

图3-26 蓍草

4.14.2 种类及品种
同属植物约有100种，分布于北温带，中国有7种。园林中常用种有以下5种。

（1）凤尾蓍（*A. filipendulina*）：又称为蕨叶蓍。原产土耳其、阿富汗等。全株灰绿色。茎具纵沟及腺点，有香气。羽状复叶互生，小叶羽状细裂，叶轴下延；茎生叶稍小。头状花序伞房状着生，花芳香，有白、黄、粉花品种。种子有春化要求，秋播种子次年开花，春播种子当年不开花。市场常见品种为'金袍'凤尾蓍（*A. filipendulina* 'Cloth of Gold'），株高80～100cm，植株灰绿色，有香气；小叶羽状细裂，花色金黄，花期 6～11 月。

（2）千叶蓍（*A. millefolium*）：别名西洋蓍草、锯叶蓍草、欧蓍草。原产欧亚和北美，中国北部有分布。全部鲜绿色。茎直立，稍具棱，上部有分枝，密生白色柔毛。叶无柄，羽状深裂为线形。头状花序多密生成复伞房状，白、黄、粉、红色，有香气。常见品种有两种。①'樱桃皇后'欧蓍草（*A. millefolium* 'Cerise Queen'）：株高 40cm，冠幅 40cm；植株鲜绿色，茎直立，稍有棱。密生白毛；叶无柄，羽状深裂成线形；头状花序密生成复伞状，花紫红色，花期 5～11 月。②'巴普卡'欧蓍草（*A. millefolium* 'Paprika'）：株高 40～50cm，冠幅 50cm；花径 10cm，花鲜红色，花期 5～10 月。

（3）珠蓍（*A. ptarmica*）：株高 30～90cm，着花密，白色，有切花品种。常见品种'白佩里'珠蓍（*A. ptarmica* 'Perry's White'）：株高 40～50cm，冠幅 30cm；叶披针状线形，具刺状锯齿；头状花序大，花重瓣，白色，花期 5～11 月。

（4）'阅兵'蓍草（*A. camtshatica* 'Love Parade'）：株高 40～50cm，冠幅 50cm；叶披针形；花粉色，花期 6 月。

（5）'金冠'蓍草（*A.* 'Cotonation Gold'）：株高 40～50cm，冠幅 30cm；叶披针状线形，具刺状锯齿；头状花序大，花重瓣，白色，花期 5～11 月。

4.14.3 生态习性 适应能力强，对环境要求不严格。耐寒，喜温暖、湿润；阳光充足及半阴处皆可正常生长。不择土壤，但在排水良好、富含有机质及石灰质的砂壤土上生长良好。

4.14.4 繁殖方法 播种或分株繁殖。部分种类需要春化作用方能成花，此种类秋播为宜，其他种类春秋季均可。分株春秋两季均可，北方春季分株较多。

4.14.5 栽培管理 蓍草对环境适应能力强，因此栽培管理容易。由于多数蓍草种类分枝多、叶片繁茂，因此株行距不宜太小，保证通风透光。另外花谢后花梗枯黄影响观赏，需要及时剪除。一般 2～3 年分株一次。冬前要浇防冻水。

4.14.6 观赏与应用 蓍草花序大，开花繁茂，花期长，盛开时花序几乎覆盖全株，是布置花境水平线条的良好材料。群植尤适宜岩石园、野趣园，野趣盎然。也是鲜切花的良好材料。

4.15 鼠尾草类

学名：*Salvia* spp.。

科属：唇形科鼠尾草属。

产地与分布：原产于欧洲南部与地中海沿岸地区，现在各地均有栽培。

4.15.1 形态特征 一年生或多年生草本。单叶或羽状复叶。轮伞花序，2 至数朵花组成总状、总状圆锥或穗状花序，具苞片，花萼卵形、二唇形，上唇全缘或 3 齿，下唇 2 齿；花冠 2 唇形，上唇直立，下唇 3 裂。

4.15.2 种类及品种 宿根鼠尾草类目前在园林中应用较多，主要有以下 6 种。

（1）'眩紫'鼠尾草（*S. lytata* 'Puepie Knockout'）：株高 40～60cm；叶基生，宽阔，水平生长，青紫色，观赏价值高；花不明显，黄色，具红褐色斑点，花期 5～6 月。

（2）毛唇鼠尾草（*S. jurrisicii*）：植株呈莲座状，株高 25～30cm；植株上有腺体。叶羽状，灰绿色；总状花序，倒垂，花粉、白及淡紫色，花期 8～9 月。

（3）'五月夜'森林鼠尾草（*S. nemorosa* 'May Night'）：株高 30cm；叶片卵圆形，叶面不光滑；花量大，花亮紫色，花期 5～6 月。

（4）'东方自由之国'森林鼠尾草（*S. nemorosa* 'Ostfriesland'）：株高 75cm；叶片较大，叶面微皱，对生；穗状花序，花径约 1cm，花色蓝紫，花期 5～9 月。

（5）'罗森雯'森林鼠尾草（*S. nemorosa* 'Rosenwein'）：株高 50～60cm；穗状花序，花深粉色，花期 5～6 月。

（6）'伯劳科尼基'华丽鼠尾草（*Salvia*×*superba* 'Rosakonigia'）：与森林鼠尾草相似，株型紧凑，株高 40～70cm；萼片深紫色，花瓣深粉色，花期 5 月。花谢后由于萼片颜色仍有观赏价值。

4.15.3 生态习性 喜温暖湿润、阳光充足的环境。耐寒，多数种类在我国北方能露地越冬；忌炎热、干燥。宜疏松、肥沃、排水良好的砂质壤土。

4.15.4 繁殖方法 可播种、分株或扦插繁殖。

可在春季和初秋播种。播种前为提高出苗率及早出苗，可先将种子用 50℃温水浸泡，待温度下降到 30℃时，用清水冲洗几遍后，放于 25～30℃恒温下催芽或用清水浸泡 24h 后播种。直播或育苗移栽均可。

在花前剪切嫩枝扦插，20～30d 发出新根。春、秋季进行分株，一般 3 年进行一次。

4.15.5 栽培管理 鼠尾草最好定植于日照充足、通风良好、排水良好的沙质壤土或土质深厚壤土之地。由于多数种类花量大，需肥多，因此定植前需施入基肥，连续多年的植株最好于花前增施磷钾肥，生长季节根据情况追肥 2～3 次。花后通过摘除花枝可促进二次开花。

在长江以北地区冬季需培土越冬，冬冻前灌水后即培 20cm 高的土，翌春终霜后扒开土浇水，使萌芽生长。在背风向阳的小气候条件下可完全露地越冬。华中以南地区不需覆盖也可安全越冬。

4.15.6 观赏与应用 宿根类鼠尾草株丛秀丽紧凑，花色丰富，具有夏季难得的蓝色。是优良的花坛、花境材料，也可以点缀林缘、庭院，典雅清幽。

鼠尾草的花语：紫色鼠尾草——智慧；红色鼠尾草——心在燃烧；蓝色鼠尾草——理性。

4.16 紫露草

学名：*Tradescantia reflexa*。

别名：紫鸭趾草，紫叶草，美洲鸭跖草。

英名：spiderwort。

科属：鸭跖草科紫露草属。

产地与分布：原产北美，现在各地均有栽培。

4.16.1 形态特征 多年生草本。叶片线性、长圆形或卵状长圆形，全缘，基部抱茎而生叶鞘，叶面内折。花多朵簇生枝顶，外被 2 枚长短不等的苞片；萼片 3，绿色，卵圆形，宿存；花瓣 3，蓝、蓝紫、白色，广卵形（图 3-27）；花期 5～9 月。蒴果椭圆形，有 3 条隆起棱线；种子呈三棱

图 3-27 紫露草

状半圆形，淡棕色。

4.16.2 种类及品种　现在园艺品种比较丰富，市场可见的有以下 5 种。

（1）'田荠菜'紫露草（*T.* 'Charlotte'）：株高 70～80cm，冠幅 60～80cm；花径 5cm，花色浅紫，花期 6～10 月。

（2）'魏顾林'紫露草（*T.* 'J. C. Weguelin'）：株高 60cm，冠幅 45cm；叶窄披针形，肉质，墨绿色，长 15～30cm；花簇生，具 2 枚叶状苞片，花蓝紫色，花径 2.5cm 以上，花期 5～9 月。

（3）'狮子黄'紫露草（*T.* 'Leonora'）：株高 70～80cm，冠幅 60～80cm；花径 4cm，花色深堇紫，花期 5～9 月。

（4）'白羽'紫露草（*T.* 'Osprey'）：株高 60cm；叶窄披针形，长 15～30cm。花白色，花期 5～9 月。

（5）'红云'紫露草（*T.* 'Red Cloud'）：株高 60cm；花径 4cm，花藕荷色，具白色不规则条纹；花期 5～9 月。

另外还有叶片为金黄色的品种。

4.16.3 生态习性　喜温暖、湿润。性强健，耐寒，北京地区可以露地越冬。喜阳光充足，也能耐半阴。不择土壤。

4.16.4 繁殖方法　分株及扦插繁殖。春、秋季分株均可。用茎作插穗也易生根。插穗生根的最适温度为 18～25℃，低于 18℃，插穗生根困难、缓慢；高于 25℃，插穗的剪口容易受到病菌侵染而腐烂。

4.16.5 栽培管理　虽然紫露草对土壤要求不严，但栽植在疏松、肥沃的砂质壤土中长势更旺。为保证株丛整齐，一般 3～4 年分株一次。

4.16.6 观赏与应用　紫露草株形奇特秀美，花色淡雅，花期长，是夏季园林重要用花。树丛下、道路两侧丛植效果较好，也是布置花境的材料。另外也可盆栽供室内摆设，或作垂吊式栽培。

紫露草花语：尊崇。

4.17　大花君子兰

图 3-28　大花君子兰（引自臧德奎，2002）

学名：*Clivia miniata*。

别名：剑叶石蒜。

英名：Scarlet Kafirlily。

科属：石蒜科君子兰属。

产地与分布：原产南非，现在各地均有栽培。

4.17.1 形态特征　宿根常绿草本。根系肉质粗大，叶基部形成假鳞茎。叶剑形，二列状交互迭生，宽带形革质，全缘，深绿色；花葶自叶腋抽出，直立扁平；伞形花序顶生，花漏斗状，橙色至大红色，花被片 6 裂，两轮，有短花筒（图 3-28）；浆果球形，成熟时紫红色，一个果实具种子 1～40 粒，种子千粒重 800～900g，不规则白色。花期冬春季。

4.17.2 种类及品种　大花君子兰原产南非纳塔尔，1854

年传入欧洲，同年由欧洲传入日本。20 世纪初，大花君子兰从德国传入青岛，1932 年长春又从日本引进。新中国成立后，大花君子兰在我国东北地区普遍栽培，尤其长春市已成为我国大花君子兰的栽培、育种中心。近年辽宁鞍山、甘肃等地君子兰的栽培、育种也具有较大优势。

经过几代人的努力，大花君子兰已育出大量园艺品种，其中包括'国兰'系列、'日本兰'系列、'鞍山兰'系列、'横兰'系列、'雀兰'系列、'缟兰'系列、'佛光兰'系列等。

'国兰'是中国君子兰的根本性品种，其脉纹清晰，凸显隆起，青筋黄地，蜡膜光亮，花大艳丽，头圆叶长，株形较大等，如'和尚'、'短叶'、'花脸短叶'等品种。

'日本兰'是 20 世纪 80 年代中期，辽宁鞍山君子兰爱好者从日本引进后经培育发展形成的品系，其叶片短、宽，花叶平展，株形紧凑，为中、小型株形，但叶面粗糙，亮度较差，脉纹隆起不明显。

'鞍山兰'具有耐高温、株形适中、叶片短宽的特性，解决了南方热带地区莳养君子兰难的问题。

'横兰'叶片短宽，长宽比在 1∶1 或 1.5∶1 之间，株形小，耐高温，无休眠期。

'雀兰'也为株形小的品系，叶片短宽，叶端有一个倾斜的雀嘴尖头，耐高温，脉纹凸显。

'缟兰'是君子兰家族中变异颜色品种，叶面有明显的瓷白、浅绿、金黄、墨绿、深灰颜色等条面，植株多为长叶形。

'佛光兰'叶面有明显的金黄、浅绿、墨绿、乳白等斑块。

经过几十年的培育，大花君子兰的园艺品种极其丰富，常见的品种有以下几种。

（1）'和尚'：叶长 40～60cm，宽 11cm 左右，叶长∶宽＝5∶1，叶斜生，光泽稍差，脉纹明显但不突起；花红色或橙红色。

（2）'胜利'：叶长 60cm，宽 7cm，叶长∶宽＝8∶1，直立，剑形，叶端渐尖，有暗光，叶脉隆起；花大，艳红。

（3）'短叶和尚'：'和尚'（♂）×'胜利'（♀），叶短 30cm，宽 10cm，叶长∶宽＝3∶1，有光泽，脉隆起，叶端稍尖。

（4）'圆头和尚'：'短叶和尚'和'和尚'杂交育成。叶长 40cm，叶长∶宽＝4∶1，叶浅绿，叶端圆钝。

（5）'黄技师'：叶长 45cm，宽 10cm，叶长∶宽＝4.5∶1，直立，叶端渐尖，肥厚，浅绿，有光泽，叶脉隆起呈"田"；花大，朱红，有金星。

（6）'染厂'：叶长 45～65cm，宽 8～10cm，叶长∶宽＝6∶1，叶片弯曲，渐尖，叶脉平滑，叶片上有两条纵褶。

（7）'油匠'：叶长 45cm，宽 10cm，叶长∶宽＝4.5∶1，直立，渐尖，叶脉明显隆起，梯格状；花大，瓣长，橙红，有金星。

（8）'花脸短叶'：曾是长春君子兰的王牌品种。叶色为青筋黄地或青筋浅绿色，花脸特征十分明显，叶短、宽，脉纹凸起，叶片油亮，蜡亮。

（9）'花脸和尚'：脸花，叶脉深绿色，叶底浅绿油亮，脉络隆起呈"田"字格，叶长∶宽＝4∶1，比花脸短叶略长。

（10）'春城短叶'：叶短而宽，叶长∶宽＝3.5∶1，直立挺拔，脉纹隆起，梯格，叶色浅绿；花朱红色。

大花君子兰还有变种，如黄花君子兰（var. *aurea*），花黄色，基部色略深；斑叶君子兰（var. *stricta*），叶上有黄斑。

同属植物还有 5 种，简介如下。

（1）花园君子兰（*C. gardenii*）：也称为细叶君子兰。植株高度 80～130cm。叶片鲜绿色，长 35～90cm，宽 2.5～6cm，叶端尖；花色多呈橘红色，也有黄色、红色，花瓣尖端有非常明显的绿色；花朵呈弧状下垂，但没有有茎君子兰和垂笑君子兰下垂的程度大；花期长，从深秋到冬季。每个浆果中有 1～2 个种子。果实成熟要 12～15 个月。

（2）有茎君子兰（*C. caulescens*）：株高 0.5～1.5m；成兰有地上茎，长度达 1m。软平而尖的叶片呈弓状，长 30～60cm，宽 3.5～7cm。花色橘红，瓣尖为绿色，花朵下垂，一般在春夏开花。圆且红的成熟浆果红色，有 1～4 粒种子。

（3）沼泽地君子兰 [*C. robusta*（swamp）]：本种直到 2004 年才被正式确定种属，产于南非。株型高大，株高可达 1.8m。叶片柔韧且有着平滑的边缘，叶尖为圆形，长 30～120cm，宽 3～9cm，中央有淡白色条纹；花橘红色，花瓣尖绿色。浆果成熟时红色，1～4 粒种子，果实成熟期达 12 个月。

（4）奇异君子兰（*C. mirabibis*）：奇异君子兰在南非的北开普省被发现。叶片中央有一白色条纹。

（5）垂笑君子兰（*C. nobilis*）：叶呈条带状，质地硬和粗糙，长 30～80cm，宽 2.5～5cm，叶缘有坚硬小齿；叶端钝。花序上一般有着花 20～60 朵，橘红色，下垂。

4.17.3 生态习性　　大花君子兰原产南非森林下，喜温暖湿润及半阴环境，忌炎热怕寒冷，生长适温 15～20℃，10℃ 以下生长迟缓，5℃ 以下处于相对休眠状态，0℃ 以下受冻害，30℃ 以上叶片徒长，脉络不清楚，花色淡而不艳。君子兰生长过程中不需强光，尤夏季曝晒，叶片易灼伤，花期遇强光照射，开花期会缩短。喜疏松肥沃、排水良好、富含腐殖质的砂质壤土，排水不良易引起肉质根腐烂。

4.17.4 繁殖方法　　采用分株法和播种法繁殖。

（1）分株法：君子兰根颈周围容易产生分蘖，俗称脚芽。早春 3～4 月结合换盆进行分株。在脚芽长到 15～20cm 高时分株，一般 2 年后即可开花；若株高不足 10cm 分株则生长缓慢，约需 4 年培育才能开花。若分离后的脚芽没带幼根，则先将其伤口涂上木炭灰，然后扦插在素沙中培养根系，室温 25℃ 左右利于生根，一个月左右便可产生新根。

（2）播种法：一年四季随时都可进行，主要根据种子采收时间而定（君子兰种子成熟从授粉算起需 260d 左右）。当种子成熟时。可将箭莛连种子一起割下，在阴凉通风处放 10d 左右，然后将种子剥出晾晒一两天即可播种。种子采收后最好立即播种，因为种子未干瘪，出苗快。如果因客观原因不能及时播种，应用干净纱布将种子包好，放在通风、背光、凉爽处保存，温度最好低于 15℃。在这种环境中可保存 3 个月。如果存放时间太长，出苗率将不断下降。存放时间长的种子播种前要用温水浸泡 24h。盆土宜用含腐殖质丰富的砂壤土（用泥炭土或腐叶土与砂壤土各一半，或直接用河沙、锯末、刨花）播种，盆底铺上一层瓦砾以利排水。将种子的芽眼朝下，均匀地摆放土表上，覆土的厚度为种子直径的 1～2 倍，用喷壶浇透水，再在上面盖上一块透明的玻璃或塑料保湿。使土温经常保持在 20～25℃。约经 20d 长出胚根，3 个月左右可移植分盆（图 3-29～3-32）。

图 3-29 从果实中剥出的种子

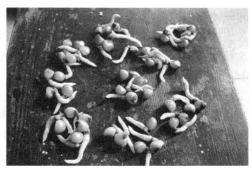

图 3-30 已发出胚根的种子

图 3-31 盆播的种子

图 3-32 已出苗的君子兰

3～4 年养护，便能抽箭开花。

4.17.5 栽培管理

4.17.5.1 培养土　君子兰要求土壤具有较强的透气性、渗水性能，适宜的土为森林腐殖土，使用时腐叶土中掺入 20% 左右砂粒，则土质肥沃，疏松，透气，渗水性能好。要求微酸性，pH 6.5 左右。

4.17.5.2 光照　君子兰属半阴性花卉，无光不行，光强也不行。早春、晚秋、冬季的光照对促使君子兰开花结果极为重要，因此，一定要掌握好这几个时期的光照强度。一般多数地区温室 5～8 月需要遮阴，8 月末逐渐增加光照。家庭养花冬季放在室内向阳处，春季出室后和秋季应见半光，夏季应放置在阴凉处。天气干热时，向地面洒水。为使叶子排列整齐美观，还需注意光照的方向，即叶子的方向与光照方向平行，且每隔一周调换一下花盆位置，旋转 180°，这样叶子能达到"侧视一条线，正视如开扇"。如果叶子方向与光线垂直，叶片生长错乱，排列不整齐。

4.17.5.3 温度　冬春季白天室温 15～20℃，夜间 10～15℃为宜；夏季白天室温保持20～25℃，夜间 18～20℃为宜；秋季白天室温 18～23℃，夜间 13～18℃为宜；越冬温度 5℃以上。君子兰要求 7～10℃的昼夜温差。播种期 25℃，出苗快，出苗率高，幼苗期15～18℃，有利蹲苗；抽箭阶段温度应高些，花期降至 15℃，可延长花期，孕蕾后低于16℃易落蕾。

4.17.5.4 浇水　君子兰有发达的肉质根，能贮存较多的水分，有一定的耐旱性，但长时间缺水，加之温度高，根叶均易受害，影响新叶生长、生根、抽箭。水分过多又易烂根。土壤含水量以 30% 左右为宜。要经常保持盆土湿润。一般苗期需水少，开花期需水多，秋冬浇水宜少，春夏浇水多。幼株可直接往叶子上喷水，但拔箭前不能把水浇在叶片上，以防烂箭。

4.17.5.5　施肥　　君子兰喜肥，但施肥过量会造成烂根。一般的施肥方法是换盆时施基肥，春、秋、冬每隔一个月施一次发酵后的固体肥，每旬施一次液体肥。常用固体肥是用腐熟发酵好的饼肥等，施肥量 1～5 片叶时每次 5～15g，5～10 片叶时 15～30g，10～15 片叶时 30～40g，成苗植株每次 50g 左右。施肥时扒开盆土埋入土中 2cm，不要使肥料接触根系。

常用的液体肥料主要是豆类、芝麻饼、豆饼等沤制的汁液，取其上清液，稀释20～40 倍。施肥时间以清晨为宜。沿盆边浇入不要直接施到植株上，也防止溅到叶上。施肥后及时浇一次水，但水量不可过大，一方面可以促进肥料的溶解，另一方面，可将新长出的肉质根冲洗一下，防伤害新根。

不同季节偏重的肥料也不同，秋季偏重 N 肥，如豆饼水类，利于叶片的生长；冬春季则偏重施 P、K 肥，如芝麻、骨粉等，以利叶脉的形成和亮度的提高。此外，还可用0.1% 磷酸二氢钾或 0.5% 过磷酸钙等喷施叶面。市场也有专用君子兰肥，可以根据肥料种类和生长发育阶段选用相应的种类施用。

表 3-9 为 2001 年花卉国家标准规定的大花君子兰盆花的质量标准。

表 3-9　大花君子兰盆花质量等级划分标准

评级项目 \ 等级	一级	二级	三级
花朵数目 / 朵	24～30	18～23	≤17
花葶长度 /cm	30～40	10～29	10～29
花盆尺寸（$\Phi \times h$）/（cm×cm）	24×20	20×18	20×18
上市时间	初花	初花	初花

君子兰栽培中常见的问题。

（1）培养君子兰多年不开花的主要原因为：①营养条件不适宜。N 肥多而 P 肥少，尤生殖期，或者由于土壤 pH 超过 7.0 时，固定了土壤中的铁和磷，花芽分化受到影响；多年的植株没有换土，使营养不足。②水分失调。水分过多过少均不利于君子兰的生长及花芽分化。③温度、光照不适宜。温度低于 10℃或高于 30℃时，生长就会停止，冬季温度高影响休眠，夏季高温易引起植株生长不良。君子兰属中光性植物，适宜春秋季柔和的光线，夏天注意遮阴，不使之受强光照射。

（2）君子兰夹箭：君子兰夹箭又称为"卡脖子花"，即箭葶夹在叶缝中窜不出来，影响到君子兰观赏。引起夹箭的原因很多，主要在以下几方面：①温度不适宜。一般君子兰窜箭适温为 20℃，如此时温度达不到 15℃，则会夹箭。所以发现有射箭迹象时，要注意调整温度，可以放在电热毯或垫有砖块的暖气片等处。②温差不够。君子兰要求 7～10℃的昼夜温差，恒温的条件不利于花箭拔出。③施肥不足。君子兰到了秋季以后便进入生殖生长阶段，这时需肥量较大，此时养分不足，箭葶就很难窜出来。一般来说，养满 3 年后进入秋季时必须增加施肥次数，特别是发现箭露头时，更要注意多施些含磷较多的速效肥，如向叶面喷施 0.2% 磷酸二氢钾液。④浇水有误。窜箭时需水量较大，这时浇水不足，难以窜箭，要打破"见干见湿"的常规，保持盆土的湿润，不使其干盆。⑤烂根也会造成夹箭。

（3）君子兰烂根：君子兰烂根一年四季均可发生，主要在夏季高温高湿环境和由于养护不当造成的。补救的措施为：将君子兰从盆内磕出，去掉附土，把烂根剪掉，用清水把根冲洗干净，再用 0.1% 高锰酸钾水溶液涂抹烂根处，或涂以木炭粉、土霉素粉，阴干 2～3h。若只有少数根烂掉，可直接栽种在消毒的针叶腐土或充分腐熟的锯末盆中，栽后放半阴处，少浇水，保持湿润为好，半个月后可长出新根，一个月后恢复生机。若病株大部分根或全部根烂掉，除按上法处理外，还应剪掉部分叶片将其栽植在经过消毒的粗砂盆中催根，栽好置于阴凉通风处，每周于傍晚向叶面喷施一次 0.1% 磷酸二氢钾及尿素混合液，3～5d 浇一次水，水量不宜大，约一个月可发生新根。

随着君子兰新品种的不断培育发展，品种、类型越来越多。根据地域的不同、品种的差异，遵照广大养花爱好者和人们的审美习惯，已形成对君子兰佳品的总体标准，归纳为以下主要方面。

宽：叶片本身的宽度要在 9～12cm 以上方为佳品。叶片长宽比需达到 4：1，5：1 以上为一般品种。

短：叶片要短，总长在 20cm 左右，叶基短而收缩紧凑。

圆：叶片的头形呈圆状，没有急尖。

花：叶面与叶脉在色泽上要有明显的反差，呈青筋黄地的网状，花脸型为最佳品。

亮：叶面光泽度好，油亮、蜡亮照人为佳品。

厚：叶片要有一定的厚度，一般在 0.2cm 以上。

艳：花开鲜艳，呈深红色，附乳白衬，套绿色中心线纱者为佳品，纯白、纯绿、纯紫、纯红亦为佳品。

蹦：叶脉明显隆起凸出，与叶地形成凹坑状麻脸，手感凹凸不平，一般脉纹蹦起 0.15cm 以上为佳。

脉：叶片的骨架是脉纹，突显脉纹为佳品。

4.17.6　观赏与应用　君子兰花、叶、果兼赏，其叶形舒展，排列整齐，常年 青翠；株形挺拔，姿态端庄，文雅俊秀；花朵美丽，色泽鲜艳，花期长，又值草木凋零、花事沉寂季节，君子兰使人赏心悦目，是布置会场、装饰厅堂、书房、美化环境的优良盆栽花卉。

君子兰代表高贵，有君子之风。

4.18　非洲菊

学名：*Gerbera jamesonii*。

别名：扶郎花，灯盏花，秋英，波斯花，千日菊，太阳花，猩猩菊，日头花。

英名：barberton daisy。

科属：菊科大丁草属。

产地与分布：原产南非南部德兰士瓦省，现在各地广泛栽培。

4.18.1　形态特征　多年生草本植物。株高 30～45cm；叶多数基生，羽状浅裂或深裂，

图 3-33 非洲菊（引自臧德奎，
2002）

矩圆状匙形，长 7～14cm，宽 5～6cm，顶端短尖或略钝，基部渐狭，叶背具绒毛，叶柄长 12～30cm。花葶单生，或稀有数个丛生，长 25～60cm，无苞叶，被毛，毛于顶部最稠密；头状花序单生，直径 5～10cm，舌状花 1～2 轮或多轮，位于外层的舌状花二唇形，外唇舌状伸展，线状披针形，先端具 3 齿裂，内唇细小 2 裂；位于内层的舌状花较短，近管状，通常雌性；管状花 2 唇形；舌状花与管状花颜色相同或不同；舌状花花色分别有红色、白色、黄色、橙色、紫色等；总苞钟形，约与两性花等长，直径可达 2cm；总苞片 2 层，外层线形或钻形，顶端尖，长 8～10mm，宽 1～1.5mm，背面被柔毛，内层长圆状披针形，顶端尾尖，长 10～14mm，宽约 2mm，边缘干膜质，背脊上被疏柔毛；花托扁平，裸露，蜂窝状，直径 6～8mm；瘦果圆柱形，长 4～5mm，密被白色短柔毛（图 3-33）。

4.18.2 种类及品种 非洲菊世界各国广泛栽培和育种，新品种不断涌现。主要可分为矮生盆栽型和现代切花型。盆栽类型主要是 F_1 代杂交种，具花期一致、色彩变化丰富、生育期短、株型整齐、多花性强等特点；切花类品种花梗笔直，花径大，花期长，观赏时间持久，瓶插寿命长达 7～10d。切花型又可分为单瓣型、半重瓣型、重瓣型；根据颜色可分为鲜红色系、粉色系、纯黄色系、橙黄色系、纯白色系等。

市场上不同类型品种又可分为以下两种。

（1）窄瓣型：舌状花瓣宽 4～4.5mm、长 50mm，排成 1～2 轮；花序直径 12～13cm，花盘小，花梗粗 5～6mm、长 50cm。单株年产量 30 枝以上。

（2）宽瓣型：舌状花瓣宽 5～7.5mm、长 41～48mm，60 瓣左右，排成 1～3 轮；花序直径 11～13cm，花梗粗 6mm、长 50～70cm。单株年产量 20 枝以上。常见的有'玛林'，黄花重瓣；'黛尔非'，白花宽瓣；'海力斯'，朱红花宽瓣；'卡门'，深玫红花宽瓣；'吉蒂'，玫红花瓣、黑心。尤以黑心品种深受人们喜爱。

4.18.3 生态习性 喜温暖、阳光充足、空气流通的环境。不耐寒，忌炎热。生长适温白天为 20～25℃，夜间 16℃左右，低于 7℃时停止生长，可忍受短期的 0℃低温；开花适温不低于 15℃，白天不超过 26℃的生长环境可周年开花。喜肥沃疏松、排水良好、富含腐殖质的砂质壤土，忌黏重土壤，宜微酸性。

4.18.4 繁殖方法 非洲菊可采用组织培养、分株、扦插、播种繁殖。生产中多采用组织培养快繁。

组织培养繁殖：非洲菊常用花托为外植体。采取直径 1cm 左右的花蕾，花蕾上的苞片处于紧裹状态，经消毒后，剥去苞片，拔去小花，留下花托，将花托切割成 2～4 块在培养基上培养。不同非洲菊品种其愈伤组织的培养基、生根培养基的配方不同。另外，非洲菊的叶片也可作为外植体快繁。

春季可将花后的非洲菊植株分成几丛，每丛带 4～5 片叶。

播种繁殖用于矮生盆栽型品种或育种。种子易丧失发芽率，成熟后应立即播种。

可用单芽或发生于颈基部的短侧芽分切扦插。

我国 2001 年发布实施的花卉质量标准中规定了非洲菊种苗的具体分级标准，见表 3-10。

表 3-10　非洲菊种苗分级标准

苗木种类	1 级					2 级					3 级				
	地径/cm	苗高/cm	叶片数	根系状况	其他	地径/cm	苗高/cm	叶片数	根系状况	其他	地径/cm	苗高/cm	叶片数	根系状况	其他
组培苗	≥0.7	≥20	≥8	完整新鲜	无病虫害	≥0.5	≥20	≥5	完整新鲜	无病虫害	≥0.3	≥20	≥3	完整新鲜	无病虫害

4.18.5　栽培管理　　目前非洲菊的生产以切花为主，兼有少量的盆花生产。本文以切花生产为例介绍非洲菊的栽培管理。

4.18.5.1　栽植床及栽培基质　　为提高非洲菊的生产效率，生产上往往设置种植床，并配制培养土。非洲菊根系发达，种植床需要 25cm 以上厚度的种植土，可以直接做成高畦，也可以垒成种植槽。栽培基质为疏松肥沃、富含有机质的砂壤土，微酸性为好。也可配制培养土，参考配方为：腐殖质 5 份，珍珠岩 2 份，泥炭 3 份。定植前应施足基肥，一般每亩施农家肥 5t，鸡粪 600kg，过磷酸钙 100kg，草木灰 300kg。有机肥要充分腐熟，所有肥料要和定植床的土壤充分混匀翻耕，做成一垄一沟形式。垄宽 40cm，沟宽 30cm。

定植之前对土壤消毒，采用甲醛消毒或其他土壤消毒剂消毒。以 40% 工业甲醛消毒为例：稀释浓度为 1%，均匀喷洒土壤，喷洒后迅速盖好塑料薄膜密闭闷熏，2～3d 后揭膜，风干土壤两周后淋水冲洗，再过两周后方可定植。不同的消毒药品根据使用说明和实验决定消毒方法。第一次种植的土壤不必消毒，重复使用的土壤必须严格消毒。

4.18.5.2　定植

（1）定植时期：非洲菊为全年开花植物，全年均可种植，但从生产及销售的角度考虑，以争取在 10 月达到第一个盛花期为宜，在 20℃ 以上的温度条件下，非洲菊定植后 5～6 个月可采花，因此，4～5 月为较理想的定植期，稍微提前亦可。

（2）定植密度：定植密度对非洲菊的切花产量和质量影响较大，根据不同的品种、不同的种植年限，应有不同的种植密度，通常每床种植两行，交错种植。一年生苗，单株叶片数少，密度可适当高些，每平方米可种植 8～9 株；两、三年生单株蓬径大，叶片多，每平方米可种植 5～6 株，行间距 25～30cm，株距 30cm 左右。

（3）定植方法：选择苗高 11～15cm、4～5 片真叶的种苗定植。优质种苗标准：种苗健壮，叶片油绿，根系发达、须根多、色白，叶片无病斑、虫咬伤缺口和机械损伤。植株定植于垄上，双行交错栽植。栽植时应注意将根颈部露于土表 1～1.5cm，防止根颈腐烂。若昼温超过 30℃，则要在清晨或傍晚进行移栽。尽可能减少对根系及叶片的损伤。定植后浇透水。

4.18.5.3　管理

（1）温度管理：植株生长的最适温度为 20～25℃，土表温度略低利于根系的发育。冬季保持 12～15℃ 以上，夏季不超过 26℃ 可以终年开花。

（2）光照：非洲菊喜光，冬季应有强光照射，夏季则需适当遮阴，并注意通风以降低温度。定植后用 70% 的遮阳网遮光 7～10d，待苗成活后再逐渐增加光照。

（3）浇水：现代非洲菊切花生产多采用滴灌或渗灌的方式浇水。小苗期保持适当湿润，防止徒长，促进根系发育。有花后注意勿使叶丛中沾水，否则易引起花芽腐烂。

（4）追肥：非洲菊喜肥，对 N、P、K 的比例需要量为 15∶8∶25，施肥时注意钾肥的供应。成苗期每隔 1 周用 0.1% 的复合肥浇 1 次，每 2 周用 0.1% 的磷酸二氢钾喷施 1 次叶面肥。花期每隔 1 周施用 N∶P∶K＝12∶12∶17 的复合肥 1 次；采用叶面喷施微肥，一般 25d 一次，每次用 0.1%～0.2% Ca（NO$_3$）$_2$·4H$_2$O，0.1%～0.2% 的螯合铁加 0.1%～0.2% 的硼砂、5～10mg/L 的钼酸钠进行叶面交替喷施。若高温或偏低温引起植株半休眠状态，则停止施肥。

（5）清除残叶及部分花蕾：非洲菊基生叶丛下部叶片易枯黄衰老，应及时清除，既有利于新叶与新花芽的萌生，又有利于通风，增强植株长势。一般每株只需保持 12～18 片功能叶即可。开花初期由于养分积累少，花朵细而弱，此时不宜留花，首次出现花蕾时应及时去除，以保证植株的健壮发育，保持植株养分的平衡，保证有足够的营养生长。有些非洲菊品种在春秋季会产生过多的花蕾，应及时摘除过多花蕾，每株保留不同发育层的 3～5 个花蕾，以协调生殖生长与营养生长，并保证切花的均匀生产。

4.18.5.4　切花剪切　当外轮花的花粉开始散出时采收切花，采收时要求植株生长旺盛，花莛直立，花朵开展。切花质量的优劣极大影响切花的瓶插寿命，过早采花将使瓶插寿命缩短。

采花时要摘下整个花梗而不能做切割，因为切割后留下的部分会腐烂并传染到敏感的根部，还会抑制新花芽的萌发。直接用手指捏住花茎中部，保持 30°～40° 的幅度摇摆数次，向上拔起即可采下。采下的花整理后，将花梗底部切去 2～4cm，切割时要斜切，这样可以避免木质部导管被挤压。花梗底部是由非常狭窄的木质部导管组成，对水分传输有阻碍作用，切去之后，花朵吸水更加容易，这对于避免花颈部开裂和弯曲很重要。

收获后的切花需按标准分级，使产品规格化，便于上市交易。我国有地方及行业标准，2001 年实施的国家切花标准见表 3-11。

表 3-11　非洲菊切花质量等级划分标准

项目 ＼ 级别	一级	二级	三级
花	花色纯正、鲜艳具光泽，无褪色；花型完整，外层舌状花整齐，平展	花色纯正、鲜艳；花型完整，外层舌状花整齐，较平展	花色一般，略有褪色；花型完整，5% 舌状花分布不整齐
花莛	挺直、强健，有韧性，粗细均匀；长度≥60cm	挺直，粗细较均匀；花颈梗长：长度 50～59cm	弯曲，较细软，粗细不均；长度：40～49cm
采收时期		外围花朵散落出花粉	
装箱容量	每 10 枝捆为一扎，每扎中切花最长与最短的差别不超过 1cm	每 10 枝捆为一扎，每扎中切花最长与最短的差别不超过 3cm	每 10 枝捆为一扎，每扎中切花最长与最短的差别不超过 5cm

4.18.5.5　非洲菊切花生产所用的设施　非洲菊只要温度适宜可常年开花。因此在不同地区采用不同的设施，提供非洲菊生长发育的适宜温度，可以周年供应切花。我国除华

南地区外非洲菊均不能露地越冬，需进行保护地栽培。长江流域可用塑料大棚或不加温的温室栽培；华北及以北地区需要冬季加温才能保证正常生产切花。在夏季，温室或塑料大棚棚顶需覆盖遮阳网，并掀开大棚两侧塑料薄膜降温。

4.18.6 观赏与应用　　非洲菊株型整齐，花色丰富鲜艳，开花不断，观赏价值高。其切花品种花朵硕大，花枝挺拔，水插时间长，切花率高，是世界著名的切花材料。盆栽常用来装饰门庭、厅室。

非洲菊花语：神秘、互敬互爱，有毅力、不畏艰难；狂野的爱。寓意：喜欢追求丰富的人生。

中国最常用的花语：清雅、高洁、隐逸。

4.19　香石竹

学名：*Dianthus caryophyllus*。

别名：康乃馨，麝香石竹。

英名：carnation，clove pink。

科属：石竹科石竹属。

产地与分布：原产欧洲，现在各地广泛栽培。

4.19.1 形态特征　　常绿亚灌木，常作多年生栽培。株高30～60cm；茎、叶光滑，微具白粉，茎基部常木质化；叶对生，线状披针形，全缘，基部抱茎，灰绿色；花通常单生或2～5朵簇生，花色有白、水红、紫、黄及复色等，少有香气，苞片2～3层，花瓣多数，倒广卵形，具爪；花萼圆筒形，先端5裂（图3-34）；花期5～7月，温室可四季有花，以1～2月为盛花期。

图3-34　香石竹（引自傅玉兰，2001）

4.19.2 种类及品种　　香石竹已有2000年以上的栽培历史。原种只在春季开花，1840年法国人达尔梅将其改良成连续开花类型。后来多个国家的园艺专家对其进行育种，形成很多园艺品种。我国1910年开始引种生产香石竹。

香石竹有很多分类方法，主要包括以下几类。

4.19.2.1 切花品种按系统分类

（1）天使系（Angel）：多花，花极小，茎秆长，极早生。

（2）微小系（Micro）：意大利育成，花极小，花径2.5～3.0cm，重瓣，株高20～30cm，极早生，丰产。

（3）多花系（Multi-flora）：是用纳普石竹（*D. knappii*）的亲本育成的多花品系。晚生，着花性好，花期长。

（4）普通系（Medium）：意大利育成。单花，花径5～6cm，长势旺盛，茎秆硬，株高70cm以上，丰产。

（5）宠爱系（Minion）：意大利育成。小花型，单花，极早生，丰产，茎秆硬，株高50～70cm。

（6）中国系（Chinese）：意大利育成。有单花和多花两种类型，茎秆硬，生长强壮，株高60cm。

（7）迪安戴尼系：多花，是用 *Dianthus* 的 3 个原种培育成的品种群，比多花系早生，丰产。

4.19.2.2 根据形态、习性及育成来源分类

（1）花坛香石竹（Border carnation）：单季开花，花茎细，花瓣有深齿裂，具芳香，宜盆栽及花坛栽培。较耐寒，可作二年生栽培，品种如 'Grenadin'、'Fantaisia'。

（2）延命菊型香石竹（Mangeurite carnation）：四季开花，花色丰富。花型与卡勃香石竹相似，植株比花坛香石竹大。常作一二年生栽培。

（3）卡勃香石竹（Chabaud carnation）：单季开花，延命菊型香石竹与树型香石竹的杂交种。株高 25～50cm，花大，花瓣有深齿裂，多数为重瓣，花色丰富，芳香。不易倒伏，作花坛用。

（4）安芳·迪·纳斯香石竹（Enfant de Nice carnation）：四季开花，花大，茎粗，叶宽，花瓣少齿裂，近圆形，花色丰富。

（5）巨花香石竹（Super giant carnation）：延命菊型香石竹改良而来的大花类型，花茎长，多重瓣。

（6）马尔梅松香石竹（Malmaison carnation）：是由法国皮柯梯（Picotee）育成的大花型温室香石竹，重瓣，花瓣圆，多为粉红色，叶宽而反卷，作盆花，多萼裂。

（7）常花香石竹（Perpetual carnation）：美国育成，经改良后花朵大，有芳香，花色丰富，是现代温室栽培的主要切花品种，也可露地栽培。

（8）小花型香石竹（Sprays carnation）：也称射散香石竹，花小，四季开花，色彩丰富。栽培中多留侧生花枝，呈射散状。温室栽培，是目前欧美较流行的切花类型。

4.19.2.3 常见香石竹栽培品种有以下几种。

（1）'彼得菲夏'（Peter fisher）：淡桃色，中轮花的代表性品种。其中早生品种叶细，抗病性强，丰产；晚生品种茎粗，花瓣数多。芽变品种有白色彼得、玫瑰色彼得。

（2）'斯卡尼亚'（Scania）：鲜红色，花瓣有缺刻，丰产性高，裂萼少。

（3）'Alaska'：纯白色，产量高，裂萼率低，耐热性强，耐弱光。

（4）'Evening glow'：黄洒锦，在黄色的花瓣上夹有鲜红色条纹，生长强健，产花量高。

（5）'Yellow dusty'：黄色，大轮花，若夜间温度能保持 2℃，产量高。

（6）'Ministar'：小花橙黄色带红边，生长速度最快的小花品种之一，适合秋季定植，短周期栽培，种子繁殖。

（7）'Gompliment'：多花型，浅粉，露地栽培，极早熟，丰产，抗病性极强，质量中上等，瓶插寿命极长。

（8）'Rosella'：多花型，鲑肉色，露地栽培，中熟，丰产抗病，质量上等，瓶插寿命极长。

4.19.3 生态习性
香石竹原产欧洲南部地中海沿岸至印度，性喜温暖、湿润、阳光充足而通风良好的环境。喜肥，要求排水良好、腐殖质丰富、保肥性强、呈微酸性、稍黏质土壤，不耐严寒，又怕炎热，生长适温 14～21℃，气温高于 35℃、低于 9℃，生长缓慢甚至停止。忌湿涝和连作。

4.19.4 繁殖方法
可用扦插、播种、压条法、组培法繁殖，以扦插为主。
香石竹的切花生产均采用扦插法繁殖。除炎夏外，其他时间都可进行，以 12 月至第

二年 3 月最好，成活率 90% 以上，尤 1 月下旬至 2 月上旬最好。图 3-35 为现代化生产中香石竹种苗的繁殖流程。

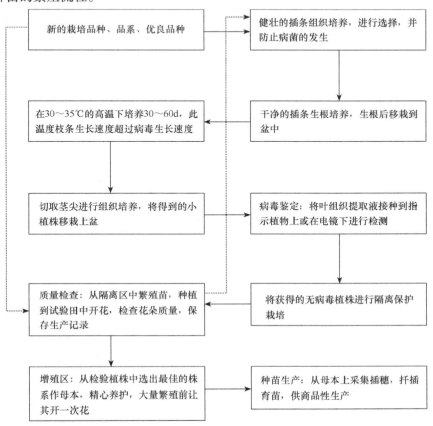

图 3-35 香石竹种苗标准繁殖方法
图中实线为香石竹种苗的繁殖流程，虚线为可增加的程序

（1）母本圃和采穗圃的建立：实践证明，采穗母株必须具备的条件是植株相对年龄年轻，开花性状好，发病指数为零，取穗部位应严格控制在第 6 个节位以下。因此，建立专一的采穗母本园是非常必要而关键的，而且也是现代香石竹种苗生产过程中一个不可缺少的环节。它既是形成优质种苗的前提，又是全年规模性育苗的基础。采穗母本园的母株必须是组织培养苗，使长期通过扦插繁殖种性退化的植株得到复壮。世界上专业化香石竹种苗公司大多数采用组织培养和常规扦插相结合进行育苗。育苗程序：根据市场需求、生产目标确定香石竹品种，对该品种进行组织培养，常采用茎尖作为外植体进行脱毒，脱毒成功的植株进行隔离栽培，然后从上采集插穗繁殖，等开花后检查开花质量，保存优质株系作为母本，定植于母本圃。

母本园栽培管理的关键：强化土壤消毒，提倡轮作，保证施足底肥，必须有遮雨、遮阴措施，提倡滴灌，做好病虫害的防治。

（2）扦插床和扦插箱的准备：扦插繁殖一般用床插或箱插。扦插箱用底部透水的木箱或塑料箱，箱高 10～12cm，先在箱底铺一层纱网，再填入扦插基质。扦插床一般做成宽 90～100cm，高 12～15cm；床内底部铺一层 2～4cm 的粗砂土，再铺扦插基质，总厚度达 8～10cm，刮平，浇足水。

（3）扦插基质：要求疏松透气、排水性好。常用的有珍珠岩、蛭石、砻糠灰、草炭和园土。多数使用的是珍珠岩与蛭石按 3：1 混合。若重复使用需对基质作严格消毒。

（4）插穗的采集与处理：插穗最好采用母本植株基部 2～3 节叶腋萌发的侧芽，节位越高，侧芽越不充实，发根后长势差，7 节以上的侧芽已进入生殖生长阶段，避免使用。标准的插穗要求长 10～15cm，重 10g，具有 4～5 对功能叶片。采穗时，一手握住植株基部，另一只手捏住侧芽中部，使之与该节位叶片形成垂直弯曲而掰下，避免使用剪刀剪切插穗，这样可防止病害从刀口进入插穗中（图 3-36）。采集的插穗应立即浸入水中防止失水萎蔫。插穗扦插前需要整理，用单面刀片在插穗基部节上削成斜面，切面要光滑整齐。整理齐基部后，25～30 枝扎成一束，置于浅盆中吸水 20～30min，再进行扦插。根据实验，

插穗采集后稍作干燥处理，然后用塑料袋或保鲜袋包装，直立置于纸板箱中，在（1±1）℃的低温下贮藏一周左右，对插穗的生根具有促进作用。在不适宜扦插的季节或者为获得大量同一批次的种苗，也可用此法将插穗保存 4～8 周。

图 3-36　香石竹插穗采集方法（A）及采集后的插穗（B）（引自周武忠，1999）

生长调节剂处理对香石竹插穗生根有显著促进效果，常用 NAA、IBA 等处理。例如，用 1000～2000mg/L NAA 速蘸切口，生根期比不处理提前 7～10d，且根系发达，根系长、根冠大。

（5）扦插方法：将插穗垂直插入基质，深度约 1.5cm，株距 3～4cm，行距 4～5cm，插后立即浇透水。若有全光自动喷雾设施，则根据天气情况设置喷雾时间及间隔时间；若无喷雾装置，插后第一周需要进行遮阴，一周后逐渐增加光照。插后保持基质湿润，维持基质温度 15～21℃，2～3 周完全发根。

（6）肥水管理：由于扦插基质多数采用无养分的惰性材料，插穗生根前消耗插穗本身的养分，生根后应在根长 1cm 左右出圃，进行移植或定植于栽培地。若不能及时出圃，可用含有氮、磷、钾、钙、镁等复合营养液供给养分，使生根苗生长健壮。

香石竹的播种繁殖多用于一季开花类型和杂交育种，以秋播为主，播后 10d 左右发芽出苗。

4.19.5　栽培管理　　香石竹的栽培方式有切花生产与盆花生产两种。由于我国以切花生产为主，因此这里以切花生产为例介绍香石竹的栽培管理。

4.19.5.1　土壤管理　　香石竹喜空气流通、干燥，忌高温多湿。要求排水良好、富含腐

殖质的土壤。现在栽培香石竹时往往加入一定比例的珍珠岩、泥炭来增加土壤通透性。

香石竹对土壤酸碱度的要求为 pH 5.6～6.5，在 pH 大于 7 的碱性土壤易发生铁、锰、锌、硼等微量元素亏缺，pH 小于 5 的酸性土壤易造成根系生长不良，影响肥水吸收。

香石竹喜肥，栽培中常大量施肥而造成土壤盐分的积集，出现返盐现象，尤其是保护地栽培条件下更为突出，长期处于此种土壤条件，会导致香石竹生长不良。适宜香石竹的土壤 EC 值范围是 0.6～1.2mS/cm，最高不超过 2.5mS/cm。在设施栽培下可采用更换土壤的方法来解决积盐问题，但下层土壤的积盐仍得不到解决，不能从根本上解决问题，且费用大。最行之有效的办法是进行土壤轮作和休闲相结合。与香石竹进行轮作的花卉种类较好的是金鱼草或菊花，也可是其他作物，在安排轮作物时一定要安排好种植茬口。轮作物与香石竹进行轮作之间土壤需要一定的休闲时间，至少应有 1～2 个月以上。土壤最佳的休闲期应安排在夏季的雨季和冬季寒冷季节，以便大量雨水淋洗和风化来降低土壤中的盐量，同时也利于杀灭土壤中的病虫。土壤在休闲前需要深翻方能达到最佳效果。采用种植台栽培比地床栽培对盐类积集的溶脱效果更好，是一种解决积盐的方法，但增加了成本。若地床栽培最好深挖栽培层以下的硬底层，对盐类溶脱也有较理想的效果。

根据研究，适宜香石竹生长的土壤主要养分最适量为：氮 0.2g/kg 干土，磷 0.4～0.6g/kg 干土，钾 0.4～0.6g/kg 干土。在整个生长发育过程中，需要对土壤中的氮、磷、钾的浓度定期进行分析测定，为合理施肥提供依据。

为确保香石竹健壮生长，种植前 10～15d 严格对土壤消毒。有条件的种植者最好采用高温蒸汽消毒，用不低于 65～70℃保持 30min。无蒸汽消毒条件的多采用药剂消毒。

4.19.5.2　定植

（1）种植床：目前商业性切花生产中广泛采用的是种植床或种植台栽培，具有单位面积产量高、易于管理等优点。注意种植床底层铺垫排水透气好的材料，并适当提高种植床的高度。种植台是一种离地栽培的方法，排水透气性好，利于根系生长，但增加了生产成本。

种植床以南北向为好，宽度 90～115cm。种植床不宜太宽，不方便日常操作；太窄土地利用不经济。床与床之间留 45～90cm 的作业道。种植土层为 20～25cm，下部最好铺上 4～5cm 的稻草或麦秆，上面再盖粗土 4～5cm，最后为 10～18cm 伴有基肥的种植土。工作道面积一般占温室面积的 8% 左右。有效种植面积为 50%～65%。

（2）种植密度：香石竹的种植密度应根据种植目的、种植周期和品种来决定。在一年中任何季节，香石竹有效种植面积的产花量以 200 枝 /m² 为最佳，在单作生产中每株香石竹产花量为 4～6 枝，因此应根据不同品种分枝差异，选择不同种植密度。种植密度可以 25～180 株 /m²。80 株 /m² 以上的密度仅用于单熟生产为目的的种植方式；60～80 株 /m² 用于以第一熟产花量高的种植为目的，但以两年为一个种植周期。近年采用 30～45 株 /m² 的种植密度，以两年为一个种植周期，已被普遍采用。这种栽培密度，对种苗的成本和产花量及切花的质量之间达到了最佳的平衡，产生较好的经济效益。

在种植床上按一定的株行距统一定植是被广泛采用的种植模式，多用密度为 15cm×20cm 的株行距，35 株 /m²。现在另一种宽窄行种植法也得到关注和应用，即行距以 8cm 和 20～30cm 间隔种植，一宽一窄，株距均为 15cm，35～50 株 /m²；该种种植模式的优点是植株间通风透光好，便于灌溉施肥、除草采花等操作，同时可减少叶斑病的发生及传播。

（3）种植时期：香石竹虽为多年生花卉，但通常情况下大花型作二年生栽培，小花型作一年生栽培；露地和无加温温室作一年生栽培，全控温室作二年生栽培。其定植时期需要根据不同地区的气候条件、种植者计划收获期来安排。从定植到首批花开花所经历的时间除与品种特性有关外，还与摘心方式、温度、光照变化有关。最短的100～110d，最长的需要150d。

（4）定植：香石竹的扦插苗根长约1cm就出圃移栽。最好在定植前进行一次假植，假植密度为200株/m²或400株/m²，加强肥水管理，待幼苗生长健壮后再移栽至栽培床上。优点是便于肥水管理；有机淘汰弱苗；在茬口安排不过来时可以使生产床上的植株花期延长，推迟拔苗时间；可以使两茬之间土壤有一定的休闲期。

定植时尽可能选在阴天，定植深度宜浅，根颈部露出土面，这样小苗新根发生快，缓苗期短，可预防茎腐病的发生。夏季高温季节，定植后7～10d，浇水时注意土壤不可以浇透，仅在植株周围浇水，行间保持一些干燥的土面，直至植物完全成活。冬季定植，这种少量浇水应持续一个月甚至更长时间，因为早期浇水过多常常引起"落根"和烂苗。

4.19.5.3 定植后的管理

（1）张网：香石竹枝茎柔软，幼苗易倒伏，尤侧枝开始生长后，因此尽早张网。即用绳子在株间拉成网格，将每一株框在网格内，防止植株倒伏。现在有专用的香石竹切花网，为尼龙材质，有不同大小的网眼进行选择。香石竹需要张网3～4层。在种植床两端、中间部位设立支柱，在定植初期将3或4层网全部套装于植株基部，随着植株的生长，顺序拉上各层。第一层距地面15cm，以上各层之间相距20～25cm。两年制栽培的香石竹，在第一季采花后，回剪植株，则将网降到下部（图3-37）。

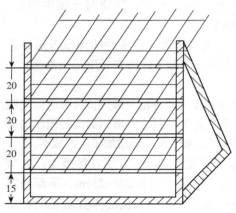

图3-37　香石竹张网侧面图（单位：cm）
（引自周武忠，1999）

（2）摘心：香石竹切花生产时的摘心有以下作用：①打破顶端优势，促进侧芽萌发，提高单位面积产量；②去除生长势弱的无效分蘖枝，促其萌发健壮侧枝，提高切花质量；③调节花期，使切花按生产目标上市。

第一次摘心要等植株基部长出2～3个侧芽、高度15～20cm时进行，留6～7对叶片用手摘除生长点。摘心的方式、次数根据品种特性、对花期的计划、单位面积产量要求来确定。常见的有3种摘心方式。①单摘心：仅主茎顶尖摘除，从种植到开花需时间最短。②半单摘心：原主茎单摘心后，侧枝延长到足够长时，每株上有一半侧枝再摘心，即后期每株上有2～3个侧枝摘心。这种方式使第一次收花数减少。但产量稳定，避免出现采花的高峰与低潮问题。③双摘心：即主茎摘心后当侧枝生长到足够长时，对全部侧枝再摘心。双摘心造成同一时间内形成较多数量的花枝，初次收花数量集中，使下次花茎变弱。

（3）除芽与疏蕾：香石竹定植后，经过1～2次摘心，侧芽萌发形成大量分枝，分枝数量的增加，会相应提高单位面积切花产量。但分枝数量超过合理的密度，切花的品质会大大下降。因此，需要根据栽培品种的特性、栽培方式、栽培季节与管理水平等因素确定每株香石竹侧芽的数量。目前，国际上香石竹的产量为每平方米 300 枝左右，一般产花 2 批，当栽培密度为 50 株 /m² 时，每株理论采花量应达到 6 枝，按 2 次采花，则每株有效侧枝留量应为 3 枝。当栽培密度为 37 株 /m² 左右时，每株侧枝留量应达到 4 枝。为了保证优质切花的产量，实际留枝量应比理论数略高。所以，一般每株香石竹应保留侧枝 4～5 枝。在确保疏留量之后，应将健壮、节位低、发枝能力强的侧芽培养为开花花枝，其余弱枝均应疏除，采收的第一批切花最适宜的位置应在花枝的第 7 节上下，以后在第 5 节和第 6 节发生侧芽，再留 1～2 枝作第二批花的花枝培养。

香石竹侧枝顶芽形成花蕾后，在顶花蕾以外的侧芽很容易发育成侧花蕾或营养枝。为保证顶蕾的正常发育，保证切花质量，一般单花的切花品种，需要及早摘除侧花蕾及第 7 节以上的全部侧芽，第 7 节以下可选留 1～2 个作为下一批切花花枝培养，其余亦应尽早疏除。射散型小花香石竹品种可疏除顶花芽或中心花芽，促进侧花芽均衡发育。疏芽疏蕾应在发育初期用手指掐住芽与蕾，使之在基部掰除，不要损伤茎叶。

（4）修剪：香石竹进行 2 年栽培时，应于第一年生产结束后，对植株进行修剪更新，一般可在 6 月下旬进行。将一年苗岭的植株在地表附近处剪除，促其基部发出新枝，可在入冬时再次开花。也可以保留部分不修剪，使其在缺花季节仍可维持一定产量。剪除前后应停止灌水，待老茎萌芽后再浇水。

（5）肥水管理：香石竹露地栽培常采用沟灌，温室栽培多用滴灌。浇水量及次数要根据天气情况、植株生长状况及时期、栽培基质来决定，但不可过湿。

香石竹喜肥，除种植床准备土壤时施入大量基肥外，整个生长期也需要大量肥料供应才能保证花芽分化及开花。科学的施肥方法应是定期对香石竹叶片作营养分析，从而调整追肥中各项元素的比例。栽培中香石竹容易缺硼，表现的症状是节间短、花茎末端稍微变粗，刺激上部花茎分枝，出现畸形花朵，严重时大多数花瓣消失，花朵严重残缺。冬季低温或夏季高温酷暑条件下，香石竹生长缓慢或停止生长，应停止施肥。

（6）温光的管理：香石竹生长最适温为日温 16～21℃，夜温 10～15℃，并有 5℃的温差。冬季的低温和夏季的高温是香石竹生产的主要矛盾。因此冬季温室生产时的保温和夏季降温是切花周年生产时环境控制的主要问题。

香石竹是已知植物中需光最高的一种。强光带来的高温才是影响香石竹生长发育的不良因子。若可采用其他措施降温，可以在任何季节不需对香石竹遮阴。在冬季光照较弱的季节，人工补光可以加速花芽分化、调节花期，使切花采收期更为集中。美国科罗拉多州首先发现全夜用低光强光照，可加速花芽分化。植株在 7 对叶伸展时，8 月开始加光 2～4 周，12 周开花；11 月加光，16 周后开花。

（7）裂萼处理：香石竹极易发生裂萼这种生理性病害，使切花品质下降，经济效益降低。严重的地区，裂萼率达 30%～40%。

裂萼现象通常与花朵的重瓣程度提高有关，在裂萼的花朵中，花瓣数量常达 100 枚，而花萼完整的花朵仅 50～60 枚。造成裂萼的原因至今没有统一说法，有些专家认为与光照周期、光强度、温度有关，是花芽形成时光照不足、温差过大所致；另一些专家则认为与过量施用氮肥、钾肥和不规则浇水有关。总之，裂萼的发生是由于不规则的栽培管理所造成的。因此香石竹切花生产时，为了减少或防止裂萼的发生，在花朵形成早期，严格栽培规则，保持生长条件的稳定性，保持土壤中较好的营养水平，定时定量施肥，适时适量浇水，保持适宜的温度条件，在弱光季节补充光照，可以有效防止裂萼。另外近几年有的种植者采用物理防治裂萼的方法，即在开花的 1～2 周内，用塑料带绑束在花萼部位，或套上塑料环。也可以在花蕾如豆粒大时喷施 30～50mg/kg 的 GA，可以减少裂萼的发生。

4.19.5.4 切花采收及包装运输 外层花瓣已打开与花茎近成直角时为适宜的采收期。为便于贮藏、运输，要在花瓣较紧凑状态，花瓣露色部位在 1.2～2.5cm 时采收。多头型在 2 朵花开放、其他花蕾现色时采收。采收时注意保留下部侧芽，以备下一季开花。单熟生产则根据切花长度要求来剪切切花。常见国际香石竹切花分级标准见表 3-12。

表 3-12　国际香石竹切花标准

项目	特级	优级	一级
茎长（包括花朵长）/cm	56	44	25
花径 /mm	花蕾紧 50 适度开放 62 开放 75	花蕾紧 44 适度开放 56 开放 69	
其他	挺拔，无损伤无变形	挺拔，不变形	不变形

我国 2001 年的国家标准香石竹切花质量标准见表 3-13。

表 3-13　国家标准香石竹切花质量等级划分标准

级别\项目	一级	二级	三级
花	花色纯正、鲜艳具光泽；花型完整，花朵饱满，外层花瓣整齐 最小花径： 大花品种：5.0cm 紧实 　　　　　6.2cm 较紧实 多头品种 2.0cm 紧实 花蕾数目： 大花品种：1 朵 多头品种：≥7 朵	花色鲜艳具光泽；花型完整，花朵饱满，外层花瓣较整齐 最小花径： 大花品种：4.4cm 紧实 　　　　　5.6cm 较紧实 多头品种：1.5cm 紧实 花蕾数目： 大花品种：1 朵 多头品种：4～6 朵	花色一般；花型完整，花朵较饱满 最小花径： 大花品种：4.0cm 紧实 　　　　　5.2cm 较紧实 多头品种：1.0cm 紧实 花蕾数目： 大花品种：1 朵 多头品种：3 朵
花茎	挺直、强健，有韧性，粗细均匀 长度： 大花品种≥80cm 多头品种≥60cm	挺直，较强健，粗细较均匀 长度： 大花品种：65～79cm 多头品种：50～59cm	略有弯曲，较细弱，粗细不均 长度： 大花品种：55～64cm 多头品种：40～49cm
叶	叶片排列整齐，分布均匀；叶色鲜绿有光泽，无退绿、无干尖；叶面清洁	叶片排列整齐，分布均匀；叶色鲜绿，无退绿、无干尖；叶面清洁	叶片排列较整齐；叶片略有退色、干尖；叶面略有污物
采收时期	花朵中间露出花瓣		
装箱容量	每 20 枝捆为一扎，每扎中切花最长与最短的差别不超过 1cm	每 20 枝捆为一扎，每扎中切花最长与最短的差别不超过 3cm	每 20 枝捆为一扎，每扎中切花最长与最短的差别不超过 5cm

　　暂不出售的切花，可将茎下部 2～3 对叶除去，每 20 支捆成 1 束，更新切口，立即

插入清水或保鲜剂中，然后置于 1～2℃冷室预冷。作长期贮藏，最好采用干藏方式，温度保持在－0.5～0℃，相对湿度要求 90%～95%。

经低温贮藏蕾期的香石竹切花，通过催花处理，可使花蕾快速绽开，适时出售。催花液以 70g/L 蔗糖＋25mg/L 硝酸银效果较好。催花的环境条件为：光照 1000～4000lx，时间 16～24h，温度 22～25℃，空气湿度 40%～70%。

香石竹切花运输的温度宜在 2～4℃，不得高于 8℃；空气相对湿度保持在 85%～95%。一般采用干运，即花茎基部不置于水中。

4.19.6　观赏与应用　　香石竹是世界四大切花之一，主要生产国有以色列、意大利、西班牙、法国、哥伦比亚及肯尼亚、南非等国。中国上海于 1910 年开始引种生产，到 20 世纪 50 年代迅速发展，80 年代以西姆（Sim）系列品种为主，又从欧洲引进新品种，并进行脱毒快繁扩大推广，到现在各地广泛栽培生产。

香石竹品种繁多，花色丰富，花色娇艳，芳香宜人。其茎叶清秀，花朵雍容富丽，姿态高雅别致，是著名的"母亲节"之花，代表慈祥、温馨、真挚、不求代价的母爱。香石竹切花水养时间长，是制作插花的极好材料。露地栽培类型的低矮品种适宜布置花坛、花境等，也适宜进行室内盆花装饰。

香石竹的一般含义：热情、魅力、使人柔弱的爱、真情、母亲我爱你、温馨的祝福、温馨、慈祥、不求代价的母爱、宽容、母亲之花、浓郁的亲情、清纯的爱慕之情、热恋、热心。

不同颜色的含义为：白色——甜美而可爱、天真无邪、纯洁的爱、给女性带来好运气的礼物、纯洁、纯洁的友谊、信念、雅致的爱、真情、尊敬。粉色——永远不会忘了你、美丽、年轻、热爱、祝母亲永远年轻美丽；感动、亮丽、母爱、女性的爱。红色——心为你而痛、赞赏、崇拜、迷恋、亲情、热烈的爱、热情、受伤的心、思念、相信你的爱、祝母亲健康长寿、祝你健康。黄色——你让我感到失望、抛弃、藐视、长久的友谊、对母亲的感谢之恩、拒绝、永远感谢、友谊深厚。深红色——热烈的爱。紫色——任性、变幻莫测。

4.20　花烛

学名：*Anthurium andraeanum*。

别名：红鹅掌，红掌，安祖花，大叶花烛。

英名：anthurium。

科属：天南星科花烛属。

产地与分布：原产于南美洲热带，现在各地均有栽培。

4.20.1　形态特征　　多年生常绿草本花卉。株高 30～50cm，茎较短。叶片革质，卵椭圆形至长圆披针形，全缘（图 3-38）。佛焰苞宽卵圆状，长 5～14cm，深红色，似蜡质，有光泽，栽培品种佛焰苞有粉红、白、绿色、紫黑等；肉穗花序直立，黄、黄白、红色等；部分品种佛焰苞和肉穗花序开放过程中有色彩变化。常年开花。

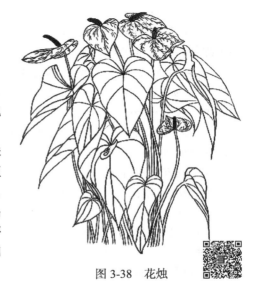

图 3-38　花烛

4.20.2 种类及品种 同属植物约200多种，有观赏价值的约20种，且有大量的杂交种。本属依观赏目的不同，可分为3类：第一类为肉穗直立的切花、盆花类，以花烛为代表；第二类为肉穗花序弯曲的盆花类，以红鹤芋为代表；第三类为叶广心形，浓绿色有光泽，叶脉粗，银白色，具有图案美丽观叶类，以水晶花烛为代表。

常见栽培种有以下几种。

（1）水晶花烛（*A. crystallinum*）：多年生常绿草本植物。又称美叶花烛、水晶红掌、银脉安祖花。原产于哥伦比亚及秘鲁。茎短缩，叶片向外斜下弯曲，阔卵圆状椭圆形或心形，幼时紫色，后叶面丝绒状绿色，叶背淡玫红色，叶脉银白色，叶柄长，约40cm。佛焰苞片弯曲，肉穗花序黄绿色。

（2）圆叶花烛（*A. clarinervium*）：多年生常绿草本植物。又称克拉利安祖花，原产墨西哥。心形叶，宽12～20cm，墨绿色，叶面有丝绒样光泽，叶脉银灰色。佛焰苞窄而尖，绿褐色带紫晕，肉穗花序绿褐色。

（3）胡克氏花（*A. hookeri*）：叶片长椭圆形，叶缘波状，长约80cm，宽约25cm，几乎没有叶柄，鲜绿色，有光泽。佛焰苞长10cm，被淡绿色晕，肉穗花序紫色。

（4）火鹤花（*A. scherzerianum*）：别名红鹤芋、席氏花烛。原产中美洲危地马拉、哥斯达黎加。植株直立，叶深绿色，长15～30cm，宽约6cm。花茎长25～30cm，佛焰苞红色，肉穗花序呈螺旋状扭曲，长约15cm。本种主要变种有：白条火鹤花（var. *albiatriatm*），佛焰苞紫色，有白色条纹；白苞火鹤花（var. *album*），佛焰苞白色；暗红火鹤花（var. *atrosanguineum*），佛焰苞大，暗血红色；矮火鹤花（var. *pygmaeum*），佛焰苞鲜肉粉色，肉穗花序橙色。

花烛有许多园艺品种，其株型、佛焰苞颜色大小、肉穗花序颜色变化丰富。

常见盆栽品种如下。

'红国王'：株高45cm，佛焰苞直径13～15cm，鲜红色，肉穗花序黄色，长5cm。抗病性强。

'红巨龙'：株高50cm，叶片稍比'红国王'大。佛焰苞直径11～13cm，红色，比较平展，肉穗花序黄色，随开放由黄转白再变为绿色，长5cm。

'黑皇后'：株高50cm，株型紧凑丰满。佛焰苞直径9cm，紫黑色，有光泽，颜色逐渐由深红转为暗紫再转为紫黑色，肉穗花序由绿转黄色。

'梦幻之爱'：株高35cm，株型紧凑。佛焰苞直径7～12cm，卵圆形，两侧微翘，颜色由白转为粉红带粉绿两色，最后转为绿色，肉穗花序由肉黄色逐渐变为深粉，最后变为绿色，长3～4cm。

'红唇'：株高30～40cm，佛焰苞直径6cm，初开时淡粉色为主，先端带粉红，随着开放逐渐变为粉白色，仅先端为嫩红色，肉穗花序红色。

常见切花品种如下。

'火焰'：叶长，叶色深绿；花柄长，佛焰苞直径12～14cm，鲜红色，肉穗花序黄色，长6cm。

'密多尼'：佛焰苞直径11～13cm，草绿色，肉穗花序黄绿色，长5～6cm。

'卢卡迪'：叶大狭长，深绿色；佛焰苞直径8～10cm，草绿色和浅粉双色，并随生长开放过程、光照强度发生变化；肉穗花序长5cm，开放过程由绿转白。

4.20.3 生态习性 性喜温暖、湿润、半阴的环境，忌阳光直射。适宜生长的温度为日温 25～28℃，夜温为 20℃；高于 35℃生长发育迟缓，可忍受的低温为 14℃，18℃以下生长停止。光强以 15 000～20 000 lx 为宜，光照太强会发生日灼。空气相对湿度以70%～80% 为宜。

4.20.4 繁殖方法 可用分株、播种和组织培养繁殖。

分株繁殖：将有气生根的侧枝切下种植，形成单株，分出的子株至少保留 3～4 片叶。培养 1 年后即可开花。

播种繁殖：花烛自然授粉不良，若需要采种应进行人工授粉。授粉后 8～9 个月种子成熟。种子成熟后随采随播，播后不需覆土，保持温度 25～30℃，两周后发芽。出苗后，需经 3～4 年培育才能开花。

组织培养：是规模化育苗的主要繁殖方法。以叶片或幼嫩的叶柄为外植体诱导愈伤组织，生产时常用叶柄作为外植体。

我国国家标准中规定花烛种苗需是组培苗，三级种苗要求 5 片叶以上，20cm 以上高度。

4.20.5 栽培管理

4.20.5.1 盆栽

（1）上盆：不同阶段对花盆的规格要求不同，小苗阶段一般已在育苗公司完成，生产时所购买的花烛苗均是中苗（15cm 左右）以上。所以上盆种植销售时相当于定植，直接栽植于相应规格的花盆中。上盆时使植株的生长点露出基质的水平面，同时应尽量避免植株沾染基质。

（2）培养土：栽培基质必须具有保水保肥能力强、通透性好、不积水、不含有毒物质并能固定植株等性能。种植前，基质还必须经彻底的消毒处理，以杀灭病虫害，保持其正常生长。生产中常选用泥炭土加 1/4 珍珠岩，另加少量骨粉或腐熟饼肥粉混匀配制。盆底需垫上粗砂等物，以利排水。

（3）肥水：生长旺季浇水应充足，盆土干湿相间；深秋及早春应适当控制浇水量，盆土切忌积水。每月需施 2～3 次复合液肥。开花期应适当减少浇水，增施磷、钾肥，以促开花。保持相对高的空气湿度，可通过喷淋系统、雾化系统来增加温室内的空气相对湿度。注意傍晚不要叶面喷雾，一定要保证叶面夜间没有水珠；避免高温灼伤叶片，出现焦叶、花苞致畸、褪色现象。规模化生产时生长期追肥常用液肥，掌握定期定量的原则，施肥时间因气候环境而异，一般情况下，在上午 8 时至下午 5 时施用；冬季或初春在上午 9 时至下午 4 时前进行。严格把好液肥（母液）的稀释浓度和施用量，稀释后液肥的 pH 调至 5.7 左右，EC 值为 1.2mS/cm。此外，在液肥施用 2h 后，用喷淋系统向植株叶面喷水，冲洗残留在叶片上的肥料，保持叶面清洁。

（4）光照：花烛是按照一叶一花循环生长的。花序在每片叶的叶腋中形成。光照对花叶的形成影响非常大。如果光照太少，在光合作用的影响下植株所产生的同化物也很少；当光照过强时，植株的部分叶片、花苞可能造成变色、灼伤或焦枯现象。温室内花烛光照的获得可通过活动遮光网来调控：温室最理想的光照是 20 000lx 左右，最大光照强度不可长期超过 25 000lx。在晴天时遮掉 75% 的光照，早晨、傍晚或阴雨天则不用遮光。花烛在不同生长阶段对光照要求各有差异，如营养生长阶段时光照要求较高，可适当增加光照，促使其生长；开花期间对光照要求低，可用活动遮光网调至 10 000～15 000lx。

（5）温度：生长期适温为 20～25℃，越冬室温不能低于 16℃。高温季节需每天向叶面上喷水和向地面洒水 2～3 次，以利降温增湿。

（6）换盆：每隔 1～2 年在早春需换盆 1 次，换盆时将老根及枯根剪去，并应增施基肥，添加新的培养土。

（7）其他管理：经过一段时间的栽培管理，基质会产生生物降解和盐渍化现象，从而使其基质 pH 降低、EC 值增大，影响植株根系对肥水的吸收能力。因此，基质的 pH

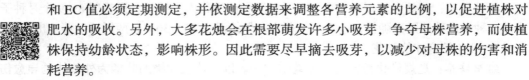

和 EC 值必须定期测定，并依测定数据来调整各营养元素的比例，以促进植株对肥水的吸收。另外，大多花烛会在根部萌发许多小吸芽，争夺母株营养，而使植株保持幼龄状态，影响株形。因此需要尽早摘去吸芽，以减少对母株的伤害和消耗营养。

4.20.5.2 切花生产

（1）切花生产的设施设备：应根据花烛的生物学特性，结合当地的实际环境气候条件选择适宜的温室和辅助设施。

对温室的基本要求：花烛切花种植的温室种类很多，但基本结构及功能相似，主要是使花烛不受自然恶劣天气的侵害，最大可能地创造满足其生长发育所需要的最适环境条件。温室要有较大的空间，使温室内的小气候环境更加稳定。在荷兰，一般以 1hm² 的现代化大型温室为一个种植单元，在国内有以 1hm² 或 0.5hm² 作为基本种植单位。同时温室要有足够的高度和良好的通风透气性能以保证室内不致过热，适合的温室高度为 5～5.5m，一般要求最低高度不低于 4m。在温室栽培条件下，冬季光照不足是植株生长的限制因素，所以温室内应尽可能多地采光，同时能够上部加温，防止冬季温室屋面产生冷凝水。

温室辅助设施：温室内需要有相应的辅助设施，如雨水收集池或水处理系统。花烛种植对水质要求十分严格，一般要求水源 EC 值在 0.5mS/cm 以下。雨水是最佳的种植用水。每 1hm² 需 2000m³ 的雨水收集池。在雨水较少和水质不符合花烛生产的地区可使用水处理设备。经过处理的水可用于灌溉和喷雾系统，既解决了水质问题同时又保持了叶片和花的洁净。

加温装置：花烛是喜温植物，对热量的需求较大。根据温室面积和当地的气候环境安装加温设备，保证花烛生长的最适合温度。

降温增湿装置：温室棚内安装雾喷装置，一般降温可达到 3～5℃，同时能够增加湿度，缺点是耗水量大。喷雾系统产生的雾滴越细，使用效果越好。最佳效果可以做到既能保持植株干燥又能增湿降温，缺点是对水压的要求较高，比较昂贵。湿帘 - 风机降温系统是夏季降温的常用设备。

遮阳系统：夏天过强的光照，使植株生长迟缓，生长发育不良，温室需配备可移动的内外遮阳系统。有些温室没有外遮阳系统，可使用遮阳降温涂料或在玻璃上喷洒石灰，能够起到很好的降温和遮阳效果。

灌溉系统：使用以色列或国产的灌溉系统，配备 500L 以上 A、B 营养液原液桶。

计算机和检测仪器：温室环境自动控制系统和计算机连接，同时配备相关的 EC、pH、温度、光照等检测仪器。

总之，进行花烛的切花生产投入较大。

（2）选择适宜的切花品种：花烛切花种植投资较大，1hm² 花烛切花按

12~14 万株种苗计算，需人民币 200 万元左右。温室花烛切花寿命一般为 6~7 年，一旦选定品种种植后，市场和生产状况表现不理想会带来的经济损失巨大，所以品种选定一定要慎重。良好的品种具备如下的特性：市场受欢迎、畅销，产量高、抗逆性强、瓶插时间长、花型花色漂亮。花烛切花栽培品种很多，多数种苗来自荷兰。其中以红色的品种最为畅销，红色品种以 'Tropical' 和 'Evita' 最受市场欢迎。花烛切花种苗有大、中、小苗之分。大苗指株高在 30~40cm 的植株，中苗指株高在 20~30cm 的植株，小苗指株高在 10~20cm 的植株。除非具备良好设施条件和丰富的经验，否则应选用中苗和大苗。大苗能较早开花，但成本高，在种植和运输过程中容易伤根，缓苗慢。

（3）栽培系统：现代化温室主要采用床栽、槽栽和盆栽 3 种方式。

床栽：一般情况下，栽培床取决于温室布局，过宽不利于操作，过窄浪费温室空间。以 1hm^2 法国瑞奇温室为例，东西长 64m，共 8 跨，每跨 8m，南北长 160m。床宽为 1.2m，过道 0.8m，可并排 4 个床。每床可设计为 20m 长，南北共计 8 个床，1hm^2 的温室一共 256 床。栽培床深度为 25cm，可在地底挖 20cm，地面 5cm，四周用硬质材料围起来，材料可用砖块、PVC 板、水泥板等。栽培床用塑料薄膜衬底，准备好的栽培床在铺膜之前要进行消毒处理。栽培床底部需挖 5cm 深，4cm 宽的沟，安装排水管，倾斜度为 0.03%，周围铺 2~3cm 大小的鹅卵石。床底部应从两边向中间呈 "V" 字状倾斜，利于多余的水分流向排水管。床栽是目前使用最广泛的栽培方式。

槽栽：主要使用聚苯乙烯栽培槽替代床栽。沟内铺塑料薄膜，放入排水管，然后槽内装栽培基质。常用 "V" 和 "W" 字形两种栽培槽。槽栽使用基质较床栽少，保温性能好，但投资比较大。

盆栽：使用容积 6~10L 的塑料盆器作为栽培容器，能够较好地避免病害的传播，基质用量少，可迅速对营养进行控制，但需滴灌系统，投资比较大，缓冲能力差，切花的寿命较床栽短。

（4）栽培基质：栽培花烛的基质要求保水保肥力强，具良好的排水力，一定的支撑能力，不含有毒成分；水、空气维持一定的平衡，比例为 1:1 为宜；小块颗粒在 2~5cm。由于定植后栽培时间长，因此应选择结构比较稳定的材料作栽培基质，花泥是目前最常用的栽培基质。根据温室栽培床的容积购买花泥，静置 5d 以上释放有毒气体，将花泥切成 3~4cm 大小的立方体放入栽培床中，加水浸泡 24h 以上。浸泡时，采用间隔方式，先泡一定时间后停止浸泡，然后继续。另外，种植前最好用营养液浸泡，否则定植后再施营养液很难吸收。排水后检查花泥的 EC 值和 pH，同时可加入石灰调节花泥的 pH，pH 为 5.2~6.0，EC 控制在 1.0mS/cm 以下。

（5）定植。

定植时期：花烛可周年种植，但要避免极热或极冷的季节，在气候比较温和的季节栽种为佳。在华北地区每年的 3、4 月和 9、10 月是最佳的种植时期。

定植密度：植株的种植距离根据种植的品种和气候条件的不同而不同，通常为 14~20 株 /m^2，株行距依栽培床的情况合理设定。定植深度以种苗颈部与栽培基质的表面持平为准，不可将心叶埋在花泥下。

定植方式与方法：定植方式一般有单株或双株两种，一般为单株。定植前用 600 倍的普力克进行蘸根，防止根部病害，同时又能刺激根的生长。

（6）定植后的管理。

初期管理：花烛切花种植后，前20～30d不要使用营养液灌溉，每天采用人工喷水或使用喷雾系统喷雾保持花泥表面微湿和植株叶片湿润。用600倍的普力克或其他杀菌剂每周灌根一次，连续3次。白天温度控制在20～25℃，晚上20℃左右。光照在5000lx以下，相对湿度70%～80%。

温湿度管理：花烛是一种喜阴植物，需要20～30℃以下的温度和50%～80%的相对湿度。能够忍受的最低温度和最高温分别为14℃和35℃。温度与湿度的相互作用对花烛生长发育的影响较大。例如，相对湿度80%温度35℃时没有大的影响，而相同温度下湿度20%时即对其带来损伤，所以在高温时要保持较高的湿度；最低温度在14℃左右会造成减产。叶片的温度是影响生长的决定性因素，最好能将叶片温度控制在30℃以下。可以通过喷雾系统来降低温度，既可增加湿度又可以保持植株干燥，降低病害的侵染机会。

光照的调节：花烛切花的光照宜在15 000～25 000lx。温室中的光照度不宜长时间超过25 000lx。光照过强会使植株生长缓慢，发育不良，导致某些品种褪色，同时引起平均温度升高，引发花芽早衰，盲花现象明显增加。在冬天或阴天，应尽可能地增加光照，刷掉涂料或调整遮阳网增加温室光照。当光照是唯一限制因子时，每增加1%的光照度就可增加1%的产量。

水肥的管理：栽培花烛应使基质pH保持在5.2～6.2，以5.7最为理想。由于植株对营养元素的选择性吸收，在很大程度上影响了基质的pH，因此要经常检测并适时调整基质或肥液的pH。如果采用雨水灌溉，灌溉的EC在1.0～1.5mS/cm，如果使用其他水源则应加上灌溉水本身的EC值。在秋冬季节EC可适当的高一些，可达1.3～1.5mS/cm；春夏低一些，1.0～1.2mS/cm即可。由于花烛对盐分敏感，电导值高会出现花变小、产量降低及花茎变短的现象，因此生产中要定期检测花泥的EC值和pH。同时每月一次将所取样品进行营养液成分分析，根据情况适时调整肥料配方。定期使用洁净灌溉水淋洗栽培床，可以降低盐分在基质中的积累。花烛根部施肥效果比叶面追肥效果好，主要由于其叶表面有一层蜡质，使叶片不能对肥料进行很好的吸收，而且这种方法能保持叶片和花朵的清洁。花烛的营养供给量与基质、季节和植株的生长发育时期有关。一般要求每立方米每天喷灌3L或滴灌2L，每升肥料溶液所含的营养量应不少于1g。

田间其他管理：花烛切花生产时还需要进行剪叶、除草、拉线等管理。根据植株的生长情况，要定期修剪老叶，叶片太多花芽很难露出或产生盲花，茎弯曲，损伤花芽和花朵。打老叶利于促进株间通风和增加更多光照，同时控制病虫害，不同的品种剪叶次数和保留的叶片数量不同。大叶或水平叶较多的品种一般保留2～3片叶。当植株生长到一定高度的时候，需要在栽培床两边拉线，防止植株向两边倒伏，使走道足够宽敞，减少工人操作对花和叶的伤害。定期拔除栽培床和地面的杂草，减少病原物的寄主，避免和花烛争水争肥。

（7）切花的收获和包装：花烛肉穗花序的雌蕊首先成熟，成熟开始于花序的下部。当花序下部1/4～3/4变色且可看到雄蕊、佛焰苞片展平、色彩鲜明时即可采收。同时结合市场情况，适当调整采切时间和采切量以创造良好的经济效益。采收切花时距离花梗基部3cm处用刀片切割。剪切下来的花枝应尽快放入盛有净水的带分隔的水桶中。在放入桶中和运送的过程中要十分小心，不要对佛焰苞造成伤害。采收应在温度较低的早上或傍晚，且采收后应置于阴凉处以减缓其呼吸速率，避免在炎热的正午采收。

剪切后的切花要进行分级。分级前需要清洗不干净的花朵,同时挑选出有病斑或有伤害的花朵。在荷兰等国家,花烛的分级等工序通常由机械完成。花烛一般以花茎的长度和佛焰苞的大小作为分级标准。佛焰苞直径大小,通常以通过肉穗基部位置花的宽度为标准来衡量。

中国现行的农业部行业标准将红掌切花分为3个级别。一级品要求:品种纯正,整体感极好,无缺陷;佛焰苞片形大、完整,颜色鲜亮、光洁,无杂色斑点,苞片横茎≥12cm;肉穗花序鲜亮完好;花葶挺直、坚实有韧性,粗壮,粗细均匀,长度≥40cm。二级品要求:品种纯正,整体感好,基本无缺陷;佛焰苞片形较大、完整,颜色鲜亮,无杂色斑点,苞片横茎≥10cm;肉穗花序鲜亮完好;花葶挺直、坚实有韧性,粗壮,粗细较均匀,长度≥30cm。三级品要求:品种纯正,整体感较好,有轻微缺陷;佛焰苞片形小、较完整,苞片基本无杂色斑点苞片横茎≥7cm;肉穗花序鲜亮较完好;花葶略有弯曲、较细弱,粗细不均,长度≥30cm。

2001年颁布实施的国家花卉标准详见表3-14。

表 3-14　花烛切花质量等级划分标准

项目　级别	一级	二级	三级
佛焰苞及花序	佛焰苞片形大、整齐、色泽纯正、光洁,无杂色斑点;肉穗花序鲜亮完好 苞片直径≥14cm	佛焰苞片形较大、整齐、色泽纯正、光洁,无杂色斑点;肉穗花序鲜亮完好 苞片直径 10~13cm	佛焰苞片形小、较整齐,薄片略有杂色斑点;肉穗花序鲜亮较完好 苞片直径≤9cm
花葶	挺直、坚实有韧性,粗壮,粗细均匀 长度≥40cm	挺直、坚实有韧性,粗壮,粗细较均匀 长度 30~39cm	略有弯曲,较细弱,粗细不匀 长度 20~29cm
采收时期	佛焰苞色彩鲜艳、花葶充分硬化		
装箱容量	每扎一枝		

花朵在包装时须套袋保护,包装完成后,将花卉插入含 50mg/L 次氯酸钠保鲜液的套管内,并按品种、品质、花径大小、花梗长度等分类装于箱中。花面重叠勿超过 1/3,花茎以朝一边整齐排放为佳,花茎中间用胶带固定于箱面,避免苞片发生压折伤。

花烛的最适贮藏温度为 18~20℃,低于 15℃容易发生冷害,高于 23℃瓶插寿命明显缩短。

4.20.6　观赏与应用　花烛外形独特,叶片翠绿欲滴,鲜艳的佛焰苞和花序色彩对比强烈。花色丰富,单花花期持久,且四季常开,是室内盆花装饰的优良材料,也是切花材料中水养持久不可多得的种类。

花烛的花语:大展宏图、热情、热血。红色的代表热情豪放、地久天长,宜赠热情豪放的友人;双枝寓意心心相印。

4.21　倒挂金钟

学名:*Fuchsia hybrida*。

别名:灯笼花、吊钟海棠。

英名:common fuchsia。

科属:柳叶菜科倒挂金钟属。

图 3-39　倒挂金钟（引自北京林业大学，1990）

产地与分布：原产于秘鲁、智利、阿根廷、玻利维亚、墨西哥等中南美洲国家，中国广为栽培。

4.21.1　形态特征　多年生半灌木。茎直立，50～200cm，多分枝，幼枝带红色或紫色，老枝木质化；叶对生，卵形或狭卵形，长 3～9cm，宽 2.5～5cm，先端尖，缘有疏齿。花下垂，花梗纤细，淡绿色或带红色，长 3～7cm；萼片 4，红色，长圆状或三角状披针形，长 2～3cm，宽 4～8mm，先端渐狭，开放时反折；花瓣 4 枚，色多变，紫红色，红色、粉红、白色，排成覆瓦状，宽倒卵形，先端微凹；雄蕊 8，外轮的较长，花丝红色，伸出花管外（图 3-39）；花期 4～12 月。

4.21.2　种类及品种　同属植物约 100 种，大部分产于美洲热带及新西兰。中国引入栽培的 5 种，目前栽培的主要是杂种，园艺品种极多，色彩、株型变化丰富。同属植物常见的有以下几种。

（1）短筒倒挂金钟（*F. magellanica*）：株高 1m，枝条稍下垂，带紫红色。叶对生或轮生，卵状披针形，缘具疏齿，叶鲜绿色具紫红条纹；花单生叶腋，花梗细长下垂，长约 5cm，红色；萼筒绯红色，短，约为萼裂片长度的 1/3；花瓣比萼裂片短，倒卵形稍反卷，莲青色。花期夏秋。有许多园艺变种。

珊瑚红倒挂金钟（var. *corallina*）：丛生性矮生品种，叶色暗，花大轮；萼绯红色，花冠堇色。

球形短筒倒挂金钟（var. *globosa*）：枝条无毛下垂，叶脉红色，花梗长，萼片绯红色；花瓣鲜青堇色，长度约为萼裂片的 1/2。

异色短筒倒挂金钟（var. *discolor*）：丛生性矮性品种，枝条暗紫红色。叶小，3 枚轮生，卵状披针形。花小，多数；萼红色，筒部细短；花瓣钝头，比萼裂片短。

雷氏短筒倒挂金钟（var. *riccartonii*）：枝条细长下垂。叶极小。花长而下垂；萼筒鲜红色，花瓣堇色。

（2）白萼倒挂金钟（*F. Alba-coccinea*）：栽培杂种。萼筒白色而长，裂片翻卷；花瓣红色。

（3）长筒倒挂金钟（*F. fulgens*）：株高 1～2m，地下具块状根茎。枝稍多汁，带红色。叶较大，长 10～20cm，宽 5～12cm。萼筒长管状，基部甚细，鲜朱红色；花瓣短，长 1cm，深绯红色。花期夏季。

（4）三叶倒挂金钟（*F. triphylla*）：低矮丛生灌木，高 20～50cm。叶常 3 枚轮生，叶表绿色，叶背鲜红褐色，叶脉上密生绒毛。花朱红色，长 4cm，萼筒长，上方扩大，花瓣很短。花期全年。

4.21.3　生态习性　喜凉爽湿润环境，怕高温和强光，忌酷暑闷热及雨淋日晒。以肥沃、疏松且宜富含腐殖质、排水良好的微酸性土壤为宜。冬季要求温暖湿润、阳光充足、空气流通；夏季要求干燥、凉爽及半阴条件，并保持一定的空气湿度。夏季温度达 30℃时生长极为缓慢，35℃时大批枯萎死亡。冬季温度不低于 5℃，否则易受冻害。

4.21.4 繁殖方法 扦插繁殖为主。除炎热夏季外，全年均可进行，以春插生根最快。播种繁殖要进行人工授粉，且种子成熟后即播。

4.21.5 栽培管理

（1）盆土：盆土要疏松肥沃，建议腐叶土5份、砂壤土4份、腐熟饼肥粉1份混合，不需另施基肥，以免烂根。每年春季换盆一次。

（2）肥水管理：倒挂金钟生长迅速，开花多，因此生长期应加强肥水。除炎夏不施肥外，每10～15d施肥一次，平时浇水见干见湿，开花期过干过湿均会引起落蕾、落花、落叶，过湿导致烂根、叶黄，冬季温室气温低，严格控制浇水，停止施肥。

（3）夏季降温：倒挂金钟忌高温、日晒、雨淋。夏季要遮阴，经常向叶面及地面洒水，停止施肥，节制浇水，防雨淋。由于幼苗的抗热力较强，伏天多不会落叶，因此每年扦插培育新苗，利于安全度夏。而多年生老株对高温敏感，炎夏进入休眠，秋季再发新叶生长。

（4）适期摘心：摘心是使倒挂金钟枝繁叶茂的一项重要措施，而且摘心后15～20d新梢又可开花，可以以此来控制花期。幼苗长到10cm高时第一次摘心，促发分枝，第一次摘心后一个月新梢长出6～8片叶子行第二次摘心，每株保留5～7个枝条，秋凉后可将过长的枝条剪短，过密的枝条疏掉，以促发健壮的新枝。每次修剪后控制浇水，直至叶腋处新枝长出后再正常浇水。

（5）温光管理：倒挂金钟喜欢半阴环境，但在不同季节光照有不同的要求。冬季与早春、晚秋需全日照，初夏与初秋需半日照，酷暑盛夏宜遮阴。生长期间趋光性强，要经常转盆。

4.21.6 观赏与应用 倒挂金钟花形奇特，极为雅致，花色艳丽，花期持久。盆栽用于装饰阳台、窗台、书房等，也可吊挂于防盗网、廊架等处。

倒挂金钟的花语：相信爱情、热烈的心。

4.22 亮丝草类

学名：*Aglaonema* spp.。

别名：广东万年青，粗肋草，粤万年青。

英名：poisondart，aglaonema。

科属：天南星科亮丝草属（广东万年青属、粤万年青属）。

产地与分布：原产亚洲南部，现各地广泛栽培。

4.22.1 形态特征 多年生常绿草本。茎直立不分枝，节间明显。叶互生，叶柄长，基部扩大成鞘状，叶绿色，长披针形或卵圆披针形。顶生青绿色佛焰苞，内生白绿色肉穗花序。

4.22.2 种类及品种 同属植物约50种，中国有2种产于云南、两广南部。常见栽培种及品种如下。

（1）广东万年青（*A. modestum*）：又名亮丝草、粗肋草、大叶万年青、竹节万年青。为该属中最早栽培的重要类群。茎直立，不分支，株高50～80cm。叶亮暗绿色，椭圆状卵形，边缘波状，叶短渐尖，叶长15～20cm，叶柄长为叶长的2/3。佛焰苞长6～7cm，花小，白绿色（图3-40）。

图3-40 广东万年青（引自傅玉兰，2001）

（2）'白柄'亮丝草（*A. commutatum* 'Pseudobracteatum'）：又称为金皇后。叶披针形，深绿色，具米黄色斑点，叶柄白色。

（3）'银后'亮丝草（*A. commulatum* 'Silver Queen'）：又称为银皇后。株高 30～40cm，叶密集，叶柄长，基部扩大成鞘状，叶狭长，浅绿色，叶面有灰绿条斑，面积较大。

（4）'银王'亮丝草（*A.×* 'Silver King'）：又称为银王万年青、银王粗肋草、银皇帝。直立，高 30～45cm，叶片茂密，披针形，长 15～20cm，宽 5～6cm，叶面大都为银灰色，有金属光泽，其余部分散生墨绿色斑点或斑块，叶背灰绿，叶柄绿色。

4.22.3　生态习性　　喜温暖湿润和半阴环境，是温室花卉中较耐寒种类，能忍受短时间 0℃低温。生长适温是 18～30℃，3～9 月以 21～30℃为好，9 月至翌年 3 月以 18～21℃为好。怕干旱，忌强光暴晒。土壤宜肥沃、疏松和保力水强的酸性壤土。不耐盐碱土。

4.22.4　繁殖方法　　常用分株和扦插繁殖。

分株繁殖春季换盆时进行。植株从盆内脱出，将茎基部的根茎切断，3～4 枝一丛，伤口涂以草木灰以防腐烂，或稍放半天，待切口干燥后再盆栽。栽后浇水不宜过多。

扦插繁殖以春、夏季为宜。选取长 12～15cm、粗壮的嫩茎做插穗，保留顶端 2 片叶，插入沙床，保持较高的空气湿度，室温 25～30℃，插后 20～28d 生根。也可用水插。在产业化生产中，将亮丝草茎节切成小段，但必须带节间，用新鲜水苔包扎起来放进育苗箱，保持 20～25℃室温，20～25d 从茎节上生根萌芽。其汁液有毒，操作时注意勿溅落眼中或误入口中。

原产地可用种子繁殖，需 25～28℃高温条件下发芽，发芽率高。

4.22.5　栽培管理　　适宜作中小型盆栽。亮丝草常用 15～20cm 的盆。盆底可垫碎瓦片、碎砖等粗大颗粒状材料，以利排水透气，有益于根系生长。盆栽土壤用腐叶土、泥炭土和沙等混合。亮丝草喜湿怕干，茎叶生长期需充足水分，除正常浇水外，每天早晚喷水，夏季保持空气湿度 60%～70%，冬季在 40% 左右。但冬季室温较低时，浇水和喷水量要减少，否则盆土过湿，根部易腐烂，叶片变黄枯萎。冬季温度不低于 8℃，如温度在 8℃以下，叶缘和叶尖受冻枯萎。

亮丝草耐阴、怕强光，在明亮的散射光下，叶片生长和叶色表现最佳，盛夏遇强光暴晒，叶面变白黄枯，引起叶片灼伤。同样，在低光度（100lx）条件下虽能正常生长，但叶色变差，缺乏层次和光泽。

生长期每半月施肥 1 次。生长多年的母株，常呈匍匐状，姿态欠佳，应重新扦插更新。当叶片在盆内过于拥挤时，应及时换盆。一般 1 年换盆 1 次。

表 3-15 为 2001 年花卉国家标准规定的盆栽金皇后和银皇后盆花的质量标准。

表 3-15　盆栽金皇后和银皇后质量等级划分标准

项目	等级 一级	二级	三级
株高 /cm	30～40	30～40	40～50
冠幅 /cm	>30	>30	>30
每盆株数	8 株以上	6～8 株	4～6 株
花盆尺寸（*Φ×h*）/（cm×cm）	24×22	24×22	24×22

4.22.6 观赏与应用 亮丝草株型丰满端庄，叶片宽阔光亮，四季翠绿或缤纷斑驳，典雅别致。又具有较强的耐阴耐寒能力，特别适宜其他观叶植物无法适应的低光度场地的盆栽装饰。可以瓶插水养，也是良好的切叶材料。

4.23 天门冬类

学名：*Asparagus* spp.。

别名：天冬草。

英名：asparagus。

科属：百合科天门冬属（文竹属）。

产地与分布：原产于南非，中国广为栽培。

4.23.1 形态特征 根系稍肉质，具小块根。茎柔软丛生。叶片多退化，呈鳞片状。

4.23.2 种类及品种 同属植物约有300种，主要作为观叶观赏，中国有24种，分布于全国各地。常见种类如下。

（1）天门冬（*A. cochinchinensis*）：又称为丝冬，天冬草，武竹。多年生草本攀缘植物。茎平滑，常弯曲或扭曲，长可达1～2m，分枝，具棱或狭翅。根在中部或近末端成纺锤状膨大，膨大部分长3～5cm，粗1～2cm。叶状枝通常每3枚成簇，扁平或由于中脉龙骨状而略呈锐三棱形，稍镰刀状，长0.5～8cm，宽1～2mm；茎上的鳞片状叶基部延伸为长2.5～3.5mm的硬刺，在分枝上的刺较短或不明显。花通常2朵腋生，淡绿色；花梗长2～6mm。浆果直径6～7mm，熟时红色，有1颗黑褐色种子。花期5～6月，果期8～10月。

（2）狐尾武竹（*A. densiflorus* 'Myers'）：别名狐尾天冬、非洲天门冬、万年青。因植株形似狐狸的尾巴而得名。植株丛生，茎直立生长，高30～60cm，稍有弯曲，但不下垂。叶片细小呈鳞片状或柄状，3～4片呈辐射状生长，叶片及茎均为鲜绿色。小花白色，具清香。浆果小球状，初为绿色，成熟后呈鲜红色，表皮有光泽，内有黑色种子。

（3）松叶天门冬（*A. myrioeladus*）：别名绣球松、水松、松叶文竹、蓬莱松等。多年生灌木状草本。株高50～1.5m，具小块根。茎直立或稍铺散，木质化呈灌木状。小枝纤细，叶呈短松针状，簇生成团，极似五针松叶，多分枝；新叶翠绿色，老叶深绿色。花白色，浆果黑色。

（4）文竹（*A. plumosus*）：别名云片竹、山草、鸡绒芝。多年生攀缘草本。根部稍肉质。茎柔软丛生，细长，分枝极多，近平滑。叶状枝通常每10～13枚成簇，刚毛状，略具三棱，长4～5mm；鳞片状叶基部稍具刺状距或距不明显。小花每1～4朵腋生，白色，有短梗；花期9～10月。浆果直径6～7mm，熟时紫黑色，有1～3颗种子。

4.23.3 生态习性 喜温暖湿润的环境，冬季不耐严寒，但能忍受2～3℃低温，生长适温为15～25℃，越冬温度为5℃；不耐高温。室内以明亮散射光为宜，夏季忌阳光直射，耐半阴。以疏松肥沃、排水良好、富含腐殖质的砂质壤土栽培为好。

4.23.4 繁殖方法 播种或分株繁殖。种子成熟后即可播种，也可以沙藏后播种。属于发芽迟缓种子，播种之前需要浸种24h。保持15～20℃，20～30d发芽。春季换盆结合分株繁殖。每丛3～5株。

4.23.5 栽培管理 栽培时注意避开夏季阳光直射，否则极易造成黄叶、焦灼。生长期保证水分供应，尤其保持空气湿润，干旱或积水均生长不良。生长季浇水过多易使叶片发黄、脱落、烂根。冬季置于阳光充足处，并经常向叶面喷水。

每年应换盆一次，逐年加大，如不换大盆，可翻盆将小块根剔去一部分，更换新土，原盆栽植。平时注意茎枝更新，随时剔去衰老病残茎枝。

4.23.6 观赏与应用 天门冬属植物多数以观叶为主，室内小型盆栽观赏，株丛紧密，四季常青，部分攀缘种类可以进行垂直绿化。一些种类可以布置花坛，也是重要的切叶材料。

4.24 观赏凤梨类

学名：*Bromeliaceae* spp.。

别名：菠萝花。

英名：bromelia family，pineapple family。

科属：凤梨科。

产地与分布：原产美洲热带雨林地区，现在各地均有栽培。

4.24.1 形态特征 观赏凤梨是指所有具有观赏价值的凤梨科植物。为多年生草本植物，以短茎的附生种类为主。叶片呈莲座状，中心呈杯状形成持水结构；叶片大小不同，多数为宽带装，厚实肉质，部分种类叶片有条纹或斑纹，还有部分种类开花时近花序部位呈现红色。花序呈圆锥状、总状或穗状，生于叶形成的莲座丛中央；花色有红、黄、紫、褐、绿、白等色，部分苞片颜色鲜艳。花后死亡，基部产生吸芽。

4.24.2 种类及品种 凤梨类是非常庞大的一类植物，有50多个属2500多个原始品种。按用途分，可分为食用凤梨和观赏凤梨两种。食用凤梨即通常所说的菠萝，而观赏凤梨在植物分类学上均属于凤梨科多年生草本植物。按生理形态分，可划分为地生种类、附生种类和气生种类三大类型。市场常见的种类有以下几种。

（1）果子蔓属（*Guzmnaia*）：又名擎天凤梨，是观赏凤梨中最漂亮的属（图3-41）。陆生或附生，栽培的多为附生种类。植株多为中型至大型，株高40～100cm。叶数较多，带状，娇软而细长，叶面平滑有光泽，纯绿色，或有棕色或红色细纹。花茎粗，从叶筒中直挺而出，高立于叶面之上，故有"擎天"之称。花序圆锥形、穗状或群居似头状花序，苞片有红、黄、紫等多种颜色。常见栽培种或品种有：①圆锥擎天（*G. conifera*）：又称咪头，穗状花序在花梗顶端密簇生长成头状，每个小花的苞片猩红色，尖端鲜黄色。②橙红星果子蔓（*G. lingulata* 'Minor'）：总苞片披针形，外面红色，里面颜色略淡。③黄萼果子蔓（*G. dissiflora* 'Gemma'）：花梗上红色的总苞疏离，每个小花成管状，自总苞梗上斜出，分离，小苞片呈红色。④'丹尼斯'：株高70～80cm，叶长40～55cm，宽5～6cm。复穗状花序，花茎粗，苞片深红色，小花鲜黄色，集生成小球状。

（2）莺歌凤梨属（*Vriesea*）：又称丽穗凤梨属、剑凤凤梨属、花叶兰属。附生，植株中型，叶宽、无刺、平滑、革质、全缘、绿色，也有斑叶品种。叶排列成疏松的莲座状，形成可储水的叶筒。穗状花序，

图3-41 果子蔓属（引自傅玉兰，2001）

单枝或多分枝，苞片有红、黄等色。目前用于观赏的多为杂交程度较高的品种，常见的有'红剑'、'美丽达莺歌'、'红莺歌'、'黄边莺歌'、'彩苞莺歌'等。

（3）姬凤梨属（*Cryptanthus*）：又称为迷你凤梨。植株低矮，叶坚韧尖削，披针形，叶缘波状，常有皮刺；叶色有绿、红褐、绿褐等，大多数种类叶片呈横向生长，平卧在地面上，构成星形的莲座状。由于不时地开放出米色或带绿的白色花，在叶腋处部分被遮盖起来，因此称为隐花凤梨。该品种娇小玲珑，以观叶为主。

（4）铁兰属（*Tillandsia*）：又称为花凤梨属，是凤梨中种类最多的属，绝大多数种类附生。形态变化多端，大小差异悬殊，多属于小型种。叶数多，叶细无刺，花为穗状或头形圆锥花序。一般分为两类：一种是空气凤梨，无根或很少根，在栽培时可不需要盆和基质，可裸露在床架上生长，维持较高的空气湿度即可；一种是盆栽铁兰，叶片狭长，几乎没有叶筒，可开花用于观赏。

（5）彩叶凤梨属（*Neoregelia*）：又称五彩凤梨属、唇凤梨属。植株多不高大，很少高于23cm，但冠幅较大，叶缘有细小的针刺，花序无观赏价值，但在开花前，叶丛中央叶片大部分会逐渐变为红色，鲜艳漂亮，观赏期可持续数月之久。

（6）光萼荷属（*Aechmea*）：是观赏凤梨中的大型种。附生，叶厚、绿色，也有红色或具斑纹品种。粉波萝是该属常见的商业品种，圆锥花序桃红色，花苞间开红色的小花。

（7）水塔花属（*Billbergia*）：叶丛筒状或瓶筒状，故称水塔花。叶片斜生略弯曲，叶缘有针刺。花茎直立，穗状花序上密生深红色小花，苞片粉红色。

市场上较热销的品种有以下几种。

艳凤梨（*Ananas comosus* var. *variegata*）：是菠萝的花叶变种，其果序常被切下作瓶插之用，是经久耐赏的观果和赏叶的凤梨类植物。

'巨富星'（'Tutti frutii'）：大型品种，叶密生，深绿，花序较大，深红色，高度常与叶面齐平。

'火炬星'（*Cuzmania* 'Focus'）：又称圆锥果子蔓，特点是植株较高大，叶片亮绿色，花序高出叶面，外形尤似一个燃亮的火炬或一个红色的麦克风，形神兼备，是历年元宵花市上观赏凤梨的主打品种。

'金凤凰'（*Vrisea* 'Annle'）：又称安妮莺哥凤梨。叶片较窄，绿色，复穗花序由6～8个金黄色小花序组成，花梗深红色，色彩对比强烈。

三色彩叶凤梨（*Neoregeliacarolinae* var. *tricolor*）：是彩叶凤梨的花叶变种，植株鸟巢状，叶筒中央呈深红色，叶片有金心或金边的色彩，形成绿、黄、红三色。

炮仗星（*G. Disitiflora*）：又名炮竹星，是疏花型品种。叶片翠绿色，中部以下弯垂，穗状花序高出叶面，花朵疏生，基部红色，顶部黄色，色彩对比强烈。

'火凤凰'（*V.* 'Poel-mannii'）：又称波尔曼莺哥凤梨。叶片深绿色，复穗花序由3～5个剑形的红色小花序共组，高出叶筒中央，十分美丽，金边或金心叶的变种称为花叶火凤凰，观赏效果更优。

'黄玉星'（*G.* 'Pax'）：中型品种。叶片浅绿色，开出黄色的花序，是用于组合盆栽凤梨的配色，使其在众多红色品种中独树一帜而十分瞩目。

粉掌铁兰（*Tillandsiacramea*）：又称球拍，以示其扁平的花序形似一块乒乓球拍。其特点是株形小，叶 20～30 片矮生，线形；穗状花序从叶丛中央抽出，紫蓝色。

'帝王星'（*G.* 'Empire'）：大型品种。植株叶片密生，翠绿色，花序深红色，高度几乎与叶片齐平。

'粉菠萝'（*A.* 'Fascia-ta'）：又称粉叶珊瑚凤梨。叶革质，密披白粉，边缘具刺齿，花序球形，从叶筒中央抽出，红色。此外还有开粉红色花和叶片满布白粉的变种银叶粉菠萝，其观赏效果更胜一等。

'丹尼星'（*G.* 'Denise'）：又名丹尼斯果子蔓。莲座状植株由密生的深绿色叶片组成，花序顶端深红色，星状，色彩艳丽且经久不变。

'车厘星'（*G.* 'Cherry'）：是丹尼星的姐妹品种，外形似上种，但株型较细瘦，花序较长，鲜红色。

'大奖星'（*G.* 'GrandPrix'）：又名巨奖星。植株中等大，深红色的星形花序伸出叶筒中央，颜色艳丽。

'斑马红剑'（*V.* 'Splen-dens'）：又称斑马莺哥凤梨。叶片具有深绿与浅绿相间的斑马条纹，开剑形的穗状花序，由 2 列深红色的花苞片，伸出叶筒中央。

'斑马珊瑚凤梨'（*A.* 'Chanlinii'）：是一个既可观叶又可观花的原生种类。莲座状叶丛是由深绿与浅绿相间的叶片组成，复穗花序有大片的深红色苞片，色彩艳丽。此外还有金心叶变种，称为金心斑马珊瑚凤梨。

4.24.3 生态习性　喜高温、多湿、半阴的环境，盆栽土宜用含腐殖质的砂性土壤。凤梨喜欢阴凉的环境，不能暴露在直射阳光下，但也需要适当的阳光。现在栽培的大多数品种需要的光照强度为 1.8～2.5 万 lx。适应温度范围较广，在 14～35℃都可以生长，最适宜温度为夜温 18～19℃，昼温 21～22℃，冬季不低于 10℃。理想的灌溉水是雨水或经过反渗透水，其次是河流、湖泊等地表水，水的 pH 要求在 5.5～6.5。最适宜凤梨生长的空气相对湿度在 50%～75%。

4.24.4 繁殖方法　观赏凤梨可以分株、扦插、播种和组织培养繁殖。

观赏凤梨一生只开花一次，花后会在老植株基部长出一至数枚分蘖芽。将这些蘖芽分开，达到繁殖目的。分株的方法是：先从基部剪去花茎，再将老植株叶片留下 5～8cm，其余全部剔除，留下的叶片基部正好形成一个筒状可贮水，剪时不要碰伤小芽。待芽高 10cm 左右，再用利刀轻轻从芽和母株连接处切开，将小芽栽入用腐叶土配成的盆土中，养护一年后开花。

观赏凤梨基部的吸芽往往没有根系，需要对吸芽进行扦插促根处理。当吸芽长至 12～15cm 高时即可切下，除去基部 3～4 片小叶，置于阴凉处晾干，约需 2d，然后扦插于沙床。沙床应处在光强为 8000～10 000lx、气温 18～28℃的环境中，根部温度最好控制在 20℃左右。一个月后长根。

若想提高繁殖系数，也可以破坏生长点，促发吸芽。具体做法是：将利刀对准生长点刺穿叶筒，纵剖 1～2 刀（剖两刀时呈十字形），切口长度 3～5cm，1～2 个月后，基部即可长出吸芽 10 个左右；也可以用直径为 3mm 的铁杆，从上至下将凤梨心部钻穿，以破坏生长点，1～2 个月后，基部同样可长出吸芽。

有明显的下垂茎或老茎的种类，可以采用普通扦插的方法繁殖。

播种繁殖多在育种时应用。宜在无菌条件下播种。采下已成熟而未开裂的果实后用净水冲洗 15min，用 75% 乙醇擦洗果皮，再用 10% 过氧化氢灭菌 12min，之后用无菌水冲洗 3～4 次，切开果实，取出种子，将种子播于固体培养基中，培养基选用 1/2 MS＋2% 蔗糖＋1% 活性炭。采用此种方法进行播种，一个月左右即可发芽，发芽率可达 80% 以上。当植株的真叶长到 5 片左右时，可出瓶移植于穴盘中。种子应随采随播。

目前国内外普遍采用组织培养的方法来大量生产种苗，有专门的花卉种苗公司，生产上主要使用进口种苗。我国国产化生产的种苗有擎天属星类凤梨和小火炬类凤梨。组培快繁常用的外植体为顶芽、侧芽。

4.24.5 栽培管理　　观赏凤梨从 20 世纪 80 年代传入中国以来，成为广受欢迎的室内观叶、观花植物。目前观赏凤梨主要进行盆花的专业化生产。

4.24.5.1　种植

（1）盆栽基质：凤梨的根系主要起支撑作用，对栽培基质的腐殖质要求不是很严格，但必须质轻、疏松、保水力良好。一般选择已调配好 pH 的进口泥炭或泥炭、珍珠岩和椰糠混合基质，按照 10：1：1（体积比）将泥炭土、珍珠岩和椰糠搅拌均匀，在搅拌过程中，用 1% 的甲醛溶液对混合基质进行均匀喷洒消毒。

种植凤梨前半个月，用 1% 的甲醛溶液对温室或塑料大棚进行熏蒸消毒；用石灰水或高锰酸钾溶液对地面消毒；用高锰酸钾溶液对花盆、手铲等用具浸泡消毒。

（2）种植：凤梨种苗到货后，将凤梨种苗取出，直立于箱内，确保所有植株都有足够的通风条件。最好能在当天种植，否则，要给箱子里的植株洒水，但不要过湿。然后依照不同品种，把种苗定植在相应规格的花盆中。凤梨种苗不能栽植太深。种植约 10d 后，施一次单一的低浓度叶面肥，浓度为 0.5g/L。N：P：K 的比例为 20：10：20。初上盆时尽可能只对植株浇水，水分不渗透到土壤中。当植株根系形成后，新根至少长 2cm，再有规律地给植株施肥。

（3）移植：凤梨苗在小盆中生长 4～8 个月后，需要换到大盆。一般莺歌类用 11～12cm 的盆，擎天类品种用 14～16cm 的盆。换盆时，先在盆底放一层泥炭土，再把凤梨从小盆中连土取出，摘除老叶，放在盆中央，在根球四周放入泥炭土，轻压以确保植株直立。

4.24.5.2　水肥管理　　附生的凤梨根系较弱，主要起固定植株的作用，吸收功能是次要的。其生长发育所需的水分和养分，主要是贮存在叶基抱合形成的叶杯内，靠叶片基部的吸收鳞片吸收。即使根系受损或无根，只要叶杯内有一定的水分和养分，植株就能正常生长。生长旺季 1～3d 向叶杯内淋水 1 次，每天叶面喷雾 1～2 次。保持叶杯内有水，叶面湿润，土壤稍干；冬季应少喷水，保持盆土湿润，叶面干燥。

凤梨施肥时应以氮肥、磷肥和钾肥为主，不同品种的土壤中最佳肥料（N：P：K）参考配比是：果子蔓 1：（0.25～0.5）：（2～3）；铁兰 1：1：2；丽穗凤梨 1：0.75：2.5。凤梨对一些营养元素很敏感，如铜和氯可导致植株发黑甚至死亡；锌可以使叶尖干枯；硼则引起叶片卷曲或脱落；过多的磷也会使凤梨出现中毒的症状，如叶尖干枯。凤梨的革质叶片对镁元素的需求较多，充足的镁可使某些凤梨品种（如火炬）的叶片散发出特有的金属光泽，因此，栽培某些种类的凤梨时营养液中添加镁元素，一般按照钾（氧化钾）的 1/10 添加。

4.24.5.3　环境调控　　凤梨最适宜温度为夜温 18～19℃，昼温 21～22℃，且冬季不低于 14℃。湿度要保持在 70%～80%。不同品种对光照强度需求不同，果子蔓和丽穗凤梨需要 20 000lx，而铁兰则需要 25 000lx。生产上夏季将果子蔓和丽穗凤梨放在透光率为 70%

的遮阳网处，将铁兰放在透光率为 50% 的遮阳网处。夏季可采用遮光法和蒸腾法降温，使环境温度保持在 30℃以下。

4.24.5.4　盆花摆放密度　凤梨盆花主要根据生长发育阶段调整摆放密度。以栽培 16 个月的盆花品种为例，二次移栽小苗用 7～9cm 花盆，放置密度为 140 盆 /m²，20 周之后当叶片相互重叠，看不到苗床时加大盆花间距离，密度以能看到 1/3 苗床为宜，这时放置密度为 75 盆 /m²，再过 15 周换直径 13cm 的花盆，放置密度为 40 盆 /m²，15 周后放置密度为 25 盆 /m²，15～20 周后成品销售。

4.24.5.5　催花处理　凤梨在自然生长条件下，生长超过 30 片叶时，在温暖湿润的环境下可自行开花，花期以春末夏初为主。为使观赏凤梨能在节日开花，并缩短栽培时间，常进行人工催花。这也是凤梨盆花生产中的关键技术。不同的品种类型采用的方法不同，对催花的反应不同。

　　最常用的催花方法是采用乙炔气体饱和液进行催花处理。用一根皮管将乙炔气体瓶和储水桶连接起来，并将带有气孔的皮管均匀浸没在水中，用 0.5Pa 的压力慢慢将乙炔气体从瓶中释放到水中，100L 的水放气时间至少在 4min 以上。当容器里流出的水具有强烈的气味时，就可以用来催花。将乙炔水溶液灌入凤梨已排干水的"叶杯"内，用量以刚好填满"叶杯"为好。重复进行 3 次，每次间隔 2～3d。一般处理后 3～4 个月即可开花。人工催花应注意：要选完成营养生长阶段的植株，至少有 20 片充分发育的叶片，包括已枯死的老叶，以积累足够的营养物质。如叶数太少，营养不足，即使催花成功，花开也达不到观赏标准；一般要在室温 20℃左右进行，温度越高，催花时间越短；温度越低，催花时间越长，但日绝对低温在 15℃以下催花难以成功。观赏凤梨催花处理前两周停止施肥，只浇清水；催花处理两周后开始施肥，少施氮肥多施钾肥。这样可以防止生成绿色花穗。催花的同时不要关闭乙炔气阀，因为乙炔气体容易从水中蒸发掉，如果关掉气阀，水中的乙炔浓度会逐渐降低，影响催花效果。

　　另外凤梨还可以用乙烯、乙醛催花。因乙烯利、乙醛对植株处理后即停止生长，所催出的花短小，并且用乙烯利、乙醛催花只能使用一次，若植株没有反应，则不能像乙炔那样再次催花，所以，生产上不常用这两种方法。但铁兰很难使用乙炔进行催花处理，常采用乙烯利进行催花处理，处理浓度为每升溶液含乙烯利有效成分 0.75g。

　　观赏凤梨多数品种的栽培周期为 1～1.5 年。

4.24.5.6　观赏凤梨的日常管理　凤梨科植物在日常管护中应置于半阴通风处，取散射光照莳养。强光易使叶片受灼，出现杂斑；但注意不要长久放在过阴处，否则叶片的色泽会变浅变淡。在气候干旱、闷热、温度低的情况下，凤梨的叶缘及叶尖极易出现焦枯现象，因此要保持盆土湿润，每日可向叶面喷洒清水 1～2 次，叶座中央杯状部位可注满清水。

4.24.6　观赏与应用　观赏凤梨株型独特，叶形优美，花型花色丰富漂亮，观赏期长，可达 2～6 个月，观花观叶俱佳，形态千姿百态，而且绝大部分种类耐阴，适合室内长期摆设观赏，是集观花、观叶于一体的时尚花卉。可以盆栽布置于宾馆大堂、居家客厅、会议室等处。

4.25　肾蕨

学名：*Nephrolepis auriculata*（*cordifolia*）。

别名：圆羊齿，篦子草，凤凰蛋，蜈蚣草，石黄皮。

英名：tuber sword fern，pigmy sword fern。

科属：肾蕨科（骨碎补科）肾蕨属。

产地与分布：原产热带和亚热带地区，中国华南各地山地林源有野生，现在各地均有栽培。

4.25.1　形态特征　多年生草本，株高 40～50cm。根状茎直立，被蓬松的淡棕色长钻形鳞片，下部有粗铁丝状的匍匐茎向四方横展，匍匐茎棕褐色，粗约 1mm，长 30cm，不分枝，疏被鳞片，有纤细的褐棕色须根；匍匐茎上生有近圆形的块茎，直径 1～1.5cm，密被与根状茎上同样的鳞片。叶簇生，柄长 6～11cm，粗 2～3mm，暗褐色，略有光泽，上面有纵沟，下面圆形，密被淡棕色线形鳞片；叶片线状披针形或狭披针形，长 30～70cm，宽 3～5cm，先端短尖，叶轴两侧被纤维状鳞片，一回羽状，羽状多数，45～120 对，互生，常密集而呈覆瓦状排列，披针形，先端钝圆或有时为急尖头，基部心脏形，通常不对称，下侧为圆楔形或圆形，上侧为三角状耳形，几无柄，以关节着生于叶轴，叶缘有疏浅的钝锯齿，向基部的羽片渐短，常变为卵状三角形，长不及 1cm；叶脉明显，侧脉纤细，自主脉向上斜出，在下部分叉，小脉直达叶边附近，顶端具纺锤形水囊；叶坚革质或革质，干后棕绿色或褐棕色，光滑。孢子囊群成 1 行位于主脉两侧，肾形，少有为圆肾形或近圆形，长 1.5mm，宽不及 1mm，生于每组侧脉的上侧小脉顶端，位于从叶边至主脉的 1/3 处；囊群盖肾形，褐棕色，边缘色较淡，无毛（图 3-42）。

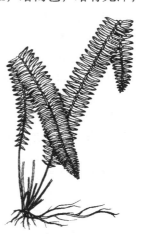

图 3-42　肾蕨

4.25.2　种类及品种　肾蕨是目前国内广泛应用的观赏蕨之一。同属观赏种如下。

（1）碎叶肾蕨（*N. exaltata*）：又称为高大肾蕨。株高 35～70cm，冠径 50～75cm。1 回羽状复叶，披针形，羽叶长 100～150cm，宽 15cm。小叶宽线型，长约 7cm，全缘或稍有锯齿，平出。原产美洲和印度。其栽培品种有'亚特兰大'（Atlanta）、'科迪塔斯'（Corditas）、'小琳达'（Little Linda）、'马里萨'（Marisa）、'梅菲斯'（Memp His）、'波士顿肾蕨'（Bostoniensis）、'密叶波士顿肾蕨'（Bostoniensis Compacta）、'皱叶肾蕨'（Fluffy Ruffles）、'迷你皱叶肾蕨'（Mini Ruffle）。

（2）长叶肾蕨（*N. biserrata*）：叶为 1 回羽状复叶，鲜绿色，长 120～140cm，宽 30cm，弯曲下垂。小叶镰刀状，长 15cm 左右。叶缘有锯齿，革质。原产中国，分布广泛。

（3）尖叶肾蕨（*N. acuminata*）：叶簇生，一回羽状复叶，长 32～58cm，小叶条状披针形，长 2～3cm，孢子囊群生于小叶背面每组侧脉的上侧小脉顶端，囊群盖肾形。

4.25.3　生态习性　喜温暖潮湿的环境，生长适温为 16～25℃，冬季不得低于 8℃，能耐 -2℃ 的低温。自然萌发力强，喜半阴，忌强光直射，对土壤要求不严，以疏松、肥沃、透气、富含腐殖质的中性或微酸性砂壤土为好。不耐寒、不耐旱。

4.25.4　繁殖方法　常用分株和孢子繁殖，近年已有用组培繁殖者。

分株繁殖全年均可进行，以 5～6 月为好。孢子繁殖时，选择腐叶土或泥炭土为播种基质，装入播种容器，将收集的肾蕨成熟孢子，均匀撒入播种盆内，喷雾保持土面湿润，播后 50~60d 长出孢子体。幼苗生长缓慢，需细心养护。肾蕨的组培技术，在世界上正日趋完善，我国近年才刚刚起步，常用顶生匍匐茎、根状茎尖、气生根和孢子等作外植体。

4.25.5 栽培管理 肾蕨生产上有两种形式，一是生产盆花，一是切叶生产。切叶生产时以地栽为主。无论哪种生产形式，均是根据肾蕨的生态习性进行栽培管理。

（1）培养土：肾蕨根系分布较浅、具有一定的气生性，因此培养土要求疏松、肥沃、排水良好。一般用腐叶土或泥炭土加少量园土混合，亦可加入细沙和蛭石以增加透水性。作吊篮栽培时可用腐叶土和蛭石等量混合作培养土，重量较轻，适宜悬垂。家庭盆栽时，为了保持土壤的湿润，可向培养土中混入一些水苔、泥炭藓等，这对肾蕨的生长有利。

若是进行盆花生产，则需将分株或孢子繁殖、组织培养获得的种苗上盆，小苗装盆时，先在盆底放入 2~3cm 厚的粗粒基质或者陶粒来作为滤水层，其上撒上一层充分腐熟的有机肥料作为基肥，把肥料与根系分开，避免烧根。上完盆后浇一次透水，并放在遮阴环境养护。

（2）栽培管理：肾蕨生长迅速，管理简单，是蕨类植物中比较容易栽培的种类之一。

肾蕨喜潮湿的环境，栽培中应注意保持土壤湿润，同时还应经常向叶面喷水，保持空气湿润，这对肾蕨的健壮生长和叶色的改善是非常必要的。浇水时要做到小水勤浇，夏季气温高，水分蒸发很快，每天向叶面喷洒清水 2~3 次，可使植株生长健壮、叶色青翠。春、秋季气温适宜，肾蕨生长较旺盛，盆中不断有幼叶萌发，此时应充分浇水，以使幼叶能正常、迅速地生长。冬季应减少浇水，并停止喷水，以保持盆土不干为宜。栽培中当土壤缺水、空气过于干燥或浇水忽多忽少，常会导致植株叶色变淡、苍白、失绿，叶片尖端枯焦，严重时叶片大量脱落，降低观赏价值。肾蕨要求生长环境的空气相对湿度在 60%~75%。

肾蕨比较耐阴，栽培中，当光照过强时，常会造成肾蕨叶片干枯、凋萎、脱落；但长期荫蔽不见光，也会导致生长柔弱，叶色变淡，叶片脱落，同时由于叶片伸长而改变其原有的姿态，造成生长不整齐，观赏性变差。春、秋两季可在早晚略微照光，每天保证 4h 的光照，冬季肾蕨可见全光；夏季光照强，肾蕨需要遮阴。

肾蕨不耐严寒，冬季应保持温度在 5℃以上；肾蕨也怕酷暑，夏季注意保持良好的通风，并不断地向植株喷水，在气温 30~35℃时还能够正常生长。春、秋季气温适宜，是肾蕨生长的旺盛时期，应注意通风良好。

肾蕨对肥分的要求比较微薄，但栽培中也应注意定期施肥。肾蕨的施肥以氮肥为主，在春、秋季生长旺盛期，每半月至 1 个月施 1 次稀薄饼肥水，或以氮为主的有机液肥或无机复合液肥。

4.25.6 观赏与应用 肾蕨叶色青绿，青翠宜人，姿态婆娑，株型秀雅，是厅堂、书房的优良观叶植物。可盆栽，吊挂观赏。也是常用的插花配叶材料。

肾蕨可吸附砷、铅等重金属，被誉为"土壤清洁工"。

4.26 绿萝

学名：*Scindapsus aureum*。

别名：魔鬼藤，黄金葛，黄金藤。

英名：Devil's Ivy。

科属：天南星科绿萝属（藤芋属）。

产地与分布：原产于所罗门群岛，现在各地均有栽培。

4.26.1 形态特征 多年生草质常绿藤本。茎蔓粗细不同，长可达数米，茎节上有气生根。单叶互生，幼叶卵心形，全缘，成熟叶常常长卵形，叶缘有时羽裂状，叶片鲜绿色，有光泽，部分品种叶面上有不规则黄色或白色斑块或条纹；叶基心形，叶端渐尖；叶片大小变化幅度大。佛焰苞卵状阔披针形。

4.26.2 种类及品种　　绿萝根据叶片上花叶的特征分为以下 3 种。

（1）青叶绿萝：叶子全部为青绿色，没有花纹和杂色。

（2）黄叶绿萝：又称为黄金葛，叶子为浅金黄色，叶片较薄。

（3）花叶绿萝：绿萝叶片上有颜色各异的斑纹。依据花纹颜色和特点，已发现的有 3 个变种。'银葛'（'Marble Queen'），叶上具乳白色斑纹，较原变种粗壮；'金葛'（'GoldenPothos'），叶上具不规则黄色条斑；'三色葛'（'Tricolor'），叶面具绿色、黄乳白色斑纹；'星点藤'（*S. hederaceus*），叶面绒绿，满银绿色斑块或斑点。

4.26.3 生态习性　　性强健。喜温暖湿润的散射光环境。绿萝属阴性植物，忌阳光直射。冬季温度需高于 5℃。喜富含腐殖质、疏松肥沃、微酸性的土壤。

4.26.4 繁殖方法　　通常采用扦插法繁殖。春末夏初选取健壮的绿萝藤，剪取 15～30cm 的枝条，将基部 1～2 节的叶片去掉，插入素沙或煤渣中放置于荫蔽处，保持环境不低于 20～25℃，3 周可生根。

4.26.5 栽培管理　　绿萝常作盆栽观赏，生产上有两种盆栽观赏方式，一是大型盆栽，做成绿萝柱，常用于大叶种类；另外一种是小型吊盆，常用于小叶种类或品种。

绿萝柱需要选用 25～35cm 的花盆，盆中央树立一根 4～5cm 直径的竹竿或塑胶杆，柱外缠绕棕毛供绿萝气生根缠绕并吸收水分，柱子高 80～150cm。盆内围绕立柱基部定植 4～6 株的幼苗。随着绿萝生长随时将茎秆绑缚于立柱之上，使植株的生长点朝上。等植株高度超过立柱时，可以在立柱高度之下短截，使之发侧芽；植株有衰老迹象时可以从植株下部留 2～3 节修剪，促发新枝，进行更新。

吊盆装饰的绿萝一般定植于 12～18cm 盆中 2～3 株，自然生长下垂。

生产和养护绿萝时，秋冬春季节可见全光，夏季需要遮阴。阳光过强会灼伤绿萝的叶片，过阴会使叶面上斑纹变淡或消失。在光线较暗的室内，应每半月移至光线强的环境中恢复一段时间，否则易使节间增长，叶片变小。

10℃以上绿萝可以安全过冬，室温在 20℃以上，绿萝可以正常生长。生产绿萝盆花时注意冬季的保温。

绿萝原产地为热带雨林下，要求较高的空气湿度，在生产的温室或生产地，由于植株密集空气湿度较大，能满足其对空气湿度的要求。在北方室内摆放观赏时，在秋冬春季，空气湿度较小，会使绿萝叶面失去光泽。因此应通过干净湿布擦拭叶面，或周围地面洒水喷雾增加空气湿度。

绿萝喜欢湿润，生长季节浇水以经常保持盆土湿润为宜，切忌盆土干燥，否则易引起叶黄和株形不佳。若浇水过多造成盆土积水，又易引起烂根、枯叶，特别是冬季室温低时更要注意控制浇水。

北方的秋冬季节，植物多生长缓慢甚至停止生长，因此应减少施肥。入冬前，以浇喷液态无机肥为主，时间是 15d 左右一次。入冬后，以叶面喷施为主，叶面肥要用专用肥，普通无机肥不易被叶面吸收。

表 3-16 为 2001 年花卉国家标准规定的盆栽绿萝的质量标准。

表 3-16　盆栽绿萝质量等级划分标准

项目 \ 等级	一级			二级			三级		
株高 /cm	150	120	90	150	120	90	150	120	90
花盆尺寸（Φ×h）/（cm×cm）	33×31	30×31	25×25	33×31	30×31	25×25	33×31	30×31	25×25
茎、叶部状况	茎叶生长旺盛，主蔓 3～5 根，顶尖高度距棕柱顶端 20～30cm，叶片从上到下分布均匀，叶色浓绿、有光泽，基部叶片完整			茎叶生长正常，主蔓 3～5 根，顶尖高度距棕柱顶端平齐，叶片从上到下分布均匀，叶色绿、有光泽，基部叶片有少量脱落现象			茎叶生长较正常，主蔓 3～5 根，顶尖高度超过棕柱顶端 15～20cm，叶片从上到下分布较均匀，基部叶片有脱落现象		

4.26.6　观赏与应用　　绿萝枝繁叶茂，耐阴性好，其缠绕性强，气根发达，叶色斑斓，四季常绿，长枝披垂，是优良的观叶植物，既可让其攀附于用棕毛扎成的圆柱、树干上

绿化，摆于门厅、宾馆，也可培养成悬垂状置于书房、窗台、墙面、墙垣，还可用于林荫下作地被植物，是一种适合室内摆放的花卉。绿萝具有强大的净化空气的功能，能够吸收空气中的苯、甲醛等有害气体，因此非常适合摆放在新装修好的居室中。

绿萝遇水即活，因顽强的生命力，被称为"生命之花"。

绿萝花语为：坚韧善良，守望幸福。

其他宿根花卉的主要特性见表 3-17。

【实训指导】

（1）盆栽小菊的栽培管理。

目的与要求：掌握小菊盆花的栽培管理方法及要点

内容与方法：①每人或一组扦插繁殖小菊种苗 20～30 株；②选择适宜的花盆上盆；③分人或组对相应的盆栽小菊进行管理，包括换盆、中耕、除草、施肥、浇水、整形修剪等。

实训结果及考评：每人或每组选择盛花期的小菊盆花 10 盆，参考国家花卉标准进行分级、评分，评分包括自评、互评、教师评分 3 项，各占相应比例，最后给出栽培管理小菊盆花的综合成绩。

（2）园林绿地露地宿根花卉应用调查。

目的与要求：了解目前当地园林绿地中宿根花卉应用的种类、品种，掌握主要宿根花卉的用途，分析当地园林绿地宿根花卉应用和管理中存在的问题。

内容与方法：①根据学校附近园林绿地具体情况分片区，然后将学生分组，一般 5～10 人一组；②按调查教学法组织该项调查内容的实施，包括调查方案上交与审核，调查工作的开展，调查内容的总结与成果汇报，该项目的成绩考评等。

实训结果及考评：每组提交调查报告，要求调查报告中包括调查方案或计划、调查结果、结果分析、存在问题及改进建议等内容。项目考评包括方案、结果汇报时的组内学生互评成绩、全班学生互评成绩、教师综合评价成绩，各占一定比例构成综合成绩。

（3）园林绿地露地宿根花卉观赏特性调查。

目的与要求：在了解当地园林绿地中宿根花卉应用的种类的基础上，通过调查掌握主要宿根花卉的株高、花期、花色、冠幅，为以后宿根花卉的应用及栽培管理奠定基础。

表3-17 其他宿根花卉主要特性简介

序号	中文名称	学名	科属	株高/cm	花色	花期	繁殖方法	生态习性				观赏用途
								光照	温度	水分	土肥	
1	鹤望兰	Strelitzia reginae	旅人蕉科鹤望兰属	100~120	橙黄	9月~翌年5月	播种、分株、组织培养	喜光照	喜温暖	喜湿润	疏松肥沃	切花、盆栽、宾馆、会议室、花坛中心
2	荷兰菊	Aster novi-belgii	菊科紫菀属	60~100	紫红、浅蓝、粉、白	7~10月	播种、扦插、分株	喜光照	耐热又耐寒	耐旱	耐贫瘠	花坛、花境、插花
3	松果菊	Echinacea purpurea	菊科松果菊属	50~150	黄、红、淡紫	6~8月	播种、分株	喜光照	喜温暖		喜肥沃	花坛、花境、丛植
4	金鸡菊	Coreopsis basalis	菊科金鸡菊属	40~50	黄、棕	5~9月	播种、分株	喜光照亦耐半阴	喜温暖亦耐寒			花坛、花境、丛植
5	天竺葵	Pelargonium hortorum	牻牛儿苗科天竺葵属	30~60	红、淡红、粉、白、肉红	全年	播种、扦插、组织培养	喜光照	喜凉爽不耐寒	喜干燥	中肥	盆栽、花坛
6	长春花	Catharanthus roseus	夹竹桃科长春花属	30~60	红、紫、白、黄	全年	播种、扦插	喜阳光亦耐半阴	喜高温	喜高湿	中肥	花坛、花境、丛植、盆栽
7	楼斗菜	Aquilegia vugaris	毛茛科楼斗菜属	15~50	红、紫黄色	6~7月	播种、分株	忌暴晒	喜凉爽	喜湿润	肥沃	片植、林下、地被、花境、岩石园
8	紫菀	Aster tataricus	菊科紫菀属	150~240	蓝紫	7~9月	分株、扦插、播种	喜光照	喜温暖	喜湿润	肥沃	花坛、花境、切花
9	落新妇	Astilbe chinensis	虎耳草科落新妇属	50~100	淡紫、紫红、粉	7~8月	分株、播种	喜半阴	耐寒	喜湿润	中肥	花境、丛植、片植、岩石园
10	桔梗	Platycodon grandiflorus	桔梗科桔梗属	40~120	蓝、白、淡紫、粉、复色	6~7月	分株、播种	喜光照	喜凉爽	喜湿润	中肥	花境、药草园
11	一枝黄花	Solidago canadensis	菊科一枝黄花属	35~100	黄	4~11月	播种	耐阴	喜凉爽	喜湿润	疏松肥沃	花境、花丛、切花

续表

序号	中文名称	学名	科属	株高/cm	花色	花期	繁殖方法	生态习性				观赏用途
								光照	温度	水分	土肥	
12	唐松草	*Thalictrum aquilegifolium* var. *sibiricum*	毛茛科唐松草属	30~120	白	4月	播种、分株	喜光照	较耐寒	喜湿润	喜肥沃	花境、丛植、盆栽
13	丽蚌草	*Arrhenatherum elatius* var. *tuberosum*	禾本科丽蚌草属	20~40		6~7月	分株	喜光照	喜凉爽	喜湿润	不择土壤	地被、盆栽
14	蓝亚麻	*Linum perenne*	亚麻科亚麻属	30~40	淡蓝	6~7月	播种、分株	喜光照	较耐寒	耐旱	肥沃	花境、丛植
15	剪秋罗	*Lychnis fulgens*	石竹科剪秋罗属	50~80	深红、玫红	6~7月	播种、分株	喜光照	耐寒	喜湿润	不择土壤	花坛、花境、岩石园
16	肥皂草（石碱花）	*Saponaria officinalis*	石竹科肥皂草属	30~90	淡红、白	7~9月	播种、分株	喜光照	耐寒	耐湿耐干燥	不择土壤	花丛、花径、丛植
17	东方罂粟	*Papaver orientale*	罂粟科罂粟属	80~120	白、粉红、红、紫	5~6月	播种、根插	喜光照	耐寒忌炎热	喜湿润	肥沃	花坛、花境、丛植
18	随意草（假龙头花）	*Physostegia virginiana*	唇形科随意草属	60~120	紫红、粉红、白	7~9月	分株、播种	喜光照	耐寒	喜湿润	疏松肥沃	花坛、花境、切花
19	射干	*Belamcanda chinensis*	鸢尾科射干属	60~130	黄色偏橙	7~9月	分株、播种	喜光照	耐寒	喜干燥	中肥	花坛、花境、林缘
20	铃兰	*Convallaria majalis*	百合科铃兰属	18~30	白	5~7月	播种、分株	半阴	喜凉爽	喜湿润	中肥	花境、丛植
21	丛生风铃草	*Campanula carpatica*	桔梗科风铃草属	20~40	蓝白、紫粉	7~9月	播种	喜光照	喜凉爽、耐寒		中肥	花境、丛植
22	桃叶风铃草	*C. persicifolia*	桔梗科风铃草属	60~90	蓝、白	5~7月	播种	喜光照	耐寒		中肥	花境、丛植
23	紫斑风铃草	*C. punctata*	桔梗科风铃草属	20~60	白有紫斑	6~8月	播种、分株	喜光照耐半阴	耐寒、忌酷暑		中肥	花境、岩石园
24	草芙蓉（秋葵）	*Hibiscus palustris*	锦葵科木槿属	100~200	粉、紫红、白	6~9月	播种、分株	喜光照	耐寒、耐热	喜湿润	肥沃	花境、花坛、丛植

续表

序号	中文名称	学名	科属	株高/cm	花色	花期	繁殖方法	生态习性				观赏用途
								光照	温度	水分	土肥	
25	堆心菊	*Helenium autumnale*	菊科堆心菊属	30~100	黄	5~6	播种	喜光	耐寒		中肥	花境
26	深波叶补血草	*Limonium sinuatum*	蓝雪科补血草属	50~90	花萼黄、白、粉、蓝紫	夏季	播种、组织培养	喜光	耐寒、忌耐旱，忌涝		微碱性土壤	切花
27	花叶竹芋	*Maranta bicolor*	竹芋科竹芋属	25~40	白色，观叶上暗褐色斑块	全年	分株、扦插	喜半阴	喜温暖不耐寒	湿润	肥沃	盆栽观叶
28	红背肖竹芋	*Calathea insignis*	竹芋科肖竹芋属	60~70	黄色，叶片深绿色羽状斑块	全年	分株	喜半阴	喜温暖稍耐寒	高湿	肥沃微酸性土	盆栽、林荫地被、切叶
29	肖竹芋	*C. ornata*	竹芋科肖竹芋属	90~100	紫葷色，黄绿色叶沿侧脉有白色或红色条纹	全年观赏	分株	喜半阴	喜温暖不耐寒	高湿	肥沃	盆栽
30	花叶万年青	*Dieffenbachia picta*	天南星科花叶万年青属	40~150	观叶，叶面上有不规则白色、黄绿色斑块或斑点	全年观赏	扦插	喜光忌强光直射	高温	高湿	肥沃、酸性	盆栽
31	长心叶喜林芋	*Philodendron erubescens*	天南星科喜林芋属	蔓性	观叶	全年观赏	扦插	喜阴	高温	高湿	中肥、酸性	盆栽
32	白鹤芋	*Spathiphyllum floribundum*	天南星科苞叶芋属	40~50	佛焰苞白色，观叶	全年观赏	分株	喜半阴	高温	高湿	中肥、酸性	盆栽
33	吊兰	*Chlorophytum comosum*	百合科吊兰属	30~40	观叶、绿色或黄、白色条纹	全年观赏	分株	喜半阴，怕强光直射	不耐寒	喜湿润		盆栽

内容与方法：①根据学校附近园林绿地具体情况分片区，然后将学生分组，一般5～10人一组；②按调查教学法组织该项调查内容的实施，包括调查方案上交与审核，调查工作的开展，调查内容的总结与成果汇报，该项目的成绩考评等。

实训结果及考评：每组提交调查报告，要求调查报告中包括调查方案或计划、调查结果、结果分析、存在问题及改进建议等内容。项目考评包括方案、结果汇报时的组内学生互评成绩、全班学生互评成绩、教师综合评价成绩，各占一定比例构成综合成绩。

（4）宿根花卉的生产与管理。

目的与要求：掌握宿根花卉栽培管理方法及技术要点（选择盆栽、切花生产的种类）。

内容与方法：①每人或一组选择宿根花卉各1种，可以结合前面的播种、扦插、分株实训后的种苗，上盆或定植于露地、温室中。②对该种花卉进行管理，包括中耕、除草、施肥、浇水、整形修剪、防寒等。

实训结果及考评：每种花卉10盆盛花期的植株或剪切20枝切花，参考国家花卉标准进行分级、评分。

（5）秋菊的花期控制。

目的与要求：掌握光周期进行花期控制的主要技术环节及方法，了解光照对菊花花芽分化及成花的影响。

内容与方法：①按实验教学法每组设计实训方案，制订秋菊花期调控的方案，经教师指导审核后实施。②每组按实施计划准备菊花植株10～20株，进行菊花的管理、光照处理。

实训结果及考评：每组提交开花菊花植株5株以上，并提交实验结果和实训报告，根据计划、菊花植株质量及花期控制结果、实训报告评分。

【相关阅读】

1．NY/T 1591—2008．农业部颁发菊花切花种苗等级规格.
2．NY/T 1592—2008．农业部颁发的非洲菊切花种苗的分级标准.
3．NY/T 1589—2008．香石竹切花种苗等级规格.
4．DB11/T 966—2013．北京市地方标准——切花红掌设施栽培技术规程.
5．DB440100/T 77—2005．菊花切花生产技术规程.
6．GB/T 18247.1—2000．主要花卉产品等级（第1部分：鲜切花）.
7．GB/T 18247.2—2000．主要花卉产品等级（第2部分：盆花）.
8．GB/T 18247.5—2000．主要花卉产品等级（第5部分：花卉种苗）.

【复习与思考】

1．宿根花卉与一二年生花卉比较，在栽培管理、观赏特点、园林应用有哪些异同？
2．列举25种宿根花卉，说明它们的生态习性及应用特点。

【参考文献】

北京林业大学园林系花卉教研组．1990．花卉学．北京：中国林业出版社.
费砚良，张金政．1999．宿根花卉．北京：中国林业出版社.
傅玉兰．2001．花卉学．北京：中国农业出版社.
黄亦工，董丽．2007．新优宿根花卉．北京：中国建筑工业出版社.
臧德奎．2002．观赏植物学．北京：中国建筑工业出版社.
周武忠．1999．切花栽培与营销．北京：中国农业出版社.

任务三　球根花卉的栽培管理

【任务提要】 球根花卉是园林绿地中种类较少但品种丰富、株型整齐、色彩艳丽的一类花卉，常用于布置花坛、花丛、花群，也是盆栽观赏、插花装饰的常用种类。本任务需要掌握球根花卉生产、管理的知识与技能，掌握此类花卉观赏、应用特点并认识常见球根花卉。

【学习目标】 掌握球根花卉的生长发育规律和生态习性。了解球根花卉不同于其他类别花卉的发育特点。掌握常见球根花卉的繁殖方法及栽培管理要点，并能够进行栽培繁殖，了解常见球根花卉的观赏特性及应用形式，能够识别球根花卉30种以上。

1　球根花卉的生长发育规律及生态习性

1.1　球根花卉的生长发育过程及规律

1.1.1　球根花卉的生长发育过程

1.1.1.1　球根花卉的含义　　球根花卉是具有膨大的根或地下茎的多年生草本花卉。
球根花卉的类别及特点详见项目二。

1.1.1.2　球根花卉的生长发育　　球根花卉与大多数花卉具有基本类似的生长发育规律，其具有年周期变化，露地球根花卉由于冬季或夏季地上部枯萎，因此不同年龄的植株变化较小，热带亚热带地区的球根花卉由于可以连续生长，没有明显的休眠期，因此此类球根花卉年份越长植株生长量越大。但是总体而言球根花卉生命周期变化不明显。

球根花卉多数种类具有不同粗壮程度的主根、侧根和须根，部分种类主根和侧根可以存活多年，部分种类在冬季或夏季不适的季节枯萎；还有部分种类为适应特定的环境发生变态，形成贮藏根，其中部分是由主根发育而成一个肉质直根，粗大单一，外形圆柱或圆锥状，如红叶甜菜，还有部分由侧根或不定根局部膨大形成的多个不规则块状、纺锤状、圆柱状的根，如大丽花、花毛茛、蛇鞭菊等。块根类部分种类在接近茎部的根组织上着生不定芽，部分种类块根没有分化不定芽的能力，而在茎基部存在定芽。球根花卉的根系较一、二年生花卉发达。

球根花卉多数种类具有不同形式的地下变态茎，成为重要的贮藏器官和繁殖器官。鳞茎的顶芽常抽生真叶和花序。有的鳞茎本身只存活一年，如郁金香、球根鸢尾，地上生长的同时，地下老鳞茎下面或旁边产生新鳞茎；大多数鳞茎可以存活多年，鳞叶之间产生腋芽，每年由腋芽处形成一至数个子鳞茎，最终从老鳞茎中分离出来用来繁殖，如水仙、百合、朱顶红等（图3-43）。球茎类顶部抽生真叶和花序，发育开花后，养分耗尽则球茎萎缩。球茎上的叶从基部膨大，形成新球，新球旁产生子球，数量因种及品种而异（图3-44）。块茎上的芽发育成地上部分；地下部分可以存活多年，有些花卉的块茎不断增大，其中部分衰老，衰老部分的芽萌发率降低或不萌发，如马蹄莲；有的块茎生长多年后开花不良，需要淘汰后重新繁殖。根茎顶端的芽可以发育成地上部分，如藕；地下部分不断伸长，形成地下侧枝，侧枝具有腋芽或顶芽，可以作为繁殖材料。

1.1.1.3　球根花卉的个体发育过程　　耐寒性球根花卉完整的生命过程包括：在适宜的环境条件下种子萌发，长出根和芽，继而长出茎和叶；在适宜的条件下，幼苗向高生长，

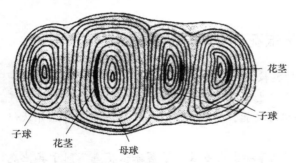

图 3-43 中国水仙鳞茎横剖面图
（引自郭志刚和张伟，2001）

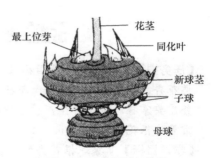

图 3-44 球茎发育状况
（引自郭志刚和张伟，2001）

茎增粗，部分种类出现分枝，叶片数量和叶面积增大；在一定条件下，出现花蕾继而开花，花谢后结实，产生新的种子；生长发育过程中地下部分膨大形成变态根或茎；然后植株地上部枯萎，地下部分和芽进入休眠；第二季变态根或茎上的芽萌发，进行营养生长和生殖生长，开花结实，周而复始。即经过种子萌发→幼苗生长→开花→结实→球根休眠→芽萌发→生长→开花→结实的个体发育过程。

常绿的球根花卉没有明显的休眠过程，个体发育经过种子萌发→幼苗生长→开花→结实→生长→开花→结实的过程。

球根栽植后，经过生长发育，到新球根形成、原有球根死亡的过程，称为球根演替。有些球根花卉的球根一年或跨年更新一次，如郁金香、唐菖蒲等；另一些球根花卉需连续数年才能实现球根演替，如水仙、风信子等。

多数球根花卉地下球根伴随地上部旺盛生长开始肥大，即边生长边肥大；也有一些球根的肥大受地上部生长的抑制，即当地上部茎叶停止生长或衰老时球根开始肥大；还有一些球根类的形成与开花具有密切关系，即如果不形成花蕾，也就不形成球根，如郁金香、百合、水仙等，开花时地上部停止生长，鳞茎才开始形成，并且伴随着叶片的衰老而快速肥大。大多数球根花卉花后是地下球根的主要充实期。实生苗、小球茎获得的植株，主要随着植株的生长地下部分肥大。

由于球根花卉在地球上分布广泛，它们的生活习性明显受到气候变化的影响。作为一种适应机制，部分球根花卉具有休眠的特性。而不同球根花卉休眠时期及类型不同（表 3-18）。不同球根花卉休眠期间内部变化或生理活动差异也很大，如郁金香、中国水仙、番红花（*Crocus sativus*）、朱顶红等休眠期间进行器官的发生（花芽、叶芽、根的分化）。

表 3-18 常见球根花卉的休眠类型

类型	属或种
常绿球根花卉（非休眠）	百子莲中 4 个种、君子兰属、文殊兰中 3 个种、珊瑚花中 11 个种、漏斗花属、网球花属中虎耳兰等 2 个种、朱顶红属等
夏季休眠型	孤挺花、番红花属、仙客来属、小苍兰属、贝母属、唐菖蒲属中原产地中海地区的种、网球花属中 9 个种、风信子属、鸢尾属、葡萄风信子（蓝壶花）属、水仙、虎眼万年青属、酢浆草属、毛茛属、郁金香属
冬季休眠型	葱属、银莲花属、秋海棠属、美人蕉属、铃兰属、大丽花属、夏风信子属、唐菖蒲属、网球花属中 2 个种、蛇鞭菊属、百合属、石蒜属、晚香玉属、虎皮花属、马蹄莲属、菖蒲莲属

球根的休眠为花卉生产带来方便，一方面球根休眠期的贮藏运输便于商品交易，另一方面利用休眠可以按生产计划安排种植时间以便调控花期。

1.1.2　球根花卉的花芽分化　球根花卉的花芽形态分化与其他花卉分化基本相同，在此不再赘述。

1.1.2.1　**球根花卉花芽分化的类型**　球根花卉根据花芽分化时期与起球时间的相互关系分为以下几种类型。

（1）夏季休眠的球根花卉，起球前球根已分化花芽，如喇叭水仙（*Narcissus pseudonarcissus*）。

（2）夏季休眠的球根，花芽分化在起球后秋季栽植前球根贮藏期间进行，如中国水仙、郁金香、风信子（起球5～6月，花芽分化6月下旬至7月，10月栽植）。

（3）夏休眠，花芽分化在秋季栽植后，冬季或早春低温时形成，如球根鸢尾、小苍兰，球茎萌发后分化，栽植后5～7周花序已完全分化。

（4）整个生长期间与叶子生长相隔进行花芽分化，如朱顶红，每4片叶子形成一次花。

（5）生长期间在一定的营养生长后花芽分化。大多数球根花卉如大丽花、美人蕉等。

1.1.2.2　**影响球根花卉花芽分化的因素**

（1）内部因素。

a. 童期长短：不同的球根花卉童期长短差异很大，而童期长短与叶片数相关。郁金香不能开花的鳞茎只形成1枚叶片和垂下球，开花鳞茎则形成3～5枚叶片。球根花卉结束童期时的最少叶片数是判断其能否开始生殖生长的重要信息。例如，朱顶红4片叶、唐菖蒲3片叶后才进行花芽分化。有实验发现，唐菖蒲2片叶时，只有生长促进物无生长抑制物，而3片叶后则有生长抑制物。表3-19为部分球根花卉的童期。

表3-19　部分球根花卉的童期及开花球的最低标准

属或种	童期/年	开花球的最低标准（周长）/cm
葱属（*Allium*）	2～3	3～18（因种和品种而异）
番红花属（*Crocus*）	3～4	4～5
小苍兰属（*Freesia*）	1	2～3
唐菖蒲属（*Gladiolus*）	1～2	3～6
风信子属（*Hyacinthus*）	3～5	8～10
鸢尾属（*Iris*）	3～4	4～6
百合（*Lilium*）	2～3	5～12
水仙（*Narcissus* spp.）	4～6	5～12
观音兰（鸢尾兰）（*Tritonia crocata*）	1	2～3
郁金香（*Tulipa gesneriana*）	4～7	6～10

b. 球根大小：不同种类、品种的球根花卉进行花芽分化所需球根的大小不同。例如，郁金香球根的周长6～9cm时才能开花，风信子则需6～8cm，球根鸢尾需5～8cm；唐菖蒲球根的直径需要1.3～2.3cm、小苍兰直径需要1cm才能开花。经研究，这主要是因为球根的大小不同，内部激素含量不同，大球含GA总量较多。表3-19列出部分球根花卉

开花球的最低标准。

（2）外部因素：自然环境影响着球根花卉的花芽分化和发育，其主要影响因素是温度、光照和水分。

a. 温度：不同球根花卉有其花芽分化的适宜温度，见表 3-20。

表 3-20 部分球根花卉花芽分化的适宜温度

种类	花芽分化适合温度 /℃	变化幅度 /℃
喇叭水仙（*Narcissus pseudonarcissus*）	17～20	13～25
郁金香（*Tulipa gesneriana*）	17～20	9～25
风信子（*Hyacinthus orientalis*）	25.5	20～28
球根鸢尾（*Iris* spp.）	13	5～20
百合（*Lilium* spp.）	20～23	13～23
小苍兰（*Freesia refracta*）	10	
唐菖蒲（*Gladiolus hybridus*）	15～25	

有的球根花卉花芽分化期间对温度很敏感，如郁金香和球根鸢尾。球根鸢尾适宜的分化温度为 13℃，如果开始分化的 1～5 周为 20℃，再回到 13℃，可以顺利分化；若第 1 周 30℃，再回到 13℃，能加快其分化；若第 5～10 周 30℃，再回到 13℃，则会抑制其花芽分化。

秋植球根花卉花芽分化的最适温与花芽伸长的最适温往往不一致。一般花芽伸长的适温低于花芽分化的温度。例如，郁金香花芽分化适温为 17～23℃，花芽伸长的适温为 9℃；风信子的花芽分化适温为 25～26℃，花芽伸长的适温为 13℃。

b. 水分：球根内的含水量会影响花芽分化，一般适当少时有利于分化或提早孕花。因此球根花卉起球前 2 周控水，种植于砂壤土中利于其花芽分化。

c. 光照：光照对于球根花卉花芽分化的影响因种类而异。对于在一定营养生长后进行花芽分化的球根花卉，光照极大地影响其花芽分化和开花。对没有光周期要求的球根花卉，其自身对光照强度的要求决定了花芽分化对光照的要求；而有光周期要求的球根花卉则需要在花芽分化时期提供相应的光周期条件才可使该种球根花卉顺利进行花芽分化。例如，唐菖蒲在长日照下进行花芽分化和花序发育，在短日照下开花。

对于在球根休眠时进行花芽分化的球根花卉，由于花芽分化是鳞茎在黑暗条件下完成的，因此光照对这类球根花卉花芽分化没有直接影响，如郁金香、风信子、水仙等。

1.2 生态因子对球根花卉的影响

1.2.1 温度对球根花卉的影响
球根花卉有两个主要原产地区：一是以地中海沿岸为代表的冬雨地区，包括小亚细亚、好望角和美国加利福尼亚等地。这些地区秋、冬、春降雨，夏季干旱，从秋至春是生长季，是秋植球根花卉的主要原产地区。秋天栽植，秋冬生长，春季开花，夏季休眠。这类球根花卉较耐寒、喜凉爽气候而不耐炎热，如郁金香、水仙、百合、风信子等。另一是以南非（好望角除外）为代表的夏雨地区，包括中南美洲和北半球温带，夏季雨量充沛，冬季干旱或寒冷，由春至秋为生长季。春季栽植，夏季开花，冬季休眠。此类球根花卉生长期要求较高温度，不耐寒。春植球根花卉一般在生长期（夏季）进行花芽分化。

球根的萌发需要适宜的温度，一般生根的温度低于芽萌动的温度。大丽花、唐菖蒲等春植球根花卉，需要较高的温度才能萌发生长。一些秋植球根花卉休眠后需要经过一段低温才能萌发，如夏季低温处理（冷藏）可以使郁金香、水仙、百合等球根种植后提前萌动。

春植球根花卉冬季休眠，一般在生长期（夏季）进行花芽分化，休眠器官需要冬季低温解除休眠，通常秋季的冷凉温度与短日照诱导休眠器官的形成。秋植球根花卉夏季休眠，多在休眠期（夏季）进行花芽分化，休眠器官需要较高温度完成休眠，通常夏季的高温与长日照诱导休眠器官的形成。

春夏期间形成球根的种类，冬季的低温是诱导球根形成的主要因素，之后的春季温暖条件及长日照促进球根的膨大。

1.2.2　光照对球根花卉的影响　部分种类的球根花卉如菊芋、大丽花、球根球海棠的地下块根、块茎，是在短日照下发生的。铁炮百合、彩色马蹄莲等球根花卉在长日照条件下促进抽薹开花，同时促进了球根的形成。

光照对球根花卉的其他影响详见任务一。

1.2.3　水分对球根花卉的影响　不论春栽还是秋栽球根，一般在生长季要求水分较多，而在休眠期、半休眠时则不需要水分供应或较少的水分。但是球根花卉不耐积涝，否则容易造成球根的腐烂。鳞茎快速膨大期水分的供应十分重要。

1.2.4　土壤对球根花卉的影响　绝大多数球根花卉喜比较疏松的土壤，黏重的土壤不利于球根的膨大。大多数的球根花卉对酸度的要求在 pH 6.0～7.0。

球根花卉对磷肥的需求多于其他花卉。

1.2.5　气体对球根花卉的影响　球根贮藏与生长期间空气的成分影响球根花卉的生长发育过程。乙烯对球根花卉影响较大：乙烯可促进荷兰鸢尾、法国水仙、虎眼万年青（*Ornithogalum caudatum*）的开花，可以打破小苍兰、唐菖蒲、蛇鞭菊的球根休眠；乙烯也会导致部分球根花卉的生理失调，如风信子、鸢尾、郁金香鳞茎的流胶病，郁金香鳞茎贮藏期间的开花球坏死，水仙、郁金香根和花梗伸长受阻，多种球根花卉的花脱落和花败育。因此球根贮存时注意通风、换气，不与产生乙烯的水果、蔬菜一起存放。

1.2.6　球根花卉的生态习性　大多数球根花卉要求充足的光照，但有相当数量的球根花卉要求适当遮阴，如葡萄风信子、球根秋海棠属、石蒜等需要避开强光直射。多数种类为中日照花卉，只有铁炮百合（*Lilium longiflorum*）、唐菖蒲等少数种类是长日照花卉。

由于球根花卉原产地分布广泛，因此球根花卉地下贮藏器官、生长发育期对温度的要求各不相同，其抗寒、耐热能力也不同。原产地中海气候型地区的球根花卉主要在冬春季生长，有一定耐寒性，忌高温，夏季休眠，要求暖 - 冷 - 暖的温度周期性变化来完成它们的生育周期，如郁金香、风信子、水仙、球根鸢尾等。原产于草原或热带高原气候型地区的球根花卉不耐寒，夏季生长，冬季休眠，要求冷 - 暖 - 冷的温度周期变化来完成它们的生育周期，如唐菖蒲、大丽花、美人蕉等。

大多数球根花卉最适宜的土壤为砂壤土，要求深厚肥沃、排水良好。土壤 pH 一般6～7。

图3-45　百合茎生小鳞茎

球根花卉生长发育期需要充足的水分供应，但需水量又因品种和生长发育阶段的不同而不同。起球之前均需要控水，一方面利于部分种类休眠期间的花芽分化，另一方面有效防止霉烂。

2　球根花卉的繁殖与栽培管理

2.1　球根花卉的繁殖方法
多数球根花卉利用自然分球的特性可以进行分球繁殖，部分种类也可以进行扦插、播种、组织培养繁殖。

2.1.1　分球繁殖　球根花卉地下膨大的茎或根周围会生出小的子球，这些小的子球分别栽植即可长成新植株，这就是自然分球。球根花卉的分球繁殖多在春季或秋季。

2.1.1.1　自然分球　鳞茎类花卉多能自然分球，鳞茎叶腋处的侧芽膨大形成一至数个子代鳞茎，并从母球旁分开。百合地下部母球旁可形成子代鳞茎，地下茎也可长出小的鳞茎（也称木子）（图3-45），部分种类地上叶腋处可形成小鳞茎，叫珠芽。较大的子代鳞茎栽植当年即可开花，小的鳞茎需要几年的培育才能形成开花种球。

球茎类花卉在新球下部匍匐茎先端膨大形成子球，每个子球栽植能发育成新植株，如唐菖蒲、水仙、番红花（图3-46）。

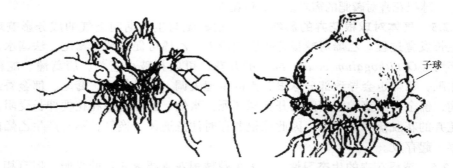

子球

图3-46　水仙和唐菖蒲自然分生的小鳞茎和子球

块茎类花卉在块茎顶端、其他部位能发育成芽，带着部分膨大的茎和1～2个芽切割，分别栽植，如花叶芋、马蹄莲等。

块根类花卉的块根上能生出不定根，但无芽眼，也不具备生成不定芽的能力，在根颈部有芽眼。因此分球时需要带有根颈、芽、部分块根，如大丽花、花毛茛。

根茎类花卉根茎上有节、顶芽、腋芽，每块带有1～2个芽切割，分别栽植，如美人蕉。

2.1.1.2　人工促成分球　许多球根花卉自然分球率比较低，或没有自然分球的能力，如朱顶红、风信子、仙客来。若需要进行营养繁殖，可以采用人工促成分球。

（1）消花法：利用33～35℃高温贮存种球，人工把花芽杀死，这样可以增加繁殖力。此方法用于郁金香种球的繁殖。处理时间因种类和品种而异。

（2）切伤法：风信子、朱顶红、百合、郁金香等鳞茎类花卉可用此法。初夏起球后一个月左右，用刀从鳞茎下部向上纵切到鳞茎的1/3或1/2，穿过底盘鳞茎的生长点，球的周径大于18cm的可以成"十"字切两刀，倒置于贮藏架上，秋季会在伤口处产生子鳞茎。将带着子鳞茎的母鳞茎栽植，母鳞茎不能开花，但小鳞茎逐渐膨大，培养3～4年可以开花。一般一个母鳞茎可以得到20～30个子鳞茎。

（3）剖底法：是风信子商品球生产常用的方法。初夏将鳞茎挖出晾晒1～2d，在25.5℃贮藏2周后，用特殊的小刀把底盘刮掉只剩很薄的一层茎盘，并除掉中心芽，用次氯酸盐溶液浸泡消毒，贮藏于21℃且低空气湿度的环境条件下，在切口愈伤组织长出后，将温度升至30℃，空气湿度保持85%，10月茎盘上产生许多小鳞茎。将带子鳞茎的母球秋植于露地，经3～4个周期培养可达到商品球标准。风信子一个母球可达40个鳞茎。

（4）拔心法：把鳞茎内部里花芽取掉增加繁殖力，底盘上产生愈伤组织，长出小球。将鳞茎从中心打穿，拔除顶芽，孔的直径1～1.5cm，使生长点叶腋处产生小鳞茎，小鳞茎数较多，风信子可达20个。

（5）分割法：主要用于球茎类、块茎类，如仙客来、球根秋海棠、花叶芋、唐菖蒲等。

5～6月花后在仙客来块茎上部1/3部位横切掉，在断面上用刀每1cm间距打格（图3-47），置于适宜的温度和湿度条件，在愈合部位长出许多不定芽，同时长出许多小块茎，一个母球可长出50个左右小的块茎，100d后将带有不定芽的块茎分离，分别栽植。唐菖蒲也可用这个方法切成若干块，每块上要有部分茎盘和1～2个芽，消除了顶端优势，使下部不萌发的小芽也能长出好的子球，且不影响唐菖蒲的开花（图3-48）。仙客来还可以用纵切法进行人工分球（图3-49）。

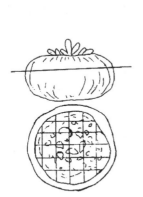 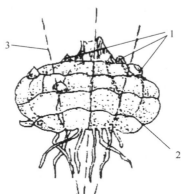 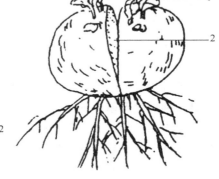

图3-47　仙客来分割法　　　图3-48　唐菖蒲分割法繁殖　　图3-49　仙客来块茎分割法繁殖（纵
　　　繁殖（横切法）　　　　　　（引自义鸣放，2000）　　　　切法）（引自义鸣放，2000）
　（引自义鸣放，2000）　　　1. 芽；2. 茎节；3. 切割线　　　1. 幼芽；2. 切分

2.1.2 扦插繁殖　　球根花卉可用茎、叶片、鳞片扦插。

大丽花可以利用其茎的顶梢作为插穗扦插，春季最好。球根秋海棠、大岩桐可以进行叶插。百合、水仙、朱顶红、风信子、石蒜、网球花等均可以采用鳞片扦插繁殖。鳞片插是百合最常用的商业繁殖方法。于秋季或冬季选择大而充实、无病虫的鳞茎剥取鳞片，每个鳞茎可剥取鳞片25～75片，经杀菌剂消毒后，将鳞片均匀地撒播于装有湿泥炭或蛭石的浅箱中，置于高湿、适温、黑暗的温室中，则可产生子鳞茎。这样的子鳞茎需要经过两年的栽培能达到开花球。将休眠的水仙鳞茎纵切成 8～10 份，再将与茎盘相连的每 2～5 片鳞片分割成一个繁殖体，消毒后混于湿蛭石中，装入塑料袋至于 25℃的温室中，12～16 周后鳞片基部形成子鳞茎，繁殖率可提高 50～60 倍。此法在朱顶红、风信子等鳞茎类花卉上也常应用。

2.1.3　组织培养法繁殖　现在组织培养法繁殖球根花卉已大量应用于专业化生产。例如，用百合的茎、鳞片、茎尖，唐菖蒲的茎尖和花茎，朱顶红的茎盘，风信子的所有部位，球根鸢尾的腋芽、底盘、鳞片、花茎，香雪兰球茎的侧芽作为外植体经组织培养均已成功获得小子球或不定芽。

2.1.4　播种繁殖　播种繁殖主要用于不具备分球能力的球根花卉及培育新品种时应用。仙客来常用播种繁殖。

2.2　种球生产
球根花卉是非常重要的花卉类群，占世界花卉市场 1/4 的份额。作为繁殖及栽植材料，球根花卉的种球生产是花卉生产的重要产品。目前全世界各种球根花卉种球年需求量为 100 亿粒以上，其中百合约 25 亿粒，郁金香 30 亿粒。荷兰是主要生产和出口国。在亚洲，百合种球需求量居第一位，每年约需 3 亿粒；郁金香占第二位，每年需种球约 2.9 亿粒；其次是唐菖蒲、马蹄莲和风信子。

全世界百合种球生产面积约 4500hm^2，其中荷兰每年百合种球生产面积约 3700hm^2，年生产百合种球约 18.7 亿粒；法国、智利、新西兰每年百合种球生产面积约 800hm^2，年生产百合种球约 6 亿粒。

中国球根切花生产面积较大的有百合、唐菖蒲、郁金香、马蹄莲、小苍兰、球根鸢尾和风信子。目前百合切花栽培面积较大的有云南省和辽宁凌源，其次为甘肃、陕西、上海、北京、广州和四川。生产百合切花用的种球主要依靠从荷兰进口。凌源每年繁育亚洲百合、麝香百合种球 1000 万粒以上，进口东方百合种球 1000 万粒左右。甘肃和陕西两省百合种球生产面积约 20hm^2，年生产百合种球 600 万粒左右，生产的种球主要销往上海、北京、广州、东北等地。唐菖蒲切花生产面积 1300hm^2，生产省份较多，种球繁育的省份也相对较多，但以辽宁最多，每年约生产唐菖蒲种球 400 万粒。郁金香种球主要依靠进口，每年约进口种球 6000 万粒。

2.2.1　种球生产基地的建立　在对种球的质量评价中，要特别考虑切花质量，因此要将产地因素考虑进去。气候因素的影响可能比土壤因素影响更明显，因此在选择种球繁育基地的时候应该优先考虑气候因素。来源不同生态区的种球，对切花质量有明显的影响。选择基地时统筹考虑以下因素。

2.2.1.1　气候冷凉，海拔较高，昼夜温差大，采收期少雨　高海拔地区气候冷凉，有利于保持种球的种性，是百合、郁金香、马蹄莲等球根花卉种球繁育的适宜地区。

高海拔冷凉山区因空气相对湿度较小，紫外线强，温度低，病虫害发生轻，有利于球根花卉的生长和种球繁育。另外低温利于延缓种性退化，同时又能诱导种球增大，具有生产百合、马蹄莲、郁金香、石蒜等温带球根花卉种球的优越气候条件。例如，云南香格里拉坝区，水源、地势、地温、气温、日照时数、年降水量等均能满足百合、郁金香等种球生产的要求。

2.2.1.2　土壤肥沃的壤土，富含有机质，病虫害少　这样的土壤利于球根的生长、膨大。例如，滇西北地区土壤多为红壤、棕壤、草甸土，土层深厚，土壤肥力高，有机含量可达 4%～5%，pH 6.5～7，保水保肥能力强。

2.2.1.3 劳动力资源丰富

2.2.1.4 运输便利 我国地跨三带，自然气候资源丰富，符合种球发育膨大的地区较多，如西北、东北、西南地区，云贵、江浙一带的高海拔地区。利用气候相似原理，适地发展百合、郁金香、唐菖蒲等种球生产，是种球国产化的主要依据。

2.2.2 建立种球生产的繁育体系 种球繁育之前需要对该种球根花卉的生物学特性、生理学特性、遗传特性有全面的了解，对生产技术的改进、生物技术的发展、新品种的变化有所了解，还需要具有高度专业化的设施设备来进行种球的采收、处理、贮藏等。

不同的球根花卉种类其繁育体系不同，常见种球生产繁育体系见各球根花卉实例。

表 3-21 列出了我国常见种球的质量等级标准。

2.3 球根花卉的栽培管理技术
荷兰是球根花卉最发达的国家，英国、美国、日本也均大量生产。商品生产面积最大的球根花卉是郁金香，其次是水仙、风信子、百合、球根鸢尾、唐菖蒲。

荷兰生产郁金香最多，英国水仙最多，日本生产百合、郁金香，风信子、唐菖蒲，美国球根花卉以唐菖蒲为主。

球根花卉的栽培管理形式主要有两种，一是切花生产，一般地栽；另一种是盆花生产，容器栽培。在园林布置中露地栽植。无论哪种形式，球根花卉的栽培管理均涉及以下环节。

2.3.1 球根的采收 对于春植和秋植球根花卉，为适应原产地的不良气候条件形成了冬休眠和夏休眠的特性。生产上或园林应用时，有时需要将休眠的地下球根采挖出来，即起球。这项措施主要的目的是：

a. 利用球根休眠期提高越冬越夏的能力。部分球根露地栽植的情况下不能安全度过休眠期，如美人蕉、大丽花、唐菖蒲等，其球根的耐寒能力不能忍受北方冬季的低温，需要起球，保护越冬；秋植球根留置土中，夏季湿热造成球根腐烂，同时休眠期花芽分化的种类，自然的夏季高温往往不能满足其花芽分化要求的温度条件。

b. 便于管理。球根生长期中形成许多小球及旁蘖，母株周围几代长在一起，栽培管理很不方便，也影响观赏。

c. 起球后可进行分级消毒，检查病虫害，有效防止病虫害的蔓延。

d. 便于轮作倒茬，充分利用土地。

e. 可根据生产需要安排栽种时间，控制花期。

在园林应用中，不需要一年一次起球，一般 3～5 年一次。

球根花卉停止生长后叶片呈现萎黄时，即可采球根。采收要适时，过早球根不充实；过晚地上部分枯落，采收时易伤害球根和遗漏子球，以叶变黄 1/2～2/3 时为采收适期。春植球根花卉一般以早霜作为起球的信号。采收前 10～15d 停止浇水。采收应选晴天，土壤湿度适当时进行。采收中要防止人为的品种混杂，并剔除病球、伤球。掘出的球根，去掉附土，表面晾干后贮藏。唐菖蒲、晚香玉可翻晒数天使其充分干燥，大丽花、美人蕉等只要阴干至外皮干燥即可。大多数秋植球根于夏季采收后贮存，不可放在烈日下暴晒。

2.3.2 球根贮藏 球根采收后贮藏前应除尽附土和杂物，剔除病残的球根。不同种类的球根贮藏方法不同。

表 3-21 花卉种球质量等级标准

序号	种名	一级			二级			三级			四级			五级		
		围径/cm	饱满度	病虫害	围径/cm	饱满度	病虫害	围径/cm	饱满度	病虫害	围径/cm	饱满度	病虫害	围径/cm	饱满度	病虫害
1	亚洲型百合 (Lilium spp.) (Asiatia hybrids)	≥16	优	无	≥14	优	无	≥12	优	无	≥10	优	无	≥9	优	无
2	东方型百合 (Lilium spp.) (Oriental hybrids)	≥20	优	无	≥18	优	无	≥16	优	无	≥14	优	无	≥12	优	无
3	铁炮百合 (Lilium spp.) (Longiflorum hybrids)	≥16	优	无	≥14	优	无	≥12	优	无	≥10	优	无			
4	郁金香 (Tulipa spp.)	≥12	优	无	≥11	优	无	≥10	优	无						
5	鸢尾 (Iris spp.)	≥10	优	无	≥9	优	无	≥8	优	无	≥7	优	无	≥6	优	无
6	唐菖蒲 (Gladiolus hybridus)	≥14	优	无	≥12	优	无	≥10	优	无	≥8	优	无	≥6	优	无
7	朱顶红 (Amaryllis vittata)	≥36	优	无	≥34	优	无	≥32	优	无	≥30	优	无	≥28	优	无
8	马蹄莲 (Zantedeschia aethiopica)	≥18	优	无	≥15	优	无	≥14	优	无	≥12	优	无			
9	小苍兰 (Freesia refracta)	≥5	优	无	≥4	优	无	≥3.5	优	无						
10	风信子 (Hyacinthus orientalis)	≥19	优	无	≥18	优	无	≥17	优	无	≥16	优	无	≥15	优	无
11	蛇鞭菊 (Liatris spicata)	≥10	优	无	≥8	优	无	≥6	优	无	≥4	优	无			
12	花毛茛 (Ranunculus asiaticus)	≥10	优	无	≥9	优	无	≥8	优	无	≥7	优	无	≥6	优	无
13	中国水仙 (Narcissus tazetta)	≥28	优	无	≥23	优	无	≥21	优	无	≥19	优	无			

2.3.2.1 越冬贮藏 春植球根花卉如唐菖蒲、大丽花、美人蕉等球根冬眠期间，保持球根成活的同时，也要促进球根的生理成熟，保证它打破休眠的条件。

（1）在比较低温、湿润的条件下越冬：对要保持一定湿度的球根，需要用堆藏法或埋藏法。例如，百合较耐寒，无皮易干燥，在气候温和地区可露地越冬，但寒冷地区需要起球贮藏，保持 0～5℃温度，用半干沙子、锯末、蛭石等作为填充材料，保持 20%～30% 的相对湿度。美人蕉、大丽花没有百合耐寒，需要 5～8℃，干沙、锯末填充堆于室内地上或窖藏。

（2）干燥越冬：要求通风良好、充分干燥的球根，如晚香玉、唐菖蒲，先把球晾干，对小球消毒（伤口），然后在干燥条件下贮藏，一般采用多层贮藏架，每层摆放 2～3 层种球。唐菖蒲需要 2～4℃经过 3 个月的深休眠，因此置于低温干燥条件。

2.3.2.2 越夏贮藏 越夏休眠的球根一般在干燥条件下贮存。但对温度的要求远比越冬球根复杂得多。郁金香 6 月起球分级，为了不受潮，透气，要用网袋装起来，贮温保持 17～20℃，这最利于花芽分化。我国北方夏季温度高于 25℃，呼吸作用消耗养分，不利于花芽分化，因此往往需要选择凉爽环境或在冷窖中贮存。每种夏休眠的球根休眠期间的贮存温度需要根据该种花卉的要求给予适宜的条件。

生产上球根贮藏可分为自然贮藏和调控贮藏两种类型。自然贮藏是指贮藏期间，对环境不加人工调控措施，球根在常规室内环境中度过休眠期。通常在商品球出售前的休眠期或用于正常花期生产切花、盆花的球根，多采用自然贮藏。调控贮藏是在贮藏期运用人工调控措施，以达到控制休眠、促进花芽分化、提高成花率及抑制病虫害等目的。

贮存场所要干净，防止病虫害发生，避免老鼠啃食。

2.3.3 球根花卉栽培管理

2.3.3.1 土壤 球根花卉根系比其他草本花卉要深，因此栽植之前深耕土壤 40～50cm，在土壤中施足基肥，基肥要充分腐熟，不要直接与球根接触，否则易使球根腐烂。盆栽时可使用泥炭、粗砂砾、壤土混合配制培养土，使培养土疏松透气。

2.3.3.2 肥料 磷肥对球根的充实和开花极为重要，常用骨粉配合基肥使用。钾肥需量中等，氮肥不宜过多。

2.3.3.3 球根栽植深度 多数种类覆土厚度为球根高度的 2 倍。但种类间差异很大，仙客来露出块茎的 1/3～1/2，朱顶红露出球根 1/4～1/3，晚香玉、葱兰、石蒜球根刚刚露出土面，而百合类中多数种类要求栽植深度为球高的 4 倍。另外，栽培目的不同深度也不同，若为繁殖而多生子球，或每年掘球采收者，可浅栽；如需开花多和大，或准备多年采收者就可深栽。土壤质地不同栽植深度也略有差异，黏重土壤栽植应略浅，疏松土壤可略深。

2.3.3.4 球根花卉的其他管理 球根花卉的多数种类不耐移植，主要是因为吸收根少而脆，断后不能再生，所以一经栽植，生长期不能移植。球根花卉大多叶片少或有定数，栽培中应注意保护，避免损伤，否则影响养分的合成。因此作切花栽培时，按切花标准把花或花序剪掉，尽可能保留叶子，让它继续光合；叶子稀少的如水仙，留下绿色花梗，也能合成一些养分，供给地下球根。

花后及时把残花剪掉，不让它结实，以减少养分消耗，以利新球的充实；作球根生产时，见花蕾发生时即行除去，不令其开花。

花后正值地下新球的主要充实期，为了以后的生长和开花，花后要加强肥水管理。

2.3.4　球根花卉的花期控制技术

2.3.4.1　球根花卉花期控制的原理　　球根花卉种类较多，但不论是春植球根还是秋植球根花卉，它们的花芽分化大都是在高温季节进行的。球根花卉由于原产地气候条件不同，因而不同种类对温度的要求不同，但多数球根花卉都属于日中性植物，成花时对光周期无特殊要求，只有少数花卉，如唐菖蒲、晚香玉等是长日照花卉。

球根花卉中影响花芽分化和开花的关键因子包括温度、休眠、生长发育综合环境。因此对球根花卉进行花期调控需要根据花卉生长发育规律和特点制订相应的措施。

（1）利用休眠控制花卉生长发育进程：球根花卉除常绿种类外大多数具有休眠的特性，利用人为措施控制休眠的早晚和时间的长短，从而控制花卉的生长发育进程，继而控制花期。

（2）环境综合控制控制花卉生长发育进程：在满足球根花卉休眠要求的前提下，人为控制环境条件，从而控制生长发育速度，控制开花时间。

（3）控制花芽发育和花轴伸长要求的低温：部分秋植球根花卉在完成花芽分化后，花芽的发育和花轴的伸长需要一定的低温，如郁金香、风信子。人为控制该低温时间从而控制花期。

2.3.4.2　球根花卉花期控制的方法

（1）温度处理。

a. 降低温度，提前完成花芽发育：许多秋植球根花卉在夏季休眠后完成了花芽分化，还需要经过一段时间的低温完成花芽发育的过程，否则开花不良。因此若想提前开花，需要将经过花芽分化的种球进行冷藏处理，之后置于适宜的生长发育温度条件，即可提前开花，如郁金香在夏季花芽分化至雌蕊形成后一周进行 2～5℃低温冷藏 9～12 周，然后定植，则可于春节前后开花。不同的品种、温室种植时间冷藏的温度、时间长短不同。

b. 低温处理，延长休眠，推迟开花：在休眠后期，降低温度，使一些低温休眠的球根花卉不因外界温度回升而休眠解除。一般处理应控制在 4℃以下，根据花期需要提前一定天数移到避风和遮阴的环境下养护，再逐渐向阳光下转移。例如，唐菖蒲种球在春季气温回升后置于 2～3℃干燥条件，使其不萌发，直至需要定植时。将郁金香 11 月假植于木箱中，5～6 周后开始生根，然后移到 -2℃的低温下冷藏，待进行抑制栽培时定植。

c. 降低温度，解除休眠，提前开花：自然界植物本身解除休眠，主要靠冬季低温。人为地给予植株低温量或给贮藏器官以低温处理，则可以打破休眠，提前开花。唐菖蒲 2～5℃低温处理 4～5 周，或 35℃高温处理 10d 后，再利用 0～2℃低温处理 15～20d，就能打破休眠，然后定植即可提前开花。

d. 升高温度，提前花期：对于已完成花芽分化、休眠的植株，在自然条件温度较低时进行升温处理，使之提前生长发育，则花期提前。

e. 升高温度，打破休眠，提前开花：部分球根花卉种球可在高温下打破休眠，如上述的唐菖蒲。小苍兰在 5 月上旬收获球根后，5 月下旬用 30℃进行 7 周的处理，再结合 3d 的熏烟处理，7 月下旬开始冷藏 45d 后定植，10 月下旬开花。

（2）药剂处理。

a. 解除休眠，提早开花：唐菖蒲新球用氯乙醇熏蒸或浸泡可以打破休眠，用 50～100μl/L 的 6- 苄基氨基嘌呤 BA 浸泡 12～18h 也可打破休眠。蛇鞭菊在夏末秋初时用 100mg/L 赤霉素处理可打破休眠。

b. 促进茎叶伸长，促进开花：GA 可应用于仙客来等花卉上。注意应用 GA 处理偏晚，会引起花梗徒长，观赏价值降低。

c. 促进花芽分化，使提前开花：郁金香在株高 7～10cm 时，由叶丛中滴入 400mg/L GA 0.5～1ml，即可起到低温诱导花茎伸长的作用。

（3）调节种植时间：对于春植、生长期较短的球根花卉，可以通过改变种植期来提早或延迟花期。例如，唐菖蒲利用分期播种种球，结合球根打破休眠、延长休眠及温室栽培措施即可实现周年供应。美人蕉选择矮型早花种，在 11 月中下旬栽于温床内加温催芽，翌春定植于露地，可提早至 5 月初开花；若选择晚花种，可在 3 月上中旬于冷床内催芽，晚霜结束后定植于露地，花期可延迟到 10 月底。

3　球根花卉的观赏应用特点

球根花卉与一、二年生花卉、宿根花卉不同，具有以下特点：种类丰富，品种繁多，植株健壮，株型端正；栽培管理简单，一次种植可多年观赏；球根便于运输和贮藏，省工省时；球根花卉可密植，单位面积产量高，经济效益较高；多数种类球根花卉具备了花期调控技术，使切花的生产达到周年供应；部分种类的球根花卉是重要的香料植物，如中国水仙、晚香玉、风信子等。

球根花卉在花卉业中的地位非常重要。其园林应用特点主要有：①可供选择的种类、品种丰富，易形成丰富的景观；②球根花卉大多数种类色彩丰富艳丽，观赏价值高，是园林中色彩的重要来源；③球根花卉花期易控制，是重要的切花种类，如唐菖蒲、晚香玉、水仙、百合、马蹄莲、朱顶红、球根鸢尾、风信子；④姿态端正，是室内盆栽观赏的重要种类，部分种类还可水养观赏，如马蹄莲、朱顶红、仙客来、球根秋海棠、水仙等；⑤是多种园林绿地应用的优良材料，尤其是花坛、花丛、花群、缀花草坪的布置。还可以用在花境、种植钵、花台等处应用，也可自然式丛植、片植。

4　球根花卉栽培管理实例

4.1　唐菖蒲

学名：*Gladiolus hybridus*。

别名：菖兰，剑兰，扁竹莲，什样锦。

英名：hybrid gladiolus。

科属：鸢尾科唐菖蒲属。

产地与分布：原产地中海沿岸、非洲热带，尤以南非好望角最多，现在各地均有栽培。

4.1.1　形态特征　多年生草本，地下部分具球茎，扁球形，外被膜质皮膜，株高 60～150cm。茎粗壮而直立，无分枝或稀有分枝；叶基生或在花茎基部互生，硬质，剑形，嵌为二列状，抱茎互生，灰绿色。花茎直立，高出叶子，50～80cm，不分枝；蝎尾状单歧聚伞花序长 25～100cm，着花 12～24 朵，通常排为二列，侧向一边，自下而上依次开放，少数四面开放，单花生于苞片内，无柄，花冠左右对称，花冠筒呈膨大的漏斗形，色彩丰富，有白、黄、红、粉、紫、单色或变色或具斑点、条纹或呈波状皱褶状（图3-50，图3-51），花期夏、秋。蒴果椭圆形或倒卵形，成熟时室背开裂；种子扁而有翅。

 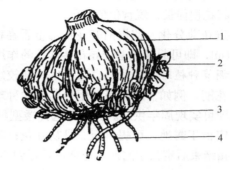

图 3-50　唐菖蒲　　　图 3-51　唐菖蒲球茎（引自义鸣放，2000）
1. 新球；2. 子球；3. 老球；4. 根系

4.1.2　种类及品种　　现代唐菖蒲为园艺品种，由10个以上的原生种经长期杂交选育而成。对现代唐菖蒲作出贡献的原生种包括绯红唐菖蒲（*G. cardinalis*）、鹦鹉唐菖蒲（*G. psittacinus*）、多花唐菖蒲（*G. floribundus*）、报春唐菖蒲（*G. primulinus*）、柯氏唐菖蒲（*G.×colvillei*）、甘德唐菖蒲（*G. gandavensis*）等。

现代唐菖蒲品种达到上万个，形态、形状多样，园艺上常按生育习性、花期、花朵大小、花型、花色分类。

4.1.2.1　按生态习性分类

（1）春花类：主要由欧、亚种杂交育成。耐寒性较强，在温和地区秋植春花。植株较矮小，球茎亦小，茎叶纤细，花轮小型，有香气，少见栽培。

（2）夏花类：多由南非的印度洋沿岸原种杂交而成。耐寒力弱，春种夏花。植株高大，花多数，大而美丽，富于变化，是当前栽培最广泛的一类。

主要品系有以下两种。

古蓝蒂佛劳路丝品系（*G. grandiflorus*）：目前所栽培的大多数品种属于这个品系，植株高大，大型花，花色丰富，对环境适应能力强，易栽培，到花日数100d左右，是世界唐菖蒲切花生产的主栽品系。

皮库西奥路丝品系（*G. picusiolus*）：育成历史较短，植株矮小，小花型，到花日数50～80d，花色明快，品种较多，近年其栽培面积不断增加，是花坛和盆栽的主要品种来源。

4.1.2.2　按生育期长短分类

（1）早花类：种植种球后70～80d开花，生育期要求温度较低，宜早春温室栽种，夏季开花，也可夏植秋花。

（2）中花类：种植种球后80～90d开花。

（3）晚花类：种植种球后90～100d开花。植株高大，叶片数多，花序长，产生子球多，种球耐夏季贮藏，可用于晚期栽培以延长切花供应期。

4.1.2.3　按花型分类

（1）大花型：花径大，排列紧凑，花期较晚，新球与子球发育均较缓慢。

（2）小蝶型：花朵稍小，花瓣有皱褶，常有彩斑。

（3）报春花型：花型似报春，花序上花朵少而排列稀疏。

（4）鸢尾型：花序短，花朵少而紧密，向上开展，呈辐射状对称。子球增殖能力强。

4.1.2.4　按花朵大小分类

按花径（x）大小分为5类，$x<6.4$cm为微型花，$6.4 \leqslant x<8.9$cm为小型花，$8.9 \leqslant x<11.4$cm为中型花，$11.4 \leqslant x<14.0$cm为大花型（标准型），$x \geqslant 14$cm为特大花型。

4.1.2.5　按花色分类　　按花的基本色分为13色系，即白、绿、黄、橙、橙红、粉红、红、玫瑰红、淡紫、蓝、紫、烟色、黄褐等。

市场主要栽培品种有以下几种。

（1）红花品种。

'菲尔布兰德'（Firebrand）：大花型，花色深粉红，花瓣较厚，花茎坚硬。保鲜性强，促成抑制栽培时易发生死蕾。

'猎曲'（Hunting song）：花色朱红，大花型，花穗坚硬，不弯曲，极早花品种，适宜促成抑制栽培。

'红娘子'（Red beauty）：大花，花色粉红，花序长，多花性，植株强健，容易栽培，是主力栽培品种。

'奥斯卡'（Oscar）：花色鲜红，花瓣有波纹，植株高大，花序长，生长旺盛，容易获得优质切花。

'蒙格尔'：巨大花型，花色鲜粉红色，花瓣波纹状，花序较长，属于晚花品种。该品种具有较强的耐寒能力，适宜抑制栽培。

（2）粉花品种。

'美国小姐'（America girl）：大花型，花瓣边缘深粉色，心部花色逐渐变浅，花瓣波纹状，植株高大，花序长，是多花性品种。

'豪客'（Traveler）：大花型，鲜粉色，厚瓣，花瓣有波纹，花序紧密，早花种，适宜促成抑制栽培。

'纯爱'（True love）：花色深粉红，大花型，花瓣波纹状，花穗长，花朵多，株型美丽。

'普里西拉'（Priscilla）：大花型，花淡白色带粉色边缘，花瓣波纹状。中早花品种。植株中高，株型优美、强健，易栽培。

（3）黄色品种。

'特巴斯'（Topaz）：大花型，花色鲜黄，花瓣波纹状，花穗较长，中花，易栽培，不适合抑制栽培。

'金夏'（Summer gold）：大花型，花色鲜黄，下三瓣更浓，花瓣中央带有红色色斑，花茎粗壮，中花品种。

'绿岛'（Green isle）：浅黄绿色，花瓣波纹状，中小花型，花朵多，花色靓丽，中花品种。

（4）蓝紫花品种。

'旋律'（Wind song）：花色红紫白心，大花型。早熟品种，适合于半促成抑制栽培。

'追忆'（Memory lane）：玫瑰紫色，下瓣中央部位白色，大花型，植株高大，中花。

'福罗斯特'：大花型，花色如西洋香草，花穗很长，花瓣有轻微波纹，多花，植株高大，适合促成抑制栽培，低温期避免密植。

4.1.3　生态习性　喜温暖，不耐寒，春季4℃就可以萌芽生长，生育适温白天为20～25℃，夜间为10～15℃，忌高温，高于30℃开花率低，花朵质量差。一年中有4～5个月的生长期就可栽植唐菖蒲。喜充足的阳光，对光周期不敏感，长日照有利于花芽分化，开花时短日照比较有利。

喜深厚、肥沃而排水良好的砂质壤土，不宜黏质土壤和低洼积水处生长，土壤pH 5.6～6.5为佳。

唐菖蒲的生命过程如下。

（1）萌芽孕花期：4℃开始萌芽，10℃生长缓慢，适温下生长迅速，种植15～20d出苗，很快叶片伸出，当2片叶展出时，开始花芽分化，3片叶时花芽开始伸长，经过40多天雌蕊完全分化好。

（2）新球形成期：叶基开始膨大，新球开始形成，约6月中旬新老球交界处长出粗大的根——牵引根，老球开始萎缩，上边须根也开始萎缩。

（3）准备开花：花茎伸长到叶外，第二层新根已长得发达，新老球之间长出匍匐茎，匍匐茎先端膨大，形成小子球，同时在新球上形成休眠芽。

（4）开花期：不同品种长短不同，从下向上陆续开放，一般可延续1～2周，地下新球茎和子球继续生长，老球老根进一步消耗死亡。

（5）新球成熟期：花后一个月左右，新球长成充分生长的球。

（6）休眠期：叶子开始枯萎，球茎进入休眠期，一直到第二年。在2～4℃经过4个月才能解除休眠。

4.1.4　繁殖方法　唐菖蒲可以通过分球、播种、组织培养等方法来繁殖。多用分球繁殖，即用子球经过1～2个生长季的培养达到商品用球标准，用于生产切花或盆花。由于唐菖蒲在生产栽培时土传病害和交叉感染的影响，致使种球种性退化较快，导致切花质量下降，而小子球退化程度低，是目前唐菖蒲商品球生产的主要繁殖材料。另外利用植株的茎尖进行组织培养生产脱毒苗，也是唐菖蒲复壮的重要手段。

当种球数量少时，为加速繁殖，唐菖蒲可进行切球法繁殖，大球分割成2块或4块，每块均需带有一充实的芽及根盘的一部分，切口涂木炭粉或草木灰，这种方法开花率达70%，花期略晚几天。

用于培育新品种和复壮老品种时可用播种法繁殖，一般夏秋季种子成熟采收后立即盆播，发芽率高，冬季将播种苗转入温室培养，第二年春分栽管理，夏季可见部分开花。

4.1.5　栽培管理

4.1.5.1　唐菖蒲商品球的生产　唐菖蒲种球生产的关键技术包括：种球优选脱毒与产地选择→原种圃与生产田的设计建立→适时播种与病虫害防治→田间管理与剪花促球→及时起球、风干、清理、分级→种球无病化处理→种球贮藏与打破休眠→销售。

（1）种球繁育基地选择：宜选择高海拔夏季比较凉爽的地区，如我国西北、东北、华北部分地区。种植地应地势高燥、光照充足、远离污染，土壤砂质、排水良好、有机含量丰富，pH 7.0左右，若pH不适合，需要进行调整。

（2）繁殖材料的选用：唐菖蒲子球越小，培养成商品球的比率越低，但种球外形纵径与横径比大，花枝长度、花径、小花数、花枝粗度均优于大子球形成的种球。因此小子球更加具备培育优质种球的潜力。直径 0.6cm 以下的子球育成直径 2.6cm 以上的商品球一般需要两个生长季。

（3）种圃的建立与种球播种：种球繁育地 5 年之内不可重茬。种植前按 5000kg/hm² 土壤中施入有机肥和适量磷钾肥，翻耕深度不小于 30cm。播种前 1~2d 将子球用 5% 氰氨化钙浸种 1h，之后用杀菌剂如多菌清、甲醛和中性洗涤剂的混合液保持在 52℃下浸泡 30min。取出阴凉处晾干，铺于稻草上并盖上稻草，子球萌动后播种。一般 4 月下旬播球。采用条播，每米沟内播种直径 0.4~0.6cm 子球 60~80 粒，直径 1.5~2.6cm 的子球 30~40 粒，覆土 4~5cm。小子球培育的第一年适合采用"垫网法"，即在播球之前将折光率 60% 的遮阳网铺于土壤中，然后覆盖 5cm 左右厚的已混好肥料的栽培土，在栽培土上点播子球并覆土。收获种球时，用手拉住网的一头往上提，将土翻卷，即可收获子球。此法收获容易，漏收少，收获量比普通培育法大大提高。

（4）田间管理：早春种植后为保持地温可在土表覆盖稻草或麦秸，2 片叶子长出后掀除。生长期间保持土壤湿润，田间持水量达到 70% 左右。秋季气温降低至收获前控制浇水。起球前 2 周停止浇水。

旺盛生长期及时追施氮肥和复合肥。发芽后 15~40d 施用氮肥；进入三叶期以后每月施用一次复合肥，共施 3 次。追肥可以通过叶面喷施或灌溉方式施用，或直接撒于土表再浇水。过磷酸盐肥料不宜使用，易引起叶尖枯焦，严重时甚至枯死。

病毒病是引起唐菖蒲种球退化的主要原因，除了土壤中的线虫等传播外，田间的蚜虫、叶蝉等也可在株间传毒，人工田间作业时的机械擦伤也可传播。出苗后在田间设置黄色粘虫胶带诱杀害虫，并根据需要喷施杀虫剂、杀菌剂加以预防和防治。及时拔除畸形、花叶、弯曲的植株，清理污染土壤，避免大面积传染。及时除草。

少数大子球会抽生花序，在花序抽出至花蕾显色前保留花茎上的茎生叶尽早摘除，使养分集中供给地下种球生长。剪花时一定避开阴雨、雾天气，并在 9:00~14:00 进行，因为此时气温较高，相对湿度降低，剪口很快干愈合，避免病原物侵染。

（5）起球、分级：秋季初霜后起球，尽量不伤球茎。起球后将植株铺在架上，置于通风干燥处，晾晒 1 周左右。球茎充分干燥后掰下种球，去除伤病畸形球后按大小分级，不同国家或地区分级标准见表 3-22。我国唐菖蒲球茎标准见表 3-21。

表 3-22　美国和荷兰唐菖蒲种球分级标准

美国			荷兰			
种类	等级	球茎直径（x）/cm	种类	等级	球茎直径/cm	周长/cm
开花球	特大级	x>5.1	商品种球	一级	>4.5	>14
	一级	3.8<x≤5.1		二级	3.5~4.5	12~14
	二级	3.2<x≤3.8		三级	3~3.5	10~12
	三级	2.5<x≤3.2		四级	2.5~3	8~10
培植种球	四级	1.9<x≤2.5	非商品球	五级	2~2.5	6~8
	五级	1.3<x≤1.9				
	六级	1.0<x≤1.3				

优质种球具有以下特征：①种球纵横径比在一定范围内越大越好，其比例以 1.2∶1 为宜；②用手触摸有硬和沉甸感，淀粉含量充足；③种球表面光滑、厚实浑圆、大小均匀、外表统一、中间无大的凹陷；④芽点突出饱满，无病虫害侵染。

（6）种球贮藏：种球分级后用 50% 多菌灵 300 倍液或 70% 甲基托布津 100 倍液（液温 49℃）浸泡 30min，在阴凉通风处迅速晾干，晾干过程中不断翻动，或在 37℃ 高温烘干到仅含生理水。装入尼龙网入库贮存。贮藏室温度 2～5℃，相对空气湿度 70%～80%。为保持干燥，需要用木架分层放置，每层间距 35～40cm，放球 3～4 层。每隔 3～4 周翻动一次，防止发热霉烂。贮藏室内保持较低的氧气和较高的二氧化碳浓度可抑制种球萌发。对于夏秋种植的种球必须严格控制低温干燥的条件，防止球茎萌发。

4.1.5.2　切花栽培

（1）栽种时期：在不调控花期时在北方土壤解冻后即可栽植，但太早易受晚霜冷害，南方可周年栽植。要做切花生产时，为了调节花期可分期播种。

具体栽种时期的选择要根据预定花期，综合考虑品种特性、球茎大小、温度光照条件。球茎大小影响花期，大则从栽植到开花需要的天数少。例如，周长 12～14cm 的球茎比 8～10cm 球茎花期提前 2～3 周。

生育期温度不同，花期不同。表 3-23 表明，在正常生长发育的温度范围内，同一品种唐菖蒲生育温度越高，生育期越短。

表 3-23　不同生育温度和时期对唐菖蒲花期的影响

平均栽培温度 /℃	生育期所需天数 /d	栽植日期（北京）	始花日期	盛花日期
12	110～120	3 月 15 日	6 月下	7 月上至中旬
15	90～100	4 月 15 日	7 月上	7 月上至下旬
20	70～80	5 月 5 日	7 月中	8 月上旬
25	60～70	6 月 2 日	8 月中	9 月上旬
		7 月 1 日	9 月中	9 月中旬至 10 月上旬

从表 3-23 可以看到，分期播种可以把花期保持 4 个月之久，如果比 7 月 1 日更晚，虽能开花但新球长得不充实，子球数量少，而以 4 月 15 日、5 月 5 日栽植的开花质量既好新球质量也好，子球数量多。

（2）栽植前的准备：需要对土壤和种球进行消毒。土壤消毒的方法主要是蒸汽消毒和药剂消毒。种球除去皮膜后浸入清水 15min，再浸入 1000 倍升汞液或 80 倍甲醛溶液内约 40min。也可以用硫酸铜、硼酸、高锰酸钾等化学药剂及生长素液浸之，既促进萌芽和生长，又有增加抗性、提早花期之效。还可用 50% 多菌灵 500 倍液浸 30min，再用 50% 福美双粉剂 500 倍液拌球后栽植。

（3）栽植：采用畦栽或垄栽，施足基肥。高畦栽培时床宽 90～100cm，通道 40～50cm，株行距 15cm×（15～20）cm，覆土厚 5～10cm，每公顷种植 18～30 万个球。垄栽时通常按双行式平栽，行内株距 10～12cm，每垄两行，垄距 60～80cm，培土时将垄间土铲起覆于垄上。

栽植不宜太浅，否则易倒伏，倒伏后花序弯曲，失去商品价值，而且牵引根向上升，太浅不利于根的生长、吸收，生产上可先栽植浅些，发芽后及4片叶、开花时再培土。

（4）肥水管理：栽植前每公顷施有机肥 150 000～225 000kg，并加过磷酸钙及草木灰各 300kg。2～3 片叶时追施一次肥，这对增加花朵数量有益；花茎从叶片伸出时追肥一次，此时对花朵大小起作用；花后 2 周追肥，对下一代球根充实成熟有益。若切花生产采用种球淘汰的做法，第 3 次可不必施。

自见到第 3 片叶到第 6、第 7 片叶期间，必须保证水分充足供应，这时是小花原基形成期（三叶期），也是母球茎根系开始死亡、新球茎长出新根的关键时期。注意雨季防涝，连续阴雨天后突然放晴或浇水量过多，易引起花穗弯曲。

（5）其他管理：切花栽培时，切下花序后尽量保持叶片，以备以后光合制造养分。苗高 20cm 时挂网，随高度而升高，防止花茎倒伏。

唐菖蒲生产上限温度为 27℃，大多数品种不耐高温，短暂的 40℃极易造成植株生长衰老及退化。

（6）切花采收与采后处理：就地销售的切花在花穗下部 1～2 朵花半开时剪切，远途运输或贮藏者在下部 1～5 朵小花花蕾显色时采收。剪切时注意保留下部叶片，供给新球、子球后期充实发育。剪下的花枝立即插入清水中。

切下的花序进行分级。各国分级标准各不相同。表 3-24 为美国佛罗里达州唐菖蒲切花等级标准。表 3-25 为我国国家分级标准。

表 3-24　美国佛罗里达州唐菖蒲切花的分级标准

等级	穗长（x）/cm	小花数/朵
超级	$x>107$	16
特级	$96<x\leqslant107$	14
标准级	$81<x\leqslant96$	12
可用级	$x\leqslant81$	10

表 3-25　唐菖蒲切花质量等级划分标准

级别 项目	一级	二级	三级
花	花色纯正、鲜艳具光泽 花型完整；花序丰满 小花数量： 　大花品种≥20 朵 　小花品种≥14 朵	花色鲜艳、无褪色 花型完整；花序丰满 小花数量： 　大花品种 16～19 朵 　小花品种 10～13 朵	花色一般，略有褪色 花型完整；花序较丰满 小花数量： 　大花品种 12～15 朵 　小花品种 6～9 朵
花茎	挺直、粗壮，有韧性 粗细均匀 长度： 　大花品种≥120cm 　小花品种≥100cm	挺直、粗壮，有韧性 粗细较均匀 长度： 　大花品种 100～19cm 　小花品种 80～99cm	略有弯曲，较细弱 粗细不均 长度： 　大花品种 80～99cm 　小花品种 60～79cm
叶	叶片厚实，叶色鲜绿有光泽 无褪绿，无干尖 叶面清洁，平展	叶片鲜绿，无褪绿 略有干尖；叶面清洁，平展	叶片略有褪色、干尖 叶面略有污物
采收时期	花序基部向上 1～5 个花蕾显色		
装箱容量	依品种不同每 10 枝或 20 枝捆为一扎，每扎中切花最长与最短的差别不超过 1cm	依品种不同每 10 枝或 20 枝捆为一扎，每扎中切花最长与最短的差别不超过 3cm	依品种不同每 10 枝或 20 枝捆为一扎，每扎中切花最长与最短的差别不超过 5cm

剪切下来的切花需要先在4～6℃冷库中作临时性贮藏，一般不超过24h。需要长期贮藏或远途运输的切花需要干藏于包装箱内，箱内有塑料膜衬里保湿。4℃可贮藏3～7d。运输与冷藏中须保持花枝直立，以防弯曲。

（7）起球：当植株叶片1/3变黄时，即可挖出球茎，在阳光下晒至数日，然后清理贮藏。

（8）促成栽培：由于唐菖蒲球茎具有生理休眠特性，其球根生产是在9月上旬至10月上旬收获种球，之后在自然条件下干燥一个月以上降低球根含水量。此时球根已进入生理休眠期，若想使花期提前开放，需要采取措施打破球根的休眠。常用的打破休眠的方法如下。

温度处理：低温处理，将球茎放在5℃低温环境中冷藏20～30d取出播种；变温处理，将球茎放在35℃高温处理15～20d，然后再用2～3℃低温处理20d，即可发芽；或先在0℃处理20d，再在38℃处理10d，栽植20d后发芽，这种效果最好。注意处理温度不宜高于40℃，低于0℃易腐烂。

药剂处理：氯仿、丙烯、醚、氯乙醇等药剂均可打破唐菖蒲球茎休眠。熏蒸法：栽前10～20d，将球茎置于密封容器中，每个容器放入4ml 40%氯乙醇药液（药液用纱布浸透放入），室温下处理4d，晾1～2周即可栽植。浸泡法：将种球置于3%氯乙醇溶液中3～4min，然后置于密闭玻璃容器中保持23℃放置24h，可立即栽植，3～4周内可发芽。也可用50～100mg/L的苄基腺嘌呤浸泡12～18h后栽植，11周后可出芽。

球茎打破休眠后，为使出苗整齐迅速，生产上先将球茎放在20℃适温下促进根点的形成及芽的伸长后再定植。

进行促成栽培时，要根据地理位置和气候条件采取不同的促成栽培方式。在温暖地区，可以利用无加温塑料大棚进行栽培，在寒冷地区采用加温温室栽培。保持白天室温20～25℃，夜温10～15℃，温度降至5℃以下就会影响植株生长和花芽发育。同时尽量增加光照时间或强度，防止盲花的发生。低温季节生产切花建议采用大球种植，缩短生产周期。

（9）抑制栽培：周年切花生产时，若想切花供应时间在8月以后，则需要进行抑制栽培。主要措施是在春季气温回升后，将球根置于2～4℃低温干燥的条件，延长其休眠，不使其萌发。以后随时根据预定花期的需要取出球根定植于露地或温室。

注意夏季采花或定植，正处于高温季节，会严重影响切花品质。因此生产基地要选择夏季冷凉的高地或地区。露地栽培时还要考虑无霜期的长短，防止开花前遭受霜冻。

4.1.6 观赏与应用 唐菖蒲花梗长，花朵排列有序，玲珑轻巧，潇洒柔和，花朵质如绫绸，娇嫩可爱，光彩照人，花色丰富多彩，花期长，分期栽植可四季供花，是世界花卉生产中最重要的切花之一，为四大切花之一，被誉为"世界切花之王"。除作切花外，还适于盆栽，布置花坛等。

唐菖蒲的花语是：怀念之情，也表示爱恋、用心、长寿、康宁、福禄。

4.2 大丽花

学名：*Dahlia hybrida*。

别名：大理花，天竺牡丹，西番莲，地瓜花，大丽菊。

英名：common dahlia，garden dahlia。

科属：菊科大丽花属。

产地与分布：原产墨西哥、危地马拉及哥伦比亚一带，现在各地均有栽培，吉林是我国大丽花的栽培中心。

4.2.1　形态特征　　多年生草本，具粗大纺锤形肉质块根，株高依品种而异 40～150cm（图 3-52，图 3-53）。茎中空，直立或横卧。叶对生，1～3 回羽状分裂，裂片呈卵形或椭圆形。头状花序具总花梗顶生，花径 5～35cm。外周为舌状花，一般中性或雌性；中央为筒状花，两性；舌状花大小、色彩、形状因品种不同而富多种变化，色彩有白、黄、粉、红、紫、雪青、墨紫、天蓝等各种花色。花期自夏初开至秋末。瘦果扁，长椭圆状，黑色。

图 3-52　大丽花（引自傅玉兰，2001）

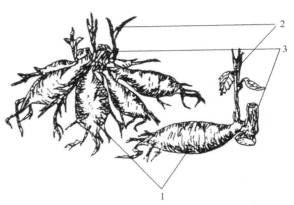

图 3-53　大丽花块根及分球（引自义鸣放，2000）
1. 块根；2. 芽；3. 上年茎

4.2.2　种类及品种

4.2.2.1　**主要原种**　　大丽花属原种约有 30 个，重要的原种有以下几种。

（1）红大丽花（*D. coccinea*）：舌状花一轮 8 枚，平展，花径 7～11cm，花瓣深红色。园艺品种有白、黄橙、紫色。

（2）大丽花（*D. pinnata*）：现代园艺品种中单瓣型、小球型、圆球型、装饰型等品种的原种，也是装饰型、半仙人掌型、牡丹型品种的亲本之一。花单瓣或重瓣，单瓣型有舌状花 8 枚，重瓣花内卷成管状，雌蕊不完全。花径 7～8cm。花色绯红，园艺品种有白、紫色。

（3）卷瓣大丽花（*D. juarezii*）：为仙人掌型大丽花的原种，也是不规整装饰性及芍药型大丽花的亲本之一。花红色，有光泽，重瓣或半重瓣。舌状花瓣细长，瓣端尖，两侧向外翻卷。花径 18～22cm。

（4）树状大丽花（*D. imperialis*）：株高 1.8～5.4m，茎截面呈四至六边形，先端中空，秋季木质化。花大，花头下弯。舌状花 8 枚，披针形，先端甚尖。花白色，有淡红紫晕，管状花橙黄色。

（5）麦氏大丽花（*D. merckii*）：又名矮大丽花，是单瓣型和仙人掌型大丽花的原种，不易与其他种杂交。株高 60～90cm，茎细，多分枝，株型开展。花瓣圆形，黄色。花径2.5～5cm，花梗长，花繁茂。

4.2.2.2 品种分类 大丽花的栽培品种极为繁多，已达 3 万个以上。

（1）按照大丽花的花型分类。

单瓣型：花露心，舌状花 1～2 轮，小花平展，花径约 8cm。也有花瓣交叠、花头成球状者，如'单瓣红'。

领饰型：花露心，舌状花单轮，外围管状花瓣化，与舌状花异色，长度约为舌状花的 1/2，犹如服装领饰，如'芳香唇'。

托桂型（银莲花型）：花露心，舌状花 1 至多轮，花瓣平展，管状花发达，比一般单瓣型长，如'春花'。

芍药型：为半重瓣花，舌状花 3～4 轮或更多，相互交叠，排列不整齐，露心，如'天女散花'。

装饰型：舌状花重瓣不露或稍露心。花瓣排列规则，花瓣端部宽圆或有尖者为"规整装饰"；舌状花排列不整齐，花瓣宽，较平或稍内卷，急尖者为"非规整装饰性"，如'金古殿'、'宇宙'。

仙人掌型：重瓣型，舌状花边缘外卷的长度不短于瓣长的 1/2。花大，常超过 12cm，其中舌状花狭长纵卷而直者称"直伸仙人掌型"，尖端内曲者称"内曲仙人掌型"，边缘外卷部分不足全长 1/2 者，称"半仙人掌型"。

球型：舌状花多轮，花瓣边缘内卷成杯状或筒状，开口部短而圆钝。内轮舌状花与外轮相同但稍小，花径常超过 8cm。

蜂窝型：也称绣球型或蓬蓬型。花型与球型相似，舌状花较小，顶端圆钝，内抱呈小球状，不露心，花色较单纯，花梗坚硬，花径最小在 5cm 以下。

其他还有睡莲型、兰花型、披散型等。

（2）按照植株高度分类：通常分为高型（株高 1.5～2m）、中型（1～1.5m）、矮型（0.6～0.9m）、极矮型（20～40cm）。

（3）按花朵大小分类：根据花径大小可分为 5 级。巨型 AA（＞25cm）、大型 A（20～25cm）、中型 B（15～20cm）、小型 BB（10～15cm）、迷你型 Min（5～10cm）、可爱型 Mignon（＜5cm）。

4.2.3 生态习性 性喜阳光、干燥、凉爽、通风良好的环境，既不耐寒又畏酷暑，生长适温 10～25℃，4～5℃进入休眠。不耐干旱，又怕水涝。忌黏重土壤，要求疏松、肥沃而又排水畅通的砂质壤土，pH 为 6.5～7.0。每年需有一段低温时期进行休眠。春植球根，夏末秋初气温渐凉、日照渐短时进行花芽分化、开花，直至秋末霜后，地上部分凋萎而停止生长。对光周期无严格要求，但短日照促进花芽的发育，通常 10～12h 短日照下便急速开花。

4.2.4 繁殖方法 以分球繁殖为主，还可以扦插、播种、嫁接、组织培养繁殖。

（1）分球法：大丽花的块根由茎基部原基发生的不定根肥大而成，根颈部分有芽，块根上无芽。因此分割块根时每株需带有根茎部 1～2 个芽眼。通常春季分球或在冬季休眠时在温室内催芽后分割。即先把块根栽在素沙盆中（只露出根颈），浇透水，放室温

18～20℃条件下，发芽 1cm 时再分割栽植。

（2）扦插法：一年四季均可进行，以早春扦插为好。2～3 月间，将根丛在温室内囤苗催芽（根丛上覆盖砂土或腐叶土，每天浇水保持白天 18～20℃，夜晚 15～18℃），待新芽长高至 6～7cm、基部一对叶片展开时，剥取扦插。也可以留一对叶以上切取扦插，以后叶腋内腋芽长至 6～7cm 时，继续切取扦插。这样可以继续扦插到 5 月为止。扦插土以砂质土加少量腐叶土或泥炭土为宜。保持白天 20～22℃，夜 15～18℃，3 周后生根，便可以分栽。春插苗成活率高，而且经夏秋充分生长，当年即可开花。6～8 月初可自成长植株上取芽，夏插成活率不如春插。9～10 月及冬季均可于温室内扦插，成活率不及春插而略高于夏插。

（3）播种繁殖：培育新品种及矮生系统的花坛品种用此法。大丽花因夏季湿热，结实不良，种子多采自秋凉后成熟者。且以外侧 2～3 轮筒状花结实最为饱满，极少数舌状花能结实。

（4）嫁接繁殖：春季把要繁殖的大丽花品种的幼梢劈接于另一块根的根颈部，注意要在嫁接前将作砧木的块根上的芽全部抹除。

（5）组织培养：用于快繁和脱毒苗的生产。常用茎尖脱毒培养。

4.2.5 栽培管理

4.2.5.1 露地栽培
露地栽培植株生长健壮，开花多，花期长，适用于切花栽培、布置花坛、花境及基础栽植。

（1）整地及土壤准备：选通风向阳，高燥地，应为壤土或砂壤土。切花栽培一般畦栽。施入有机肥。忌连作。

（2）定植：华南地区在 2～3 月栽植，华中、华北 4 月栽植。定植密度为：高大品种 1.2～1.5m；中高品种 60～100m；矮小品种 40～60cm。

（3）肥水管理：大丽花喜肥，先淡后浓，从茎叶生长至现蕾期每月追肥 1～2 次氮、磷稀薄液肥，高温季节停止施肥，秋季凉爽后半月追施一次，直至 9 月中旬。保持土壤湿润，注意夏季排涝。

（4）修剪整形：有两种整枝方式。①独本大丽花：保留主枝的顶芽继续生长，除靠近顶芽的两个侧芽作为防顶芽损伤的替补芽之外，其余侧芽均自小就抹除，使花蕾健壮发育，花朵硕大。此法适合于特大和大花品种。②多本大丽花：适用于中、小花品种及茎粗而中空，不易发生侧枝的品种。主枝生长 15～20cm 时，自 2～4 节处摘心，促使侧枝生长开花，全株保留侧枝数一般大花品种 4～6 枝，中小花品种 8～10 枝，每个侧枝留一朵花；开花后各枝保留 1～2 节，剪除使叶腋处发生的侧枝再继续生长开花。大丽花茎中空而脆，高品种要设立细竹竿防倒伏。

切花栽培时，应选分枝多、茎干细而挺直、花朵持久的中小品种，整枝可留较多分枝，留侧蕾或小侧枝上的顶蕾开花（主干或主侧枝顶端的花朵，花梗粗短），及时剥除无用的侧蕾。在植株高 20～25cm 时，张网防止倒伏。春季以花开至三四成、夏季开至两成时剪切切花。由于大丽花吸水性差，因此宜在早晨或傍晚剪切。

4.2.5.2 盆栽
盆栽宜选用中矮生品种。为控制株高常用扦插苗。为使花期错开，于 4～5 月分批扦插，栽植后需换盆 3～4 次，定植用土园土 50%，细沙 30%，堆肥土或腐叶土 20%。浇水应掌握不干不浇、见干见湿的原则。雨季用砖将花盆垫起，防地面积水和盆孔堵塞。

整形也有两种：独本整形和四本整形。生产独本大丽花时，自基部将所有腋芽抹去，随长随摘，只留顶芽一朵花。栽培四本大丽花，当苗高 10～15cm 时，留基部 2 节摘心，使之形成 4 个侧枝，每个侧枝留顶芽，将其余腋芽全部抹掉。每枝选留一个最佳花蕾，若几个侧枝发育不均匀时，用针刺法或人工曲枝法抑制生长迅速的枝条。

大丽花秋后经霜后，地上部分完全凋萎时，将其地上留 10cm 长剪掉，将块根挖起，晾晒 2～3d，用微带湿气的砂土埋藏于 5～7℃条件下越冬。

4.2.5.3 花期控制

（1）国庆节开花：选用不同花期的品种，分期扦插，如早花品种 6 月扦插，晚花品种 4～5 月扦插，可于国庆开花。

（2）盆花促成栽培：选用早花品种，1 月于温室中催芽，2 月上盆，控制夜温不低于15℃，昼温 20～22℃，可于 3 月下旬现蕾，5 月初开花。注意补充光照。

（3）冬季切花栽培：选用早花品种，5～6 月对采穗母株摘心。7 月扦插，8 月初定植，8～9 月摘心，可于元旦开花。9 月后需要人工补光，10 月后需要保温或加温，使夜温不低于 10℃。第一批切花剪切后平茬修剪，可于 2～4 月再度开花。

4.2.6 观赏与应用

大丽花花色绚丽丰富，姿态万千，花期久长，是世界名花之一。因品种特性不同，既适宜地栽，布置花坛、花境、花丛，又可作切花，作为花篮花圈、花束制作的理想材料。矮性品种盆栽观赏。

花语：大方、富丽、感激、新鲜、新颖、新意。

4.3 郁金香

学名：*Tulipa gesneriana*。

别名：洋荷花，草麝香。

英名：tulip。

图 3-54 郁金香（引自臧德奎，2002）

科属：百合科郁金香属。

产地与分布：原产地中海沿岸、中亚细亚、土耳其，中亚为分布中心，现在各地均有栽培。

4.3.1 形态特征

多年生草本花卉，地下具圆锥形的鳞茎，具棕褐色皮膜。茎、叶光滑具白粉。叶 3～5 枚，长椭圆状披针形或卵状披针形，全缘并呈波状。花茎高 30～50cm，单花着生顶端，花直立，杯形、碗形、卵形、百合花形或重瓣，有白、粉、紫、红、褐、黄、橙等深浅不一单色或复色，唯缺蓝色；花被片 6 枚（图 3-54），花期 3～5 月。蒴果背裂，种子扁平。

4.3.2 种类及品种

郁金香栽培历史悠久，品种繁多，达8000 余种，亲缘关系极为复杂。按花期分有早花种（3～4 月开花）、中花种（4～5 月）和晚花种（5 月底花），根据植株高矮可分为高性种（花茎高 30cm 以上，切花用）、矮性种（不足 30cm，适宜配植花坛及盆栽）。

由于郁金香品种主要由荷兰育成，因此郁金香新品种登录委员会设在荷兰皇家球根协会。1981 年在荷兰举行的世界品种登陆大会郁金香分会上，修订并编写的郁金香国际分类鉴定名录中，根据花期、花型、花色等形状，将郁金香品种分为 4 类 15 群。

4.3.2.1 早花类（early flowering）

（1）单瓣类（single early）：花单瓣，杯状，花色丰富，株高 20～25cm。

（2）重瓣类（double early）：花重瓣，大多来源于共同亲本，色彩较和谐，高度相近，花期比单瓣种稍早。

4.3.2.2 中花类（mideseason flowering）

（3）凯旋系（triumph group）：又称胜利系。花大，单瓣，花瓣平滑有光泽。株高 45～55cm，粗壮，花色丰富，如著名的品种'开氏内里斯'（'Kees Nelis'），血红色，亮黄边。

（4）达尔文杂种系（Darwin hybrids group）：植株健壮，株高 50～70cm，花大，杯状，花色鲜明，如常用品种'金阿帕尔顿'（Golden Apeldoorn），纯黄色花。

4.3.2.3 晚花类（late flowering）

（5）单瓣晚花群（single late group）：株高 65～80cm，茎粗壮，花杯状，花色丰富，品种极多，如'法兰西之光'（Ile de France），鲜红色；'夜皇后'（Queen of night）紫黑色。

（6）百合花型群（Lily-flowered group）：花瓣先端尖，平展开放，形似百合花。植株健壮，高约 60cm，花期长，花色多，如展览常用品种'阿拉丁'（Aladdin），红花白边。

（7）流苏花群（fringed group）：花瓣边缘有晶状流苏，如'阿美'（Arma），红色带流苏。

（8）绿斑群（viridiflora group）：花被的一部分呈绿色条斑。

（9）伦布朗群（Rembrandt group）：有异色条斑的芽变种，如在红、白等色的花冠上有棕色、黑色、红色、粉色条斑。

（10）鹦鹉群（parrot group）：花瓣扭曲，具锯齿状花边，花大，如'黑鹦鹉'（Black parrot）。

（11）重瓣晚花群（double late group）：也称牡丹花型群。花大，花梗粗壮，花色多种，如'天使'（Angelique），亮粉色。

4.3.2.4 变种及杂种（varieties and hybrids）

（12）考夫曼群（Koufmnaiana group）：花冠钟状，野生种金黄色，外侧有红色条纹。栽培变种有多种花色，花期早。叶宽常有条纹。植株矮，10～20cm。

（13）佛氏群（Forsteriana group）：株高变化较大，有高、矮两种。叶宽，有紫红色条纹。花被片长，花冠杯状，绯红色。

（14）格里氏群（Greigii group）：叶有紫褐色条纹，花冠钟状，洋红色。

（15）其他混杂群（miscellaneous group）：不在上述各群中。

（1）～（11）是多次杂交后形成的种群，即普通郁金香。后面 4 类为野生种、变种或杂种，原种的性状明显。常见的切花及盆栽品种主要属于中花类的凯旋系、达尔文杂种系和晚花类的单瓣种。

4.3.3 生态习性 喜冬季温暖湿润、夏季凉爽干燥、向阳或半阴的环境。耐寒，冬季能耐 −35℃低温，但生根需要 5～14℃，尤其 9～10℃最为适宜；生长适温为 5～20℃，最适温度为15～18℃。喜欢富有腐殖质肥沃而排水良好的砂壤土，忌碱土和连作。郁金香没有明显的光周期要求，但短日照能抑制球根的形成及花茎的增粗。

郁金香一年的生育过程如下。

（1）夏季休眠：以鳞茎形式休眠，由外向内依次在鳞片内形成侧芽，进而形成顶芽、花芽，此阶段是根和芽的分化期。休眠期一般要保持17～23℃，利于花芽分化。如果鳞茎休眠时先给一个短期高温（不超过35℃），再回到适温，对花芽分化起促进作用。

（2）准备生育期：是芽、根的生长期，时间为9～10月，即从栽种到第二年出土前。在这个阶段，花芽叶芽继续生长，但花梗的伸长必须要经过一个低温期（4～9℃），根系在秋天已充分生长。不同品种需低温时间不同，一般14～20周。

（3）抽穗开花期：从第二年3月下旬到4月下旬，是郁金香出土后迅速生长的阶段，最适温度为13～18℃。如果高于18℃的时间加长，花就会出现败育或花茎弯倒。

（4）子球膨大及成熟期：初夏，5月下旬至6月初，郁金香侧芽膨大，新球与子球很快成熟，这时需消耗大量碳水化合物。

郁金香的根系属肉质根，再生能力较弱，折断后难以继续生长。

4.3.4 繁殖方法　　以分球繁殖为主，大量繁殖与育种时可播种繁殖，也可以组织培养繁殖。

（1）分球繁殖：郁金香具有自然分球能力，秋季9～10月分栽子鳞茎达到繁殖的目的。因种类、品种不同，一个郁金香种球经过一个周期后可得到的子鳞茎数量不同，一般为2～6个。

（2）播种：郁金香种子无休眠特性，需经0～10℃低温，超过10℃发芽迟缓，25℃以上不能发芽。一般露地秋播，越冬后种子萌发出土至6月地下部分形成鳞茎，休眠后再挖出贮藏，秋季再种植，一般需经3～6年才能开花。

（3）组织培养：郁金香繁殖系数较低，其所有组织均可作为外植体培养成不定芽和愈伤组织，但不能都发生再生茎和再生根。根据现有研究，用花茎茎段诱导芽最成功。

4.3.5 栽培管理

4.3.5.1 商品球生产　　郁金香成熟的鳞茎内（直径达到3.5cm以上）有一个分化完全的花芽，有4～5层鳞片，这样的鳞茎叫母鳞茎或母球（图3-55）。在母鳞茎中每层鳞片腋内有一个子球生长点，将来发育成子球。栽种母球后，地上部发育的同时，地下母球茎轴基部

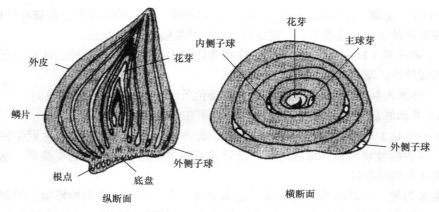

图3-55　郁金香鳞茎断面图（引自郭志刚和张伟，2001）

靠近中心的子球发育成最大的子鳞茎，即更新子球，该鳞茎内形成了孙球的腋芽生长点。大小仅次于更新子球，外形呈梨形的称为"梨球"，母鳞茎栽培后该鳞茎一般长有一片叶子，梨球经休眠贮藏后许多能形成花芽而开花。其余形成的小鳞茎称为子球。有些子球生长点不发育。

生产上根据鳞茎的大小将郁金香的鳞茎分成5级（表3-26）。

一级球开花率高，可达95%以上，二级球的开花率

表3-26	郁金香鳞茎分级标准
级别	周径（x）/cm
一级	$x \geqslant 12$
二级	$8 \leqslant x < 12$
三级	$6 \leqslant x < 8$
四级	$3 \leqslant x < 6$
五级	$x < 3$

60%~80%，三级及三级以下的球不能孕育花芽。多数种球生产商还会把二级球再细分为周径11~12cm、10~11cm、8~10cm等级别，前两个级别作为商品球出售，以下的部分会同三级以下的小球作为繁殖下一代的种球进入下轮种球生产。种球生产中大球的比例因品种而异。

（1）子球的获得：子球的获得是郁金香种球生产中的重要部分。一般来源有三方面：一是通过组织培养获得子鳞茎；二是上一轮种球生产得到的三级以下的培植鳞茎；三是进行切花、盆花生产时得到的子鳞茎。专业化的种球生产时，需要在花蕾出现时尽早去除，切花、盆花生产则需要在剪切切花后、花谢后加强肥水管理，促进球根的充实和发育。

（2）繁殖地的选择与准备：郁金香繁殖地应具备阳光充足、土壤有机质丰富、疏松、肥沃、壤土深厚平整、排水良好的条件，春季冷凉时间长，夏季来临迟，没有酷暑，相对湿度较低，冬季有一段相对较长的低温期。我国一般选择山坡、丘陵地，海拔较高的山地更为适宜。先后在西安、西宁、北京密云、大连、云南丽江、中甸、昭通规模化生产。土壤 pH 6~7 为宜，EC 值必须低于 1.5mS/cm。

郁金香忌连作，一般需要间作3年以上，间作期间可种植禾本科或豆科作物。

子球种植之前整地时施入腐熟的有机肥，每 $100m^2$ 800~1000kg，并增加骨粉 20kg。

（3）种植与管理：郁金香种植时间具有明显的地域性。确定种植时间的方法是：地表15cm 土壤温度降至 6~9℃时种植。这是鳞茎最佳的生根温度，种球在这个温度下2~3周即可保证安全越冬和后期发育。

大面积的种球种植，应以机械操作为主。在荷兰、美国等多数采用机械种植。小面积一般采用苗床点播。株行距为（10~15）cm×25cm。四级以下的种球撒播于浅沟内。注意要将茎盘朝下，顶芽朝上。定植前要对种球消毒，种球消毒的常用方法是用多菌灵等杀菌剂浸泡。

秋季种植后一般不需浇水，翌年春季发芽出土后施肥水。4月现蕾期每公顷施氮肥150kg、磷肥 75kg 和少量硼肥，然后3~4周追施磷、钾肥 150kg、75kg。

出现的花蕾及时去除，以免消耗养分。

（4）种球收获：夏季地上部茎叶枯黄时可以起球。选择晴天，挖出鳞茎，尽量少伤及鳞茎。挖出鳞茎阴处晾干、分级，分级后装入种球周转箱，进入贮藏室储放。

（5）种球的处理：现代郁金香栽培生产中，促成栽培或半促成栽培的应用越来越多。许多国家和地区对郁金香的栽培方式进行了摸索，并结合郁金香种球的低温处理方式，形成了多种生产模式。根据现有的种球低温处理方式，分成以下几类。

自然球：在不进行花期调控的栽培模式下种球的贮存方式。郁金香种球收获后，在17～20℃完成种球内部的器官分化，直到种球出售或种植。自然球低温的获得是通过种植后自然环境的低温积累。此种种球必须种植于冬季低温足够郁金香需要的区域，否则开花不良或盲花率较高。

9℃处理球：郁金香种球收获后经过花芽分化的阶段和中间温度处理而后将种球置于稳定在9℃的环境下贮藏，使之获得低温处理。该种处理的球若想提前花期在春节前，其低温量不足，需要在生根室处理4～6周来补充低温，或者依靠室外低温补充，否则盲花率提高。另外，此类处理的种球也易在转运途中出现"转运发热"现象，存在盲花隐患。理论上讲，9℃处理球的质量要略优于5℃处理球，但由于种球处理和栽培技术要求较高，栽培上采用较少。国外进行的水培郁金香规模化栽培应用较多。

5℃处理球：郁金香种球收获后经过花芽分化的阶段和中间温度处理而后将种球置于5℃稳定的环境下贮藏，使其获得足够的抽茎开花的低温时间和低温值。一般情况该种处理的球可直接进入栽培阶段。但是该处理种球需要栽培初期提供一个9℃左右的适宜低温发根，若气温高于12℃应推迟种植。

冰冻郁金香：郁金香种球经过花芽分化和低温时间积累后，将种球在周转箱内促其生根，然后放到-2～0℃的低温度环境下冰冻贮存。根据花期的需要，提前移入温室使其生长开花。该种方法生长时间较短，花的质量稍差，但开花时间可以自由控制，甚至可推迟至国庆开花。但花期较短，占用冷库时间长。

4.3.5.2 切花生产

（1）定植与准备：郁金香的切花生产常需要促成、抑制栽培，多数情况需要在温室或塑料大棚中进行。种球定植前一个月需要施足腐熟有机肥，平均每亩施入氮、磷、钾含量各7kg的基肥。多数采用平床栽培，地下水位较高的地区可以采用高畦栽培。栽植土壤深度需要达到40cm，其他要求基本与种球繁殖土壤相同。

定植时期根据预定花期而定，我国常用的供花时期有12月、1月、2月、3月、4月。供花时期不同，种球处理的方法不同。

郁金香鳞茎栽植有两种方法：一种是将褐色外膜剥除栽植，此法可以减少鳞茎消毒残液对根的伤害，促使根系均匀生长，可缩短棚室栽培周期，但鳞茎少了一层保护层，这样处理的鳞茎种植时鳞茎顶部露出土面，种植后马上浇水；另一种方法是鳞茎带膜栽植，栽植时鳞茎全部覆盖并覆土2cm。

种球栽植密度要根据品种、种球大小和种植时间而定。一般冠幅大的重瓣晚花型、达尔文杂种系密度可小些，早花型密度大些。一般250个/m² 球。

（2）温度管理：定植后是球茎发根的主要时期，地温15℃发根速度最快，3周后即可达到12～15cm。栽植后在土壤表面覆盖稻草或麦秸，既能有效防止阳光直射土壤，增加土壤温度，又能起到保湿的作用。多数郁金香品种切花生产时，将地温控制在15℃左右，温室最低气温控制在13℃，最高温在18～20℃，利于生产优质切花。

（3）水肥管理：球根栽植后浇水可以促进发根也可降低土壤温度。从萌芽到展叶不能缺水。当花茎开始伸长时，逐渐减少浇水量。

在萌芽期、现蕾期和鳞茎膨大期都需要大量的营养，切花生产的郁金香对肥料更敏感，若肥料不足，茎叶生长无力，花茎柔弱。在新芽出土2～3cm高时，可施用20-8-20

的四季用高硝酸钾肥和 28-14-14 高氮肥。花蕾形成后，施用 20-8-20 四季用高硝酸钾肥。

（4）光照管理：郁金香对光照不十分敏感，但是光照不足，叶片和花瓣的色泽将受到较大的影响。光照强度一般维持 2 万～3 万 lx 有利于体现出不同品种花色。但光线过强，使花期缩短，花色过早变淡。冬季连续阴雨或雨雪时，需要增加辅助光照，对郁金香切花提早上市有利。

（5）张网：在我国，郁金香切花长度要求为 30cm，一般不需要张网保护。在欧洲，特别对于中晚花品种，花茎高度要求在 45cm 以上，为了让花茎挺拔，可设置一层切花网，网孔以 15cm×15cm 为好。

（6）切花的采收和采后处理：对于大部分郁金香品种在整个花蕾显色时采收为宜，对于达尔文杂种系品种，在花蕾一半显色时采收为好。切取时间可以在傍晚，如果剪切数量多，可以在早晨。剪切下的花枝立即放入清水或保鲜液中。荷兰、德国等国的花卉拍卖中心，切花必须用硫代硫酸银或其他保鲜剂处理后才能上市。切花每 10 枝一束，置于包装箱中。

（7）起球：若切花生产结合种球繁育，则需要在剪切切花后加强肥水管理，在茎叶枯黄后掘球。

4.3.5.3　盆花生产　盆栽郁金香是另一种常见生产方式，常用于促成栽培。

（1）盆栽前的准备：①栽培容器，选用造型美观的塑料盆，国际上盆钵的直径常有 10cm、15cm、20cm 3 种规格，也可用其他类型花盆。②培养土，国际上常以泥炭、河沙混合，国内常用腐叶土、砻糠灰、塘泥、泥炭等配制，要求疏松透气，中性至微酸性。③种球选择，盆栽郁金香需要选择矮生品种，国内以红、黄色为主。鳞茎要大，健康无损伤，已经花芽分化，种植前经 5℃或 9℃低温处理。④设施，荷兰等国均是现代化玻璃温室，我国主要是塑料大棚或日光温室。需要在保护地内配置必要的设施设备。

（2）盆栽：为缩短盆栽郁金香的生产周期，提高棚室的利用率，盆栽的种球必须经过低温处理。种植前经杀菌剂浸泡消毒，晾干后种植于盆内。盆内种球种植的数量由盆的大小决定，一般 10cm 盆种植一颗种球，15cm 种植 3 颗。栽植时去皮鳞茎顶端与土面相平，有皮鳞茎顶芽离土面 2cm。

盆栽时间根据供花时间而定。常用的时间为：7 月初获得种球→ 34℃处理 1 周→ 20℃贮藏完成花芽分化 4 周→鳞茎种植保持 17℃ 2 周→ 5℃低温处理 9 周→ 18℃日光温室至开花 6 周。

（3）管理：参考切花的水肥、温度、光照管理即可。

4.3.5.4　郁金香的花期控制技术

（1）促成栽培：郁金香夏季起球后，待花芽发育到一定程度后进行中间温度处理（又称为 G 处理），之后进行冷处理，最后采用温室地栽或箱栽的方式栽培。经研究表明，花芽发育到雌蕊形成后一周进行中间温度处理切花质量较好，盲花率低。促成栽培的具体处理方法如下。

a. 叶的分化和花芽分化：分级后的鳞茎置于 23～25℃条件下，促进叶的发育结束，使球根缓慢地进行雌蕊形成期的发育。

b. 中间温度处理：用解剖镜抽检部分鳞茎，一旦完成雌蕊形成阶段（膨大的三角形），立即进行中间温度处理。10 月 15 日以前处理采用 20℃，之后采用 17℃。该处理所需最短时间由品种特性、栽培方式和种球大小决定。少数品种在雌蕊形成后可以直接进行冷处理而不需中间温度处理。

c. 冷处理：主要是5℃和9℃两种处理方式。5℃球实际包括5℃和2℃冷藏球。出口球多为5℃球。冷藏时间的长短由品种和温室种植时间确定。1月1日以前种植，采用5℃干藏，以后种植采用2℃冷藏。将种球冷藏时间延长2周，可以提高其后在温室中的生长速度，但盲花发生率增加。大多数品种冷藏9～12周，最长不超过14周。因此5℃冷藏球最迟种植期为1月1日，2℃冷藏球最迟种植期为2月15日。9℃处理的种球在完成预冷处理后需要放到生根室或埋在室外土壤中继续接受冷处理过程。具体处理方法见种球处理方式。

d. 温室栽培：可采用地栽或箱栽。地栽多应用5℃球，给予适宜的温度（2周9℃，以后18～20℃）、光照、水肥条件，一般品种40～60d开花。箱植是荷兰等国家为提高温室利用率，减少植株在温室中栽培时间的方法。栽培中使用专门的"种球出口箱"，长、宽、高分别为60cm、40cm、18cm，栽培基质为85%黑泥炭和15%粗砂，EC值小于1.0mS/cm。种植密度每箱85～130个种球。箱植主要为9℃球和未处理球的主要栽培方式，利用种植箱易于搬动的特点，将定植于种植箱中的种球在生根室进行低温处理，而后在温室18～20℃栽培，在温室中只有18～28d即可开花，一个冬天可以栽培6茬切花。而地栽最多栽培3茬。箱植可以避免连作障碍，且发根阶段处于稳定的低温处理期，降低了发病率，可以分散劳动力作业。

药剂处理也可以促进开花。低温处理过的种球栽植后，株高7～10cm时，在叶筒内滴入400mg/L赤霉素溶液0.5～1ml可促进开花。一般可提早花期10～15d。另外郁金香属于长日照花卉，补光与赤霉素处理结合使用效果明显。

（2）抑制栽培：主要采用低温处理抑制其生长发育的措施来控制花期推迟。抑制栽培的目的是在6～10月为花卉市场提供切花或盆花。生产中是将达到雌蕊形成期的球根箱植，在9℃下2～4周生根处理，之后在-1℃左右贮藏，用塑料薄膜保湿，可以根据花期从冷库中分批取出使用。出库时避免快速解冻，尽可能放在冷凉的场所（7～13℃），缓慢解冻4d左右。由于抑制栽培往往生长期在夏季，因此注意降温和遮阴。不同品种和出库时期不同开花期不同，但平均出库15～20d即可开花。高温栽培容易发生死蕾，所以最好选择高原或冷凉地区进行。

4.3.6 观赏与应用　　郁金香是世界著名的球根花卉，花期早，花色艳丽，株型整齐，是优良的切花材料，也是布置花境、花坛或草坪边缘自然丛植的常用种类，是早春花丛花群主体花材，中矮品种可盆栽观赏。

花语为爱、慈善、名誉、美丽、祝福、永恒、爱的表白、永恒的祝福。

4.4　水仙属

学名：*Narcissus*。

科属：石蒜科水仙属。

产地与分布：水仙属原产北非、中欧及地中海沿岸，现在各地均有栽培。

4.4.1　形态特征　　水仙属为多年生草本，地下部分具肥大的鳞茎，卵状或球形，具长颈，外被褐色或棕褐色皮膜。叶基生带状、线形或近圆柱形，多数排成互生二列状，绿色。花单生或多朵呈伞形花序着生于花葶端部，下具膜质总苞，花葶直立，中空，高

20～80cm，花多为黄色、白色或晕红色，侧向或下垂，具浓香；花被片6，基部联合成不同深浅的筒状，花被中央有杯状或喇叭状的副冠。蒴果，种子空瘪。

4.4.2 种类及品种 水仙属约30种，有很多变种和亚种，园艺品种丰富。根据英国皇家园艺学会制订的新方案，依花被裂片与副冠长度的比及色泽异同分为喇叭水仙群、大杯水仙群、小杯水仙群、重瓣水仙群、三蕊水仙群、仙客来水仙群、丁香水仙群、法国水仙群、红口水仙、原种及其野生品种和杂种、裂副冠水仙群、所有不属于以上者共12类。目前常见栽培的种有以下几种。

（1）喇叭水仙（*N. pseudo-nar cissus*）：又名洋水仙、欧洲水仙。原产瑞典、西班牙、英国。鳞茎球形，直径3～4cm，叶扁平线形，灰绿色，端圆钝。花茎高30～35cm。花单生，大型，花径约5cm，黄或淡黄色，副冠与花被片等长或比花被片稍长，钟形至喇叭形，边缘呈不规则锯齿状皱褶。花冠横向开放。花期3～4月。极耐寒，北京可露地越冬。

（2）丁香水仙（*N. jonquilla*）：又名灯心草水仙、黄水仙。原产葡萄牙、西班牙等地。鳞茎较小，外被黑褐色皮膜。叶长柱状，有明显深沟。花高脚碟状，侧向开放，具浓香。花被片黄色，副冠杯状，与花被片等长、同色或橙黄色。花期4月。

（3）红口水仙（*N. poeticus*）：又名口红水仙。原产西班牙、南欧、中欧等地。鳞茎较细，卵形。叶线形，30cm左右，4枚。花茎2棱状，与叶同高。花单生，少数一茎2花，花径5.5～6cm，花被片纯白色，副冠浅杯状，黄色或白色，边缘波皱带红色，有香气。花期4～5月，耐寒性较强。

（4）仙客来水仙（*N. cyclamineus*）：原产葡萄牙、西班牙西北部。植株矮小，鳞茎较小。叶狭线形，背面隆起呈龙骨状。一葶一花或2～3朵聚生，花冠筒极短，花被片自基部极度向后反卷，形似仙客来，黄色，副冠与花被片等长，花径1.5cm，鲜黄色。花期2～3月。

（5）多花水仙（*N. tazetta*）：又名法国水仙。分布较广。鳞茎大，一葶多花，3～8朵，花径3～5cm，花被片白色，倒卵形，副冠短杯状，黄色，具芳香。有多数亚种与变种，花期12月至翌年2月。

中国水仙（*N. tazetta* var. *Chinensis*）为多花水仙的主要变种之一（图3-56），大约于唐代初期由地中海传入我国。在我国，水仙的栽培分布多在东南沿海温暖湿润地区。可分为单瓣花与复瓣花两种。单瓣花品种称为"金盏银台"，花单瓣，白色，花被6裂，中心有一金黄色环状副冠，故称金盏银台亦名酒杯水仙；若副冠呈白色，花多，叶梢细者，则称"银盏玉台"。复瓣花品种称为"玉玲珑"，花重瓣，白色，花被12裂，卷成一簇，花形不如单瓣的美，香气亦较弱。我国栽培产地主要有福建漳州、上海崇明和浙江舟山。漳州水仙鳞茎形美，具两个均匀对称的侧鳞茎，花葶多，花香浓，是我国水仙中的佳品。

图3-56 中国水仙（引自义鸣放，2000）

4.4.3　生态习性　　喜温暖湿润的气候及阳光充足的环境，尤以冬无严寒、夏无酷暑、春秋多雨的环境最适宜。多数种类较耐寒，在华北地区不需保护即可露地越冬。以土壤深厚肥沃、排水良好的黏质壤土为好，土壤以中性和微酸性为宜。忌连作。根系较耐水淹。

多数水仙的生育周期为：初秋栽植，萌发生长，温暖地区萌动后根、叶仍继续生长，寒冷地区仅地下根系生长，地上部分不出土。经过秋冬季低温后第二年春天迅速生长并抽葶开花，中国水仙 1～2 月开花。花后地上部茎叶逐渐枯黄，地下鳞茎膨大并逐渐充实，于夏季进入休眠。休眠期进行花芽分化，完成分化需要约两个月时间，适合花芽分化的温度为 18～20℃，其花芽发育、花葶伸长则要经过 9～10℃ 的低温期。

水仙的成年大鳞茎是由不同世代的鳞茎单位组成的复合结构。每年地上部枯萎后地下的鳞片组称为鳞茎单位。越夏休眠后其顶芽与侧芽萌发并形成第二世代叶鞘与叶片，生长期末叶鞘与叶片基部肥大形成第二世代的顶生鳞茎单位和侧生鳞茎单位。每一鳞茎单位的寿命约为 4 年。每年形成新一代鳞茎单位时，外层老鳞片变成棕褐色，膜质化死亡而脱落。未成年鳞茎单位的顶芽保持营养生长，只形成叶鞘和叶，成年鳞茎，顶芽分化为花芽。

水仙一年生小鳞茎有 2～4 片叶，二年生鳞茎有 4～6 片叶。一般能形成 5～6 片宽叶的鳞茎有可能分化花芽。

4.4.4　繁殖方法　　水仙通常采用分球法繁殖，即将每球两侧分生的小鳞茎（脚芽）掰下作种球，另行栽植，小鳞茎约需经过 3 年培养，才能长成大鳞茎开花。

中国水仙为同源三倍体，具高度不孕性，因此虽然子房膨大，但种子空瘪，不能进行有性繁殖。

为加快水仙繁殖速度，近年来，采用组培技术繁殖水仙，组培时取水仙的鳞片、叶片、鳞茎盘、花茎等部位作为外植体进行培养。采用茎尖脱毒培养有明显的复壮作用。

水仙也可以用鳞片扦插繁殖。1 个鳞茎球内包含着很多侧芽，隔两张鳞片 1 个芽。用带有两个鳞片的鳞茎盘作繁殖材料叫双鳞片繁殖。方法是把鳞茎先放在低温 4～10℃ 处 4～8 周，然后在常温中把鳞茎盘切开，使每块带有两个鳞片，并将鳞片上端切除，留下 2cm，然后用塑料袋盛含水 50% 的蛭石或含水 6% 的砂，将其放入袋中，封闭袋口，置 20～28℃ 的黑暗处。经 2～3 月可长出小鳞茎，成球率 80%～90%。鳞茎扦插以 4～9 月为好。

4.4.5　栽培管理

4.4.5.1　水仙的种球生产　　中国水仙的种球生产在主产地已成为一项产业，也形成了一整套种球生产的技术。商品球的生产需要经过对一年生子球、二年生子球的培养，加强水肥管理，给予适宜的发育条件，才能达到相应的标准。

水仙球的生产有两种形式，即旱地栽培和灌水栽培法。

（1）旱地栽培：园林露地栽培及上海崇明地区常采用此法，此法与其他秋植球根花卉露地栽培法基本相同。注意的是水仙需水量较大，高垄上栽植，栽后经常向两垄之间沟内灌水，保持土壤湿润。休眠挖出鳞茎，秋季再植，3 年可养成大球。

（2）灌水栽培法：我国著名的漳州水仙特有的生产球根的栽培方法，所培育出的漳州水仙球以球大、花多、球形整齐优美而驰名中外。主要生产环节如下。

a. 耕地溶田：8～9 月间翻耕土地后，放水漫灌，1～2 周后将水排出，经多次翻耙，土壤充分晒干后，打碎土块，施入基肥。然后作高畦，畦四周挖灌溉沟，宽40cm，深30cm。

b. 挑选种球：挑选生长健壮、球体充实、无病毒、鳞茎盘小而坚实者的鳞茎，将种球的鳞茎盘浸于40℃ 1：100甲醛溶液中5~10min，消毒。

c. 阄割种球：第一、第二年生种球不做此手术，仅第三年种球进行阄割，使水仙的侧芽均在主芽两侧，呈一直线排列，使主侧芽发育充实饱满。割后使伤口处流出的白色黏液阴干，1~2d后再栽种，这样的球培养后姿态端正优美。

d. 栽植：霜降前后进行，即10月中下旬。栽后沟中施以适量的腐熟有机肥，待肥料充分浸入土壤后便引水灌溉，使沟水从畦底逐渐渗透至畦面后，再排除沟水，数日后将畦边土壤覆盖畦面上。再施一次基肥，然后畦面覆盖一层稻草，使稻草两端垂至沟水中，使水分沿稻草上升，保持土壤湿润，不板结。

e. 田间管理：水仙喜肥，除基肥外，还要多施追肥。第一年15d追施一次，第二年10d一次，第三年7d一次。种植后沟中必须经常保持有水，第一、第二年灌水少，第三年多，阴雨天少，晴天多。为避免消耗养分，要将花蕾摘除。

f. 采收、贮藏："芒种"前后（6月初）地上逐渐枯萎，起球，切除球底须根，用泥将鳞茎盘和两边相连的脚芽基部封上，保护脚芽不脱落。摊晒在阳光下，封土干燥后，贮存于阴凉干燥处。

2005年颁布实施了中华人民共和国林业行业标准《中国水仙种球生产技术规程和质量等级》（LY/T 1633—2005），该标准详细规定了中国水仙种球生产的技术规程及种球分级标准，其中种球质量等级见表3-27。

表3-27 中国水仙种球质量等级

等级	要求				
	周径/cm	饱满度	每粒花芽数/枝	病虫害	外观及侧鳞茎要求
一级	≥25.5	优	≥6	无	侧鳞茎一对成全，种球形美、端正
二级	≥24	优	≥5	无	侧鳞茎一对成全，种球形美、端正
三级	≥22	优	≥4	无	侧鳞茎独脚，周径应不小于22.5cm，种球形较美、较端正
四级	≥20	良	≥3	无	侧鳞茎独脚，周径应不小于20.5cm，种球形较美、较端正
五级	≥18	良	≥2	无	无损伤、无霉烂、无底盘破裂、无漏底

4.4.5.2 水培 北方各地栽培水仙均用水培法，用于室内摆放观赏。

（1）选球：要想获得好的观赏效果需要选大而充实的3年以上鳞茎。水仙鳞茎越大，开花越多越好。应选择皮膜呈棕褐色、光泽明亮，顶端钝圆、根盘宽阔的鳞茎。用拇指和食指稍用力捏住球的前后，感觉内部有柱状物，且比较坚实有弹性，说明花芽已发育成熟，鳞茎发育充实。

（2）鳞茎处理：剥下鳞茎上棕褐色的外皮，去掉根部护泥和枯根，然后用小刀在鳞茎中心芽两侧自上而下各直切一刀，切口长2~3cm，深度以不伤叶芽为准，目的是使鳞片松开，便于花茎抽出和生长，切后把鳞茎浸于清水中1~2d，清洗伤口处的黏液。

（3）培养：将鳞茎直立放在无排水孔的浅盘中，四周用小石子固定，以使鳞茎不倾倒。加水深度以淹及鳞茎底盘为宜。白天放在阳光充足，室温 12～15℃条件下养护，傍晚把水倒净，次日清晨再加入同样深度的水，这样控制茎叶徒长，使花葶高出叶丛。每次加水都不要变动鳞茎方向。刚刚上盆时，一天换一次水，开花前 2～3d 换一次水。植株出现 5 枚叶片时，开始抽出花茎，经 40d 左右开花。花期将水盆移至 10～12℃的冷凉处，给予充足的阳光，则茎叶粗壮。

4.4.5.3 园林露地栽培 水仙为秋植球根花卉，地栽常于 10～11 月种植。种植前深翻土壤并施入有机肥。栽植深度为鳞茎高度的 3 倍。管理较粗放，通常 3～4 年起球一次。

4.4.6 观赏与应用 在我国，水仙已有 1300 多年的栽培历史，始于唐代。野生中国水仙主要分布于我国东南沿海温暖、湿润地区。在宋代，水仙就已受人注意和喜爱。《漳州府志》记载：明初郑和出使南洋时，漳州水仙花已被当作名花而远运外洋了，"借水开花自一奇，水沉为骨玉为肌"。水仙花玉洁冰清，一尘不染，香气馥郁，沁人心脾，宋代诗人黄庭坚一生写了四首赞美水仙花的诗，其中一首《王充道送水仙五十枝》诗："凌波仙子生尘袜，水上轻盈步微月。是谁招此断肠魂，种作寒花寄愁绝。含香体素欲倾城，山矾是弟梅是兄。坐对真成被花恼，出门一笑大江横。"水仙花色、花香、花姿与神韵备受推崇，是我国传统的珍贵花卉。

水仙株丛清秀，花色淡雅，芳香馥郁，其花开雾中，香清而微，其花莹韵，其香清幽，被誉为"凌波仙子"。开花时期，正值春节期间。适于置于案头窗台。水仙又宜园林中布置花坛、花境，也宜疏林下、草坪上成丛成片种植，且一经种植，可多年开花，不必每年挖起，是很好的地被花卉。水仙花水养持久，是很好的切花材料。

中国水仙的花语为多情、想你、自尊、自信。

4.5 百合类

学名：*Lilium* spp.。

别名：强蜀，番韭，山丹，倒仙，重迈，中庭，摩罗，重箱，中逢花，百合蒜，夜合花。

英名：lily。

科属：百合科百合属。

产地与分布：分布于北半球的温带和寒带地区，热带高海拔地区也少有分布，现在各地均有栽培。中国是世界百合属植物的主要产地之一，也是世界百合起源中心。

4.5.1 形态特征 多年生草本，株高 70～150cm。地下鳞茎球形或扁球形，淡白色、黄或紫红，先端常开放如莲座状，由多数肉质肥厚、卵匙形的鳞片聚合而成，外无皮膜，大小因种而异。多数种类根分为茎生根和基生根两种，茎生根为鳞茎抽出的地下茎上发出，形状纤细，分布在土壤表层，有固定和支持地上茎的作用，亦有吸收养分的作用，每年与茎干同时枯死；基生根由鳞茎茎盘发出，肉质，分布于土层较深处，吸收水分能力强，隔年不枯死。多数种地上茎直立，少数为匍匐茎。叶互生或轮生，线形、披针形或卵形，具平行脉，全缘，有柄或无柄，部分种类（如卷丹、沙紫百合）在地上茎的腋叶间能产生小鳞茎——"珠芽"。花单生、簇生或成总状花序；花大，漏斗形、喇叭形、杯形和球形等；花被片 6，内外两轮离生，由 3 个花萼片和 3 个花瓣组成，颜色相同，萼片比花瓣稍窄；花色丰富，多数种类花瓣基部具蜜腺，具芳香；重瓣花有花瓣 6～10枚；花期初夏至秋季。蒴果长卵圆形，种子卵形，扁平，千粒重 4g（图 3-57，图 3-58）。

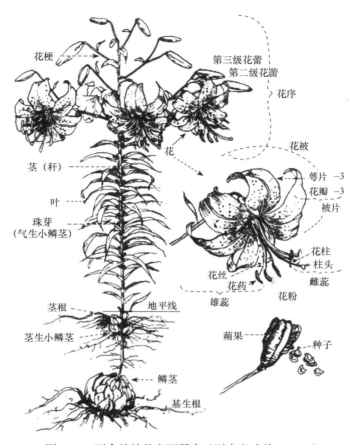

图 3-57 百合植株的主要器官（引自义鸣放，2000）

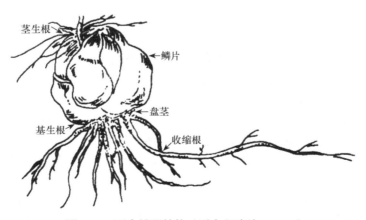

图 3-58 百合鳞茎结构（引自义鸣放，2000）

4.5.2 种类及品种 百合属在世界上共有 90 余种，我国有 47 种，18 个变种，其中 36 个种、15 个变种为我国特有种，分布于 27 个省（市、自治区），以四川西部、云南西北部、西藏东南部分布最多。

百合原种不少种类因具有较高的观赏价值而被栽培应用，现代栽培的商品品种是由多个种反复杂交选育而来的。

4.5.2.1 野生种的分类　　根据百合的形态特征分为4组。

（1）百合组：花朵呈喇叭形，横生于花梗上，花瓣先端略向外弯曲，叶互生。观赏价值较高。

王百合（*L. regale*）：原产四川、云南。鳞茎卵形至椭圆形，棕黄色，洒紫红晕，周径12～25cm，味苦。茎直立，高60～150cm，茎绿色，有紫色斑点。叶披针形。每株开花4～5朵，多可达20～30朵；花白色，喉部黄色，外部有淡紫晕，花径12～15cm，有芳香。花期6～7月。

麝香百合（*L. longiflorum*）：又名铁炮百合。原产中国台湾及日本九州南部。鳞茎近球形至卵形，周径18～25cm。茎直立，高60～100cm。叶披针形。花长筒状喇叭形，白色，内侧深处有绿晕，单生或2～4朵，花被片长15～18cm，有浓香。花期6～8月。

布朗百合（*L. brownii*）：又称紫背百合。原产我国华中、华南、西南等。鳞茎扁球形，黄白色，有时有紫色条纹，周径26～28cm。茎直立，株高60～80cm。每株开花2～3朵，有时5～6朵。花冠乳白色，有红紫色条纹，长约16cm，有浓香。花期6～7月。本种有许多栽培变种，我国南北各地均有栽培。

（2）钟花组：花被片较百合组短，花朵向上、倾斜或下垂，雄蕊向中心靠拢。叶互生。我国资源特别丰富。

渥丹（*L. concolor*）：又名山丹。原产我国北部、朝鲜和日本。鳞茎小。花小，深红色，有光泽，无异色斑点。易实生繁殖。本种在我国华北山地多有野生。

毛百合（*L. dauricum*）：又名兴安百合。原产我国东北部、西伯利亚贝加尔湖以东、日本及朝鲜。鳞茎球形至圆锥形，周径10～15cm，白色，可食用。地下具匍匐茎。株高40～50cm。花橙黄色，有紫色斑点，花径9～10cm，每株有花3～4朵，多可达7～8朵。花期5月下旬。

（3）卷瓣组：花朵下垂，花瓣向外反卷，雄蕊上端向外张开。叶互生。

卷丹（*L. lancifolium*）：又名虎皮百合、南京百合。原产我国各地。鳞茎卵圆形至扁球形，黄白色。地下茎易生小鳞茎，地上茎叶腋生珠芽。株高80～150cm。圆锥状总状花序，花15～20朵，花瓣朱红色，有暗紫色大斑点，花径10～12cm。花期7～8月。江浙一带常栽培食用。

兰州百合（*L. davidii* var. *unicolor*）：是大卫百合（*L. davidii*）的变种。大卫百合原产于我国西北、西南、中南地区。鳞茎白色，扁卵形，周径10～12cm，株高100～200cm。多花，20～40朵花。花期7～8月。兰州百合花大，橙红色，花期晚，我国大面积作食用栽培。

鹿子百合（*L. speciosum*）：又称药百合。原产日本及我国浙江、江西、安徽、台湾。鳞茎球型至扁球形，周径20～25cm，鳞片颜色依品种而异，有橙、绿黄、紫、棕等色。株高50～150cm。花红色，10～12朵，多可达40～50朵，花径10～12cm，芳香。花期8～9月。

（4）轮叶组：叶片轮生或近轮生，花朵向上或下垂，如青岛百合（*L. tsingtauense*），新疆百合（*L. martagon* var. *pilosiusculum*）

4.5.2.2 园艺栽培种的分类　　百合的园艺品种众多，1982年国际百合学会在1963年英国皇家园艺学会百合委员会提出的百合系统分类的基础上，依据亲本产地、亲缘关系、花色花姿等特征，将百合园艺品种划分为9个系，即亚洲百合杂种系（Asiatic hybrids）、星叶百合杂种系（Martegon hybrids）、白花百合杂种系（Candidum hybrids）、美洲百合杂种系（American hybrids）、麝香百合杂种系（Longiflorum hybrids）、喇叭形百合杂种系（Trumpet hybrids）、东方百合杂种系（Oriental hybrids）、其他类型（Miscellaneous hybrids）和原种。常见栽培的主要是3个品系。

（1）亚洲百合杂种系：其亲本包括卷丹、川百合、山丹、毛百合等。花直立向上，花瓣边缘光滑，花瓣不反卷。花色主要为橙色和黄色，也有白色、粉色、红色品种。香味较淡或没有香味。常见品种有5种。①'格兰乐园'：花色橙红，花冠中型，花瓣稍微反卷，花蕾数较少；株高100cm以上；晚熟性品种，易栽培，耐高温。②'黄巨人'：花黄色带浅橙色筋脉，大花型，花瓣上斑点较少，植株高大；耐热性强。③'罗马'：花色乳白，带有光泽，中花型；茎节刚直，植株高大；耐热性强，适宜高温期栽培。④'萨恩希罗'：花色暗粉，是亚洲百合中色彩较鲜明的品种；花瓣宽阔，很少反卷，花型比较整齐；顶花易发生畸形；耐暑性不强。⑤'康涅狄格王'：黄花品系代表性品种；筒状大型花，小鳞茎的着花性也很强；花茎刚直，伸长性好；不耐高温和低照度。

（2）麝香百合杂种系：主要由麝香百合和台湾百合（*L. formosanum*）衍生的杂种和杂交品种，也包括这两个种的中间杂交种——新铁炮百合（*L.×formolongo*）。花色洁白，花横生，花被筒长，呈喇叭状，花香浓郁。常见品种有3种。①'阿比塔'：中型花，茎节刚直，植株高可达120cm；切花保鲜性好，对弱光反应敏感，栽培时间16周，适宜四季栽培。②'雷山一号'：1991年日本育成。花朵向上开放，花冠展开较小，8月中旬开花，茎节粗壮。③'宙斯'：大花型，株高达160cm以上，对于弱光反应不敏感。栽培时间14周，适宜春季、初夏、夏季和秋季栽培。

（3）东方百合杂种系：包括鹿子百合、天香百合（*L. auratum*）、日本百合、红花百合及其与湖北百合的杂种。花大，花色艳丽丰富，香气宜人，花斜上或横生，花瓣反卷或瓣缘呈波浪状，花被片上多有彩色斑点。常见品种有5种。①'鲁莱普'：花色浅粉，大花型。自然花期在6月下旬，到花日数75～85d；株高70～90cm，适合切花和盆花生产。②'奥林匹克明星'：花色深粉，向上开放，花径16～18cm；株高105cm，到花日数100d。③'蒙娜丽莎'：花色粉白，大花型；到花日数80～90d，植株矮小，适宜切花及盆花生产。④'卡萨布兰卡'：东方百合代表性品种，花色纯白，花径17～20cm，横向开放，芳香宜人；株高100cm以上。到花日数100d；适宜促成抑制栽培。⑤'西伯利亚'：花色纯白，花径16～18cm；株高105cm，到花日数110d。

除以上3种百合品系外，国外百合育种公司利用新育种技术培育具有更多杂交优势的杂交百合，目的是结合不同种类百合的优点，如特殊的抗病性和观赏性等。

以铁炮杂交系百合和亚洲杂交系百合为亲本的杂交组合是为了培育出具有香味、花形与亚洲杂交系百合相似的品种。这种杂交组合培育出了不少优秀的商业百合品种，如*LA*（*Longiflorum×Asiatic* Hybrids）杂交百合长势旺盛，抗病性强，花色花形与亚洲杂交百合相似，且有香味。

1970年，荷兰*LA*百合品种育成后，*LO*（*Longiflorum×Oriental* hybrids）杂交百合和*OA*（*Oriental×Asiatic* hybrids）杂交百合及*OT*（*Oriental×Trumpet* hybrids）杂交百合便

列入了各百合育种公司的育种计划。1980 年 *OT* 百合由东方百合杂交系和喇叭百合杂交培育而成，1990 年 *LO* 杂交型百合由铁炮百合杂交型和东方杂交系杂交培育而成，*OA* 百合在 1995 年由东方杂交系和亚洲杂交系杂交育成。由于属间杂交系不能很好表现出亲本的生物学遗传特性，为了强化亲本的基因型特征，利用回交来巩固亲本性状表现，这就是所谓的 *LAA*、*OOT*、*LLO* 等新品系。

由于属间杂交的优势表现很明显，优于亲本，亚洲百合就已经有被 *LA* 杂交型百合取代的趋势。这两者在栽培上没有太大区别，生产者也愿意直接使用更具观赏价值的新杂交系。因此随着百合杂交系新品种的推广普及，其市场占有率会有所提升。

4.5.3 生态习性 多数种类喜凉爽、湿润的气候，较耐寒。大多数种类喜阴。亚洲百合品种群在北方能够露地越冬，东方百合品种群和麝香百合品种群的鳞茎不能在北方越冬。要求腐殖质丰富、疏松排水良好的壤土，有些杂种能耐受适度的碱性土壤，适宜的 pH 为 5.5～7.5，忌高盐分土壤。生育适温 15～20℃，5℃以下或 30℃以上生育几乎停止。

百合为秋植球根花卉，鳞茎盘下方的根原基通常秋凉后萌发基生根（下根）并萌生新芽，多数种类新芽当年不出土。经过自然低温越冬后于翌春萌发地上茎，生长开花。秋冬来临时地上部枯萎，以鳞茎休眠越冬。

百合开花后鳞茎进入休眠，经过夏季的高温可打破休眠，再经过低温春化，于适宜温度下形成花芽。打破休眠及低温春化时间的温度、时间长短因品种而异，打破休眠一般需要 20～30℃温度 3～4 周，亚洲百合需要-2℃冻藏，东方百合和麝香百合通常在-1.5～-1℃下冷藏，在茎叶长到 8～10cm 时开始花芽分化。

4.5.4 繁殖方法 百合可以分球繁殖、种子繁殖、组织培养、鳞片扦插。生产上常用分球繁殖。

（1）分球繁殖：百合母球分生的子鳞茎、茎生小鳞茎是分球繁殖的主要材料。麝香百合分球率较低，一般一个生长周期能有子鳞茎 3～4 个，但是较大，可较早达到开花年龄。分球力强的百合子球较小，需要 2 年以上的栽培方能达到开花。例如，卷丹等可发生珠芽的种类，用珠芽经 2～3 年培养也可形成商品球。

（2）鳞片扦插：对不易形成小鳞茎和珠芽的种类，常用鳞片扦插法提高繁殖系数。用成熟的大鳞茎上的健壮鳞片，扦插于河沙或蛭石等疏松透气基质上，保持 20～25℃温度和较高的空气湿度，则在鳞片基部发根向上发出新叶，同时发生小鳞茎，小鳞茎经过 3 年培养可达开花球（图 3-59）。

图 3-59　鳞片扦插生根（引自龙雅宜等，1999）

（3）播种繁殖：凡能收获到发育成熟种子的种类均可用播种的方法繁殖，本方法可以在短期内获得大量的子球。适于播种繁殖的百合有麝香百合、渥丹、王百合、川百合、毛百合等。现代园艺品种中，新铁炮百合常用播种繁殖。

百合种子有子叶出土和子叶留土两种类型。种子发芽适温 20～24℃。子叶出土的播种后 10～30d 子叶出土，如麝香百合、王百合、台湾百合等，湖北百合 30d 以后才能发芽；该类种子播种时间以春季为好，覆土 1～2cm，部分品种培养 6 个月即可开花，但王百合需要 14 个月。子叶留土的种类在温暖地区以秋播为宜，入冬前抽出胚根，第二年春季第一片真叶出土，3～4 年后开花，这类种子应在采收后当年秋季播种。毛百合、青岛百合等属于此类。

（4）组织培养：百合的鳞片、鳞茎盘、小鳞茎、茎、叶、花柱等均可作为外植体分化培养成苗。目前认为用鳞片的中下部作外植体，生长快，形成的鳞茎大。

4.5.5 栽培管理

4.5.5.1 百合种球生产与繁育　　百合作为球根花卉的重要种类其种球的需求量逐年上升。荷兰已建立起以组培育苗、组培苗的母球培育、母球鳞片扦插、扦插苗的商品球培育为主的百合种球生产技术体系。目前我国以辽宁、云南、甘肃、浙江为核心的国产百合种球生产基地的框架已初步形成。

百合种球生产的关键技术包括：种质资源的收集→新品种选育→组培脱毒→小鳞茎无性系→鳞片扦插扩增→商品球培育→种球采后冷藏处理→病虫害防治→种球质量检测。

对有自主知识产权的百合品种，经检测不带病毒后可以进行商品球的繁育。

（1）无毒子球繁育。

a. 通过组织培养技术培养小子球：选取外观发育良好、鳞片紧实、基盘完好的种球进行病毒检测，以中内层鳞片作为外植体，诱导小鳞茎，并经继代培养后反复增殖，再次确认无毒后进行大量快繁、生根培养，可以移栽培养，经 10～12 个月培养，小鳞茎可达周长 10cm，然后转入商品球生产程序。

b. 通过鳞片扦插培养小子球：用周长 16～18cm、14～16cm 无毒的种球，解冻后剥取鳞片，一般用中、外部较饱满充实的鳞片，用多菌灵、代森锌 500 倍液浸泡消毒 30min，然后阴干沥去水分，用 IBA 或 NAA 等激素适宜浓度处理鳞片，可以浸泡，可以速蘸，根据浓度和百合品种而定，促进小鳞茎的发生。扦插容器为塑料种球箱，并附内膜。扦插基质一般采用草炭加蛭石，含水量 60% 左右，基质和种球箱均需要消毒。扦插时，在箱底先铺一层 3cm 厚基质，然后摆放一层鳞片，鳞片之间不可重叠，再盖一层基质，厚 2～3cm。这样一层鳞片一层基质，最上一层基质厚度 4～5cm。最后用内膜盖严，保持基质湿度。将封好的种球箱放在 22～25℃恒温库内，25d 后每个鳞片基部会分化出 2～3 个米粒至黄豆粒小的小子球。10d 抽检一次基质湿度，表面干燥可用喷雾器喷上少许水分。60d 后小子球可达到黄豆大小。可将小子球移栽到苗床进行进一步培养。移栽的苗床基质以泥炭和蛭石混合，比例 1:1，并用药剂消毒，然后将带鳞片的小子球平摆到苗床基质上，覆盖基质 5～6cm，浇透水，以后保持湿润。当叶子出土后，每周追施叶面肥一次，每两周追施液肥一次，以氮肥为主，配少量磷、钾肥。9 个月后小子球可达周径 8～10cm，即可转入商品球生产程序。

（2）商品种球生产技术。

a. 种球生产基地的选择：要求气候冷凉、昼夜温差大，年平均气温 9～10℃，7 月平均气温不超过 22℃；日照充足，年总日照数不低于 1900h；年降水量 800~1000mm，生长期降水充足。海拔 2300~2700m 的台地，隔离条件好；水源充足，水质优良；土质深厚，有机质丰富。

b. 种植：将土地深翻，施入有机肥。小子球经冷藏 8 周以上方可出库，在常温自然解冻，避免剧烈的温度变化和阳光直射。解冻后的子球用辛硫磷 1500 倍加上多菌灵 500 倍液浸泡 20min，捞起阴干。然后开沟种植，一般密度采用 15cm×15cm，覆土 6~8cm，充分浇水，用稻草或其他秸秆覆盖畦面保湿。

c. 田间管理：百合生长期间保持土壤湿润，雨天注意排水。有花蕾的植株在花蕾 1cm 左右时摘除。苗高 15cm 时，追施尿素两次，间隔 2 周；以后施用复合肥，并补充铁肥、硼、镁肥，并在摘除花蕾后使用种球膨大素和磷酸二氢钾叶面追肥，促进地下鳞茎的膨大及充实。

经过一个周期的培养，多数子球可达到商品球标准。

（3）种球采后工厂化处理。

a. 种球的采收：百合地上部枯黄即可采收种球。采收前控制土壤水分，晴天采挖。种球起出后避免烈日暴晒和长时间摆放，以防鳞片及根系脱水。

b. 分级：及时清除种球上的枯枝茎叶及腐烂鳞片、老根，然后按种球周径大小分级，一般采用四级或五级分级标准，如 18^+cm、16~18cm、14~16cm、<14cm 4 个规格。种球外观要充实、不腐烂、不干瘪、无机械损伤，新鲜程度好，无病虫害。中心芽不损坏，发育正常，肉质鳞片排列紧凑，基盘健康，根系生长好，至少有 3 条以上根系。

c. 种球清洗消毒：将种球用水冲洗掉泥土，注意不要损伤根系和鳞片。将鳞茎用药液浸泡消毒，然后捞出阴干。

d. 装箱：将种球放入经消毒的专用种球箱，用含水量 50% 蛭石或泥炭作为填充物，一层基质一层种球，种球箱内用塑料袋保湿。

e. 种球的冷藏处理：种球进入冷库前对冷库进行消毒处理。种球箱放入温室后，采用分段降温的方法，逐渐降低温度。先将温度降至 10℃，湿度 70%~80% 处理 1 周；然后降至 5℃，湿度不变，处理 2 周；最后调至 2℃。经冷藏处理 8 周后即可出库作为商品切花种植。若不需马上种植，将温度调至 -1.5℃，可以长期冻藏保存。不同种类长期保存的温度有所不同，亚洲百合冻藏温度为 -2℃，东方百合为 -1.5℃，铁炮百合为 -2~0℃。注意冻藏之前的 1~2℃的低温处理时间不能过长，一般 4~8 周，否则鳞茎就会发芽，不能实现按计划控制花期。也不能直接将种球冷冻处理。

4.5.5.2 百合切花栽培

（1）品种选择：对于首次种植百合的种植者，宜选择生产亚洲杂交系百合或铁炮杂交系百合。亚洲杂交系和铁炮杂交系百合对生产设施要求不十分严格，栽培技术也比东方杂交系百合要求低，而且市场行情相对稳定，种植风险小。目前可以选择种植一些亚洲杂交系新品种百合，如红色的 'Black out'（'眩目'），即使种球规格小，长势也非常旺盛。

有生产经验的生产者可以种植东方杂交系百合，具有较高的利润，但种植风险也较高。因为东方百合要求具备良好的温室设备，且有丰富的生产经验和过硬的栽培技术。

种植品系确定后，还要选择品种。品种选择时一方面考虑上市时间，根据对市场的预测决定切花供应时间，从而选择相应的品种。另外还要注意各品种的特性，如对缺乏光照的敏感性、叶烧病敏感程度、可预计的花蕾数、花苞大小、株高、生产周期、种球价格、花的品质及货架期等。亚洲百合对缺乏光照较敏感，容易造成盲花或品质受损，不应该在没有补光设备的冬季生产，东方杂交系百合'Star gazer'容易患叶烧病，对缺乏种植经验和技术的种植者而言，尽量不要种植。

一般在栽培环境适宜时，即有充足的阳光和适宜的温度条件下，可以选择中小规格的种球。如果在冬季生产、阳光也不十分充足时，为了保证有足够的花苞，应选择较大规格种球，但要注意某些个别品种种球规格较大时患叶烧病的概率也大大增加。所以种球并不是越大越好，条件适宜、便宜的中小种球也能获得较好的品质。

（2）栽培基质：国外大型专业化生产商一般会在种植百合前的4～6周对温室内的栽培土壤基质采样并送相关机构进行分析，以获得其栽培基质的EC值、pH、CEC值（土壤阳离子交换量）、C/N值、密度、含盐种类及数量等相关数据，这些分析机构也会给百合生产商提供基质改良方面的参考建议，以给百合生长提供最适宜的栽培基质。国内的百合种植者目前没有做到，国内相应的机构也不完善或无专业化的企业提供以上服务。

基质选择：百合忌连作，最好用没有种植过百合或百合科其他球根类花卉的土壤或基质。基质要干净，无病虫害侵染。不要使用含氯或氟的栽培基质，在做基质改良时，有时会使用珍珠岩或蛭石增加基质的持水性、透气性、排水性。但有些来源不明的珍珠岩或蛭石里含有氯化物和氟化物，对百合生长很不利，尤其是过量的氟化物对百合伤害十分明显，如叶片灼伤。

基质pH：亚洲杂交系和铁炮杂交系百合基质pH要在6～7，东方杂交系百合基质pH要在5.5～6.5。pH过高，影响百合植株对铁、磷、锰的吸收；pH过低会促进百合植株吸收过多的铁、锰、硫，抑制钙、镁、钾的吸收，导致百合的锰、铁、硫中毒或缺乏钾、钙、镁等，特别是缺钙，是导致叶烧病的主要原因。

EC值：百合对高EC基质较为敏感，高EC值的基质会影响茎秆的高度。对切花生产而言，花材高度是衡量其分级的重要标准。所以，在百合生产前一定要确保生产栽培基质的EC值等于或低于1.5mS/cm（包括施肥），EC值较低能为生产过程中施肥和浇灌较高的EC值的水留下空间。当基质EC值达到2mS/cm时，百合根系会被灼伤。

增加有机质：百合根系喜排水性、透气性、持水性好的基质，增加基质中的有机质含量可明显改善基质的排水性、透气性、持水性。另外，可在栽培基质中加入发酵腐熟的牛粪或稻壳，发酵腐熟的稻壳或牛粪含一定养分，主要起到改良基质的物理特性的作用。施用未经处理的泥炭苔也可以起到类似的效果，使用泥炭或草炭还能降低基质的EC值。

（3）种球处理：购买种球后，将未解冻的种球放在温度保持在10～15℃的环境避光缓慢解冻12～48h，解冻时要打开塑料覆盖物。解冻后应马上种植，不能种植的可在0～2℃避光且没有强风的环境中最多存放2周。高温贮藏和贮藏时间过长会使百合鳞茎提前萌发和根系提前发育，影响后期百合品质。

百合种球种植前应进行消毒，可使用杀菌剂处理，国内一般采用浸泡法，国外多采用喷施法，以避免浸泡过程中病原物对百合鳞茎的二次污染和交叉感染。

（4）种植：百合切花生产栽培有地栽、箱栽和种植床栽培3种主要方式。一般亚洲杂交系和铁炮杂交系百合较多采用地栽方式生产种植，这种栽培方法基础投入少，适合粗放型管理栽培。而东方杂交系百合较多采用箱栽或种植床的生产方式，这种方法对设施要求高，投入较大，管理操作也相对复杂，但它可以控制更多的环境因子，适合精细型管理。

a. 种植畦：冬季生产百合可采用高畦种植。冬季土壤基质温度低，采用高畦种植可使畦面接受更多的光照和远离地下深层低温传导对土壤基质温度的影响。一般采用高畦可明显提高地温 2～3℃。夏季生产百合要尽量避免高温对百合生长的不利影响，采用低畦种植正好与采用高畦的理由相反，在采用低畦种植百合时要注意土壤基质的排水。高畦的基质土壤表面容易积累较多的盐分，较高的 EC 值对百合茎秆长度的影响十分明显，所以如果灌溉用水的 EC 值偏高（1～1.5mS/cm），尽量不要采用高畦种植。

箱式栽培和种植床栽培适合栽培基质差或连续生产百合时采用。东方百合对栽培基质要求高，较适合箱栽、种植床栽培。

无论是高畦还是低畦种植，畦宽一般不超过 1.2m。这主要是考虑方便进行种植和采收等操作性管理。畦高 20～30cm。畦长可视温室规格而定。种植前在畦面上预留出滴灌设施和支撑杆（放支撑网）的位置。百合切花生产中较常使用网眼边长或直径在 12～16cm 的支撑网，每隔 3m 左右一个支撑杆。

b. 种植密度：百合鳞茎种植密度要根据品种特性、鳞茎规格、光照强度、土壤基质、生产季节等综合考虑。例如，在光照充足的季节，生产密度就可以密一些，在光照差的季节种植密度稀疏一些。

表 3-28 是参考国外一些专业生产资料整理而成的百合种球种植密度，该数据是在最佳栽培环境下栽培种植得到的数据，以供参考。

表 3-28　百合种球的参考种植密度　　　　　　　（单位：个 /m²）

品系 ＼ 鳞茎周长 /cm	10～12	12～14	14～16	16～18	18～20
亚洲杂交系（*Asiatic* hybrids）	60～70	55～65	50～60	40～50	无
东方杂交系（*Oriental* hybrids）a 型	55～65	45～55	40～50	40～50	无
东方杂交系（*Oriental* hybrids）b 型	40～50	35～45	30～40	25～35	25～35
铁炮杂交系（*longiflorum* hybrids）	55～65	45～55	40～50	35～45	无
LA 杂交系（*longiflorum*×*Asiatic* hybrids）	50～60	40～50	40～50	无	无

注：以上种植密度是指在每平方米可以种植的最多量和最少量；东方 a 型是指品种株高为 100cm 以下的品种；东方 b 型是指品种株高为 100cm 以上的品种

c. 种球栽植技术：种球栽植时要小心取出百合鳞茎，用小铲在畦面上挖出大于鳞茎大小的小坑，将百合鳞茎顶芽朝上垂直于土面直立放入，不要过于用力按压，避免用力不当造成损伤或弄断鳞茎的基生根。用土壤基质将其覆盖，夏季覆土深，冬季覆土浅些。

种植箱生产时常用无土基质。在百合栽培箱种植时先在箱底内填充 2cm 厚度的无土基质，按密度 9～12 粒 / 箱摆放种球，覆盖 8～10cm 厚度基质并浇水送入生根室。待茎芽长出基质 8～10cm 时移入温室，进行正常的生产管理。这些无土基质可重复使用，重复使用时建议进行必要的消毒处理。

在采用催芽地栽或种植床栽培时，催芽箱内百合种植密度可以密些，以鳞茎紧靠另一鳞茎为宜。在生根室 3 周左右、茎芽长至 10cm 以上。以茎生根呈现根点或微小的突起时，移出栽培基质种植到露地中或种植床内。注意不可在茎生根长至 1cm 以上后移栽。催芽种植的方法能明显缩短地栽栽培时间，降低前期发生病害的风险，提高百合生长的一致性，提高温室的使用效率。

种植后均匀地浇透水并覆盖稻草或草帘，隔热保湿，保持温度 12～14℃，这是茎生根最适宜温度。种植后前 3～4 周内，只浇水不需要施用任何肥料。一般在环境适宜的条件下，2～3d 内百合鳞茎上的芽便会萌发，6～10d 会有少量的茎芽长出基质畦面，10～16d 大部分长出基质面。如果生长发育速度低于上述情况，就说明基质温度偏低，应该增加地温以促进萌发和根系生长。

（5）生产管理。

a. 温度的管理：茎生根开始发育以后，影响百合生长发育的主要因子是空气温度。基质温度对百合生长发育的影响力逐渐被空气温度所取代。

亚洲杂交系百合和 LA 杂交系百合对空气温度要求不十分严格。最适宜的白天温度为 14～16℃，晚上为 10～12℃。最高温度不要超过 25℃，晚上最低温度不低于 10℃。温度过高会使亚洲百合和 LA 杂交系百合植株的生长速度超过正常生长速度，茎秆变细、盲花落蕾、成品花瓶插期减短、叶烧病等一系列问题均会发生。

东方杂交系百合对温度要求比较严格。其最适宜白天空气温度为 16～18℃，晚上为 12～14℃。最高温度应低于 25℃，最低温度为 10℃。长时间连续的白天温度高于 25℃极有可能诱发大规模的盲花和叶片发黄等问题。长时间的白天低温加上湿度饱和的土壤基质、光照不足极易发生大规模落叶，如果不能被及时控制，可能导致植株死亡。短时间的夜间温度 8℃左右对东方百合影响较小，持续的 5℃的夜间温度会造成东方百合叶片冻伤。

铁炮杂交系百合较耐寒。其生根后的最适空气温度为白天 15～17℃，晚上 11～13℃。白天温度最高不要超过 22℃，最低不要低于 10℃。夜间温度除了在花蕾期时不能低于 14℃外，在其中期发育阶段和种子实生苗幼苗期生长阶段对低温的耐受力很强，可以忍受连续的夜间温度 0℃。

从出现花蕾到切花采收前一段时间，要将环境温度再提高 2～5℃。

b. 空气相对湿度的管理：各种类型的百合对空气湿度的要求相对一致。保持 80%～85% 较适宜。注意在通风降低空气湿度时要逐渐缓慢进行，一般宜清晨进行。

c. 光照管理：适合百合生长的最佳光照强度为 20 000～30 000lx。百合植株对光照强度的耐受力主要取决于温度、栽培季节、基质含水量、根系发育情况等综合作用。一般冷凉气候条件下，如冬季生产百合，植株对高光照强度的承受力较强，冬季几乎不用进行遮阴。夏季生产时亚洲杂交系、铁炮百合和 LA 杂交系及 OA 杂交系百合的光照强度保持在 20 000～30 000lx，即在每日光照最强时进行 50%～60% 的遮阴；而东方杂交系百合和 LO 杂交系百合、OT 杂交系则要控制在 20 000～25 000lx，即在每日室外光照强度达到 10 万 lx 左右前，进行 60%～70% 的遮阴处理。一般夏季在室外光照强度达到 40 000lx 时就应该进行遮阴处理。过高的光照强度会使百合植株变矮。

百合大部分为相对长日照植物，在短日照条件下也能花芽分化和开花，但其生育期要延长。部分种子繁殖的铁炮百合为长日照植物，只有当日照长度达到 16h 时花芽才能分化，而且花芽分化、花芽发育、花蕾发育都要在长日照条件下进行直至采收切花。

亚洲杂交系和铁炮杂交系百合中有一些敏感品种在冬季生产需补光，以防止盲花和花蕾败育情况的发生。补光时应在距离百合植株 1m 处高度设带反光罩的灯，灯泡选用 60～100W 的白炽灯，在补光的同时也可增加温室的温度。补光时间从晚上 9:00～10:00 开始，次日早上 2:00～3:00 结束。

花蕾出现后植株高度基本确定，此阶段较高的光照强度不会明显影响百合的株高。本阶段保持在 30 000lx 左右较高的光照，利于增加碳水化合物的积累，使茎秆结实，瓶插期延长，同时会使花朵的颜色更鲜艳。

d. 灌溉管理：百合生长发育过程中起主要吸收作用的基生根分布在基质中上层部分，经常保持中上层基质润湿。一般灌溉要综合基质土壤含水量、光照强度、空气相对湿度、湿度等而定。

灌溉方式对百合生长发育有很大影响。在花蕾发育前需要降低空气温度和提高空气湿度的时候可采用喷灌的方式。对基质土壤团粒结构破坏最小的是滴灌。浇水时尽量在上午或清晨进行，以确保植株叶片在夜间是干燥的，这样可有效防止葡萄孢菌侵染致病。水的 EC 值要低于 1.0mS/cm。

e. 施肥管理：百合的前期管理阶段（种植后 3～4 周）不需要施肥，中期管理（种植后第 4 周至花蕾发育阶段）开始逐渐施肥。在百合的生产管理中采用每次灌溉时都在水中加入水溶性肥料，浓度不宜过高，N 的浓度控制在 80～100mg/L。注意连续 3～4 次浇灌低浓度肥料后就大量的清水浇灌一次，以尽量使基质中可溶性盐类含量保持较低水平。表 3-29 列出的是一般百合生产使用肥料配方。

表 3-29　百合切花生产肥料配方参考值　　　　　　［单位：kg/m³（水的体积）］

肥料种类	亚洲杂交系、铁炮杂交系和 LA 百合	东方杂交系
硝酸钙	69	76
硝酸铵	29	7
硝酸钾	73	65
硫酸镁	49	52
硼砂	0.5	0.5
尿素	3	3

花蕾期的施肥应以钾肥和少量的磷肥为主。采取"薄肥勤施"的方法，在切花采收前 2～3 周停止施肥。

f. 加支撑网：在植株长到 15～20cm 时进行第一次张网，当植株高度达到 40cm 左右时再拉一层网。也可以将第一层网的高度提高至 40cm 处。注意在提高网高是不要让网刮伤百合叶片或茎秆。

（6）切花采收：为了保证百合切花水养后能够顺利开放并保持一定的保鲜期，应该在百合花蕾充分成熟未开放前采收。对于 10 个花蕾或以上的百合品种要在至少有 3 个花蕾充分着色后并没有开裂前采收。对于 5～10 个花蕾的百合要在至少 2 个花蕾着色后采收。不要采收未发育成熟的百合，这样的百合切花品质差，颜色淡、花较小。过熟的有开裂迹象的百合在运输途中易产生较多的乙烯，开裂的花朵中的花粉会污染花朵，而且开裂的百合花更易受到运输途中的挤压和碰撞的伤害。

百合花采收要在清晨温度低时进行。切取高度要根据切花百合要求高度和对地下鳞茎的再利用处理方式而定。切取下来的花枝应在30min内送入2～3℃的冷库里进行降温处理。待冷却后再进行分级包装、捆扎等工作。

（7）分级及包装：将经过预冷处理的百合切花基部10cm左右的叶片摘除，然后再按照花蕾数、长度、花苞品质、损伤程度进行分级包装。

表3-30～表3-32为我国百合切花的分级标准。

表3-30　亚洲百合切花质量等级划分标准

项目 ＼ 级别	一级	二级	三级
花	花色纯正、鲜艳具光泽 花型完整；均匀对称，小花梗坚挺 花蕾数目≥9朵	花色良好 花型完整，小花梗较坚挺 花蕾数目≥7朵	花色一般 花型完整；小花梗柔弱 花蕾数目≥5朵
花茎	挺直、强健，有韧性；粗细均匀一致 长度≥90cm	挺直、强健，有韧性，粗细较均匀 长度：75～89cm	略有弯曲，较细弱，粗细不均 长度：50～74cm
叶	叶片亮绿、有光泽；排列整齐，分布均匀；叶面清洁、平展	叶片亮绿；排列整齐，分布均匀；叶面清洁	叶片一般；排列较整齐；叶面略有污损
采收时期	基部第一朵花蕾完全显色但未开放时		
装箱容量	每10枝捆为一扎，每扎中切花最长与最短的差别不超过1cm	每10枝捆为一扎，每扎中切花最长与最短的差别不超过3cm	每10枝捆为一扎，每扎中切花最长与最短的差别不超过5cm

表3-31　东方百合切花质量等级划分标准

项目 ＼ 级别	一级	二级	三级
花	花色纯正、鲜艳具光泽 花型完整；均匀对称 花蕾数目≥7朵	花色良好 花型完整 花蕾数目≥5朵	花色一般 花型完整 花蕾数目≥3朵
花茎	挺直、强健，有韧性，粗细均匀一致 长度≥80cm	挺直、强健，有韧性，粗细较均匀 长度：70～79cm	略有弯曲，较细弱，粗细不均 长度：50～69cm
叶	亮绿、有光泽；完好整齐	亮绿、有光泽；较完好整齐	褪色
采收时期	基部第一朵花蕾完全显色但未开放时		
装箱容量	每10枝捆为一扎，每扎中切花最长与最短的差别不超过1cm	每10枝捆为一扎，每扎中切花最长与最短的差别不超过3cm	每10枝捆为一扎，每扎中切花最长与最短的差别不超过5cm

表 3-32　麝香百合切花质量等级划分标准

项目 \ 级别	一级	二级	三级
花	花色洁白、纯正、具光泽 花型完整；均匀；香味浓烈	花色良好 花型完整；香味浓	花色一般 花型完整；香味正常
花茎	挺直、强健，有韧性，粗壮，粗细均匀一致 长度≥90cm	挺直、粗壮，粗细较均匀 长度：80～89cm	略有弯曲，较细弱，粗细不均 长度：50～79cm
叶	鲜绿、有光泽、无褪色；叶片完好整齐；叶面清洁、平展	鲜绿、无褪色；叶片完好整齐；叶面清洁	叶片一般，略有褪绿；叶片较完好；叶面略有污损
采收时期	第一朵花蕾完全显色但未开放时		
装箱容量	每 10 枝捆为一扎，每扎中切花最长与最短的差别不超过1cm	每 10 枝捆为一扎，每扎中切花最长与最短的差别不超过 3cm	每 10 枝捆为一扎，每扎中切花最长与最短的差别不超过 5cm

4.5.5.3　百合花花期控制

（1）促成栽培：由于百合市场需求量的增加及其消费特点，各种百合在秋冬季生产切花的需求较多。不同百合类型由于其球根休眠要求、花芽分化条件有所差异，因此对其进行促成栽培时的途径、方法也有所不同。

a. 铁炮百合：铁炮百合在温暖地区秋季种植后于次年 6 月开花，同时球根进入休眠。若想提前开花，需要对球根进行打破休眠的处理和低温处理。铁炮百合球根在收获后置于 30℃条件下处理一个月即可打破休眠；另外，使用 45～47.5℃的温水浸泡种球 30～60min 也可以打破休眠；利用 500～1000mg/L 的 GA 处理 1～3s 也可以有效地解除休眠；5%～10% 的乙烯处理 3d 与赤霉素处理的效果基本相同。铁炮百合鳞茎在完成休眠后，还需要一定时间的低温过程，在自然栽植时依靠自然界的低温满足此要求。在促成栽培将种球打破休眠后，需要进行低温处理促进抽薹开花。一般采用 5～13℃冷藏 5～7 周，而后定植。经过处理的球根 7 月下旬定植，可以在 9～10 月采收切花；8 月中下旬定植，10～11 月采收切花；10 月上旬定植，翌年 3 月采收切花。

b. 亚洲百合：亚洲百合一般 9～10 月定植，3～4 月发芽，5～6 月开花，地下鳞茎夏季休眠。亚洲百合的鳞茎必须经过低温才能解除休眠。因此促成栽培时需要利用低温处理打破休眠。低温处理的适宜温度为 2～8℃，时间为 8 周。在温暖地区，夏季收获的种球，经低温处理后，10 月定植，12 月采收切花。

c. 东方百合：东方百合与亚洲百合类似，也需要冬季低温打破鳞茎休眠。一般在 2～5℃处理 7～10 周。10 月收获的球根，经过 8～10 周的低温处理后 12 月定植，第二年 4 月可收获切花。

（2）抑制栽培：将百合鳞茎置于低温下长期贮存，根据预定花期将种球解冻后适时定植。一般铁炮百合冷藏温度为 0～2℃，亚洲百合为 −2～−1.5℃，东方百合为 −2～−1℃。

4.5.6　观赏与应用

百合花姿雅致，叶片青翠娟秀，花色鲜艳丰富，花型大而优雅，部分种类芳香馥郁，是切花、盆栽和点缀庭院的名贵花卉。园林中适合布置成专类园。也是布置花境的优良花材。

由于百合外表高雅纯洁，天主教以百合花为玛利亚的象征。百合的鳞茎由鳞片抱合而成，有"百年好合"、"百事合意"之意，中国自古视为婚礼必不可少的吉祥花卉。百合花的花名是为了纪念圣玛母玛利亚，因此它的花语是纯洁。另外百合还有顺利、心想事成、祝福、高贵的含义。

4.6 仙客来

学名：*Cyclamen persicum*。

别名：兔子花，萝卜海棠，一品冠。

英名：florists cyclamen。

科属：报春花科仙客来属。

产地与分布：原产于地中海沿岸东南部、西非、北非，现在各地均有栽培。

4.6.1 形态特征 多年生草本。株高 20～30cm。肉质块茎扁球形，外被木栓质，呈暗紫色，顶部抽生叶片；须根着生于块茎下部。叶丛生于块茎上方，心脏状卵形，边缘具大小不等的圆齿牙，表面深绿具白色斑纹，叶柄肉质，褐红色；花大型，单生而下垂，花梗长 15～25cm，肉质，自叶腋处抽出；花瓣 5，基部联合成短筒状，开花时花瓣向上反卷而扭曲，形如兔耳，花色有白、粉、绯红、玫红、紫红、大红等色；有些品种有香气；花期长，自冬至春花开不断（图 3-60）。受精后花梗下弯，蒴果球形，种子不规则状，红褐色，千粒重 9.82g。

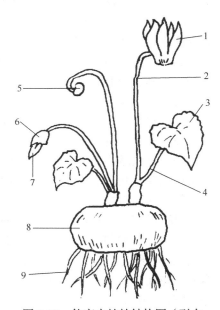

图 3-60 仙客来植株结构图（引自王云山和康黎芳，1993）

1. 花；2. 花梗；3. 叶；4. 叶柄；5. 果；6. 花萼；7. 花蕾；8. 块茎；9. 根

4.6.2 种类及品种 同属植物约有 18 种，常见的有以下几种。

（1）地中海仙客来（*C. hederifolium*）：原产意大利、法国南部、希腊、土耳其西部等地，其种内变异大，抗寒、抗热性均强，在欧洲通常室外栽培。块茎扁球形。花小，淡玫红至深红色。须根着生于块茎的侧面。叶匍匐生长。花梗长 9～12cm。花芽先于叶芽萌生，自 8 月开花至秋末。有芳香类型。多花，寿命长。

（2）欧洲仙客来（*C. europaeum*）：原产欧洲中部和西部，在欧洲栽培普遍。在暖地常绿，可四季开花。块茎扁球形，须根着生于块茎上下各部表面。叶小，圆形至心脏形，暗绿色，有银色斑纹。花小，浅粉至深粉，花瓣长 2～3cm。花梗细长，10～15cm，先端弯曲。花期 7～8 月至初霜，有浓香。冬季不枯萎，易于结实，播种后 3 年开花。喜碱性土壤。

（3）非洲仙客来（*C. africanum*）：原产北非阿尔及利亚。花叶均较地中海仙客来粗壮。须根着生于块茎上下各部表面。叶亮绿色，有深色边缘，心脏性或常春藤叶形。花为深浅不同的粉色，有时有香气。秋季开花。种子播后 2～3 年开花。不耐寒。

（4）小花仙客来（*C. coum*）：原产保加利亚、高加索、土耳其、黎巴嫩等地砂质土中。植株矮小，块茎圆，顶部凹，须根在块茎底部中心发生。圆叶，深绿色。花冠短而宽，花色浅粉、浅洋红、深洋红及白色。耐寒。花期12月至翌年3月。有多个变种、变型。

（5）希腊仙客来（*C. graecum*）：希腊特产。块茎近椭圆形，表皮粗糙，肉质根。花瓣长而狭，能直立或优美地扭曲，花较大。叶心脏形，该种中有具有鲜明白色大理石般银色叶及灰绿色叶上具有复杂花边、其图案像雪花的品种。播种后3～4年开花。

仙客来的园艺品种众多，但至今没有统一的分类标准。参考各种资料，目前有几种分类方法，一是依花型分为大花型、平瓣型、洛可可型、皱边型、重瓣型。另外根据花的大小及观赏、栽培特性分类。日本将仙客来分为6类。

（1）大花系：为冬季主要盆花，属豪华大花型仙客来。其特点是花色艳丽，品种繁多，观赏价值高，是元旦、春节极好的礼品用花。但本品系对温度要求较严格，较难养。一般生长温度在10～28℃，高于30℃，管理不当脱叶休眠；低于7℃会延迟开花；花期温度高于15℃会造成形散而混乱。本系常见品种有'胜利女神'、'巴巴库'、'橙色绯红'等。

（2）作曲家系：大花型，比普通仙客来抗寒性稍强，管理方式同普通大花仙客来。主要品种有'肖邦'、'海顿'、'李斯特'、'贝多芬'等。

（3）F_1系：纯合体的杂交一代，长势健壮，开花整齐，抗病强，种子发芽率高，上市整齐。对低温适应性强，最低温5～6℃时仍可正常生长开花。为春秋冬季兼用型花。由于该品系常用歌剧名称，因此又称歌剧系，如'卡门'、'阿依达'、'托斯卡'、'诺尔玛'等。我国市场所用的F_1系品种以法国莫莱尔公司培育的最多，主要是'哈里奥'系列、'拉蒂尼亚'系列和'美迪'系列。'哈里奥'系列为标准的大花品种，具有色彩丰富、花朵繁茂均匀、株型圆密、抗性强等特点；该系列有多个品种，除了一些比较常见的花色（如红色、紫色、火焰纹等）外，还有皱边品种等。'拉蒂尼亚'系列为大花冠仙客来，花大、密实、开花数量多，集中均匀，早熟，培育期短，具有优良的耐热和抗强光性能。'美迪'系列为小型仙客来，适合8～11cm盆栽；栽培周期短，花多、色泽鲜亮，花期持久，具有优良的耐热和抗强光性能。

（4）微型系：又称迷你系。株型小巧玲珑，其花小如指甲，常带香味。对低温具有较强的适应能力，夜温5～6℃以上春天可开花。常见品种'玫瑰玛丽'、'钢琴'、'紫水晶''青玉'等。

（5）巨大花系：也称拉丁美洲系。为超大花，一枚花瓣的长度可达7cm以上，花瓣边缘有皱波纹，花色有红、粉色，一般作亲本授粉用。

（6）芳香系：花具香味，如'恋人'。

4.6.3 生态习性

性喜凉爽、湿润及阳光充足的环境，秋冬春为生长期，生长适温15～22℃，冬季室温不宜低于10℃，10℃以下花易凋谢，花色暗淡，部分品种可以忍受5℃温度。30℃植株进入休眠，超过30℃植株甚至受害，块茎腐烂和死亡。花芽分化期要求温度13～18℃，高于20℃引起花芽败育。昼夜温差以10℃为宜；温差达15℃时，虽可生育，但开花不良；温差达20℃以上时，植株不能正常生长。

仙客来属日照中性植物，日照长度的变化对花芽分化和开花没有决定性的作用。影响花芽分化的主要环境因子是温度。

仙客来幼苗经一定的营养生长后，通常在第6片叶展开时在叶腋内开始花芽分化，此时茎顶端正在分化第 10～13 片叶。初期花芽分化进度较慢，到开花时有叶片 35～40 片。此后不断形成新叶片的同时形成新的花芽，直到高温季节进入半休眠或休眠状态。

要求疏松肥沃、排水良好的微酸性砂质土壤。生长期和开花期需要保持一定的空气湿度，否则会造成落蕾或花蕾干枯、叶片变黄、花期缩短等现象。

4.6.4　繁殖方法　　仙客来块茎不能自然分生子球，可以人工促成分球。仙客来多数品种易得种子，品种内自交变异不大，是目前最普遍采用的繁殖方式。

（1）播种时期：仙客来不同品种类型从播种至开花所需时间不同，大花仙客来播后需 13～15 个月开花，中小花仙客来播后 9～12 个月开花。具体播种时期由预定花期及栽培品种而定。一般仙客来预定在元旦春节上市较多，大花仙客来则于 9 月、10 月播种为宜，中小花品种 1 月、2 月播种。过早播种由于高温不利于生长，会造成植株强迫型休眠，或使植株生长软弱。播种太晚由于温度太低使发育迟缓，在预定时间不能开花。

（2）种子处理：仙客来种子不需后熟，新鲜种子播种的萌发力强；在 2～10℃低温下贮藏，种子寿命可达 2～3 年。但仙客来种子发芽迟缓，为使发芽整齐而迅速，播种之前进行催芽处理。将种子先用 30℃温水浸泡 2～3h，或冷水浸种一昼夜，然后用多菌灵或 0.1% 硫酸铜等溶液浸泡半小时消毒。消毒后的种子捞出摊晾报纸上即可准备播种。

（3）播种：播种用土要求通水透气保温性能好，既保水又不积水，疏松绵软不板结；pH 5.8～6.5，EC 值 0.8mS/cm。常用砂、腐叶土、稻壳灰、蛭石、泥炭等配制，如蛭石：泥炭：细砂的比例 4：4：2。生产上有专业的育苗基质销售，专业育苗企业也常用泥炭和蛭石配制。

培养土播种之前需要消毒，可用蒸气消毒、日光暴晒消毒、药剂消毒的方法。

播种容器常用塑料箱、浅木箱，专业生产用 288 目或 200 目穴盘育苗。播种盆下部加一层碎瓦片或碎石子、粗砂等透水性好的材料，再放入播种用土，土面用木板刮平，用浸盆法浇透水，然后间隔 1～2cm 点播处理好的种子，覆土 0.5～1.0cm，在盆面覆盖报纸或其他遮盖物遮光，并用塑料或玻璃保湿，置于阴暗处。

大规模生产仙客来种苗时是将播后的穴盘置于催芽室，播种前种子不进行处理。催芽室控制温度 18℃，黑暗，95% 相对湿度的条件，21d 左右多数种子露白即可放入温室。

仙客来种子发芽的适温为 15～22℃，以不超过 20℃为好。室温达到 25℃以上时会严重影响种子发芽。一般白天温度 15～20℃，夜间不低于 5～8℃即可。仙客来种子发芽需要黑暗的条件，只要有 0.1% 的光辐射就足以引起较大的抑制作用。因此播种后的遮光覆盖是必需的。

仙客来的种子发芽较慢，一般 20d 幼茎开始膨大，25～30d 子叶叶柄迅速生长露出土面，40～50d 使才能出全苗。因此播后管理非常重要。另外播后 25～30d 内最好不浇水，以免影响出苗。

仙客来组培繁殖可采用花蕊、块茎、叶片、幼茎等作为外植体，一般从一二年生幼株上采集，其中以块茎作为外植体最易诱导产生幼苗。

4.6.5　栽培管理

（1）及时移植：幼苗长出 2～4 片真叶时第一次分苗。大约在播种后 3 个月左右。盆土为腐叶土 5、壤土 3、河沙 2 的比例，并适当加入基肥，如复合肥、腐熟的牛马粪、骨粉、饼粕等。栽植时小球顶部露出至少 1/3，生长点不可以埋于土中。盆浸透水，遮去强光，幼苗恢复生长后，再给予光照，加强通风，浇水遵循见干见湿的原则。

大约经过近两个月的生长，植株长到 6 片叶时，可以上盆，培养土一定疏松透气，移栽两周后开始每月施 2 次液体肥料，幼苗期适当增加钾的供给，土中加一些草木灰，使幼苗粗壮结实，根系发达，抗病性强。

5 月仙客来进入旺盛生长期，此时植株已具 8 片叶以上，需要进行换盆。盆土不作处理，而培养土需要增加肥分，另需加入氮、磷、钾分别为 6%、40%、6% 的复合肥料。

高温季节过后进入 9 月，仙客来再次进入旺盛生长期，无论是当年植株还是多年生的仙客来均进行换盆定植，商品仙客来大花类型多采用直径为 15～18cm 的盆，中小花型类型选用 12～14cm 的花盆。当年仙客来植株土坨不作任何处理直接换盆，多年的仙客来植株则须磕出盆土，抖掉附土，适当修剪根系，然后换盆。此次换盆盆土可与上盆培养土相同。无论上盆、换盆，仙客来块茎均需露出土面 1/3～1/2。

（2）环境控制。

a. 温度控制：影响仙客来生长发育的关键因子是温度。多数仙客来白天的适宜温度是 18～22℃，夜间 10～12℃。夜间温度低于 6℃ 则不能正常开花。因此栽培管理仙客来时严格控制温度是至关重要的。

b. 光照：仙客来对光周期无要求，属日中性植物。冬季为自然光较弱时期，仙客来以无遮阴最好，使之具有良好的光照，否则植株软弱分散，叶柄增长，倒伏徒长，花色差，甚至不能开花。仙客来成熟植株冬季生长开花快，叶群大量出现，这样容易造成叶片相互重叠，直接影响新叶和花蕾的生长发育。为了满足植株及块茎上新叶、花芽对光照的需求，用手将中心的叶片向外围拉开，使株丛内部见光，促进花蕾生长发育，开花一致。操作时期可从开花前 2 个月开始，花蕾长到 2～3cm 时效果最好。整叶时同时将过早的花或已开过的花摘除，以减少养分的消耗。

春季、秋季光照强的时期进行适量的遮阴，在初春及秋末与冬季管理相同。夏季仙客来进入休眠状态，一般置于遮光 40% 左右条件下使之安全越夏。

生产上注意经常保持温室玻璃或塑料薄膜洁净，保持良好的透光性。另外及时倒盆、转盆，防止盆与盆之间叶片重叠和植株偏斜。

c. 浇水：仙客来盆花浇水掌握见干见湿的原则，注意浇水时勿浇于块茎上，否则易造成叶芽、花芽的腐烂及易得软腐病。由于叶片覆盖盆面，浇水时一定将叶片托开，将水浇至盆土上。

空气湿度对仙客来也很重要，栽培时如空气湿度不够，往往造成叶群中部的花蕾干枯变黑，使花期明显缩短，叶片也逐渐变黄、相继干枯。尤其北方冬季降雨少，空气湿度小。可以采用向地面喷水来增加空气湿度。

d. 施肥：仙客来从冬季到春季持续不断地开花生长，养分消耗很大，因此对肥分要求较高。仙客来的花叶比为 1∶1，通常一枚叶片光合作用所产生的碳水化合物可以负担一朵花的消耗，而叶片的生长必须有充足的养分作保证。大花仙客来一般每两个月增施一次颗粒状复合肥或农家肥，18cm 以上大盆施大粒复合肥 8～12 粒，5g 左右，氮、磷、钾各占 10%；中小花仙客来每两周施一次 1000 倍液的复合肥，氮、磷、钾含量分别为 6.5%、6%、19%。另外施肥要根据植株生长发育情况及时进行调整，如生长过快，说明肥料施入过多，需要中间间隔时间加长，肥料适当减少。

（3）摘花：仙客来进入花期后开花速度快，花量多，而自然授粉使子房膨大结实，而结实会消耗大量的养分，大量的结实会影响以后的花蕾发育，植株老化。如果不需要采种，为保持较长时间良好的观赏效果，应将盛花后的花朵摘掉。具体做法是在仙客来花朵花瓣开始变色时用拇指和食指捏住花梗中部，左右捻动旋转，使花梗基部软化松动，手指轻提，使之脱离母体。

（4）越夏管理：仙客来经过冬春开花之后，球茎遇夏季高温，作为机体避免不良环境的反应，进入休眠状态。我国大部分地区夏季炎热，仙客来在自然条件下都进入休眠状态。如果有实际需要，人为创造仙客来适宜的生长发育条件，夏季仙客来也可以不休眠而继续开花，但生产成本很大。

休眠的仙客来置于阳光直射不到的通风阴凉处，同时防止雨水淋湿，不使块茎腐烂，盆土不干即可。

仙客来盆花的质量等级标准（GB/T 18247.2—2000）见表3-33。

表3-33　仙客来（一年生）盆花质量等级划分标准

级别 项目	一级	二级	三级
花盖度	≥70%；花朵分布均匀	50%～69%；花朵分布较均匀	＜50%；花朵分布较均匀
植株高度/cm	25～30	20～24	20～24
冠幅/cm	30～35	25～30	＜25
花蕾数/朵	≥50	35～49	20～34
叶片数/片	≥40	30～39	20～29
花盆尺寸（Φ×h）/（cm×cm）	15×12	12×10	12×10
上市时间	初花	初花	初花

4.6.6　观赏与应用　　仙客来花型别致，娇艳夺目，株态翩翩，烂漫多姿，是冬春季节优美的盆花。花期长达5个月以上，是不可多得的观赏期长的观花花卉。常用作室内布置，也用作切花，插瓶持久。

仙客来花语：内向、天真无邪、喜迎贵客、好客迎宾。

4.7　马蹄莲

学名：*Zantedeschia aethiopica*。

别名：慈姑花，水芋。

英名：lily of the Nile，calla lily。

科属：天南星科马蹄莲属。

产地与分布：原产南非和埃及，现在各地均有栽培。

4.7.1　形态特征　　多年生草本，株高50～70cm，具肥厚肉质块茎。叶基生，叶柄一般为叶长的两倍，下部具鞘，抱茎着生；叶片较厚，绿色，心状箭形或箭形，先端锐尖、渐尖或具尾状尖头，基部心形或戟形，全缘，长15～45cm，宽10～25cm，无斑块，后裂片长6～7cm。肉穗花序黄色、圆柱形，短于佛焰苞，上部为雄花，下部为雌花；花序柄长40～50cm，光滑；佛焰苞大，开张呈马蹄形，长10～25cm，管部短；檐部略后仰，锐尖或渐尖，具锥状尖头；白色（图3-61）。花有香气。浆果短卵圆形，淡黄色，直径

图 3-61 马蹄莲（引自傅玉兰，2001）

1～1.2cm，有宿存花柱；种子倒卵状球形，直径 3mm。

4.7.2 种类及品种 马蹄莲属约有 8 种，园艺栽培有 4～5 种，其中著名的有红花马蹄莲、黄花马蹄莲等彩色种。产自南非。常见的栽培种有以下几种。

（1）红花马蹄莲（*Z. rehmannii*）：植株较矮小，株高约 30cm，叶片窄戟形，佛焰苞较小，粉红或红色。自然花期 7～8 月。

（2）黄花马蹄莲（*Z. elliottiana*）：株高 90cm 左右，叶呈广卵状心脏形，鲜绿色，有半透明的白色斑点，柄较长；佛焰苞大型，黄色；肉穗花序不外露。自然花期 7～8 月。

（3）银星马蹄莲（*Z. albo-maculata*）：株高 60cm 左右，叶片大，上有银白斑点，柄短；佛焰苞黄色或乳白色。自然花期 7～8 月。

（4）黑喉马蹄莲（*Z. tropicalis*）：佛焰苞深黄色，亦有淡黄、杏黄、粉色等变化，其佛焰苞的喉部有黑色斑块。

国内栽培的马蹄莲的类型主要有以下几种。

（1）青梗种：地下块茎肥大，植株健壮。花梗粗而长，绿色；佛焰苞白色，长大于宽，基部有明显的皱褶。开花较迟，产量低，上海、江浙一带较多种植。

（2）白梗种：地下块茎较小，1～2cm 的小块茎即可开花。植株较矮小，花纯白色，佛焰苞较宽而圆，喇叭口往往抱紧，展开度小。开花早，抽生花枝多，产量高，昆明等地多为此种。

（3）红梗种：植株高大健壮，叶柄基部稍带紫红晕。佛焰苞较圆，花色洁白。花期略晚于白梗种。

4.7.3 生态习性 喜温暖、湿润和阳光充足的环境。不耐寒和干旱。生长适温为 15～25℃，夜间温度不低于 13℃，若温度高于 28℃或低于 5℃，被迫休眠。马蹄莲喜水，生长期土壤要保持湿润，夏季高温期块茎进入休眠状态后要控制浇水。土壤要求肥沃、保水性能好的黏质壤土，pH 在 6.0～6.5。

彩色马蹄莲喜温暖，适合温度为 18～23℃，夜间温度保持在 10℃以上，能正常开花。低于 0℃球茎就会冻死。

在主茎上每展开 4 片叶就分化两个花芽，夏季遇 25℃以上高温会出现盲花或花枯萎现象。

4.7.4 繁殖方法 以分球繁殖为主。植株进入休眠期后或花后，剥下块茎四周的小球，另行栽植。分栽的大块茎经一年栽培即可成为开花球，较小的块茎需经 2～3 年培养才能成为开花球。

马蹄莲也可播种繁殖，种子成熟后即行盆播。播种前温水浸种 24h，然后催芽。发芽适温 18～24℃，播后 15～20d 发芽，实生苗需培育 3～4 年才能开花。

彩色马蹄莲多采用组织培养繁殖。用芽作外植体。

4.7.5 栽培管理 马蹄莲商品生产有两种形式，一是盆花生产，二是切花生产。两种生产方式除定植方式不同外，其他管理基本相同。

（1）定植：栽培土壤要求疏松、肥沃的偏黏质壤土。盆栽时土壤要求更疏松透气。定植前施足基肥。春秋季均可种植块茎。覆土厚度 5～10cm。球茎大小以直径为 3～5cm 为宜，种球太小开花少或不开花。切花栽培时开花大球株距 20～25cm，行距 25～35cm。定植后浇透水。

（2）水肥管理：马蹄莲喜湿，生长期内应充分供水。高温休眠期应控水。生长期每两周追肥一次，追肥可用腐熟的豆饼水等液肥与化肥（复合肥或磷酸二铵）轮换施用。忌肥水浇入叶柄。在盆栽马蹄莲时，每隔 1 个月可追施硫酸亚铁 2% 的溶液，使马蹄莲叶片变大、变厚、变绿，平滑有光泽，叶柄不易伸长，从而保证叶片美观；同时能促进花蕾形成，延长花期。

花后养球期宜干燥的环境，充实种球并强迫休眠。花后需施复合肥促进种球充实成熟。

（3）光温管理：马蹄莲喜温暖湿润及稍有遮阴的环境，但花期要阳光充足，否则佛焰苞带绿色，影响品质。须保证每天 3～5h 光照，不然叶柄会伸长影响观赏价值。一般 6～8 月遮光 30%～60%，秋、冬、春季见充足的光照。

马蹄莲耐寒力不强，10 月中旬要移入温室，冬季保持夜温 10℃以上，最低温不能低于 0℃。夏季需要在遮阴情况下，经常喷水降温保湿。彩色马蹄莲要求夜温不低于 12℃。

（4）株丛密度控制：切花生产定植后第二年，由于子球、小球的大量发生而出现大量芽体，造成株丛过密，通风不良，从而影响切花产量。需要摘除部分幼小芽体，3～4 株 /m²，每株 10 个球左右。植株过于茂盛时，除去老叶、大叶，抑制营养生长，促进花芽的发生。

（5）切花的采收：远距离运输时，当佛焰苞初展，其尖端向下倾、色泽由绿转白时剪切；近距离运输则在佛焰苞展开时剪切。采花时应在早晨或傍晚温度较低时进行，采用拔取的方法进行，对于花枝较长的品种，也可采用剪切的方式。

我国马蹄莲切花的质量标准见表 3-34。

表 3-34 马蹄莲切花质量等级划分标准

项目＼级别	一级	二级	三级
佛焰苞及花序	佛焰苞片形大、卷曲完全整齐，色泽纯正、光洁，无杂色斑点；肉穗花序鲜亮完好 佛焰苞片长≥17cm	佛焰苞片形较大、卷曲完全整齐，色泽纯正，无杂色斑点；肉穗花序鲜亮完好 佛焰苞片长：14～16cm	佛焰苞片形小、卷曲较整齐，苞片略有杂色斑点；肉穗花序鲜亮较完好 佛焰苞片长：10～13cm
花葶	挺直、坚实有韧性，粗细均匀 长度≥120cm	挺直、坚实有韧性，粗细较均匀 长度：90～119cm	略有弯曲，较细弱，粗细不均匀 长度：75～89cm
采收时期	佛焰苞展开并几乎完全开放		
装箱容量	每 5 枝捆为一扎，每扎中切花最长与最短的差别不超过 1cm	每 5 枝捆为一扎，每扎中切花最长与最短的差别不超过 3cm	每 5 枝捆为一扎，每扎中切花最长与最短的差别不超过 5cm

（6）种球的采收及贮藏：马蹄莲切花采收后，种球下一年还可利用，种球收获的最

佳时间是地上叶片枯黄以后进行，先将种球从土中挖出，将泥土清除干净，不要强行将根剥离，让其自然脱落，放在通风处。放入冷库贮藏，适宜温度为 8～10℃，贮藏 3 个月即可栽种，贮藏期每周用硫黄熏蒸冷库，以减少病害的发生。

（7）促成栽培：若将块茎提前冷藏，在立秋后种植，可提早到 10 月开花。9 月中旬种植的植株可于 12 月开花。

栽培彩色马蹄莲时注意与喜湿白花马蹄莲不同，多为陆生种，因此需要旱田栽培。另外彩色马蹄莲喜半阴环境，夏季为休眠期，需要充分遮阴越夏，并覆草防止地温上升。越冬温度在 6℃以上。

4.7.6　观赏与应用　　马蹄莲花型独特，洁白如玉，花叶共赏，是花束、捧花的极好材料。也可室内盆栽观赏。

花语：博爱，圣洁虔诚，永恒，优雅，高贵，尊贵，高洁，纯洁、纯净的友爱，气质高雅，春风得意，纯洁无瑕的爱。

白色马蹄莲：清雅而美丽。

红色马蹄莲：象征圣洁虔诚，永结同心，吉祥如意，清净，喜欢。

粉红色马蹄莲：象征着爱你一生一世。

4.8　大花美人蕉

学名：*Canna generalis*。

别名：美人蕉，法国美人蕉，昙华。

英名：common garden canna，Indian shot。

科属：美人蕉科美人蕉属。

产地与分布：原产美洲热带，现在各地均有栽培。

4.8.1　形态特征　　多年生草本植物，株高 100～150cm，根茎肥大；叶大，长达 40cm，宽 20cm，互生，阔椭圆形，有明显的中脉和羽状的平行脉，叶柄呈鞘状抱茎，无叶舌，

图 3-62　大花美人蕉（引自臧德奎，2002）

叶柄呈圆形，绿色或紫红色；茎叶具白粉（图 3-62）。总状花序顶生，长 15～30cm（连总花梗）；每一苞片内有花 1～2 朵；萼片披针形，长 1.5～3cm；花冠管长 5～10mm，花冠裂片披针形，长 4.5～6.5cm；外轮退化雄蕊 3，倒卵状匙形，长 5～10cm，宽 2～5cm；唇瓣倒卵状匙形，长约 4.5cm，宽 1.2～4cm。果实为略似球形的蒴果，有瘤状突起，种子黑色，坚硬。

4.8.2　种类及品种　　美人蕉属有 51 种，园艺上栽培应用的有以下几种。

（1）紫叶美人蕉（*C. warscewiezii*）：又名红叶美人蕉。原产哥斯达黎加、巴西，是法兰西系统的重要原种。株高 1～1.2m。茎叶均紫褐色，总苞褐色，花萼及花瓣均紫红色，瓣化瓣深紫红色，唇瓣鲜红色。

（2）美人蕉（*C. indica*）：原产美洲热带。地下茎少分枝，株高 1.8m 以下。叶长椭圆形，长约 50cm。花单生或双生，花较小，淡红色至深红色，唇瓣橙黄色，上有红色

斑点。

（3）鸢尾美人蕉（*C. iridiflora*）：又名垂花美人蕉。原产秘鲁，是法兰西系统的重要原种。花型酷似鸢尾花。株高 2～4m，叶长约 60cm，花序上花朵少，花大。淡红色，稍下垂，瓣化雄蕊长。

（4）兰花美人蕉（*C. orchioides*）：由鸢尾美人蕉改良而来，是园艺品种重要系统之一。株高 1.5m 以上，叶绿色或紫铜色。花黄色有红色斑，基部筒状，花大，花径 15cm，开花后花瓣反卷。

（5）柔瓣美人蕉（*C. flaccida*）：又名黄花美人蕉。原产北美。根茎极大。株高 1m 以上。花极大，筒基部黄色，唇瓣鲜黄色，花瓣柔软。

园艺上将美人蕉分为两大系统，即法兰西系统和意大利系统。法兰西系统即大花美人蕉的总称，参与杂交的有美人蕉、鸢尾美人蕉、紫叶美人蕉，特点为植株稍矮，花大，花瓣直立不反卷，易结实。意大利系统主要由柔瓣美人蕉、鸢尾美人蕉等杂交育成，植株高大，开花后花瓣反卷，不结实。

4.8.3 生态习性 喜高温炎热、阳光充足的环境。不耐寒，怕强风和霜冻，根茎须在 5℃以上方可安全越冬；生育适温 25～30℃。性强健，适应性强，几乎不择土壤，以湿润肥沃的疏松砂壤土为好，稍耐水湿。

为春植球根花卉，春季 4～5 月霜后栽种，萌发后茎顶形成花芽，小花自下而上开放，自 6 月至霜降前开花不断，总花期长。

4.8.4 繁殖方法 可播种和分球繁殖。4～5 月将种子坚硬的种皮用利具割口，温水浸种一昼夜后露地播种，播后 2～3 周出芽，长出 2～3 片叶时移栽一次，当年或翌年开花。春季切割根茎，每块根茎上保留 2～3 个芽，并带有须根，分别栽植。

4.8.5 栽培管理 美人蕉栽培容易，管理粗放，常作露地栽植或盆栽观赏。对土壤要求不严，在疏松肥沃、排水良好的砂壤土中生长最佳，也适应于肥沃黏质土壤生长。栽培期间需要充足的光照，并施足基肥，保持土壤湿润。

开花后将花茎及时剪去，以免消耗养分，并促使新茎抽出，使之开花连续不断。地上部枯萎或经霜后，长江以南地区剪去茎叶，盖于植株上方，以备安全越冬，翌春萌芽前清除覆盖材料，以利新芽出土；北方寒冷地区则需要挖出根茎，稍加晾晒后埋于湿润的锯末或河沙，置于 1～5℃环境中贮存，第二年春季栽植。

4.8.6 观赏与应用 大花美人蕉叶片翠绿，花朵艳丽，花色丰富，花期持久，适应性强，适合大片自然种植。也可作花境背景或在花坛中心栽植，又可成丛或成带状种植在林缘、草地边缘。矮生品种可盆栽或作阳面斜坡地被植物。部分品种耐水湿，可以进行水面布置。

美人蕉吸收二氧化硫、氯化氢等有害物质，反应敏感，所以被人们称为监视有害气体污染环境的监测植物。

4.9 球根秋海棠

学名：*Begonia tuberhybrida*。

别名：茶花海棠，夫妻花，牡丹海棠。

英名：tuberous begonia。

科属：秋海棠科秋海棠属。

产地与分布：球根秋海棠为种间杂交种，原种产于秘鲁、玻利维亚等地，目前球根秋海棠在欧美和日本栽培十分普遍，我国多地盆栽观赏。

4.9.1 形态特征 为多年生草本植物，株高 30～100cm。块茎呈不规则扁球形。茎肉质，直立或铺散，有分枝，有毛。叶互生，多为偏心脏状卵形，先端锐尖，基部偏斜，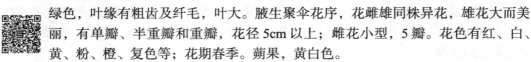绿色，叶缘有粗齿及纤毛，叶大。腋生聚伞花序，花雌雄同株异花，雄花大而美丽，有单瓣、半重瓣和重瓣，花径 5cm 以上；雌花小型，5 瓣。花色有红、白、黄、粉、橙、复色等；花期春季。蒴果，黄白色。

4.9.2 种类及品种 球根球海棠为种间杂交种，原种约有 1000 种。同属中常见栽培的有以下几种。

（1）玻利维亚秋海棠（*B. boliviensis*）：原产玻利维亚，是垂枝类品种的主要亲本。块茎扁平球形，茎分枝下垂，褐绿色。叶长，卵状披针形。花橙红色，花期夏秋。

（2）丽格海棠（*B. elatior*）：又名冬花秋海棠、玫瑰海棠。杂交种。1883 年用 *B. socotrana* 与球根秋海棠杂交成功育成。花色鲜艳迷人，繁殖容易，有些品种如'Aphrodite' 系列非常适合吊篮栽培，深受欢迎，全世界推广应用迅速。为短日照植物，开花需要每天少于 13h 光照。花期长，夏秋季盛花。

球根秋海棠的园艺品种可分为三大类型：大花类、多花类、垂枝类。品种极多，常见品种有 6 种。①'直达'（Nonstop）系列：重瓣花，花色有红、深红、鲜红、玫瑰红、黄、杏黄、白、粉红等，生长快，开花早，从播种至开花只需 4 个月，是球根秋海棠市场的领先品种。②'命运'（Fortune）：F_1 代系列，为大花、重瓣品种，广泛用在花坛、窗台、吊盆和栽植箱观赏。③'光亮'（Illumination）系列：花色有红、白、黄、粉等，花径 7～8cm，重瓣花，主要用于篮式栽培。④'挂觉'（Hanging sensations）：花色有黄、白、深红、玫瑰红，花柄长、下垂，是吊盆观赏的主要品种。⑤'彩饰'系列：杂交一代种，花梗长 80cm，花径 6～8cm，大花，重瓣，非常多花，叶片浓绿色。花茎细致柔软具悬垂性，是悬挂式球根海棠的代表品种。花色有杏黄色、橙红色、桃红色、鲑粉红色、猩红色、白色、混合色等。⑥'永恒'系列：杂交一代种，株型整齐紧凑且分枝佳，株高约 20cm。大花，花径 8～11cm，重瓣至半重瓣，极多花，花开不断。适合花坛、容器栽培或装饰窗台。适应性广，在阴凉、半阴或全日照条件均可栽培。花色有杏黄色、深鲑红色、亮红色、金黄色、鲜红色、亮玫红色、橙红色、白色、深红色、改良粉红色、改良黄色、玫红花边、混合色等。

4.9.3 生态习性 喜温暖、湿润的半阴环境。不耐高温，超过 32℃，茎叶枯萎脱落和花芽脱落，35℃以上地下块茎腐烂死亡。生长适温 16～21℃，相对湿度为 70%～80%。不耐寒。块茎的贮藏温度以 5～10℃为宜。

球根秋海棠对光照的反应敏感。属长日照开花、短日照休眠型植物，开花植株不能放在阴暗的室内或阳光直射的阳台。光照时间不足，叶片瘦弱纤细；光照过强，植株矮小，叶片增厚、卷缩，叶色变紫，花紧缩不能展开或成半开状。球根秋海棠以 410lx 光强最好。以 pH 5.5～6.5 的疏松肥沃、排水良好的微酸性土壤为佳。

4.9.4 繁殖方法 常用扦插和分球法繁殖，也可播种繁殖和组织培养。

播种繁殖：种子采收后有一个月的后熟期。常于 1～2 月在温室进行播种，种子极细小，1g 种子 40 000～50 000 粒，也有丸粒化的种子。播时与细沙混合播种，保持温度

18～21℃，10～15d 发芽。另外，常可播种于穴盘（200～288 穴）中。常把几种细如种子大小的基质等量混合，如草炭、细沙。如采用播种专用进口基质有利于发芽生根。播种后不需要覆土。种子播种后需要用玻璃覆盖，保持湿度。

扦插繁殖：以 6～7 月为宜，选择健壮带顶芽的枝茎，长 10cm 左右，除去基部叶片，仅留顶端 1～2 片叶。由于枝茎肉质，剪枝后，稍等切口干燥后再插。保持沙床湿润，约3 周后愈合生根。插后 2 个月上盆，当年可以开花。

分球繁殖：2～4 月在块茎萌发前，将块茎顶部切割成数块，每块留一个芽眼，切口用草木灰涂抹，待分割块茎萌芽后，即可上盆。

组织培养法繁殖：采用球根秋海棠的幼茎、花瓣和花梗作为外植体。

4.9.5 栽培管理

4.9.5.1 种苗培育

（1）播种苗的培育：播种后种苗发育分 4 个阶段。①播后 7～10d，保持全光照和22～24℃，基质湿润。②需要 14～21d，保持 21～22℃温度，每周施肥一次，N：P：K的比例 15：0：15 和 20：10：20 的肥料交替使用，浓度 50～75mg/kg。③需要 35～42d，保持 20℃，每周施肥两次，浓度增加至 100mg/kg。此时植株已达四叶一心。④约需 7d，保持 15～17℃，施肥的浓度同第三阶段。育苗阶段基质 pH 5.8～6.2 为宜。在幼苗生长至2～3 片真叶时移栽于 50 孔的穴盘，5～6 月定植于花盆。

当种苗达到 6～8cm 高时，应去掉每株植物的生长点，以促进分枝。移栽后，温度应维持在 18～21℃。

（2）种球育苗：将球根置于 10cm 深的育苗盘中培育较适合。栽培基质应有15%～20% 的透气性。育苗盘中先放 5cm 厚的基质，种球放在表面，凹面朝上，上面再覆盖基质，直到种球埋深 1.3～1.5cm 即可。种球间至少有 5cm 的距离。用基质完全覆盖，有利于促进根系萌发，防止水分积蓄在种球凹处。以后保持几周温度不高于 7.5℃。高于这个温度，球根海棠休眠将被打破，出现粉色的生长点。如生长点发生过早，应当抹掉。以后温度升高到 10℃以上，湿度适宜，刺激种球打破休眠。种球将在 3～4 周萌芽，个别品种在 12 个月后萌芽。每天向基质中喷洒水，保证足够的基质湿度。这个阶段要产生尽可能大的根系。当茎生长到 4～5cm 高时，应当从基质中轻轻地拔出球根秋海棠，查看根系的生长发育。根发育到长 5～7.5cm 时，就可移栽至花盆。球根秋海棠最常用的盆径为 14cm×12cm 或者 16cm×14cm 的塑料盆。基质使用草炭土为主的基质，透气空隙度达到 15%～20%。

4.9.5.2 球根秋海棠的盆花栽培
球根秋海棠以盆栽方式为主。球根球海棠为浅根性，因此盆栽基质要疏松透气，选用泥炭土或腐叶土，有利于根部发育。若为球根栽植，则于春季选用健壮块茎在温室沙床内催芽，栽植不宜过深，以不见块茎为度，土壤保持湿润，当发芽后定植于盆内，定植后块茎要稍露土面。

生长期避免过度潮湿，否则阻碍茎叶生长和引起块茎腐烂。在花蕾形成前，水分供应掌握见干见湿的原则。生长发育期间可以使用 N：P：K 比例为 20：20：20 的通用肥，每 2 周施肥 1 次，花芽形成期，增施 1～2 次磷肥。叶片挺拔，呈青绿色为正常；叶片淡绿色表明缺肥。如叶呈淡蓝色并出现卷曲，说明氮肥过多，应减少施肥量或延长施肥间隙时间。如温度高、水分供应不足，茎叶易凋萎倒伏，直接影响生长。相反，供水过量，盆内出现积水和通气不好，块茎常常发生水渍状溃烂。

球根秋海棠茎叶柔嫩多汁，生长期应少搬动。为减少操作时折断茎叶，花蕾期需设立支柱。花期正值初夏，气温逐日升高，要求遮阴和喷雾，保持通风、凉爽的环境。如果浇水不当、光线太强和气温过高都会造成叶片边缘皱缩，花芽脱落，甚至块茎腐烂。

花后至秋末，地上部茎叶逐渐黄化枯萎脱落进入休眠期，应挖起块茎，稍干燥后放木框内沙藏，休眠块茎保持不干，贮藏温度以10℃为宜。

球根秋海棠对光照的反应敏感。如冬季光照不足，叶片生长瘦弱，甚至完全停止生长。夏季开花期，光照不足，叶片、花数减少，植株生长矮小，叶片增厚、卷缩，叶色变紫。对光周期反应也十分明显，球根秋海棠在长日照条件下可促进开花，而在短日照条件下提早休眠。

球根秋海棠从种球种植到花期，需要4～5个月。如果想在8月开花，应当于3月中旬种植种球。8～10月定植，元旦、春节上市。但是若发育期遇冬季短日照，则需夜间补充光照，一般采用夜间22:00至次日2:00补充光照，光照强度1000lx。

4.9.6　观赏与应用　　球根秋海棠花大色艳，花期长，兼具茶花、牡丹、月季、香石竹等名花异卉的姿、色、香，是秋海棠之冠，也是世界重要盆栽花卉之一。用它点缀客厅、橱窗，娇媚动人；布置花坛、花径和入口处，分外窈窕；吊篮悬挂厅堂、阳台和走廊，色翠欲滴，鲜明艳丽。

4.10　球根鸢尾类

学名：*Iris* spp.。

英名：bulbous iris。

科属：鸢尾科鸢尾属。

产地与分布：原产于西班牙、法国南部等地中海沿岸及西亚一带，现在各地均有栽培。

4.10.1　形态特征　　多年生草本，株高30～90cm，鳞茎长卵圆形，外被褐色皮膜。叶为长披针形，被灰白色粉，表面中部具深纵沟。花葶直立，着花1～2朵，有梗，花紫色、淡紫或黄色；花垂瓣圆形，中央有黄斑，基部细缢，爪部甚长，旗瓣长椭圆形，与垂瓣等长（图3-63）。

4.10.2　种类及品种　　球根鸢尾包括三组：西班牙鸢尾、网状鸢尾、朱诺鸢尾，后者少见栽培。

4.10.2.1　西班牙鸢尾组

（1）西班牙鸢尾（*I. xiphium*）：球茎细长，较小，茎高30～60cm。叶线形，长约30cm，外被白粉，表面有纵沟。每茎先端有1～2朵花，花径约7cm，紫色，垂瓣喉部有黄斑。花期5～6月。杂交种有白、黄、蓝等色，主要用于切花。

（2）荷兰鸢尾（*I. hollandica*）：是西班牙鸢尾与丹吉尔鸢尾（*I. tingitana*）等的杂种。株高40～90cm，每茎一花，花色丰富，有白、黄、蓝、紫等色，垂瓣喉部有黄或橙色斑。品种多，花期

图3-63　球根鸢尾（引自傅玉兰，2001）

比西班牙鸢尾早约两周，主要用于切花生产。重要品种有'威基伍德'（Wedegwood），花浅蓝色，株型优美；'蓝宝石'（Blue diamond），花深蓝紫色，主要用于促成栽培；'蓝带'（Blue ribbon），花色深紫，茎叶易平展和伸长；'阿波罗'（Apollo），外花被为黄色，内花被初期为白色，以后变为浅蓝色，花朵大型；'白桥'（White bridge），花色纯白，大花型。

（3）英国鸢尾（*I. xiphioides*）：原产英国山地。鳞茎细长梨形。株高30~60cm，每茎着花2~3朵。花大，垂瓣椭圆形，比前两种宽，垂瓣喉部有黄斑，花蓝紫色。

4.10.2.2 网状鸢尾组 网状鸢尾组为矮生鸢尾。鳞茎较上组小，具网纹状皮膜，花期叶与花茎等长，花后叶比花茎略长。垂瓣喉部呈黄色斑的两侧有白边。花期3~4月。栽培较多的有网状鸢尾（*I. reticulata*），鳞茎皮乳白色，茎极短，有叶2~4片，花后长度为30cm，顶花单生，深紫色，具芳香。园艺杂种有紫、蓝紫、深蓝、紫红等色。

球根鸢尾包含的组群数量非常少。但在商业化的花卉生产中，这些组群却极为重要。其中网状鸢尾组群由一些开花早、开花期短的栽培品种组成。西班牙组群包含了荷兰鸢尾、西班牙鸢尾和英国鸢尾。荷兰鸢尾在这些花卉的生产中是最重要的。我国引进栽培的主要是荷兰鸢尾。

4.10.3 生态习性 球根鸢尾性强健，耐寒性较强，在华东地区可露地越冬。喜排水良好、适度湿润、微酸性的砂质壤土，喜凉爽，忌炎热。生育适温20~25℃，能耐0℃地低温，但-3~-2℃花芽受害枯死。

当植株2~3cm时开始花芽分化，花芽分化及发育的温度为13~18℃。自然条件下，球根鸢尾秋季定植后立即发芽，花芽于冬季完成分化，入春后抽薹开花。花后母鳞茎基部发生多粒子球，6月以后随着地上部枯死，鳞茎进入休眠状态。

4.10.4 繁殖方法 球根鸢尾主要用分球法繁殖。母鳞茎的顶芽开花，次顶芽可形成大的更新鳞茎，下部的腋芽依次形成大小不等的鳞茎。分开种植子球，经1~2年培育即可成开花球。子球的繁育需在冷凉地区或海拔600m以上山地进行。收获的开花种球需放于20~25℃的通风处。

4.10.5 栽培管理 生产上球根鸢尾以切花生产为主，而且世界花卉贸易中以荷兰鸢尾居多，因此这里仅以荷兰鸢尾为例介绍球根鸢尾的切花生产管理内容。

荷兰鸢尾为秋植球根花卉，鳞茎在6~8月进入休眠，秋季定植后叶芽伸长至2~3cm时开始花芽分化。同时母球基部发出细根，新球基部形成牵引根。3月后新球迅速膨大，6月新球基本成熟，新球的下位腋芽开始膨大形成子球。子球重量若能达到2~7g，就可以作为种球播种，其中心芽在不开花的情况下形成主球，可以用于切花生产。

荷兰鸢尾的休眠需要高温才能打破，一般在鳞茎收获后接受夏季的自然高温就可以解除休眠。花芽的形成需要低温春化，要求温度8~10℃，6~9周时间。荷兰鸢尾鳞茎经过高温打破休眠后有两个发育方向，如果球茎仍处于20℃以上高温，将继续分化叶原基，持续营养生长；如果降低贮藏温度，茎尖会感受低温而诱导形成花芽。

根据荷兰鸢尾的生长发育习性和开花生理，荷兰鸢尾适合进行冬春低温季节的切花生产。我国长江以南地区冬季温暖，比较适合荷兰鸢尾的切花生产。另外，选择高原或冷凉地区从事球根鸢尾的栽培也非常有利。

（1）种球的准备：对购买的种球进行检查，确认是否已打破休眠（根点萌动与否）。

没有解除休眠的鳞茎要通过 30℃ 高温处理 2～3 周、燃烧稻壳熏烟或乙烯处理加快解除休眠，在高温处理结束后再用熏烟处理 3d 促进花芽分化，并能显著促进花芽伸长。也可以在打破休眠后放在 20～25℃ 下贮藏，然后在 8℃ 下处理 7～8 周。已经打破休眠的鳞茎根据促成栽培的时间进行冷藏处理。若定植时间较晚，需要将种球贮藏于冷凉地，用湿藏的方法可以有效防止鳞茎脱水。但贮藏期间根系伸长太多会在定植时折断或腐烂，因此要控制贮藏湿度。

（2）定植：栽培土壤要疏松透气。连作土壤要进行土壤消毒。定植前 2 周施入有机肥。栽培床的宽度一般为 100～120cm，高度 15cm，通道宽 40～45cm。每床定植 4 行，株行距（5～10）cm×（8～15）cm。球茎覆土深度 5cm 左右。对于已发根的球茎定植时注意不使根受伤。长江以南地区一般 9～10 月定植。高原和冷凉地区于 8 月中旬至 9 月中旬定植。

（3）定植后的管理：荷兰鸢尾适宜温度为土温 15℃（5～20℃），低温则会使开花延迟，花茎变短，生长适温为 17～20℃。温暖地区早期促成栽培定植较早时地温偏高，需要提早一周遮阴降低土温，10 月以后定植则不需要遮阳降温。另外温暖地区气温降至 5～8℃ 之前露地栽培，以后覆盖塑料大棚。

定植后充分灌水，生长期间经常浇水，防止土壤干燥。花茎出蕾后减少浇水量。

球根鸢尾生育适温 13～18℃，尽可能缩小昼夜温差。在晴天注意通风降温，以免气温突然过高导致茎叶软弱。

球根鸢尾对盐类敏感，施用化肥过多，盐离子浓过高的土壤定植前要用水淋洗。除施用的基肥外，球根鸢尾所需的追肥不多，可在开花前叶面喷施 1%～2% 的磷酸二氢钾，以促进花茎硬挺、花色鲜艳。花后地上茎叶一半枯黄时起球。

（4）切花采收：球根鸢尾切花采收期非常重要。宜在花瓣露色或稍微绽开时采收。气温高时花蕾着色前采收，低温期花蕾着色后采收。采收切花时连同球茎一起拔出，在球茎上部 1cm 处切断，去除鳞皮，立即浸水，再进行包装。

（5）促成栽培：球根鸢尾多进行促成栽培。10 月开花的，6 月下旬开始冷藏，8 月初种植，在不加温设施中经 40～50d 即产花。11～12 月开花的，可在 7～8 月冷藏，9 月上旬种植，在不加温设施中栽培。1～3 月产花的，7～8 月熏烟处理，然后冷藏，9 月下旬至 10 月上旬种植，11 月下旬开始加温至 15℃ 以上。

4.10.6　观赏与应用　　球根鸢尾花大而美丽，花色独特，如鸢似蝶，叶片青翠碧绿，似剑若带，素有"彩虹女神爱丽丝"之名。花枝长，主要用于切花，也可布置花境、花丛和基础栽植。

4.11　花毛茛

学名：*Ranunculus asiaticus*。

别名：波斯毛茛，芹菜花。

英名：persian buttercup，crowfoot。

科属：毛茛科毛茛属。

产地与分布：原产于欧洲东南部和以土耳其为中心的亚洲西南部，现在各地均有栽培。

4.11.1　形态特征　　多年生草本花卉。株高 20～40cm，块根纺锤形，常数个聚生于根颈部；茎单生或少数分枝，有毛；基生叶阔卵形、椭圆形或三出状，具长柄，叶缘有齿；茎生叶无柄，为两回三出羽状复叶；花单生或数朵顶生，花径 6～9cm（图 3-64），有重瓣、半重瓣，花色有白、黄、红、水红、大红、橙、紫和褐色等；花期 4～5 月。蓇葖果。

4.11.2 种类及品种 毛茛属全球共有 400 种，我国分布有 90 种。花毛茛园艺栽培品种极多，花高度重瓣且颜色丰富。共分为 4 个系统。

（1）波斯花毛茛（Persian Ranunculus）：花毛茛原种。栽培的重要品系之一，色彩丰富，花朵小型，单瓣或重瓣。

（2）塔班花毛茛（Turban Ranunculus）：栽培历史最古老的品系之一，16 世纪传到欧洲。大部分品种为重瓣，花瓣向内侧弯曲，呈波纹状。与波斯花毛茛相比，植株矮小，早花，更容易栽培。

图 3-64 花毛茛（引自义鸣放，2000）

（3）法国花毛茛（French Ranunculus）：在 18 世纪后期法国改良的品系，以后在法国和荷兰由育种者继续改良，并培育出很多新品种。本品系的部分花瓣为双瓣，花朵的中心部有黑色色斑，开花期较迟。

（4）牡丹花毛茛（Paeonia Ranunculus）：在 20 世纪于意大利发展而成的栽培品系，也有传说在荷兰同时也育成了该品系。其花朵数量比法国花毛茛多，植株也更高大，部分花瓣为双瓣，花朵较大，开花时间长，能够通过栽培管理促成开花。

虽然将花毛茛分为以上 4 种类型，但是由于近年将这些种类之间进行相互组合杂交，培育出很多现代栽培品种。这些品种的遗传特性非常复杂，从形态上已经很难判别其品系之间的差异，已经找不到不同品系的代表性品种，因此，目前主要根据品种进行分类。市场上常见的有以下几种。

（1）复兴品系。

'复兴白'（Renaissance white）：植株生长旺盛，高大，花朵重瓣，花色纯白无暇，常用切花品种。

'复兴粉'（Renaissance pink）：植株生长旺盛，健壮，花朵重瓣，大型花，花色娇艳动人，常用切花品种。

'复兴黄'（Renaissance yellow）：植株生长旺盛，健壮高大，花朵重瓣，花色鲜黄，常用切花品种。

'复兴红'（Renaissance red）：植株生长旺盛，健壮，花朵重瓣，大花型，花色鲜橘红，常用切花品种。

（2）梦幻品系。

'梦幻红'（Dream scarlet）：超巨大型花朵，鲜红色，植株高大，适合于切花或盆花生产。

'梦幻粉'（Dream rose-pink）：超巨大型花朵，鲜粉色，植株高大，适合于切花或盆花生产。

'梦幻黄'（Dream yellow）：超巨大型花朵，鲜黄色，植株高大，适合于切花或盆花生产。

'梦幻白'（Dream white）：超巨大型花朵，鲜黄色，植株高大，适合于切花或盆花生产。

（3）超大品系。

'超级粉'（Super-jumbo rose-pink）：重瓣花，色泽肉粉，花径15～16cm，植株高35～40cm，株型紧凑，适合于切花或盆栽。

'超级黄'（Super-jumbo golden）：重瓣花，色泽金黄，花径为15～16cm，植株高35～40cm，株型紧凑，适合于切花或盆栽。

'超级白'（Super-jumbo white）：重瓣花，色泽纯白，花径为15～16cm，植株高35～40cm，株型紧凑，适合于切花或盆花。

（4）维多利亚品系。

'维多利亚红'（Victoria red）：花色粉红鲜明，重瓣花，花茎粗壮，株型美丽，适合于促成栽培，低温感应强，花茎多，产量高。

'维多利亚橙'（Victoria orange）：重瓣花，花色橘黄，有光泽，植株强健高大，适合于促成栽培，低温感应强，花茎多，产量高。

（5）福花园品系。

'福花园'（Fukukaen strain）：花朵重瓣率高，花瓣数多，色彩鲜明，大型花，适用于切花或盆花，有红色、黄色、粉色、白色等各色品种。

（6）幻想品系。

'幻想曲'（Perfect double fantasia）：花朵重瓣，大型花，花色各异，植株较矮，适用于切花或花坛栽培。

（7）种子繁殖品系。

'多彩'（High collar）：花径8～10cm，大花型，花色有黄色、橙色等多种色彩。植株高达60cm左右，适合于作切花和盆花栽培，多为种子繁殖。

'湘南之虹'：花色白底具有鲜粉色边缘，花径为12cm左右的大型花，重瓣，多花头，植株高达55～65cm，最适合于切花栽培，可以采取冷藏栽培，也适合于种子繁殖。

4.11.3 生态习性　　喜凉爽及阳光充足的环境，也耐半阴。忌炎热，适宜的生长温度白天20℃左右，夜间7～10℃，不耐严寒，越冬需要3℃以上。既怕湿又怕旱，宜种植于排水良好、肥沃疏松的中性或偏碱性土壤。6月后块根进入休眠期。

花毛茛块根没有生理休眠。贮藏的块根经过适当吸水后开始肥大，从中心部位萌发出数个新芽。新芽开始伸长时，从基部发出数条新根，基部伴随生长发育逐渐肥大，肥大开始期在花芽分化结束期前后。块根在10～12℃栽培时，7～8周可以展开10枚叶片，此时茎的生长点开始进入花芽分化阶段，需2～3周。花芽分化完成后花茎伸长，经10周开花。

长日照促进花毛茛的花芽分化，短日照下花茎增多。块根在低温处理下可以促进开花，有效处理温度为2～8℃，处理3～5周。

4.11.4 繁殖方法　　花毛茛的繁殖方式主要包括分球繁殖、种子繁殖。

分球繁殖具有生育周期短、开花早、株型大、开花多及栽培较容易等特点，但是由于花毛茛的块根很小，根颈处新芽位置接近，分割时易伤芽，因此其繁殖系数低，繁殖速度慢，满足不了规模化生产的需求。分球春秋季均可，一般秋季分栽较多。

　　种子繁殖系数高，色艳，但开花少、生育期较长，如果不采取降温措施提前播种，要到3～4月才能开花，而且对栽培水平要求较高。一般秋季播种。种子发芽适温10～15℃，2～3周发芽，温度在20℃以上或5℃以下不能发芽。实生苗第二年开花。

4.11.5　栽培管理

4.11.5.1　播种苗的培育　　花毛茛正常播种期为10月中旬到11月中旬。将花毛茛种子放入水中浸泡24h后捞出，放在纱布上包好，然后置于恒温箱中催芽，适温15℃左右，每天早晚取出用清水各漂洗1次，然后滴干水分，使种子保持湿润状态。催芽后7d左右，部分种子开始发芽，此时立即播种。可以盆播、苗床播种，播种基质常采用国产泥炭（东北草炭）与珍珠岩按3∶1混合，基质pH 6.0～7.5，EC值为0.5～0.7mS/cm。种子撒播均匀，播量2～3g/m²。播种后5～7d出苗，注意保持基质湿度，及时补水。生产中为了延长营养生长期，培育优质的花毛茛，可提前到8月中下旬播种。此时气温高，不利于种子发芽，需经低温催芽处理。即将种子用纱布包好，放入冷水中浸种24h后，置于8～10℃的恒温箱或冰箱保鲜柜内，每天早晚取出，用冷水冲洗后，保持种子湿润。约10d，种子萌动露白后，立即播种。有条件的地方可采用高山育苗。

4.11.5.2　盆栽　　花毛茛盆栽土壤要求富含腐殖质、排水良好。立秋后下种，养成丛型，开春后生长迅速，期间追施2～3次肥水。防止盆土积水。夏季块根休眠，掘起球根，晾干后贮藏于通风干燥处。

4.11.5.3　切花栽培

　　（1）栽培床：选择通透性好、有机质含量较高的壤土进行栽培，连作的话需要进行严格的消毒。种植前一个月施入有机肥。栽培床一般做成高垄，床宽50cm，高25～30cm，干燥地区高度可以15～20cm。垄间距一般30cm。

　　（2）块根吸水：采用块根栽培的切花产量较高，因此生产上多采用块根生产切花。花毛茛的块根贮藏时需要干燥处理，因此栽培时需要先进行吸水处理。块根快速吸水极易腐烂，需要采取低温缓慢吸水最安全有效，即将块根埋于较粗大的珍珠岩或粗砂中，充分喷水，置于1～3℃的冷藏库中。若没有冷库，将块根倒置于珍珠岩或粗砂中，块根大部分露于空气中，仅萌芽部位埋在湿润基质内，放在阴凉之处，经常喷水。

　　在块根膨大后，置于8℃条件下，在中心芽萌动且生出新根时及时定植。

　　（3）定植：定植时要求地温20℃以下，冷凉地区在9月下旬，温暖地区在10月中旬后定植。若块根经过低温处理，则处理后马上定植。若外界气温较高，需要将冷藏块根适当驯化后再定植，但必须在中心芽长1cm以下时定植。

　　定植时每畦双行定植，行间距25～30cm，株距15cm左右。

　　（4）光照管理：花毛茛不耐强光，喜半阴环境。冬季光照要充分，春季随着气温的升高和光照的增强，应适度遮阴并加强通风。花毛茛是相对长日照植物，所以长日照条件能促进花芽分化，花期提前，营养生长提早终止，提前开始形成球根。短日照条件下，花期推迟，但能促进多发侧芽，增大冠幅，增多花量。

　　（5）水分管理：花毛茛喜湿怕涝，较耐旱，但不宜过度干旱，特别是生长后期，过度干旱花毛茛将进入被迫休眠状态而导致球根质量变差。定植后第一次水要浇足，之后浇水要及时，并注意均衡，且不可过干过湿。浇水程度应以土壤表面干燥，而叶片不出现萎蔫现象为宜。

（6）肥料管理：定植后待植株明显生长或长出新叶时开始追肥，施肥浓度初期为0.1%，后期为0.15%～0.2%，以46%尿素、45%水溶性复合肥交替使用。前期以尿素为主，后期以复合肥为主，每7～10d施1次。但生育初期氮肥过剩会影响花茎伸长和花芽分化，氮肥过多花茎也易发生中空而弯曲。

（7）温度管理：花毛茛喜冷凉环境，白天最适生长温度为15～20℃，夜间为7～8℃。温度不可过高或过低，昼夜温差也不可过大，否则花毛茛的生长发育会受到影响，进而导致其花朵数和品质下降。

（8）切花采收：在国际花卉市场上，花毛茛的切花长度一般要求50cm以上。花毛茛的重瓣性极强，花蕾阶段采花一般不能开放，而且采收较早花茎较软。因此应在盛开之前采收。

4.11.5.4 块根采收与贮藏

（1）采前管理：花毛茛块根在花芽分化前后已成雏形，但生长增大在开花后。此时如不留花种，应剪掉残花摘去花蕾。花后适时浇水，追施1～2次以磷、钾为主的液肥，使花毛茛生长健壮，使更多的营养输送给地下块根，促进其增大，发育充实。

（2）采收：当花毛茛茎叶完全枯黄，营养全部积聚到块根时，及时采收，切忌过早或过晚。采收过早，块根营养不足，发育不够充实，贮藏时，抗病能力弱，易被细菌感染而腐烂；采收过晚，正值高温多雨的夏季，空气湿度大，土壤含水量高，块根在土壤中易腐烂。最好选择能够持续2～3d的干燥晴天采挖。

（3）采后处理：采收的块根应去掉泥土等杂物，剪去地上部分枯死茎叶，剔除病伤残块根。按大小分级后，用水冲洗干净，放入50%多菌灵可湿性粉剂800倍溶液中浸泡2～3min，消毒灭菌。随后捞出，摊晾在通风良好无阳光直射的场所。摊层宜薄，便于散热和水分蒸发，防止块根发热升温，伤害芽眼或霉变。

（4）块根贮藏：采后经处理晾干水分的块根，要及时贮藏。如随便堆放，不加任何保护措施，处于休眠状态的块根易遭受病虫侵害或高温高湿等不利条件的伤害而发霉腐烂变质。常用的贮藏方法有两种。①通风干藏法：将花毛茛块根装入竹篓、有孔纸箱、木箱等容器中，内附防水纸或衬垫物，厚度不超过20cm，放在通风干燥阴凉避雨处贮藏。或将块根装入布袋、纸袋、塑料编织袋中，在常温条件下，挂在室内通风干燥处贮藏。②盆栽土藏法：盆栽时可将块根保留在原盆土壤中越夏，剪去地上部枯死的茎叶，淋浇一遍0.3%高锰酸钾水溶液后，不再浇水与施肥，让盆土始终保持干燥状态。将花盆放在通风阴凉避雨处，直至秋季磕出块根，重新栽植。

贮藏花毛茛块根，工具、场所都要消毒，贮藏环境应干燥凉爽。阴雨天，更要加强通风透气，使水分散发。贮藏过程中，应定期检查，随时剔除感染病菌霉变或腐烂的个体。其相邻受污染的块根，也应取出，用杀菌剂消毒晾干后重新贮藏，以防传染。

4.11.5.5 促成栽培

由于花毛茛生育温度很窄，仅限于5～20℃，在我国大部分地区只能冬季栽培，因此栽培类型较少，主要进行促成栽培和普通栽培两种类型。促成栽培多数是在8月下旬至1月种植，12～3月可不断开花。

对已经吸水的块根，中心芽肥大到3mm左右时进行3～5℃低温处理30d，5℃以上温度中心芽会伸长并发根，会影响定植操作和以后的生长。低温处理过程中，块根干燥和过湿均会造成腐烂，需要注意低温冷藏室的湿度管理。

经低温处理的块根定植于中温温室中，冬季保持白天 15～20℃、夜温 5～8℃，可提前至 12 月至翌年 3 月开花。

4.11.6　观赏与应用　　花毛茛色泽艳丽，花色丰富，花茎挺立，花形优美而独特；花朵硕大，靓丽多姿；花瓣紧凑、多瓣重叠，是十分优良的切花和盆花材料。也可植于林缘、草地，布置花境也非常适合。

4.12　朱顶红属

学名：*Hippeastrum* Herb.。

别名：朱顶兰，孤挺花，华胄兰，百子莲，百枝莲，对红，对对红。

科属：石蒜科朱顶红属。

产地与分布：原产热带亚热带美洲，现在各地均有栽培。

4.12.1　形态特征　　多年生草本，鳞茎卵状球形。叶 4～8 枚，二列状着生，扁平带形或条形，略肉质，与花同时或花后抽出。花葶自叶丛外抽出，粗壮而中空，扁圆柱形，伞形花序；花大型，漏斗状，平展或下倾，红色、白色或带有白色条纹；花冠筒短，喉部常带有小鳞片（图 3-65）。蒴果近球形，种子扁平，黑色。

4.12.2　种类及品种　　朱顶红属约有 75 种，常见栽培的有以下几种。

（1）美丽孤挺花（*H. aulicum*）：原产巴西、巴拉圭。株高 30～50cm，叶中等绿色。花茎较粗，花葶上着花 2 朵，花深红，花大，直径可达 15cm，喉部带有绿色的副冠。花期冬季。

（2）短筒孤挺花（*H. reginae*）：又名王百枝莲、墨西哥百合。原产墨西哥、西印度群岛。鳞茎大，球形，直径 5～8cm。株高 60cm。花葶上着花 2～4 朵，鲜红色，喉部有白色星状条纹的副冠，花被裂片倒卵形，有重瓣品种，冬春开花。

图 3-65　朱顶红（引自傅玉兰，2001）

（3）网纹孤挺花（*H. reticulatum*）：原产巴西西南部。株高 20～30cm，叶深绿色，具显著白色中脉。鳞茎球形，中等大小。花葶长 25～35cm，着花 4～6 朵，花径 8～10cm，花被片鲜红色，有暗红色条纹，具浓香。花期 9～12 月。常见栽培的变种有白网纹孤挺花（var. *striatifolium*），花葶着花 5 朵，花玫瑰粉色。

（4）朱顶红（*H. vittatum*）：又名孤挺花、百枝莲。原产南美秘鲁、巴西。株高 40～50cm。鳞茎球形。花葶粗壮，着花 4～6 朵，花径 10～15cm，花色红、粉、白红，色具白色条纹等。花期 5～6 月。

（5）孤挺花（*H. balladonna*）：原产南非好望角。株高 30～60cm，叶带形，花葶长于叶片，实心。伞形花序着花 6～12 朵，漏斗形，花色淡红带深红色斑纹，具芳香，花期初秋。

（6）杂种百枝莲（*H. hybridum*）：是园艺杂交种，现在广泛栽培的园艺改良种的总称。花径 10～15cm，花期多为冬季。园艺品种很多，可分为两大类，一为大花圆瓣类，花大型，花瓣先端圆钝，有许多色彩鲜明的品种，多用于盆栽观赏。另一类是尖瓣类，花瓣先端尖，性强健，适于促成栽培，多用于切花生产。杂种朱顶红著名的品种有'苹果花'（Apple blossom），白花带粉色条纹；'圣诞星'（Christmas star），鲜红花白色条纹；'花边石竹'（Picotee），白花，花瓣边缘红色饰边。

4.12.3　生态习性　　性喜温暖、湿润气候，生长适温为 18～25℃，不喜酷热，阳光不宜过于强烈。怕水涝。冬季休眠期要求冷湿的气候，以 10～12℃为宜，不得低于 5℃。喜富含腐殖质、排水良好的砂质壤土。朱顶红在热带地区表现为常绿。

4.12.4　繁殖方法　　朱顶红常用播种繁殖、分球法繁殖。

老鳞茎每年能产生 2～3 个小子球，将其取下另行栽植即可。注意不要伤害小鳞茎的根，并且使其顶部露出地面，小球约需 2 年栽培开花。为提高繁殖率，可以进行人工促成分球法提高母鳞茎产生小鳞茎的数量。

朱顶红种子即采即播，发芽率高。种子较大，宜点播，发芽适宜温度为 15～20℃，10～15d 出苗。播种到开花需要 3～4 年。

4.12.5　栽培管理　　朱顶红球根春植或秋植，地栽、盆栽皆宜。以盆栽为例介绍其栽培管理方法。

（1）种球准备：朱顶红的种球有两个来源，一是购买进口种球，多数为已经处理好完成休眠的种球，可以直接种植，一般有周径 24～26cm 和 30～32cm 两种规格。另外则是现有种球或国内生产的种球，需要 8cm 以上直径，往往需要休眠处理。10 月以后，环境温度持续低于 10℃以下时，停止生长，朱顶红叶片枯黄，进入自然休眠；也可以强制休眠，即停止浇水施肥，放在干燥黑暗的环境下，先在 20℃条件 2 周，再置于 5～10℃ 6 周，完成休眠过程。

（2）定植：选择花盆直径 10～20cm，栽培基质要疏松透气性强，pH 6.0～6.5，可以用草炭：蛭石 1∶1 配制。种植种球前对基质用百菌清、多菌灵等消毒。种球种植时露出上部 1/3。

（3）催根：刚刚定植后置于 13～15℃阴凉环境 15d 左右，利于根系发育。

（4）环境管理：长出叶片后将盆花置于阳光充足的环境下，给予环境温度 15～25℃，保持 65%～80% 的空气湿度。定植后浇一次透水后至发芽前不再浇水，发芽后保持盆土湿润。花后保持偏干状态。除基质中施入基肥外，生长发育期每半月追施一次肥料，花前追施磷钾肥。

（5）花期调控：朱顶红是感温型花卉，在种球定植时已完成了花芽分化。已完成休眠的球茎定植后环境条件适宜 8 周即可开花。因此可根据预定花期确定定植时间。例如，10～11 月初定植，可以在圣诞节、元旦开花。

4.12.6　观赏与应用　　朱顶红花朵硕大，花色艳丽，花葶直立，适于盆栽装点居室、客厅、过道和走廊。也可于庭院栽培，或配植花坛、花境和作切花。

朱顶红花语：渴望被爱，追求爱。

4.13　风信子

学名：*Hyacinthus orientalis*。

别名：洋水仙，五色水仙。

英名：common hyacinth，Dutch hyacinth。

科属：百合科风信子属。

产地与分布：原产于中亚、西亚一带，荷兰栽培最多，现在各地均有栽培。

4.13.1 形态特征 多年生草本植物。地下茎球形或扁球形，外被皮膜呈与花色相关的紫蓝色或白色等。叶厚披针形，4～6枚。花葶高15～45cm，总状花序顶生，着花10～20朵，小花钟状，花冠6片、反卷，常见栽培有红、黄、蓝、白、紫各色品种，具芳香（图3-66）。花期3～4月。蒴果黄褐色，果期5月。

图3-66 风信子（引自傅玉兰，2001）

4.13.2 种类及品种 风信子属有3种，另两个是 *H. amethystinus* 和 *H. azureus*。有3个变种，罗马风信子（var. *albulus*）、大筒浅白风信子（var. *praecox*）和普罗文斯风信子（var. *provincialis*）。3个变种均产于法国南部、瑞士及意大利。

现在栽培的品种均从风信子衍变而来。通常按花色分类。近年常用品种有以下几种。

（1）极早花种：'阿姆斯特丹'（Amsterdam）、'简·博斯'（Jan Bos）。

（2）早花种：'安娜·玛丽'（Anna Marie）、'粉珍珠'（Pink pearl）、'英诺森塞'（Innocence）、'白珍珠'（White pearl）、'大西洋'（Atlantic）、'巨蓝'（Blue giant）等。

（3）中花种：'德比夫人'（Lady Derby）。

（4）晚花种：'马科尼'（Marconi）、'软糖'（Fondante）、'粉皇后'（Queen of the pinks）、'卡内基'（Carnegie）花白色、'蓝衣'（Blue jacket）、'玛丽'（Marie）、'紫晶'（Amethyst）、'吉普赛女王'（Gipsy queen）、'哈莱姆城'（City of Haarlem）等。

（5）重瓣风信子：'萝茜特'（Rosette）、'那不勒斯玫瑰'（Rose of Naples）、'皇家粉'（Pink royale）、'红色钻石'（Red diamond）、'科勒将军'（General Kohler）、'无畏勇者'（Dreadnought）等。

4.13.3 生态习性 喜冬季温暖湿润、夏季凉爽稍干燥、阳光充足或半阴的环境。宜肥沃、排水良好的砂壤土。较耐寒，在长江流域可露地越冬，忌高温。

秋季生根，早春新芽出土，3月开花，5月下旬果熟，6月上旬地上部分枯萎而进入休眠。在休眠期进行花芽分化，分化适温25～27℃，分化过程1个月左右。花芽分化后至伸长生长之前要有2个月左右的低温阶段，气温不能超过13℃。

风信子在生长过程中，鳞茎在2～6℃低温时根系生长最好。芽萌动适温为5～10℃，叶片生长适温为5～12℃，现蕾开花期以15～18℃最有利。鳞茎的贮藏温度为20～28℃，最适为25℃，对花芽分化最为理想。可耐受短时霜冻。

成年鳞茎顶端生长点分化花芽，其鳞茎内一般不形成侧芽，因此风信子通常也不能形成子球。

4.13.4 繁殖方法 风信子可以用人工促成分球法和播种法繁殖。

由于风信子自然分球率低，一般母株栽植一年以后只能分生1～2个子球，为提高繁殖系数，可在夏季休眠期对大球采用人工促成分球，提高繁殖率。①刻伤法：起球后一个月，用刀从鳞茎底部茎盘纵向切入球高的1/2～2/3。伤口处会产生愈伤组织形成不定芽发生小鳞茎，平均每个鳞茎可产生 15～20 个小球，小球培养 3～4 年开花。②刳底法：将消毒的鳞茎用弧形刀挖茎盘，保留茎盘一薄层，将鳞茎倒置于湿沙上培养，保持气温 25℃、空气湿度 90%，伤口处形成小鳞茎 40 个左右。

　　风信子易结实，于秋季播入冷床中的培养土内，覆土 1cm，翌年 1 月底 2 月初萌发。实生苗培养的小鳞茎，4～5 年后开花。一般条件贮藏下种子发芽力可保持 3 年。

4.13.5　栽培管理　　风信子可以地栽、盆栽，也经常水养观赏。

　　（1）地栽：应选择排水良好的砂质壤土，要求土壤肥沃、有机质含量高、团粒结构好、中性至微碱性、pH 6～7 的水平；可按腐叶土 5、园土 3、粗砂 1.5、骨粉 0.5 的比例配制培养土。在栽种前，在土温 10～15℃的情况下，对土壤消毒。种植前要施足基肥，大田栽培忌连作。

　　地温降至 10℃左右时种植，多在 10～11 月进行。株距 15～18cm，覆土 5～8cm，北方覆土 15～20cm。并覆草以保持土壤疏松和湿润。一般开花前不作其他管理，花后如不拟收种子，应将花茎剪去，以促进球根发育，剪除位置应尽量在花茎的最上部。6 月上旬叶片变黄时即可将球根挖出，分级贮藏于冷库内，夏季温度不宜超过 28℃。

　　（2）盆栽：用壤土、腐叶土、细沙等混合作营养土，一般 10cm 口径盆栽一球，15～18cm 口径盆栽 2～3 球，覆土后露出鳞茎顶部 1cm。初期保持 10～15℃，出叶后升温至 20～22℃。一般 10～11 月栽植，3 月开花。

　　风信子生产上经常作促成栽培，先将种球高温处理打破休眠，再将种球上盆后置于 7℃冷室 10～16 周生根，待根系充分生长后，置于温室中促成开花。生根后芽长 1cm 的盆花在温室中 2～3 周开花。

　　（3）水养：风信子水养的种球规格要较大，周径 12cm 以上。10 月下旬至 11 月将种球置于无孔花盆或玻璃、塑料容器中，以卵石或网格固定，进水 3～6cm，放置暗处数日或用黑布遮挡容器以促进生根。根长 3～4cm 时除去遮盖物，每周换水，保持水面接触鳞茎底部，室温下 2～3 月开花。

4.13.6　观赏与应用　　风信子植株低矮整齐，花序端庄，花色丰富，花姿美丽，是早春开花的著名球根花卉之一，也是重要的盆花种类。适于布置花坛、花境和花槽，也可作切花、盆栽或水养观赏。花除供观赏外，还可提取芳香油。

　　风信子的花语：胜利、竞技、喜悦、爱意、幸福、浓情、倾慕、顽固、生命、得意、永远的怀念。

　　其他球根花卉主要特征简介见表 3-35。

　　【实训指导】

　　（1）唐菖蒲的切花生产。

　　目的与要求：掌握球根花卉切花生产的主要环节，初步掌握唐菖蒲切花的分级标准。

　　内容与方法：①每人或一组进行唐菖蒲种球的定植，3～10m²；②对唐菖蒲进行管理，包括中耕、除草、施肥、浇水、剪取切花、起球等。

　　实训结果及考评：上交唐菖蒲切花 20 枝，参考国家花卉标准进行分级、评分。

　　（2）仙客来的播种繁殖。

　　目的要求：掌握仙客来播种繁殖的关键环节和方法。

　　内容与方法：①4～5 人一组，播种一盆或一盘仙客来；②分别进行浸种、遮光、保

表3-35 其他球根花卉主要特性简介

序号	中文名称	学名	科属	株高/cm	花色	花期	繁殖方法	生态习性				观赏用途
								光照	温度	水分	土肥	
1	大岩桐	Sinningia speciosa	苦苣苔科大岩桐属	15~25	粉红、红、紫蓝、白、复色	4~11月	分球、播种	忌阳光直射	喜温暖	喜湿润	疏松肥沃	花坛、盆栽
2	姜荷花	Curcuma alsimatifolia	姜科姜黄属	30~80	粉	6~10月	分球	喜光亦耐半阴	喜温暖	喜湿润	肥沃	切花、丛植
3	红花酢浆草	Oxalis rubra	酢浆草科酢浆草属	10~25	红	10月~翌年3月	分球、播种	喜光照	喜温暖	喜湿润	中肥	花坛、花境、地被、丛植
4	晚香玉	Polianthes tuberosa	石蒜科晚香玉属	50~100	白	7~10月	分球	喜光照	喜温暖	喜湿润	肥沃	花坛、花境、切花、盆栽
5	蛇鞭菊	Liatris spicata	菊科蛇鞭菊属	60~100	粉紫	7~8月	分球、播种	喜光照	耐寒	喜湿润	疏松肥沃	丛植、切花、花境
6	小苍兰	Freesia refracta	鸢尾科香雪兰属	10~40	白、黄、粉、紫、蓝	3~4月	分球	喜光照	喜凉爽	喜湿润	疏松肥沃	花坛、盆栽、切花
7	番红花	Crocus sativus	鸢尾科番红花属	15~25	淡蓝、红紫、白色	2~3月或9~10月	分球、播种	喜半阴	喜凉爽，较耐寒	喜湿润	疏松肥沃	群植、盆栽
8	六出花	Alstroemeria aurantiaca	石蒜科六出花属	40~80	橙黄、水红	6~8月	播种、分球、组培	喜光照	喜温暖	喜湿润	疏松肥沃	盆栽、切花
9	石蒜	Lycoris radiata	石蒜科石蒜属	30~60	鲜红	8~10月	分球	喜半阴	喜温暖、耐寒	喜湿润也耐旱	疏松肥沃	林下、丛植、花径、切花、花坛
10	花贝母	Fritillaria imperialis	百合科贝母属	70	鲜红、橙黄、黄	4~5月	分球、播种	喜光、耐半阴	忌炎热	耐寒	疏松肥沃	花境、丛植、庭院、盆栽岩石园
11	嘉兰	Gloriosa superba	百合科嘉兰属	200~300蔓性	红黄	5~10月	播种、分球	喜光	喜温暖	喜湿润	肥沃	垂直绿化、切花、盆花
12	大花葱	Allium giganfeum	百合科葱属	30~60	紫	5~7月	播种、分球	喜光照	喜凉爽	忌湿润	疏松肥沃	花境、花径、岩石园

续表

序号	中文名称	学名	科属	株高/cm	花色	花期	繁殖方法	生态习性				观赏用途
								光照	温度	水分	土肥	
13	花叶芋	*Caladium bicolor*	天南星科花叶芋属	15~40	肉穗花序黄色, 观叶	全年观赏	分球	半阴	喜高温	喜高湿	疏松肥沃	庭院、盆栽
14	文殊兰	*Crinum asiaticum*	石蒜科文殊兰属	100	白	6~8月	分株	喜光照	喜温暖	喜湿润	疏松肥沃	盆栽、庭园
15	网球花	*Haemanthus multiflorus*	石蒜科网球花属	30~90	红	6~7月	播种、分株	喜光照	喜温暖	喜湿润	疏松肥沃	盆栽
16	雪滴花	*Leucojum vernum*	石蒜科雪滴花属	15~30	白	3月下旬~4月	分球	喜光照亦耐阴	喜凉爽	喜湿润	肥沃	林下、岩石园、切花、盆栽
17	虎眼万年青	*Ornithogalum caudatum*	百合科虎眼万年青属	100	白	5~6月	分球	喜光照亦耐半阴	喜温暖	喜湿润	不择土壤	盆栽
18	观音兰	*Tritonia crocata*	百合亚科观音兰属	40~60	橙红、粉红	5~6月	分球	喜光照	喜温暖	喜干燥	不择土壤	盆栽、切花

湿等环节，进行播种育苗工作及后期管理。

实训结果及考评：根据幼苗生长情况、出苗率进行成果评定。

（3）球根花卉地下球根的结构与演替。

目的与要求：了解球根花卉地下部形态，掌握不同种类球根花卉地下部的结构特点，了解球根花卉的球根形成过程。

内容与方法：①5～6人一组，每组观察鳞茎类（郁金香、百合、水仙）、球茎类（唐菖蒲或小苍兰）、块茎类（仙客来或马蹄莲）、根茎类（美人蕉）、块根类（大丽花）5类球根的外部形态、结构；②横切郁金香、水仙的鳞茎，观察两种鳞茎内部结构；剥除唐菖蒲的外部干燥皮膜，观察唐菖蒲球茎的茎节、腋芽分布情况。

实训结果及考评：绘制唐菖蒲、美人蕉、大丽花、马蹄莲、郁金香（或其他种类）5类球根花卉地下部分的外部形态图。绘制水仙、郁金香纵剖面图，标出叶、芽、根的位置。根据实训报告及绘图质量评分。

（4）球根花卉观赏特性调查。

目的与要求：在了解当地园林绿地及花卉市场中球根花卉应用种类的基础上，通过调查掌握主要球根花卉的株高、花期、花色、冠幅或盆花、切花的分级及价格，为以后球根花卉的应用及栽培管理奠定基础。

内容与方法：①根据学校附近园林绿地或花卉市场具体情况分片区，然后将学生分组，一般5～10人一组；②按调查教学法组织该项调查内容的实施，包括调查方案上交与审核，调查工作的开展，调查内容的总结与成果汇报，该项目的成绩考评等。

实训结果及考评：每组提交调查报告，要求调查报告中包括调查方案或计划、调查结果、结果分析、存在问题及改进建议等内容。项目考评包括方案、结果汇报时的组内学生互评成绩、全班学生互评成绩、教师综合评价成绩，各占一定比例构成综合成绩。

【相关阅读】

1．义鸣放．球根花卉．2000．北京：中国农业大学出版社．

2．郭志刚，张伟．2001．花卉生产技术原理及其应用丛书——球根类．北京：中国林业出版社．

3．LY/T 2065—2012．百合种球生产技术规程．

4．GB/T 18247.2—2000．主要花卉产品等级第2部分：盆花．

5．GB/T 18247.6—2000．主要花卉产品等级第6部分：盆花花卉种球．

6．LY/T 1913—2010．中华人民共和国林业行业标准：切花百合生产技术规程．

【复习与思考】

1．球根花卉地下变态器官的结构各有什么不同？不同的种类与分球繁殖有什么关系？

2．球根花卉在花卉行业中的地位如何？请查阅相关资料说明。

3．球根花卉的栽培管理与一二年生花卉、宿根花卉有哪些不同？

4．球根花卉的观赏应用有哪些特点？

5．归纳总结10种以上球根花卉的种球生产、盆花或切花生产的栽培管理要点。

6．调查一下学校周边绿地应用的球根花卉种类及应用形式，分析球根花卉绿地应用较少的原因。

【参考文献】

傅玉兰. 2001. 花卉学. 北京：中国农业出版社.

郭志刚，张伟. 2001. 花卉生产技术原理及其应用丛书——球根类. 北京：中国林业出版社.

梁莉，李刚. 2002. 百合、郁金香. 延吉：延边大学出版社.

龙雅宜，张金政，张兰年. 1999. 百合——球根花卉之王. 北京：金盾出版社.

王云山，康黎芳. 1993. 仙客来栽培技术. 北京：金盾出版社.

吴少华，张钢，吕英民. 2009. 花卉种苗学. 北京：中国林业出版社.

义鸣放. 2000. 球根花卉. 北京：中国农业大学出版社.

任务四 水生花卉的栽培管理

【任务提要】 水生花卉种类繁多，是园林、庭院水景园观赏植物的重要组成部分，是近年园林水体中提高水面景观丰富度的花卉种类。由于其对环境水分的特殊要求，将其单独作为一类介绍。本任务需要识别并能正确应用常见水生花卉，对重要的水生花卉能够栽培管理。

【学习目标】 掌握水生花卉的生长发育特性、生态习性等共性的理论知识。掌握常见水生花卉的生态习性、观赏特点及应用形式，能够识别常见水生花卉30种以上。

1 水生花卉的生长发育及生态习性

1.1 水生花卉的分类及其生长发育 水生花卉是指生长于水中或沼泽地的观赏植物，在水生生境的进化过程中，由沉水植物→浮水植物→挺水植物→湿生植物→陆生植物的进化方向变化。水生花卉与其他花卉明显不同的习性是对水分的要求和依赖远远大于其他各类，因此构成其独特的习性。

水生花卉为适应各类型水域环境，在演化过程中形成了特殊的结构：①发达的通气组织。水生花卉为了适应水中和土中空气稀薄的生活环境，其茎、根具有发达的通气系统，使空气可以达到各个器官，保证新陈代谢的需要，而且还可以产生浮力使植物漂浮或直立于水中，并具有适应水环境中所面临的机械应力的功能。②具发达的排水结构。水生花卉不能缺水，但水分也不能过量。当外界气压过低或蒸腾作用减弱时，水生植物依靠发达的排水器（水孔、空腔和管胞组成的分泌组织）把体内过多水分排出。③根系不发达，机械组织弱化。由于水生花卉各部分的表皮细胞均能从水中吸收水分和营养元素，因此根的吸收能力减弱，它们主要起固定作用，沉水植物、浮水植物不需要强壮的机械组织支撑植物体，故植物体较软弱。

由于水生花卉的归类是按其对水分环境的特殊要求而不是按生活周期，因此其生长发育没有太一致的规律性。在此仅从不同角度将水生花卉分类。其生长发育规律参照前面三个任务内容。

1.1.1 按植物在水中的生长方式分类

（1）挺水花卉：花卉根系扎于泥中，茎叶挺出水面。对水深的要求因种类不同而异，多则1～2m，少则沼泽地。常见的有荷花、千屈菜、黄菖蒲、香蒲（*Typha angustata*）、菖蒲（*Acorus calamus*）、慈姑（*Sagittaria sagittifolia*）、水葱（*Scirpus tabernaemontani*）等。

（2）浮水花卉：根生于泥中，叶片漂浮水面或稍高于水面，花开时近水面。不同的种类对水分的要求不同。主要有睡莲、萍蓬草（*Nuphar pumilum*）、芡实（*Euryale ferox*）、王莲、荇菜（*Nymphoides peltatum*）、莼菜（*Brasenia schreberi*）等。

（3）漂浮花卉：根系浮于水中，叶完全浮于水面，可随水漂移。主要有凤眼莲、水鳖（*Hydrocharis dubia*）、满江红（*Azolla imbricata*）等。

（4）沉水类：根系扎于泥中，茎叶沉于水中，是净化水质或布置水下景观的主要种类。主要有玻璃藻、苦草（*Vallisneria spiralis*）、眼子菜等。

1.1.2　按生物学特性和生态习性分类

（1）一年生类水生花卉：常见的有芡实、水芹（*Oenanthe javanica*）、黄花蔺（*Limnocharis flava*）、雨久花（*Monochoria korsakowii*）、泽泻（*Allsma orientale*）、海菜花（*Ottelia acuminata* var. *acuminata*）、眼子菜（*Potamogeton distinctus*）等。

（2）多年生水生花卉：又可分为宿根水生类和球根水生类。宿根类有鸢尾、荇菜、莼菜等。球根类有慈姑、睡莲、荷花、香蒲、水芋等。

（3）水生蕨类：常见有水蕨、瓶尔小草、水韭。

1.2　水生花卉的生态习性

1.2.1　水生花卉对温度的要求　　由于水生花卉原产地各不相同，其生长发育期间对温度的要求差异很大。一类为高温水生花卉，主要原产于热带平原地区，栽培温度要求16～30℃，在我国广东、福建、海南、云南南部等地广泛栽种，如热带睡莲，这类植物在北方不能露地越冬。王莲要求的温度更高，气温低于20℃即停止生长。另一类是中低温水生花卉，主要原产于暖温带、温带地区，温度要求10～18℃，这类植物在长江流域广泛栽种，如睡莲科、天南星科、香蒲科等。

1.2.2　水生花卉对光照的要求

1.2.2.1　对光照强度的要求

（1）喜光水生花卉：露地全光照条件才能生长发育正常，如睡莲属、莲属、千屈菜属等，露地栽培的水生花卉大多属于此类。

（2）耐阴湿水生花卉：要求60%～80%的荫蔽度，强光下不能正常生长发育，如水蕨、瓶尔小草、天南星科水生花卉、海菜花属植物。

（3）中生性水生花卉：对光照强度要求介于上述两者之间。一般喜欢光照充足，但不耐夏季强光暴晒，如莼菜、泽泻等。

1.2.2.2　对光照长度的要求

（1）短日性水生花卉：大多为沉水植物，日照时数短，透光度弱，生长发育快，如眼子菜、苦草等。

（2）长日性水生花卉：大多为挺水花卉，日照时数越长，发育越快，现蕾开花早，结实率高，如莲属、睡莲属、芡实属、王莲属等露地多年生水生花卉。

（3）日中性水生花卉：发育与开花不受日照时数影响。

1.2.3　水生花卉对水分的要求

（1）水生花卉对水质的要求：园林水体区别于湖泊、河流等天然水体。一般矿化程度较低、硬度较低（pH 3.5～7.5）、较清洁、无污染，稍微流动的水质适合大多数水生花卉的生长发育。

（2）水生花卉对水位的要求：不同的水生花卉对水位高低要求不同，不同生长发育阶段对水位要求也不相同。多数荷花品种要求水深50～100cm，黄菖蒲则要求10～20cm。种子萌发期需要较少的水（1～3cm），幼苗期需水深5～10cm，苗株逐渐长大，需要水的深度逐渐增加。表3-36为部分水生花卉对水深的要求。

表3-36 常见水生花卉的习性

花卉名称	拉丁名	分布情况	水深要求	越冬情况	备注
荷花	*Nelumbo nucifera*	南北均有分布	不得超过100cm，小型花种宜30～50cm	北京在冰冻层下安全越冬	
睡莲	*Nymphaea tetragona*	南北均有分布	30～60cm	耐寒型睡莲根茎可在冰冻层下越冬	
芡实	*Euryale ferox*	南北均有分布	30～50cm	可越冬	
伞草	*Cyperus alternifolius*	主要在南部省区	浅水，可陆生，也可30～50cm水深	北京地区不可露地越冬	
香蒲	*Typha angustata*	南北均有分布	30～50cm	华北可露地越冬	
芦苇	*Phragmites communis*	南北均有分布	30～40cm	华北可露地越冬	常作野趣园，也作遮视性应用
千屈菜	*Lythrum salicaria*	南北均有分布	水生或陆生，30～40cm	华北可露地越冬	
水葱花叶水葱	*Scirpus tabernaemontani*	南北均有分布	30～40cm	华北可露地越冬	
黄菖蒲	*Iris pseudacorus*	南北均有分布	水生或陆生，30～50cm	华北可露地越冬	花黄色，5～6月
荇菜	*Nymphoides peltatum*	南北均有分布	10～30cm，浮水	华北可露地越冬	注意控制面积
凤眼莲	*Eichhornia crassipes*	南北均有分布	10～30cm，漂浮	华北需温室保留母株越冬	注意控制面积
萍蓬草	*Nuphar pumilum*	南北均有分布	10～30cm，浮水	华北地区根茎在冰冻线下越冬	花黄色，4～5月或7～8月
菖蒲	*Acorus calamus*	南北均有分布	水生或陆生	华北可露地越冬	
燕子花	*Iris laevigata*	南北均有分布	湿或沼生	华北可露地越冬	紫蓝色花，6～8月
溪荪	*Iris sanquinea*	南北均有分布	湿或沼生	华北可露地越冬	蓝色，6～7月
花菖蒲	*Iris ensata var. hortensis*	南北均有分布	10～30cm	华北可露地越冬	花色丰富，6月

1.2.4 水生花卉对土壤的要求　　水生花卉多数喜欢黏质土壤，池底有丰富的腐殖质，酸性和弱碱性（pH 5～7.5）。

2 水生花卉的繁殖与栽培管理

2.1 水生花卉的繁殖方法　　水生花卉一般采用播种法和分株（分球法）繁殖。

2.1.1 播种法　　水生花卉生活于水中，种子采收有一定难度，因此要及时采收，防止落于水中或被水冲走。也可以于成熟前在果实上套上纱袋。部分种子可以干燥贮存，大多数种子需要在水中或湿润贮存。另外由于多数水生花卉的种子种皮较硬，需要在播种前进行温水浸种、挫伤种皮或沙藏等处理措施。播种时可以盆播，播种后将盆浸入水中，浸水时由浅到深逐渐进行，开始仅使盆土湿润，之后水面高出盆沿。也可以在夏季高温季节将种子裹上泥土沉入水中直接播种。多数种类需要保持 18~24℃，王莲等原产热带水生花卉需保持 24~32℃。

2.1.2 分株或分球法 对于为宿根种类的水生花卉进行分株繁殖，如黄菖蒲。对于球根类则进行分球繁殖，如荷花。分生繁殖时期一般在春季或秋季。

2.2 水生花卉的栽培管理技术

2.2.1 水生花卉的露地栽培管理 水生花卉露地栽培常用于切花生产和园林水体景观布置。要选择池底有丰富有机质的黏质土壤的水体。新挖池塘缺少有机质，需施入大量有机肥。

水生花卉因原产地不同对水温和气温要求不同。较耐寒者在北方地区可以自然生长，越冬方式有 4 种：①以种子越冬；②以根状茎、块茎或球茎埋于淤泥中越冬，如莲藕、香蒲、芦苇、慈姑等；③以冬芽的方式越冬，冬芽在母体上形成，深秋脱离母体沉入水底，保持休眠状态，春季气温回升开始萌动，夏季浮到水面形成新株，如苦草、浮萍等；④不耐寒的水生花卉在冬季寒冷地区需要移入贮藏处保护越冬。

不同水生花卉对水深要求不同，注意水位深度根据花卉种类及生长发育时期进行调节。

有地下根茎的水生花卉在池塘中栽植时间较长时会不断向外扩散繁衍，破坏设计意图，这类花卉需要在池塘中建种植池，防止向外扩散。漂浮类水生花卉会随风向外飘动和不断繁殖，应根据当地情况确定是否种植，或者在相应面积上加上拦网。

2.2.2 水生花卉的容器栽培管理 水生花卉盆栽形式非常普遍，可以灵活布置。一般根据水生花卉种类、植株大小选择缸、盆。盆土也应为富含腐殖质的泥塘土与一般园土混合配制，使土壤为黏质壤土。

栽植时先在容器中放入 1/2 或 1/3 深度的土壤，加水搅拌后将种苗栽种在中央，再加适量的水（5~10cm）。以后根据花卉种类进行正常管理。越冬形式同露地栽培。

3 水生花卉的观赏应用特点

水生花卉资源十分丰富，品种繁多，从陆生逐渐过渡到沉水，层次丰富。水生花卉的株型、叶形、花色各具特色，具有较高的观赏性，是植物群落的重要组成部分。水生植物将水陆两大生态系统有机联系起来，使绿化由陆地向水面及水中延伸，大大提高了绿地率。

水生花卉的应用，将原来的水泥硬驳岸变为生态软驳岸，在发挥护岸作用的同时，增强了水体景观的亲水性。水生花卉对水质有较强的净化功能，可以有效降低水体富营养化，抑制浮游植物，保持水景的生态平衡。

水生植物具有重要的生态恢复功能，主要表现在：水葱能净化水中的酚类；慈姑对水中的氮去除率达 75%，对磷的去除率为 65%；芦苇具有净化水中的悬浮物、氯化物、有机氮、硫酸盐的能力，能吸收汞和铅；凤眼莲耐污能力强，对氮、磷、钾及重金属离子均有吸收作用。

水生花卉能保护河岸、涵养水源。岸边种植水生花卉既起到固土护岸的作用,又能提高河岸土壤肥力。

水生花卉已广泛应用于专业水景园、野趣园的营造,随着人工湿地污水处理系统应用研究的深入,人工湿地景观也应运而生,成为极富自然情趣的景观。而容器栽培的迷你水景花园是室内装饰方式之一。水生花卉常植于湖岸、各种水体中作为主景或配景。在规则式水池中常作主景。

4 水生花卉栽培管理实例

4.1 荷花

学名:*Nelumbo nucifera*。

别名:莲花,水芙蓉,藕花,芙蕖,水芝,水华,泽芝,中国莲。

英名:lotus flower。

科属:睡莲科莲属。

产地与分布:原产亚洲热带地区及大洋洲,我国是荷花的分布中心。荷花在中国南起海南岛,北至黑龙江的富锦,东临上海及台湾省,西至天山北麓,除西藏自治区和青海省外,全国大部分地区都有分布。垂直分布可达海拔2000m,在秦岭和神农架的深山池沼中也可见到,分布极为广泛。

4.1.1 形态特征 多年生挺水花卉。根状茎(即藕)横生,肥厚,节间膨大,内有多数纵行通气孔道,节部缢缩,上生黑色鳞叶,下生须状不定根。藕分节,节周围环生不定根并抽生叶、花,同时萌发侧芽。叶圆盾状,直径25~90cm,表面深绿色,被蜡质白粉覆盖,背面灰绿色,全缘稍呈波状,上面光滑,具白粉,下面叶脉从中央射出,有1~2次叉状分枝;叶柄粗壮,圆柱形,长1~2m,中空,外面散生小刺。花梗和叶柄等长或稍长,也散生小刺;从藕的顶芽处产生的叶小柄细,浮于水面,称为钱叶;最早从藕节处产生的叶稍大,浮于水面,称为浮叶;后来从节上长出的叶较大,立出水面,称为立叶;此后,在每个节处产生立叶和须根,直到5月底至6月初抽生出花蕾;立秋后不再抽生花蕾,最后当"藕鞭"变粗形成新藕时,向上抽生最后一片大叶,称为后把叶,在其前方抽生一片小而厚、晕紫的叶称为终止叶;以后停止发叶,根茎向深泥中长去,逐渐肥大成新藕(图3-67,图3-68)。花单生于花梗顶端、高于水面之上,花直径10~20cm,两性,萼片4~5枚,绿色,花开后脱落;花蕾瘦桃形、桃形,暗紫或灰绿色;花有单瓣、复瓣、重瓣及重台等花型;花色有白、粉、深红、淡紫色、黄色或间色等变化;雄蕊多数;雌蕊离生,埋藏于倒圆锥状海绵质花托内,花托表面具多数散生蜂窝状孔洞,受精后逐渐膨大称为莲蓬,每一孔洞内生一小坚果(莲子);花药条形,花丝细长,着生在花托之下;花柱极短,柱头顶生;花托(莲房)直径5~10cm;花具芳香。坚果椭圆形

图3-67 荷花

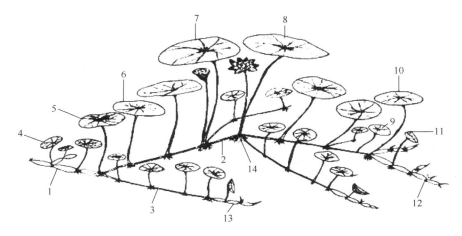

图 3-68 荷花生长发育图

1. 种藕；2. 主藕鞭；3. 侧藕鞭；4. 钱叶；5. 浮叶；6, 7. 上升阶梯立叶群；
8, 9. 下降阶梯立叶群；10. 后把叶；11. 终止叶；12. 主藕鞭新结成的种藕；
13. 侧藕鞭新结成的种藕；14. 不定根

或卵形，长 1.8～2.5cm，果皮革质，坚硬，熟时黑褐色；种子（莲子）卵形或
椭圆形，长 1.2～1.7cm，种皮红色或白色。花期 6～9 月，每日晨开暮闭。果期
8～10 月。

4.1.2 种类及品种　荷花早在汉代就已开始栽培，已有 3000 多年的历史，培育出了丰富的品种。

4.1.2.1 按用途分类

（1）藕莲：食用，植株高大，根茎粗壮，生长强健，但不开花或很少开花。

（2）子莲：根茎不发达，细而质劣，但开花繁密，虽单瓣但鲜艳夺目，善结实，莲子产量高。

（3）花莲系统：根茎细而软，品质差，茎和叶较小，生势弱，但开花多，群体花期长，花型、花色较丰富，品种繁多，具较高的观赏效果。

4.1.2.2 按花的特征分类

花莲系统常依花瓣的多少、雌雄蕊瓣化程度及花色进行分类。种和种型是品种分类的前提，其下以株型大小为一级分类标准，花的重瓣性为二级分类标准，花色为三级分类标准。在口径 26cm 以内盆（缸）中能开花，平均花径不超过 12cm，立叶平均直径不超过 24cm、平均高不超过 33cm 者为小型品种（碗莲）；凡其中某一项超过指标，即列入大、中株型品种。根据《中国荷花品种图志》的分类标准共分为 3 系、5 群、23 类及 28 组。

（1）中国莲系。

A．大中花群。

a．单瓣类：瓣数 12～20。①单瓣红莲组，②单瓣粉莲组，③单瓣白莲组。

b．复瓣类：瓣数 21～59。④复瓣粉莲组。

c．重瓣类：瓣数 60～190。⑤重瓣红莲组，⑥重瓣粉莲组，⑦重瓣白莲组，⑧重瓣

洒金莲组。

    d. 重台类：⑨红台莲组。

    e. 千瓣类：⑩千瓣莲组。

    B. 小花群：

    f. 单瓣类：⑪单瓣红碗莲组，⑫单瓣粉碗莲组，⑬单瓣白碗莲组。

    g. 复瓣类：⑭复瓣红碗莲组，⑮复瓣粉碗莲组，⑯复瓣白碗莲组。

    h. 重瓣类：瓣数60～130。⑰重瓣红碗莲组，⑱重瓣粉碗莲组，⑲重瓣白碗莲组。

    （2）美国莲系：只有一群一类一组。

    C. 大中花群。

    i. 单瓣类：⑳单瓣黄莲组。

    （3）中美杂种莲系。

    D. 大中花群。

    j. 单瓣类：㉑杂种单瓣红莲组，㉒杂种单瓣粉莲组，㉓杂种单瓣黄莲组，㉔杂种单瓣复色莲组。

    k. 复瓣类：㉕杂种复瓣白莲组，㉖杂种复瓣黄莲组。

    E. 小花群。

    l. 单瓣类：㉗杂种单瓣黄碗莲组。

    m. 复瓣类：㉘杂种复瓣白碗莲组。

4.1.3 生态习性　　荷花喜水，喜温，喜光，耐寒性强。8～10℃开始萌芽，14℃藕鞭开始伸长，23～30℃为生长发育最适温度，40℃高温也能正常生长，开花需高温，25℃下生长新藕，多数立秋后转入长藕阶段。

    荷花全光照条件下生长良好，半阴生长发育缓慢，开花推迟。

    荷花喜湿怕干，缺水不能生存，但不宜过深，淹没立叶，植株就会死亡。一般水深0.3～1.2m为宜。荷花在强光下生长发育快，开花、凋谢均早；弱光下开花、凋谢均迟缓。

    荷花喜肥，尤P、K肥，N肥不宜过多，要求富含腐殖质及微酸性壤土或黏质壤土。对含有酚、氰等污染物的水敏感。

    荷花春季萌芽生根，夏季开花，边开花边结实，花后生新藕，立秋后茎叶枯黄，进入休眠状态，生育期180～190d，从萌芽到开花一般2～3个月。

4.1.4 繁殖方法　　荷花可以播种或分株（球）繁殖。

    分株繁殖：4月上旬藕的顶芽开始萌发时，选用带有顶芽和保留尾节的藕段作种藕，池栽时可用整枝主藕作种藕，缸栽或盆栽时，主藕、子藕均可使用。分株时期过早温度低，分栽的种藕易受冻腐烂，过晚顶芽已萌发，钱叶易折断，影响成活。园林或生产中主要用此法繁殖。

    播种繁殖：选用充分成熟的莲子，播种前先用锉将莲子凹进的一端锉伤一小口，露出种皮，将莲子投入温水中浸泡一昼夜，使种皮充分吸胀后再播于泥水盆中，温度保持在20℃左右，一周左右便可发芽，待长出2片小叶时便可单株栽植。一般实生苗2年可开花。

4.1.5 栽培管理　　荷花栽培分为池塘栽培、容器栽培。

    （1）池塘栽培法：栽前应先将池水放干，耕翻池土，施入厩肥、绿肥、人粪尿等作基肥，耕后再灌水，使之呈泥泞状。4月上旬栽种，随挖随栽，为节省种藕也可用带有顶芽的3个节作为种藕，栽种时将种藕顺序平铺或斜栽在泥中，一般顶芽插入泥中，尾节露出泥面。栽植深10～15cm，行距1～2m，株距0.6～1m，3～5d泥面出现龟裂时再灌少量水，一般以10～15cm深为宜。入夏以后逐渐加深到50～60cm，长藕期间水宜浅不宜深，立秋后降低水位，入冬前剪除枯叶，把水位加深到1m，使地下种藕安全越冬。

（2）容器栽培法：选用适合盆栽的观赏品种，栽植盆内深70cm，宽50cm左右，北方清明节前后栽植。盆底铺一层3～5cm粗砂，放入一定量的基肥，再填一层培养土或碎河泥，填到盆半腰处，将2～3条种藕沿盆边首尾顺序连接，头低尾高栽在盆中，头（顶芽）覆土7～10cm、尾1～3cm，土面至盆沿15cm。然后放在通风向阳处，刚开始水深2cm，钱叶长出后逐渐加深水位，浮叶长出后放满，以后每天清晨添水一次，出现立叶后追施一次腐熟的饼肥水。随生长，把浮叶及部分小立叶埋入盆中泥内，使盆内不致拥挤，而且高矮适当，分布均匀，通风透光。生育期间防大风吹袭，天气凉爽后要保证阳光充足，使藕生长充实，此时水位逐渐降低。霜降后叶子枯黄，剪掉残枝，清除杂物，移入室内，保持3～5℃即可。蓄水1cm或倾尽盆水，使盆土保持湿润，不需光照。

4.1.6　观赏与应用　　荷花是我国十大名花之一，具有丰富的荷花文化。它色泽清丽，花叶均具清香，且更有"迎骄阳而不惧，出淤泥而不染"的气质。古人有"粉光花色叶中开，荷花衣香水上来"的诗句。若在湖面或池塘大面积栽植荷花，可以收到"风吹荷叶千里香"、"亭亭翠盖拥群仙"的效果。荷花可以布置专类园，可以在山水园林中作为主题水景植物，可作多层次配植中的前景、中景、主景。荷花的不同品种可以以大小不同的盆栽形式进行园林景观、庭院和室内观赏。荷花的插花始于六朝，源于佛前供花，中小型品种是切花的主要类型。

由于"荷"与"和"、"合"谐音，"莲"与"联"、"连"谐音，中华传统文化中，经常以荷花（即莲花）作为和平、和谐、合作、合力、团结、联合等的象征；以荷花的高洁象征和平事业、和谐世界的高洁。因此，某种意义上说，赏荷也是对中华"和"文化的一种弘扬。

花语：清白、高尚而谦虚（高风亮节），坚贞、纯洁、无邪、清正的品质。

4.2　睡莲

学名：*Nymphaea tetragona*。

别名：子午莲，水芹花。

英名：pygmy waterlily。

科属：睡莲科睡莲属。

产地与分布：大部分原产北非和东南亚热带地区，少数产于南非、欧洲和亚洲的温带和寒带地区。现各地均有栽培。

4.2.1　形态特征　　多年生水生草本。根状茎肥厚，直立或匍匐。叶柄圆柱形，细长（图3-69）。叶二型：浮水叶圆形或卵形，基部具弯缺，心形或箭形，常无出水叶；沉水叶薄膜质，

图3-69　睡莲（引自傅玉兰，2001）

脆弱。花单生，浮于或挺出水面；花由萼片、花瓣、雌雄蕊、花柱、心皮、花柄等器官组成；花大形，浮在或高出水面，白天开花夜间闭合；其萼片4～5枚，呈绿色或紫红色，或绿中带黑点，形状有披针形、窄卵形或者矩圆形。花蕾呈长桃形、桃形；花瓣通常有卵形、宽卵形、矩圆形、长圆形、倒卵形、宽披针形等，瓣端稍尖，或略钝；花色有红、粉红、蓝、紫、白等；花瓣有单瓣、多瓣、重瓣。果实倒卵形，长约3cm；浆果海绵质，不规则开裂，在水面下成熟；种子小，椭圆形或球形，坚硬，为胶质物包裹，有肉质杯状假种皮，胚小，有少量内胚乳及丰富外胚乳。

4.2.2　种类及品种　　睡莲属有40多种，我国原产有7种以上。本属有许多种间杂种和栽培品种。根据抗寒能力分为两类。

4.2.2.1　不耐寒类　　原产热带地区，在我国温带以北地区不能正常越冬。

（1）白睡莲（*N. lotus*）：原产埃及尼罗河。花色白，花瓣20～25枚，花径20～25cm，大花型，傍晚挺水开放。

（2）蓝睡莲（*N. caerulea*）：原产北非、埃及、墨西哥。花浅蓝色，花瓣16～20枚，花径7～15cm，挺水开放。

（3）黄睡莲（*N. mexicana*）：原产墨西哥、美国佛罗里达州。花色鲜黄，花瓣24～30枚，花径10～14cm，中花型，花开浮水或稍出水面。中午开放。

（4）红睡莲（*N. rubra*）：原产印度、孟加拉一带。花色桃红，花瓣20～25枚，花径20cm左右，大花型，挺水开放。傍晚开放。

（5）印度蓝睡莲（*N. stellata*）：又称星形睡莲或延药睡莲，原产印度及东南亚，国内分布于云南南部、海南岛。花深蓝色，花瓣15～18枚，顶端尖锐，花径15～18cm，大花型，挺水开放，花开呈星状，有香气。

4.2.2.2　耐寒类　　原产温带或寒带，耐寒性强，均为白天开花类。

（1）雪白睡莲（*N. candida*）：原产新疆、中亚、西伯利亚等地，花白色。

（2）白睡莲（*N. alba*）：原产欧洲及北非，是目前栽培最广泛的种类。花白色，花径12～15cm。变种多，有大瓣白、大瓣黄、大瓣粉等。

（3）香睡莲（*N. odorata*）：原产北美。花白色，花径10～22cm。

4.2.3　生态习性　　睡莲喜阳光、通风良好、水质清洁的环境。对土质要求不严，pH 6～8均可正常生长，最适水深25～30cm，最深不得超过80cm。喜富含有机质的壤土。

　　耐寒种类春季萌发长叶，5～8月陆续开花，10～11月茎叶枯萎，可在不结冰的水中越冬，翌年春季又重新萌发。在长江流域3月下旬至4月上旬萌发，4月下旬或5月上旬孕蕾，6～8月为盛花期，10～11月为黄叶期，11月后进入休眠期。花后果实沉没于水中，成熟开裂散出种子，最初浮于水面而后沉底。

4.2.4　繁殖方法　　通常以分株繁殖为主，也可播种。分株时，耐寒类3～4月间进行，不耐寒5～6月间水温较暖时进行。将根茎挖出，用刀切数段，每段长10cm，每段至少有两个以上充实的芽，顶芽朝上埋入表土中，覆土的深度以植株芽眼与土面相平为宜。栽好后，稍晒太阳，方可注入浅水，以利于保持水温，但灌水不宜过深，否则会影响发芽。待气温升高，新芽萌动时再加深水位。

　　播种于3～4月进行，因种子沉入水底易于流失，采种时应花后加套沙袋，使种子落入袋中。种子成熟即播或贮藏于水中。盆播，盆土距盆口4cm左右，播后将盆浸入水中或盆中放水至盆口，温度以 25～30℃为宜，不耐寒类半月左右发芽，第二年即可开花，耐寒类常需 3 个月甚至一年才能发芽。

4.2.5　栽培管理　　睡莲在气候条件合适之处，常直接栽于大型水面的池底，小型水面则常栽于盆缸中，再将盆缸放入池中，便于管理。一般池栽者 2～3 年挖出分栽一次，而盆栽者 1～2 年分一次。生育期保持阳光充足，通风良好，水质洁净，施肥多为基肥，冬季要将不耐寒种移入冷室越冬。

（1）缸栽：栽植时选用高 50cm 左右、口径尽量大的无底孔花缸，花盆内放置混合均匀的营养土，填土深度控制在 30～40cm，便于储水。将生长良好的繁殖体埋入花缸中心位置，深度以顶芽稍露出土壤即可。栽种后加水但不加满，以土层以上 2～3cm 最佳，便于升温，以保证成活率。随着植株的生长逐渐增加水位。此方法的优点是管理方便，缺点是在寒冷地区冬季越冬困难，需移入温室或沉入水池越冬。

（2）盆栽沉水：选用无孔营养钵，高 30cm，口径 40cm，栽种方法及营养土同缸载，填土高度在 25cm 左右，栽种完成后沉入水池，水池水位控制在刚刚淹没营养钵为宜，随之生长逐渐增加水位。此方法优点在于越冬容易，只需冬季增高水位，使睡莲顶芽保持在冰层以下即可越冬。本方法在小范围池塘中经常使用。

（3）池塘栽培：选择土壤肥沃的池塘，池底至少有 30cm 深泥土，早春把池水放尽，底部施入基肥（饼肥、厩肥和过磷酸钙等），之上填肥土，然后将睡莲根茎种入土内，淹水 20～30cm，生长旺盛的夏天水位可深些，保持在 40～50cm，水流不宜过急。若池水过深，可在水中用砖砌种植台或种植槽，或在长的种植槽内用塑料板分隔 1m×1m，种植多个品种，可以避免品种混杂。也可先栽入盆缸后，再将其放入池中。生育期间可适当增施追肥 1～2 次。7～8 月，将饼肥粉 50g 加尿素 10g 混合用纸包成小包，用手塞入离植株根部稍远处的泥土中，每株 2～4 包。种植后 3 年左右翻池更新 1 次，以避免拥挤和衰退。冬季结冰前要保持水深 1m 左右，以免池底冰冻，冻坏根茎。

耐寒睡莲能否正常生长，水位的控制是重要因素之一。耐寒睡莲随着生长期的不同对水位的要求各不相同。生长初期由于叶柄短，水位尽量浅，以不让叶片暴露到空气中为宜，以尽快提高水温，促进根系生长，提高成活率；随着叶片的生长，逐步提高水位，到达生长旺期，水位达到最大值，这样使叶柄增长，叶片增大，有助于营养物质储存；进入秋季，降低水位，提高水温，使叶片得到充足的光照，增强光合作用，以促进睡莲根茎和侧芽生长，提高翌年的繁殖体数量；秋末天气转凉后，逐渐加深水位，保持不没过大部分叶片为宜，以控制营养生长；水面结冰之前水位一次性加深，根据历史最大结冰厚度而定，保持睡莲顶芽在冰层以下，以安全越冬。

4.2.6　观赏与应用　　睡莲品种丰富，在水面花叶兼美，恬静美好，观赏期长，可以盆栽观赏，也可以与荷花布置专类园，也是园林水体绿化美化的主要材料。

在古希腊、古罗马，睡莲与中国的荷花一样，被视为圣洁、美丽的化身，常被作供奉女神的祭品。

睡莲花语：洁净、纯真、妖艳。

4.3　千屈菜

学名：*Lythrum salicaria*。

别名：水枝柳，水柳，对叶莲。

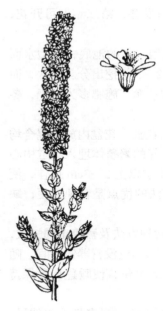

图 3-70　千屈菜（引自北京
林业大学花卉教研室，1990）

英名：purple loosestrife，spiked loosestrife。

科属：千屈菜科千屈菜属。

产地与分布：原产亚洲、欧洲及非洲北部，我国四川、陕西、河南、陕西、河北均有分布。

4.3.1　形态特征

为多年生挺水宿根草本植物。株高 40～120cm。地下根状茎粗壮，木质化。地上茎直立，4 棱。叶对生或轮生，披针形或宽披针形，叶全缘，无柄。长总状花序顶生，多而小的花朵密生于叶状苞腋中，花瓣 6 枚，花玫瑰红或蓝紫色；花期 6～10 月。蒴果扁圆形（图 3-70）。

4.3.2　种类及品种

同属植物约 25 种，常见栽培的品种或变种有 '深紫千屈菜'（'Atropurpureum'），花穗大，花紫红色；'大花桃红千屈菜'（'Roseum superbum'），花穗大，花桃红色；'毛叶千屈菜'（var. *tomentosum*），花穗大，全株被绒毛覆盖。

4.3.3　生态习性

喜温暖及光照充足、通风好的环境，喜水湿。耐寒，在我国南北各地均可露地越冬。在浅水中栽培长势最好，也可旱地栽培。对土壤要求不严，在土质肥沃的塘泥基质中花艳，长势强壮。

4.3.4　繁殖方法

可用播种、扦插、分株等方法繁殖。以扦插、分株为主。扦插应在生长旺期 6～8 月进行，剪取嫩枝长 7～10cm，6～10d 生根，极易成活。分株在早春或深秋进行。播种在 4～5 月进行，15～20℃，20d 左右发芽。

4.3.5　栽培管理

千屈菜生命力极强，管理也十分粗放，但要选择光照充足、通风良好的环境。盆栽可选用直径 50cm 左右的无底孔花盆，装入盆深 2/3 的肥沃塘泥，一盆栽 4～5 株。生长期盆内保持有水。露地栽培按园林景观设计要求，选择浅水区和湿地种植，生长期要及时拔除杂草，保持水面清洁。为增强通风剪除部分过密过弱枝，及时剪除开败的花穗，促进新花穗萌发。冬季上冻前要剪除枯枝。一般 2～3 年要分栽一次。千屈菜露地种植应用也生长良好。

4.3.6　观赏与应用

千屈菜株丛整齐清秀，花色淡雅、观赏期长，适宜水边丛植或池中栽植，也是花境布置中竖向线条的优良材料。

4.4　萍蓬草

学名：*Nuphar pumilum*。

别名：黄金莲，萍蓬莲。

英名：yellon pond-lily cowlily spatterdock。

科属：睡莲科萍蓬草属。

产地与分布：原产北半球寒温带，分布于广东、福建、江苏、浙江、江西、四川、吉林、黑龙江、新疆等地，日本、俄罗斯的西伯利亚地区和欧洲也有分布。

4.4.1　形态特征

多年生浮水植物。地下具横走的根状茎（图 3-71）。叶二型，浮水叶纸质或近革质，圆形至卵形，全缘，基部开裂呈深心形，叶面绿而光亮，叶背隆凸，紫红色，有柔毛；沉水叶薄而柔软，无茸毛。花单生叶腋，圆柱状花茎挺出水面，花蕾球形,绿色;萼片 5 枚,黄色,花瓣状;花瓣 10~20 枚,狭楔形,金黄色;花期 5~7 月。浆果卵形。种子矩圆形,黄褐色,光亮。

4.4.2 种类及品种 本属中主要观赏类型及种有:中华萍蓬草(*N. sinensis*),叶心脏卵形,花大,花径 5~6cm;欧洲萍蓬草(*N. luteum*),叶大,厚革质,椭圆形;台湾萍蓬草(*N. shimadai*),叶长圆形或卵形,花期四季。

4.4.3 生态习性 性喜温暖、湿润、阳光充足的环境。对土壤选择不严,以土质肥沃略带黏性为好。适宜水深 30~60cm,最深不宜超过 1m。生长适宜温度为 15~32℃,温度降至 12℃以下停止生长。耐低温,长江以南越冬不需防寒,可在露地水池越冬;在北方冬季需保护越冬,休眠期温度保持 0~5℃。

图 3-71 萍蓬草(引自臧德奎,2002)

4.4.4 繁殖方法 萍蓬草可以播种、分球、分株繁殖。以分球繁殖为主。在 3~4 月将带主芽的块茎切成 6~8cm,或者带侧芽块茎切成 3~4cm。分株繁殖 5~6 月生长期进行,切开地下茎,然后除去黄叶、部分老叶,保留部分不定根进行栽种,分株繁殖的植株在营养充足的条件下很快进入生长阶段,即当年可开花结实。播种繁殖在春季进行,播种土壤为清泥土,pH 在 6.5~7.0。萍蓬草种子的贮存温度在 3~5℃时较好,翌年发芽率达 80% 以上。

4.4.5 栽培管理 选择底土层深厚、疏松肥沃、光照充足的环境进行施工栽植。萍蓬草的施工方式分为直栽和客土袋栽两种形式。萍蓬草的根茎、叶柄细长,为提高成活率,常进行全苗移栽。

直栽方法适宜于水深在 80cm 以下施工条件优越的施工环境。施工时,将萍蓬草的根茎直接栽种于土层中即可。萍蓬草的适应能力强,生长期施工一般 10d 后即可恢复生长,25d 左右即可开花。

对于底土层过于稀松或底土层过浅不适宜直接栽种、水位过深且变化较大的施工区域,常采用客土袋栽的形式进行施工栽种。客土袋栽以无纺布袋或植生袋作为载体,以肥沃的壤土或塘泥作基质,将萍蓬草根茎基部紧扎于袋内,露出顶芽。按施工要求投放于施工区域水域。客土袋栽的萍蓬草根系能穿透袋体扎根于底土层中,因此,栽植后的成活率较直接栽种要高。

4.4.6 观赏与应用 萍蓬草为观花、观叶植物,多用于池塘水景布置,与睡莲、莲花、荇菜、香蒲、黄花鸢尾等植物配植,形成水面景观。也可盆栽于庭院、建筑物、假山石前,或在居室前向阳处摆放。根具有净化水体的功能。

其他水生花卉特征简介见表 3-37。

【实训指导】

荷花的栽培管理。

目的与要求:掌握荷花栽植及其栽培管理方法。

内容与方法:每组进行一盆荷花的栽植、管理,直至冬季保护越冬。

实训结果及考评:根据荷花生长发育情况评分。

表 3-37　其他水生花卉特征简介

序号	中文名称	学名	科属	株高/cm	花色	花期	繁殖方法	生态习性 光照	生态习性 温度	生态习性 水分	生态习性 土肥	观赏用途
1	菖蒲	*Acorus calamus*	天南星科菖蒲属	20~50	黄绿	6~9 月	播种、分株	喜光照且耐阴	喜温暖	喜湿润	中肥	切花、岸边丛植、盆栽
2	花叶芦竹	*Arundo donax* var. *versicolor*	禾本科芦竹属	150~200	淡蓝紫	9~10 月	分株、扦插	喜光照	喜温暖	喜湿润	疏松肥沃	河边、庭园、切花
3	金鱼藻	*Ceratophyllum demersum*	金鱼藻科金鱼藻属	20~30	黄	6~7 月	分株、播种		喜温暖	喜湿润		片植水池中、水族箱
4	金莎草	*Cyperus alternifolius*	莎草科莎草属	60~120	淡蓝紫	5~7 月	分株、扦插	喜阴	喜温暖	喜湿润	不择土壤	丛植、缸栽
5	凤眼莲	*Eichhornia crassipes*	雨久花科凤眼莲属	30~60	淡蓝紫	7~9 月	分株	喜光照	较耐寒	喜湿润		水体净化、盆栽、切花
6	花菖蒲	*Iris ensata* var. *hortensis*	鸢尾科鸢尾属	30~70	白色至暗紫色	6~7 月	分株	喜光照	耐寒	喜湿润	喜肥沃	片植、专类园、花坛、切花
7	荇菜	*Nymphoides peltatum*	龙胆科荇菜属	15~20	金黄	7~10 月	播种、分株	喜光照	耐寒	喜湿润		水面绿化
8	芦苇	*Phragmites communis*	禾本科芦苇属	100~300	白绿或褐色	7~11 月	播种、分蘖匍茎	喜光照	抗寒耐热	喜水湿且耐干旱	不择土壤	湖边、湿地、坡地
9	王莲	*Victoria regia*	睡莲科王莲属		白变粉至深红	夏秋	分株、分球	喜光照	喜高温	喜高湿	喜肥沃	水面绿化

【相关阅读】

中国水生植物网。

【复习与思考】

1. 水生花卉有哪些特点?

2. 水生花卉的园林布置要注意哪些方面?

3. 归纳总结 5～8 种水生花卉的栽培管理要点和观赏应用形式。

【参考文献】

北京林业大学花卉教研室. 1990. 花卉学. 北京：中国林业出版社.

傅玉兰. 2001. 花卉学. 北京：中国农业出版社.

臧德奎. 2002. 观赏植物学. 北京：中国建筑工业出版社.

赵家荣. 2002. 水生花卉. 北京：中国林业出版社.

任务五 岩生花卉的栽培管理

【任务提要】岩生花卉是自然及园林中一类比较特殊的类型，它们对环境的要求及应用区域不同于其他种类花卉，但风格独特，部分种类观赏价值极高。随着园林及园林生态的发展，此类观赏植物越来越受到重视，并更多地应用于园林及人类生活。本任务需要掌握岩生花卉的特点，了解常见岩生花卉的观赏特征和园林应用价值。

【学习目标】掌握岩生花卉的生态习性及园林应用特点，能够运用岩生花卉进行园林景观设计。

1　岩生花卉的含义、类型

我国是一个多山的国家，其中高原面积占国土面积的 26%。中国大多数高原景象万千，高原上不同纬度、不同海拔、不同地形和生长环境，分别生长着各类不同的植物，多种植物群落构成了景象独特的高原风光。

高山上生长的有观赏价值的植物，种类繁多，习性各异，生境复杂，同时由于高山特殊的生态环境使植物具有特别的外在形态。中国高山花卉资源十分丰富，仅云南西北部高山就汇集了 5000 多种高山植物；长白山也是北温带高山花卉特产地。著名的高山花卉是杜鹃、龙胆和报春。

生长于石上或岩边的观赏植物称为岩生花卉。理想的岩生花卉植株低矮，最好呈垫状；生长缓慢，生活期长；耐贫瘠，抗性强；能长期保持优美低矮外形。

1.1　岩生花卉的类型　岩生花卉包括 3 种类型。

1.1.1　高山花卉　一般是指高山乔木分界线以上至雪线一带的高山地区分布的野生花卉。由于高海拔地区气候与山下气候迥异，因此高山花卉只有少数种类可以引种到山下。因此低海拔的岩石园中高山花卉只有少数能够应用。

1.1.2　低海拔山区的野生花卉　较低海拔处生长于岩石、悬崖等地的野生花卉，适应岩石园的环境，是建立岩石园的良好材料。

1.1.3　适宜岩生环境的栽培种类花卉　一类是专门选育的岩石园布置种类，另一类是能够适应岩石园干燥贫瘠条件和景观要求的宿根、球根花卉及一二年生花卉。

1.2　岩生花卉的植物学特征

1.2.1　多数种类植株矮小　　　由于高山上昼夜温差大，温度偏低，土壤贫瘠，风力较大，紫外线强烈，在这样的环境条件下，植物为了生存生长，只能贴近地面生长，或分枝紧抱呈垫状。

1.2.2　植株茎粗叶厚，绒毛较多，根系发达　　　由于干旱贫瘠，植物靠粗大的茎、叶贮存较多的水分，地下根系充分生长，以适应恶劣的环境。同时植株上的绒毛一方面降低水分蒸发散失，另一方面降低强烈的紫外线对茎叶的伤害。

1.2.3　花色艳丽　　　由于高山上紫外线强烈，利于产生类胡萝卜素和花青素，从而使花色鲜艳美丽。

2　岩生花卉的园林应用特点

岩生花卉的应用形式多样。主要用途是布置专类花园，即布置岩石园，来呈现模仿自然山野风光、呈现岩生花卉与岩石相伴的植物生长景观。

另外岩生花卉还可以在园林的挡土墙、铺装的石路旁等与岩石园条件相似的局部区域进行布置。岩生花卉还可以种植在墙园上。所谓墙园是指在石块堆积起来的墙缝间种植低矮成丛或下垂的岩生花卉进行垂直绿化，从而构成山野间垂直的自然景观。

3　岩生花卉的生态习性

3.1　对温度的要求　　　岩石园主要在室外布置，因此大多数花卉有一定的耐寒性，在当地可以露地越冬。

3.2　对光照的要求　　　岩生花卉由于原产地各不相同，对光照的要求也各不相同，有的喜光，有的耐阴或喜阴。在进行岩石园设计时，要根据具体条件选择相应的种类。

3.3　对土壤的要求　　　岩生花卉多数耐贫瘠，同时布置岩石园时土壤厚度有限，也能控制植物过度生长，保持岩生花卉低矮的观赏效果。

3.4　对水分的要求　　　岩生花卉耐干旱，不耐水涝。

4　岩生花卉的繁殖栽培要点

岩生花卉由于类型不同，繁殖方法不同。具体方法参考前述各类花卉。

相对于其他类别花卉，岩生花卉管理粗放。过度干旱时补充水分，同时注意保持株型。多年生长的岩生花卉要进行重新栽植。

5　常见岩生花卉（表 3-38）

【复习与思考】
1. 试述岩生花卉的含义。
2. 试述岩生花卉的特点及生态习性。
3. 列出 20 种岩生花卉的名录，归纳其观赏特性。

【参考文献】

包满珠. 2010. 花卉学. 2 版. 北京：中国农业出版社.

董丽. 2010. 园林花卉应用设计. 2 版. 北京：中国林业出版社.

刘燕. 2009. 园林花卉学. 2 版. 北京：中国林业出版社.

表 3-38 岩生植物主要特性简介

序号	中文名称	学名	科属	株高/cm	花色	花期	繁殖方法	光照	温度	水分	土肥	观赏用途
									生态习性			
1	天蓝花葱	*Allium caeruleum*	百合科葱属		天蓝	5~6月	播种、分球	喜光照	耐寒	耐旱	不择土壤	岩石园、盆栽
2	岩生庭荠	*Alyssum saxatile*	十字花科庭荠属	15~30	金黄	4~5月	播种、扦插	喜光照	喜冷凉	耐干旱		岩石园、花境
3	点地梅	*Androsace umbellate*	报春花科点地梅属	10	白	4~5月	播种	喜光照	喜温暖	喜湿润	喜肥沃	岩石园、地被
4	岩白菜	*Bergenia purpurascens*	虎耳草科岩白菜属	30	紫红	6月	分株、播种、扦插	喜半阴	喜温热	喜湿润		岩石园
5	卷耳	*Cerastium arvense*	石竹科卷耳属	10~35	白	5~8月	播种、扦插、分株	喜光照	耐寒	耐干旱		岩石园、地被
6	西洋石竹	*Dianthus deltoids*	石竹科石竹属	15~25	粉、白、淡紫	6~9月	播种、分株、扦插	耐半阴	喜凉爽	耐干旱		花坛、花境、岩石园
7	砂蓝刺头	*Echinops gmelini*	菊科蓝刺头属	30~60	白色、淡蓝	6~9月	播种、分株	喜光照	耐寒	耐干旱		岩石园、地被
8	华丽龙胆	*Gentiana sino-ornata*	龙胆科龙胆属	10~20	蓝	夏季	播种、扦插、分株	喜冷凉		喜湿润、耐干旱	不择土壤	岩石园、盆栽
9	蔺生丝石竹	*Gypsophila repens*	石竹科丝石竹属	15	白、粉红	6~9月	分株、扦插	喜光照	喜冷凉	耐干旱	喜肥沃	岩石园、花境
10	鸢尾蒜	*Ixiolirion tataricum*	鸢尾科鸢尾蒜属	25~35	淡蓝、淡紫	5~6月	分球	喜光照	喜温暖		不择土壤	岩石园、地被
11	丛生福禄考	*Phlox subulata*	花荵科福禄考属	10~15	粉、青、白	3~4月	分株、扦插	喜光照	耐寒	耐干旱	不择土壤	岩石园、毛毡花坛、地被
12	井栏边草	*Pteris multifida*	凤尾蕨科凤尾蕨属	30~70			分株、孢子繁殖	半阴	喜温暖	喜湿润	喜肥沃	岩石园、盆栽

续表

序号	中文名称	学名	科属	株高/cm	花色	花期	繁殖方法	生态习性				观赏用途
								光照	温度	水分	土肥	
13	石韦	*Pyrrosia lingua*	水龙骨科石韦属	10~30			分株、孢子繁殖		喜温暖	喜湿润		岩石园、盆栽
14	费菜	*Sedum kamtschaticum*	景天科景天属	15~30	黄、橘黄		分株、根插	喜光照	耐寒	耐干旱		地被、岩石园
15	香堇	*Viola odorata*	堇菜科堇菜属	10~20	深紫	2~4月	播种、分株	喜光照	较耐寒	喜湿润	喜肥沃	岩石园、地被、花坛、盆栽
16	龙胆	*Gentiana scabra*	龙胆科龙胆属	30~60	鲜蓝或深蓝	9月	扦插、播种、分株	喜光照、较耐阴	耐寒	喜湿润、怕干旱	喜肥沃	花境、林缘、灌丛间
17	四季报春	*Primula obconica*	报春花科报春花属	20~30	红、粉红、黄、橙、蓝、紫、白	2~4月	播种、分株	不耐强光	不耐寒、喜凉爽	喜温润	排水良好、微酸性	盆栽、花坛、岩石园
18	马先蒿	*Pedicularis verticillata*	玄参科马先蒿属	35~45	紫红	6~8月	播种、分株	喜光	耐寒	耐旱	对土壤适应性强	盆栽、岩石园

任务六　兰科花卉的栽培管理

【任务提要】兰科花卉是极具观赏价值、种类丰富的观赏植物种类，是盆花、切花的重要材料。本任务需要掌握兰科花卉的生态习性、观赏用途，掌握当前主要商品兰花的栽培管理技能。

【学习目标】掌握兰科花卉的生长发育规律特点及生态习性，能够根据其共性知识结合个性特点了解常见兰科花卉的发育特点和对环境的要求并能应用于栽培管理。了解常见兰科花卉的观赏特点及应用形式，能够识别常见兰科花卉 15 种以上。

1　兰科花卉的生长发育规律及生态习性

1.1　兰科花卉的形态及分类

兰科花卉是具有观赏价值的兰科植物的总称。兰科是仅次于菊科的大科，是单子叶植物的第一大科，是被子植物中最为进化的类群之一。因其形态、生理、生态均具有共同性和特殊性，所以单独作为一类花卉介绍。

兰科植物有 20 000～35 000 种及天然杂交种，人工杂交种 45 000 种以上。我国原产 1000 种以上。兰科植物广布于世界各地，主产热带，约占总数的 90%，其中以亚洲最多，其次为中南美洲。

兰科是自然环境和生物多样性的重要组成部分，具有极高的观赏、药用和生态价值。中国有着悠久的栽培与观赏兰花的历史。在现代生活中，兰花作为重要的花卉种类与人们的生活息息相关，蝴蝶兰（*Phalaenopsis amabilis*）、大花蕙兰（*Cymbidium hubrid*）、文心兰（*Oncidium hybridum*）等商品花卉在世界花卉市场上占有重要份额。兰科植物除了较原始的类型（如拟兰亚科 Apostasioideae 中的种类），大多数兰科植物花的结构表现出独特的进化特征，如唇瓣的特化与合蕊柱的形成。兰科植物高度特化的繁殖器官为人们发现新的变异基因及研究花形态建成中不同水平、不同层次的遗传调控提供了极好的材料。

1.1.1　兰花的分类

1.1.1.1　按进化系统分类

植物学家根据兰科植物发育雄蕊的数目及花粉分合的形状作为高阶层分类的主要特征，在科以下再分亚科、族及亚族。此处不做详细介绍，可参阅兰科植物的自然分类系统的资料。

1.1.1.2　按属形成的方式分类

（1）天然形成的属：这些属未经人为干涉，自然演化或天然杂交形成，早期栽培的兰花多属此类。主要栽培的属有杓兰属（*Cypripedium*）、兜兰属（*Paphiopedilum*）、白芨属（*Bletilla*）、独蒜兰属（*Pleione*）、石斛属（*Dendrobium*）、虾脊兰属（*Calanthe*）、鹤顶兰属（*Phaius*）、贝母兰属（*Coelogyne*）、兰属（*Cymbidium*）、指甲兰属（*Aerides*）、蜘蛛兰属（*Arachnis*）、鸟舌兰属（*Ascocentrum*）、五唇兰属（*Doritis*）、蝶兰属（*Phalaenopsis*）、火焰兰属（*Renanthera*）、钻喙兰属（*Rhynchostylis*）、万带兰属（*Vnada*）、假万带兰属（*Vandopsis*）、卡特兰属（*Cattleya*）、齿瓣兰属（*Odontoglossum*）、燕子兰属（*Oncidium*）、堇花兰属（*Miltonia*）等。

（2）两属间人工杂交而成的属：属间杂交几乎全是同一亚族间的后代。

（3）三属间或多属间人工杂交而成的属。

1.1.1.3　按生态习性分类

（1）地生兰类：根生于土中，通常有块茎或根茎，部分有假鳞茎。产于温带、亚热带及热带高山。属、种数量多，杓兰属、兜兰属大部分为地生。

（2）附生及石生兰类：附着于树干、枯木或岩石表面生长。通常具假鳞茎，贮存水分和养分，适应短期干旱，以特殊的吸收根从湿润的空气中吸收水分。主产热带，少数产于亚热带。常见栽培的有指甲兰属、蜘蛛兰属、石斛属、万带兰属等。部分属如兰属中部分种适于地生，部分种适于附生。

（3）腐生兰类：植株不含叶绿素，营腐生生活，常有块茎或粗短的根茎，叶退化呈鳞片状，如大根兰、天麻等。

1.1.2　兰花的形态　　兰花种类繁多，但在形态上有些共同的特征，即花的雌雄蕊合并成一个柱状体，有一个特化的唇瓣和黏合成团的花粉块。

（1）根：兰花的根是丛生的须根，肉质，较为粗壮肥大。根的前端有明显的根冠。附生兰除地下根外，还有许多气生根，可以吸收空气中的水分。有的气生根的外皮层有叶绿素，可以进行光合作用。许多兰花根的皮层组织内有一种与之共生的真菌——兰菌，依靠兰菌附生兰可以固定空气中的游离氮供给植物生长。

（2）茎：兰花茎的形态变化很大，有直立茎、根状茎、块茎、假鳞茎等形式。

直立茎即一般植物茎的形态。根状茎通常是地下茎，横走或垂直生长。根状茎大多较粗壮，上有节，节上长有不定根，并能长出新芽和鳞片状鞘，新芽经过一个生长季发展成假鳞茎，它的伸长生长是靠每年有侧芽发出的新侧枝不断重复产生的许多侧茎连接而成，如卡特兰、大花蕙兰、兜兰和石斛兰。部分兰科植物如欧洲的红门兰、眉兰地下具有一对椭圆形块茎。兰花的假鳞茎位于根、叶相接处，是兰花的一种变态茎，我国艺兰中称为芦头、蒲头、龙头等。假鳞茎是在生长季节开始从根状茎上生出的新芽，形状多种多样，如卡特兰圆柱状、卵圆形，石斛兰细长条形。假鳞茎上有节，每一节着生一枚叶片或鞘叶。假鳞茎具有贮藏养分和水分的功能。

（3）叶：兰花的叶片形状主要有两类，一是带型，上下几乎等宽，基部较狭窄，平行脉，常见的春兰、蕙兰、建兰等。二是椭圆形或卵圆形，叶宽阔而短，如卡特兰、兜兰等。叶片的质地有软、硬、薄、厚、肉质、革质之分。叶片的姿态有直立、弧曲、弯垂之分。部分叶片上面有白色、黄色条纹或斑块。

由于中国兰花赏叶时期多过赏花，因此对叶片的形状、姿态、色彩等有相应的鉴赏标准。

（4）花：兰科植物的花多为两性花，且为完全花。花被分为花萼、花瓣两轮，外轮为花萼，内轮为花瓣，均为3枚；花瓣的一枚特化成唇瓣；不同种类的兰花其萼片、花瓣的形状、大小、色彩均不相同。除春兰为单花外，其他兰花均为花序，花葶直立或倾斜弯曲、下垂（图3-72）。

兰花的果实呈三角或六角形长柱状，多数为蒴果；种子呈纺锤形，极细小。

1.2　兰科花卉生长发育过程及规律
兰科花卉的营养生长有3种方式：一是单轴生长，这一类分枝的种类不具根茎、块茎或假鳞茎。茎直立，顶芽不断分生新叶与节继续向上生长，少分枝或从基部产生分蘖。花腋生。我国常见的有指甲兰属、蜘蛛兰属、鸟舌兰属、钻喙兰属、万带兰属和假万带兰属及许多属间杂交属。二是合轴生长，大部分兰花包括地生及附生类多为此类。具根茎或假鳞茎，根茎的长短不一，有一至多节，顶端弯向地面形成一至多节粗细不一的假鳞茎。假鳞茎生长一至多片叶片。假鳞茎形成后就不再向前生长，某些种顶端成花，由基部的一个或少数几个侧芽萌发出新根颈，以同上的方式产生新的假鳞茎形成合轴分枝。常绿类型的叶可生活几年，叶落后的假鳞茎称为后鳞茎。后鳞茎可生活几年，为继续向前方新生的假鳞茎提供养料与水分，最后皱缩干枯。合轴分枝又根据花序着生位置的不同分为顶花合轴分枝及侧花合轴分枝。前者花序顶生，如卡特兰属、白芨属、虾脊兰属等；后者如兰属、石斛属、鹤顶兰属等。第三种是横轴分枝，长短不等的根茎以合轴方式分枝，但不具假鳞茎，根茎先端出土成苗，花顶生，如杓兰属、兜兰属等。

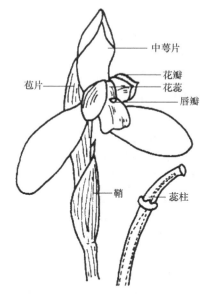

图 3-72　兰花花的结构
（引自刘燕，2009）

1.3　生态因子对兰科花卉的影响

1.3.1　温度对兰科花卉的影响　　兰花按地理分布大致可分为热带兰、亚热带兰和温带兰。由于原产地的温度各不相同，各种兰花对温度的要求也各不相同。多数兰花在晚春至初秋的生长季对温度的要求相近，白天 18～30℃，夜间 16～22℃；气温在 5℃以下或 35℃以上时兰花生长缓慢。热带兰与温带兰冬季对温度的要求有很大差异。热带兰冬季白天要求 16～18℃，夜间不低于 14℃；亚热带兰白天 13～15℃或略高，夜间 10～11℃；温带兰或亚热带高山兰白天不高于 7℃，夜间 0～3℃。许多原产于亚热带北缘或高山的兰花如独蒜兰、春兰，在冬季有明显的休眠期，需要 0～5℃的低温环境，即需要一个春化阶段，否则翌年不能开花。

1.3.2　光照对兰科花卉的影响　　光照对兰花的发芽、生长、开花、花香都有重要影响。根据兰花对光照强度的要求可以分为阳性、半阴性、阴性三种。阳性兰花基本无需遮阴或只需稍加遮阴，如火烧兰、竹叶兰；半阴性兰花需要遮阴 50%～70%，如万代兰、石斛兰；阴性兰花需要 70%～90% 遮阴，如国兰类、虾脊兰、斑叶兰。根据实践测试，兰花在光照强度 4000～5000lx 时生长良好。

一般地生兰对遮阴的要求大于附生兰；大叶的种类对遮阴的要求大于小叶种类。早晨阳光照射角度低，兰花受光面积大，光线柔和，利于光合。因此夏季 7:00 以前让阳光直射兰花，7:00 以后遮阴。清明前后可以见全光，促使发根。白露后，新苗长成，也可以多照射阳光，促使花蕾饱满。

国兰的花芽多数在长日照的 7～9 月形成，阳光照射多，兰叶较黄，兰根发达，健花；反之，兰叶深绿，根系不发达，不易形成花芽。过分照射阳光，则可能灼伤兰叶，甚至失水、死亡。

1.3.3　水分对兰科花卉的影响　　兰花对空气湿度要求较高，多数种类在生长期空气相对湿度不能低于 70%，过干过湿都易引发病害。附生兰对空气湿度要求高于地生兰类，热带兰高于温带兰类。

兰花具有"喜雨而畏涝，喜润而畏湿"的习性。兰花多数种类具有革质或肉质叶片，蒸腾量较小；根茎或假鳞茎能贮存较多水分。因此兰花具有一定的耐旱性。除发根期、发芽期和快速生长期外，其他时期消耗水分较少。

1.3.4　栽培基质对兰科花卉的影响　　自然界的兰花生长于湿润、通风、不积水的环境，兰花要求的土壤或基质为通气、松软、吸水、渗水，微酸性。

栽培地生兰常用兰花泥。兰花泥是指山上附在岩石凹处的泥土，由植物叶子经风吹雨淋日晒腐烂而成，土质松软、通气、呈微酸性。风化山岩碎石土亦可作栽培基质。附生兰类更需要良好的排水透气性的基质。兰花一方面只需低肥，另一方面肥料主要是在生长期间施用补充，因此栽培基质一般不考虑肥力因子。

传统的栽培基质有壤土、水藓、木炭等，现在也大量应用蕨根、椰子壳、树皮、树叶、棕皮、泥炭土、珍珠岩、浮石、陶粒等。

2　兰科花卉的繁殖与栽培管理

2.1　兰科花卉的种苗生产

2.1.1　兰科花卉的播种繁殖　　兰科花卉的种子极细小，果实成熟时开裂并散发出种子，此时种子在形态及生理上均未成熟。它的外表有一层由少数细胞组成的种皮，种皮两端常延伸成短翅。内部无胚乳，胚也未分化发育。兰花种子寿命很短，散出的种子在室温下很快失去生活力，干燥条件下密封5℃冷藏，可保存几周至几个月。在自然条件下，种子发芽率极低，需与真菌共生为其提供营养才能发芽。

兰花的播种繁殖目前均在玻璃器内的无菌条件下进行，需要有组培技术和条件。兰花种子发芽的培养基因不同属、种甚至品种而不同，发芽的难易程度也不同。本文对种子发芽的培养基配方不做详细介绍。播种后置于光照充足但无直射光的室内发芽，发芽最适温20～29℃，2000～3000lx的光照12～18h。兰花发芽时间因属、种而异，从几天到几周不等。兰花也可以进行绿果播种培养，即蒴果尚处于绿色时开裂前3～4周取出种子播种，此时进行培养也能生长出健康的幼苗。该法的优点是种子尚未与外界接触，不需要表面消毒，简化了操作，缩短了授粉至播种的时间。

2.1.2　扦插繁殖　　根据兰花茎的形态分成以下几种扦插繁殖的方法。

（1）顶枝扦插：具有地上茎的单轴分枝的种类，如万代兰、蜘蛛兰等。剪取8～10cm带有2～3条气生根的顶枝作为插穗，母株留下至少2片健壮叶子。保持较高的空气湿度利于生根。

（2）分蘖扦插：单轴分枝又不具假鳞茎的兰科植物，生长成熟后，在顶端剪作插条或已生出的幼株被分割后，母株基部的休眠芽易萌发或形成分蘖，逐渐生根形成幼株。到一定大小，具有2～3条气生根时，从基部带根割下作为插条繁殖。

（3）假鳞茎扦插：剪取叶已脱落的后鳞茎作为插穗，插于盛水藓基质的浅箱中，或包埋于湿润水藓中，几周后出芽生根。

2.1.3　分株繁殖　　适用于合轴分枝的类型，在具假鳞茎的种类中普遍采用，如卡特兰、兰属、石斛属、兜兰属等。春秋两季均可进行，兰花一般每隔2～3年分株一次。

2.1.4　组织培养　　组培繁殖一般在大规模生产上使用，它具有成活率高、繁殖成本低的特点。常用的外植体有花梗、顶芽、侧芽、叶片等，常用的是茎尖。

2.2 兰科花卉的栽培管理技术

2.2.1 兰花的盆栽方法 盆栽兰花是传统养兰最常用的方法。包括用于盆栽观赏和切花生产两种用途。

栽种兰花适合采用富含腐殖质的砂质壤土，常见的材料有沙土、草炭土、腐叶土等，培养土的 pH 5.5～6.5 为宜。花盆以瓦盆为好，有利植株生长。盆底排水孔应比一般花盆为大，以有 3～4 个底孔为宜，花盆的大小与深浅依植株大小而定。

上盆之前应将兰苗的根系、培养土消毒。上盆时先以碎瓦片覆在盆底孔上，再铺上粗石子，占盆深度 1/5～1/4，再放粗粒土及少量细土，使盆中部的土隆起后栽植。栽时将根散开，植株应稍倾斜。盆土随填随舒展其根。栽植深度以将假球茎刚刚埋入土中为度。栽植后盆面略呈拱形，盆边缘留 2～4cm 沿口，最后用细喷壶喷水 2～3 次，置阴处 10～15d。附生兰需要分株时，先将根修好，适当剪开，然后用泥炭藓、蕨根、残叶等栽培材料包在根系之外，种入花盆中。然后浇水，保持一定湿度。

一些切花品种也进行盆栽生产，一般选用 15～20cm 口径的瓦盆，基质排水性要好，将花盆置于高 30～60cm 的木制或砖砌的支架上，增加透气性。上盆后可生产 2～3 年。

2.2.2 兰科花卉的切花生产与管理 切花是兰花的主要产品形式之一，大多是喜热的附生兰类。目前栽培的多是属间或种间的杂种。抗性强，易栽培，全年开花，插瓶寿命长。切花兰的生产集中于热带地区，主要分布于东南亚，如新加坡、马来西亚、泰国、菲律宾等。我国海南等热带地区有少量切花兰花生产，但规模有限。

在东南亚地区地栽生产洋兰切花很普遍。

2.2.2.1 整地定植 栽植前 1～2d 整地，土块不打细，大的土团不易积水。种植床 60cm 宽、15cm 高。切花兰均具攀缘性，株高 2m 以上，因此做好畦后，畦面上用木条做两行高 140～180cm 的支架防止植株倒伏。

一般用顶枝直接扦插于畦面。插条为 60～100cm 带有几条气生根的大条，生长快，开花早。沿支架下方开约 10cm 深的浅沟，按株距 15～25cm 将插条基部及气生根埋于沟中，上端固定于支架横条上。插栽最好于雨天进行。然后畦面用干草覆盖，保温保湿，促进生根，也可防止土壤冲刷和杂草生长。再用其他植物材料遮阴一段时间。

栽植后 3～4 月可产生花枝，2～3 年达到 2m 以上可以将顶枝作为插条扩大繁殖或更新栽植。剪顶后的母株可保留使其产生根蘖，管理较好者可以产生 2～3 批根蘖，最后拔出另行栽植新苗。

2.2.2.2 切花的采收与运输

（1）切花标准：兰花切花由于形成商品时间短因而在商品分级、品质、包装等方面未形成一套完整的共同标准，我国制定了石斛兰切花的农业行业标准。一般常按花枝长度、花朵数目、花径大小与排列来划分等级。泰国生产的石斛 'Mme Pompadour' 品种一级花的标准是有 7 朵开放的花及 7 个花蕾。卡特兰的价格以每朵花的大小及色彩而定，同等大小者，以纯白色较紫色或白色红唇为高。

（2）采收：兰花的花朵多在开花后 3～4d 完全成熟，未成熟的花采收后不耐贮运或在运达市场前便凋萎，开放后期的花寿命也缩短。适宜的采收期为：多花型可以以开放的花朵数来确定，兰花花序由下向上依次开放，一般每隔一天半或 3d 开一朵，因此花序基部已有 3～4 朵开放时表明最下一朵花已经成熟，是采收适期；单花或 2～3 朵的少花种类如卡特兰便难以判断，尤其大量花逐日开放时。生产者往往每天清晨去兰园检查，逐日用不同色彩的标牌挂于当天初开的花枝上以表明应采收的日期。

兰花在授粉后很快凋萎，蕊柱增粗或变白是已传粉的标志，这类花品质差。兰花多年生，可以连续生产，且以扦插、分株繁殖，因此作业时防止病毒的感染与传播非常重要。采收切花时每采一株刀剪应消毒一次，简便的方法是刀剪在饱和的石灰水中浸泡一下。

（3）包装与运输：兰属、卡特兰属及其近缘属的花枝，采下后应将其基部立即插入盛有清水的兰花管中。兰属的切花按花枝及花朵大小以 6、8 或 12 支的小包装装入玻璃纸盒中再装入大箱。卡特兰及其杂交种一般直接放入包装盒中，各花之间以蜡纸条隔开。其他种类不用水插，剪下后浸于水中 15min 再包装；或将花枝基部用少许湿棉花包裹保湿，每 12 枝一束包塑料袋内后再装箱，密集平放。兰花切花较耐贮运，到达目的地后应立即摊开。

（4）贮藏与处理：兰花耐贮藏，成熟的花枝在 5～7℃下能保鲜 10～14d。未成熟的花不耐贮藏。

3 兰科花卉的观赏应用特点

兰科花卉种类极其丰富，花型花色各异，株型变化多样，文化历史悠久。观赏应用特点如下：①兰科植物种类繁多，对生境要求各不相同，在不同的环境条件可以选择不同的兰科花卉种类进行布置；②中国兰类叶片形状、色彩多变，是盆栽鉴赏的重要器官；③中国兰具有悠久的栽培历史，是花草四雅之一，其香、雅、韵、姿具有深刻的文化内涵，也是赏兰的精髓；④兰科植物花形奇特，花色丰富，部分种类观赏期长。

兰科植物适合盆栽观赏，部分种类是切花的优良材料。兰科花卉也适合布置成专类园。地生兰可以片植观赏，附生兰可以结合树干、墙壁进行立体化布置。

4 兰科花卉栽培管理实例

兰科花卉的观赏应用主要用作切花和盆栽观赏，国兰主要以其气、色、神、韵清雅备受国人喜爱，洋兰则以其艳丽多姿受人推崇。

4.1 春兰

学名：*Cymbidium goeringii*。

别名：朵兰，扑地兰，幽兰，朵朵香，草兰。

英名：goering cymbidium。

科属：兰科兰属。

产地与分布：生于中国、日本、朝鲜半岛南端等，我国长江以南地区分布广泛。

4.1.1 形态特征 多年生草本地生植物。假鳞茎较小，卵球形，长 1～2.5cm，宽 1～1.5cm，包藏于叶基之内（图 3-73）。叶 4～7 枚，带形，通常较短小，长 20～40cm，宽 5～9mm，下部常多少对折而呈 V 形，边缘无齿或具细齿。花葶从假鳞茎基部外侧叶腋中抽出，直立，长 3～15cm，极罕更高，明显短于叶；花序具单朵花，少有 2 朵；花苞片长而宽，一般长 4～5cm；花色变化较大，通常为绿色或淡褐黄色而有紫褐色脉纹，有香气；萼片近长圆形至长圆状倒卵形，长 2.5～4cm，宽 8～12mm；花瓣倒卵状椭圆形至长圆状卵形，与萼片近等宽，展开或多少围抱蕊柱；唇瓣近卵形，长 1.4～2.8cm，不明显 3 裂；侧裂片直立，具小乳突，在内侧靠近纵褶片处各有 1 个肥厚的皱褶状物；中裂片较大，强烈外弯，上面亦有乳突，边缘略呈波状；唇盘上 2 条纵褶片从基部上方延伸中裂片基部以上，上部向内倾斜并靠合，多少形成短管状；蕊柱长 1.2～1.8cm，两侧有较宽的翅。蒴果狭椭圆形，长 6～8cm，宽 2～3cm。花期 1～3 月。

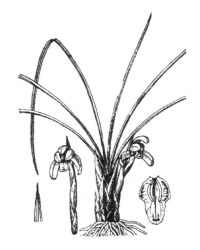

4.1.2　种类及品种　　有变种。线叶春兰（var. *serratum*）：叶宽 2～4mm，边缘具细齿，质地较硬；花单朵，极罕 2 朵，通常无香气，花被多深绿色。春剑（var. *longibracteatum*）：叶长 50～70cm，宽 1.2～1.5cm，质地坚挺，直立性强；花 3～7 朵；萼片与花瓣不扭曲；花期 1～3 月。

图 3-73　春兰（引自臧德奎，2002）

栽培的春兰在花的形态上发生了很大的变化，野生的春兰称为竹叶瓣，栽培品种常分为梅瓣、荷瓣、水仙瓣和蝶瓣 4 类。

4.1.3　生态习性　　半阴性喜肥植物，喜湿润、散光、通风环境。较耐寒，冬季能耐 0～2℃，以 3～7℃为宜，要求 5℃左右的温度 3～5 周完成春化作用。夏季超过 30℃停止生长。

4.1.4　繁殖方法　　可用分株、播种、组织培养繁殖，常用的为分株繁殖。

春兰经过一两年的栽培，能萌发出许多新芽，当苗数达到 6、7 个时，就可以进行分株，一般 2～3 年分株一次。在春、秋季，倒出兰根，找出假鳞茎之间空隙比较大的地方分开，然后浸入 40% 甲基托布津或百菌清 800 倍液 1h，再用清水冲洗，晾干，根部发白变软时定植。

春兰种子极细小，种子内仅有一个发育不完全的胚，发芽力很低，加之种皮不易吸收水分，用常规方法播种不能萌发，故需要用兰菌或人工培养基来供给养分，才能萌发。播种最好选用尚未开裂的果实，表面用 75% 的乙醇灭菌后，取出种子，用 10% 次氯酸钠浸泡 5～10min，取出再用无菌水冲洗 3 次即可播于盛有培养基的培养瓶内，然后置暗培养室中，温度保持 25℃左右，萌动后再移至光下即能形成原球茎。从播种到移植，需半年到一年。

春兰组织培养繁殖是用 2～3 年的兰株根部 2～3cm 的生长芽作为外植体。

4.1.5　栽培管理

（1）春兰栽培的场地：兰室是培养春兰的场所。由于春兰对温度、湿度要求较高，兰室要有调控温度、湿度和通风的功能。有条件的地方，在地面设蓄水槽或铺设砂石，确保室内地面的湿度。将兰盆摆放在离地面 60cm 左右的支架上，这样既达到良好的通风条件，又可防止害虫从盆底爬进。兰架的上方安上照明灯，在阴、雨、雾天光线不足时，增加照度。兰室的顶端设遮阳网。墙的一面设水帘，在夏季高温季节，开启水帘，可以降低室温。安装风扇，加强通风换气，特别在梅雨季节，控制空气湿度，有利于病害的防治。此外还有加温设备，在冬季低温季节能安全越冬，满足春兰的生长要求。

（2）兰盆及栽培基质：春兰的根系为肉质根，根内贮藏大量的水分。选择兰盆时既要有利于培养土的通风、透气、排水，又要考虑美观等因素。常用的兰盆有塑料盆、瓷盆、素烧陶盆、紫砂盆等。近年大多采用细而高的花盆，这种盆可保持兰根有较好的透气性，有利于兰根的生长。同一兰室最好选同一规格的兰盆，使透气性能基本一致，便于掌握湿度。

传统养兰普遍使用的是非颗粒基质，容易造成板结，导致积水，使兰根腐烂，增加了管理难度。为了增加通气，避免烂根，目前采用先进的混合基质，疏松透气，保湿性好，有效防止烂根。栽植的基质有蛭石、植金石（一种火山石，偏黄色，颗粒状）、珍珠岩、腐殖土等，根据需要混合。

上盆时选择深筒、底孔大的素烧盆或紫砂盆栽植。盆底先填大粗颗粒料，把植株放入盆内，将老的假鳞茎偏向一边，留出新芽位置；舒展好根系，加入中颗粒料，填到假鳞茎的位置，拍打植盆，使土落实，再盖上小颗粒料，将盆面整成中央稍高的馒头形。置于通风阴凉处，然后进行叶面浇水，直到盆底流出水为止。

（3）水肥管理：兰花适合生长在空气湿度较大的环境，一般要求空气湿度为70%～90%。如空气太干燥，则兰花生长不良，叶片小而薄，没有光泽。根部不能有积水，要根据季节变化和培养盆植料的干湿程度来给水，掌握见干见湿的原则。

施肥要求薄肥勤施，浓度不能太高，否则会产生肥害，甚至导致兰花死亡。施肥的方法主要有基肥、追肥和叶面肥。4～6月为新芽生长期，这时气温开始回升，可施专业兰花肥，7～10d一次，促进根系早生快发和新芽生长，促进生殖生长。到了11月，可叶面喷施花肥，10d一次。每次施肥后2～3h，再浇一次清水。日常可配合使用长效颗粒肥，直接撒施在盆面上。到了冬季兰花进入休眠期不施肥。开花期一般也不施肥。

（4）温光管理：春兰适合在半阴半阳散射光照的环境下生长，适宜温度为20～30℃，昼夜温差不超过15℃。光照对兰花生长发育的影响较大，充足的阳光能促进兰花光合作用，使叶片绿而细腻且有光泽。但光照过弱，则叶片深绿而无光泽；而光照过强，则叶片淡绿、粗糙。当夏季阳光强烈、温度超过30℃时，要打开风机、开启水帘，并覆盖顶部双层遮阳网，加强室内通风、加湿、降温。冬季气温降至5℃以下时，进行加温。

4.1.6 观赏与应用　　春兰是中国最古老的花卉之一，早在帝尧之时就有种植春兰的传说。古人认为春兰"香、花、叶"三美俱全，又有"气清、色清、神清、韵清"四清。最早赋予兰花一定人文精神的是孔子，据东汉蔡邕《琴操》载："孔子自卫反鲁，隐谷之中，见幽兰独茂，蔚然叹曰：'兰当为王者香'。"真正的兰花文化则起源于战国时期楚国的爱国诗人屈原，他种兰、爱兰、咏兰，以兰花为寄托，千百年来一直影响着后人。诗人将春兰的高洁与人格的完美联系起来，使得春兰文化不断得以拓展和延续。

春兰以高洁、清雅、幽香而著称，叶姿优美，花香幽远。自古以来，春兰都被誉为美好事物的象征，已广泛在民间人格化了。春兰对社会生活与文化艺术产生了巨大的影响。

春兰主要盆栽室内观赏，布置厅堂、书房。

4.2　蕙兰

学名：*Cymbidium faberi*。

别名：九子兰，九节兰，夏兰，一茎九花。

英名：faber cymbidum。

科属：兰科兰属。

产地与分布：分布于中国、尼泊尔、印度北部等地，产于中国陕西南部、甘肃南部、安徽、浙江、江西、福建、台湾、河南南部、湖北、湖南、广东、广西、四川、贵州、云南和西藏东部。

4.2.1 形态特征 多年生地生草本，假鳞茎不明显（图 3-74）。叶 5～8 枚，带形，直立性强，长 25～80cm，宽 4～12mm，基部常对折而呈 V 形，叶脉透亮，边缘常有粗锯齿。花葶从叶丛基部最外面的叶腋抽出，近直立或稍外弯，长 35～50cm，被多枚长鞘；总状花序具 5～11 朵或更多的花；花苞片线状披针形，最下面的 1 枚长于子房，中上部的长 1～2cm，约为花梗和子房长度的 1/2，至少超过 1/3；花梗和子房长 2～2.6cm；花常为浅黄绿色，唇瓣有紫红色斑，有香气；萼片近披针状长圆形或狭倒卵形，长 2.5～3.5cm，宽 6～8mm；花瓣与萼片相似，常略短而宽；唇瓣长圆状卵形，长 2～2.5cm，3 裂；侧裂片直立，具小乳突或细毛；中裂片较长，强烈外弯，有明显、发亮的乳突，边缘常皱波状；唇盘上 2 条纵褶片从基部上方延伸至中裂片基部，上端向内倾斜并汇合，多少形成短管；蕊柱长 1.2～1.6cm，稍向前弯曲，两侧有狭翅。蒴果近狭椭圆形，长 5～5.5cm，宽约 2cm。花期 3～5 月。

图 3-74 蕙兰（引自臧德奎，2002）

4.2.2 种类及品种 蕙兰栽培品种丰富，按瓣型分为梅瓣、荷瓣、水仙瓣和蝶瓣 4 类。此外，按结合鞘、花轴与苞片颜色及其筋纹分为绿壳类、白绿壳类、赤壳类、赤转绿壳类等。

蕙兰的品赏自瓣型说出现之后特别注重花朵的瓣型，以梅瓣、水仙瓣为贵，捧舌以圆紧质厚为好，外三瓣（萼片）以宽圆糯质为佳，其名品多为此类瓣型。蕙兰的荷瓣很少，近年发现有类荷瓣的，很受欢迎。近年也出现了蕙兰蝶瓣、奇花类，色彩斑斓，光辉夺目。蕙兰花枝粗大，花朵多，品赏时应注意整枝花中各花朵间的布局是否错落有致，香气是否醇美。其叶艺秀丽者也为佳品，有叶艺、花艺、瓣型皆具者，更加珍贵。

4.2.3 生态习性 喜光稍耐阴。湿润、凉爽、通风的环境利于蕙兰的生长。较耐寒，生长适温 10～30℃。蕙兰叶芽 5 月出土，6～7 月展叶，7～10 月叶片伸长。9～10 月花芽出土，2～3cm 后暂停生长，休眠约 5 个月。翌年 3～4 月开花。

4.2.4 繁殖方法 主要用分株繁殖。一般选择 2～3 年的壮苗，3～4 月或 9～10 月进行。基质应疏松、肥沃、透气、沥水、无虫病、无污染、忌发热、干燥和渍水。pH 5.5～6.5 为宜。使用前需日晒或用药物灭菌。

4.2.5 栽培管理

（1）兰盆与定植：蕙兰由于根系壮需要较大的兰盆。蕙兰栽植时要深栽，这样发苗壮。栽培基质可用腐叶土和砂土按 5：1 混合，也可加入部分草炭。栽植方法同春兰。

（2）水肥管理：掌握见干见湿的原则浇水。3月扣水可促进新芽萌发。秋季不可缺水，冬季适度保持干燥。蕙兰喜湿润的环境，生长期保持空气湿度70%～85%，冬季休眠期保持50%左右。夏季高温时可向叶面喷水，可向地面洒水。除基肥外，新根生出后每半月可追施叶面肥一次。3～6月、9～11月土壤追施，营养生长时以施氮肥为主，花芽分化时以施磷钾肥为主。

（3）光照和温度管理：蕙兰较喜光。夏季以透光率50%～60%的遮阳网为宜，冬季可见全光或透光率80%。

蕙兰冬季需要5℃、3～5周的时间完成春化阶段才能开花。夏季通过遮光、通风等措施将温度控制在30℃以下。

4.2.6 观赏与应用 蕙兰是中国传统的兰花种类，栽培历史悠久。蕙兰是"兰蕙同心"的代表，是中国栽培历史最久的兰花之一。蕙兰花枝粗大，花朵多，花叶均赏，适合室内盆栽观赏。

4.3 建兰

学名：*Cymbidium ensifolium*。

别名：四季兰，剑蕙，雄兰，秋蕙，剑叶兰，夏蕙。

英名：swordlraf cymbidium。

科属：兰科兰属。

产地与分布：产中国安徽、浙江、江西、福建、台湾、湖南、广东、海南、广西、四川西南部、贵州和云南。广泛分布于东南亚和南亚各国，北至日本。

4.3.1 形态特征 多年生地生植物。假鳞茎卵球形，长1.5～2.5cm，宽1～1.5cm，包藏于叶基之内（图3-75）。叶2～6枚，带形，有光泽，长30～60cm，宽0.8～1.7cm，前部边缘有时有细齿，关节位于距基部2～4cm处。花葶从假鳞茎基部发出，直立，长20～35cm或更长，但一般短于叶；总状花序具4～9朵花；花苞片除最下面的1枚长可达1.5～2cm外，其余的长5～8mm，一般不及花梗和子房长度的1/3，至多不超过1/2；花梗和子房长2～2.5cm；花常有香气，色泽变化较大，通常为浅黄绿色而具紫斑；萼片近狭长圆形或狭椭圆形，长2.3～2.8cm，宽5～8mm；侧萼片常向下斜展；花瓣狭椭圆形或狭卵状椭圆形，长1.5～2.4cm，宽5～8mm，近平展；唇瓣近卵形，长1.5～2.3cm，略3裂；侧裂片直立，多少围抱蕊柱，上面有小乳突；中裂片较大，卵形，外弯，边缘波状，亦具小乳突；唇盘上

图3-75　建兰（引自臧德奎，2002）

2条纵褶片从基部延伸至中裂片基部，上半部向内倾斜并靠合，形成短管；蕊柱长1～1.4cm，稍向前弯曲，两侧具狭翅。蒴果狭椭圆形，长5～6cm，宽约2cm。花期通常为6～10月。

4.3.2 种类及品种 建兰品种丰富，根据花瓣颜色分为彩心和素心两类。彩心建兰的花葶多为淡紫色，花被有紫红色条纹或斑点；素心种类则是花瓣为白色、白绿色，上无斑点或斑纹。根据其花瓣形态也分为梅瓣、荷瓣、水仙瓣和蝶瓣4类，也有一些奇花类和复色花类。

4.3.3 生态习性 建兰喜光耐旱不耐寒，要求温暖、湿润、光照充足和通风的环境。建兰生长适温 18～22℃，冬季适合 5～14℃休眠，低于 2℃易受冻害，高于 30℃停止生长。建兰喜光但怕强光直射。

4.3.4 繁殖方法 建兰一般用分株的方式繁殖，在春秋两季均可进行，一般每隔 3 年分株一次。凡植株生长健壮、假球茎密集的都可分株，分株后每丛至少要保存 5 个连接在一起的假球茎。

4.3.5 栽培管理 建兰的盆栽基质应选择质地疏松、团粒结构好、有机质丰富、透气性好、排水性能强的材料，如腐殖土 40%、园土 40%、粗砂粒 20%。分株后上盆时，先以碎瓦片覆在盆底孔上，再铺上粗石子，占盆深度 1/5～1/4，再放粗粒土及少量细土，然后用富含腐殖质的砂质壤土栽植。栽植深度以将假球茎刚刚埋入土中为度。

建兰喜温暖湿润和半阴环境，夏秋季光照强烈，宜遮阴 50%～70%，春、冬季可见全光或稍遮阴。建兰耐寒性差，越冬温度不低于 3℃；夏季高于 30℃时通过遮阴、喷雾降温。建兰喜湿润忌水渍，做到盆土湿润而不湿，微干而不燥。

建兰大多一年可开花两次，花期为 7～10 月，通常分两次开放，前后相隔约一个月；初花期在 7 月上旬，盛花期在 7 月中旬；第二次开花的初花期在 8 月上旬，中旬为盛花期；再加上一箭多花，消耗养分很多。因此养护中掌握薄施勤施的施肥原则。春末夏初施催芽肥，以氮、钾肥为主，促进地上部茎叶抽发，地下部根系扩展；夏末初秋施发育肥，新芽叶片伸长出叶时施用，以氮为主，新芽展叶后以钾为主促使壮苗，每周用磷酸二氢钾喷施一次；待新梢叶片不再生长时即转入花芽分化期，施促花肥，以磷为主；秋末初冬，寒露至立冬期间兰花转入休眠期，追施完全肥料，以保证安全越冬。

4.3.6 观赏与应用 建兰栽培历史悠久，植株雄健，品种繁多，在我国南方栽培十分普遍，是阳台、客厅、花架和小庭院台阶陈设佳品，清新高雅。

4.4 墨兰

学名：*Cymbidium sinense*。

别名：报岁兰，入岁兰。

英名：chinese cymbidium。

科属：兰科兰属。

产地与分布：原产安徽南部、江西南部、福建、台湾、广东、海南、广西、四川（峨眉山）、贵州西南部和云南。印度、缅甸、越南、泰国、日本琉球群岛也有分布。

4.4.1 形态特征 多年生地生植物。假鳞茎卵球形，粗壮，长 2.5～6cm，宽 1.5～2.5cm，包藏于叶基之内（图 3-76）。叶 3～5 枚，直立或上半部向外弧曲，带形，近薄革质，暗绿色，长 45～80cm，宽 2～3cm，有光泽，叶缘微后卷，全缘，边缘有细齿，顶部渐尖，基部具关节。花葶从假鳞茎基部发出，直立，较粗壮，长 50～90cm，一般略长于叶；总状花序具 10～20 朵或更多的花；花苞片披针形，除最下面的 1 枚长于 1cm 外，其余的长 6～8mm，紫褐色，基部有蜜腺；花梗和子房长 2～2.5cm；花的色泽变化较大，常为暗紫色或紫褐色而具浅色唇瓣，也有黄绿色、桃红色或白色，一般有较浓的香气；萼片狭披针形，长 2.2～3cm，宽 5～7mm，淡褐色有 5 条紫脉纹；花瓣近狭卵形，长 2～2.7cm，宽 6～10mm；唇瓣近卵状长圆形，宽 1.7～2.5cm，不明显 3 裂，浅黄色带紫斑；侧裂片直立，多少围抱蕊柱，具乳突状短柔毛；中裂片较大，外弯，亦有类似的

图 3-76　墨兰（引自
臧德奎，2002）

乳突状短柔毛，边缘略波状；唇盘上 2 条纵褶片从基部延伸至中裂片基部，上半部向内倾斜并靠合，形成短管；蕊柱长 1.2～1.5cm，稍向前弯曲，两侧有狭翅。花期 10 月至次年 3 月。蒴果狭椭圆形，长 6～7cm，宽 1.5～2cm。

4.4.2　种类及品种　　墨兰栽培历史悠久，品种很多。现在常根据其花型花色分为素心类、梅瓣类、荷瓣类、蝶瓣类、奇花类、花艺类、超级多花类，另外还有变种秋墨（var. *autumale*），花期在秋季 8～9 月，常有黄色或青黄色花被，似金色皇榜；边彩墨兰（var. *margi-coloratum*），叶缘边缘有黄色或白色线条。

4.4.3　生态习性　　墨兰喜阴湿不耐寒。忌强光。喜温暖忌严寒。喜湿忌燥。生长适温为 20～28℃，冬季不能低于 5℃。生长期保持空气相对湿度 65%～85%，休眠期保持 50% 左右。

4.4.4　繁殖方法　　分株繁殖为主，分株选在休眠期进行，即新芽未出土，新根未生长之前，或花后的休眠期。

4.4.5　栽培管理　　中国传统栽植墨兰多用"兰花泥"。这种土腐殖质含量丰富、疏松而无黏着性，常呈微酸性，是栽培墨兰的优良用土。在北方栽培墨兰，可用腐殖土 4 份、草炭土 2 份、炉渣 2 份和河沙 2 份等混合配制。

墨兰用水以雨水或雪水最好，如必须用自来水浇墨兰，须暴晒一天之后才能应用。浇水不要将水喷入花蕾内，以免引起腐烂。夏秋两季在日落前后，入夜前叶面干燥为宜。冬春两季，在日出前后浇水最好，喷雾增加空气湿度，以利墨兰生长。

墨兰施肥要稀薄，一般春末开始，秋末停止。生长季节每周施肥一次，秋冬季墨兰生长缓慢，应少施肥，每 20d 左右施一次，施肥后喷少量清水，防止肥液沾污叶片。

墨兰的叶与假鳞茎均含有大量的磷，其老根也有极强的吸收磷的能力，因此墨兰需磷量较少；墨兰植株粗壮，对氮的需求较大。墨兰叶阔，需要较多的钾素营养，叶的木质素与纤维素才能有效地增多而增强叶的支撑力，不至于软弱不支。墨兰对肥料三要素的适合比例为氮磷钾 35∶20∶45。

光照过强易使墨兰叶片发生日灼病，过度遮光或长期放在室内又会影响兰花的光合作用，造成生长不良和不易开花。冬春可见全光，夏秋遮阴 60%～70%。

墨兰的细胞壁和角质层薄，因此喜冬季温暖夏季凉爽气候，既怕炎热又怕寒冷，对低温特别敏感。在春分之前、秋分过后，如遇气温急剧下降，应注意做好防寒工作，否则易造成兰株黄叶死苗。墨兰的生长适温为 18～28℃，夏天超过 30℃、冬天平均温度低于 10℃，则生长缓慢或进入休眠期。气温高于 35℃，兰株将出现叶片枯焦或卷曲；低于 5℃有可能遭受冻害，轻者叶片出现绛红色斑块，重者叶片冻死甚至全株死亡。进入冬季，有条件地应将兰株特别是珍稀品种，移于室内养护；必须在室外越冬的，需搭建临时温棚或覆盖双层塑料薄膜，以免造成冷害和冻害。

表 3-39 为国兰盆花的国家标准。

表 3-39　国兰盆花质量等级划分标准

评级项目＼等级	一级	二级	三级
假球茎	5 个以上连生在一起	4～5 连生在一起	4 个连生在一起
总叶片数／片	春兰：≥19 蕙兰：≥29 建兰：≥17	春兰：14～18 蕙兰：24～28 建兰：13～16	春兰：11～13 蕙兰：18～23 建兰：10～12
冠幅／cm	春兰：20～25 蕙兰：30～40 建兰：40～50	春兰：15～20 蕙兰：20～30 建兰：30～40	春兰：<15 蕙兰：<20 建兰：<30
花朵	苞片长而宽、色纯正；萼厚、较宽；瓣色泽纯正；清香每葶花数： 春兰：1～2 朵 蕙兰：≥9 朵 建兰：≥5 朵	苞片中等大小、色纯正；萼厚、较宽；瓣色泽纯正；清香每葶花数： 春兰：1 朵 蕙兰：7～8 朵 建兰：3～4 朵	苞片中等大小、色纯正；萼质薄；瓣色泽较纯正；香气稍淡每葶花数： 春兰：1 朵 蕙兰：5～6 朵 建兰：2 朵
上市时间	初花	初花	初花

4.4.6　观赏与应用　　墨兰幽香高雅，现已成为较为热门的国兰之一，是装点室内环境和作为馈赠亲朋的主要礼仪盆花。花期正值元旦、春节，是国人十分喜爱的兰花种类。

4.5　蝴蝶兰属

　　学名：*Phalaenopsis* spp.。

　　别名：蝶兰，台湾蝴蝶兰。

　　英名：phalaenopsis。

　　科属：兰科蝴蝶兰属。

　　产地与分布：蝴蝶兰于 1750 年发现，迄今已发现 40 多个原生种，大多数产于亚洲地区，自然分布于阿隆姆、缅甸、印度洋各岛、马来半岛、南洋群岛、菲律宾以至中国台湾等低纬度热带海岛。在中国台湾（恒春半岛、兰屿、台东）和泰国、菲律宾、马来西亚、印度尼西亚等地都有分布，其中以台湾出产最多。现代栽培的蝴蝶兰多为原生种的属内、属间杂交种，世界各地均有栽培。

4.5.1　形态特征　　多年生常绿草本，茎短，常被叶鞘所包，单轴型，无假鳞茎；气生根粗壮，圆或扁圆形（图 3-77）。叶片稍肉质，常 3～4 枚或更多，椭圆形、长圆形或镰刀状长圆形，长 10～20cm，宽 3～6cm，先端锐尖或钝，基部楔形或有时歪斜，具短而宽的鞘。总状花序侧生于茎的基部，长达 50～100cm，不分枝或有时分枝；花序柄绿色，粗 4～5mm，被数枚鳞片状鞘；花序轴紫绿色，常具数朵至数十朵由基部向顶端逐朵开放的花；花苞片卵状三角形，长 3～5mm；花中萼片近椭圆形，长 2.5～3cm，宽 1.4～1.7cm，先端钝，基部稍收狭，具网状脉；侧萼片歪卵形，长 2.6～3.5cm，宽 1.4～2.2cm，先端钝，基部收狭并贴生在蕊柱足上，具网状脉；花瓣菱状圆形，长 2.7～3.4cm，宽 2.4～3.8cm，先端圆形，基部收狭呈短爪，具网状脉；唇瓣 3 裂，基部具长 7～9mm 的爪；侧裂片直立，倒卵形，长 2cm，先端圆形或锐尖，基部收狭，具红色

图 3-77 蝴蝶兰（引自
谷祝平，1991）

斑点或细条纹，在两侧裂片之间和中裂片基部相交处具 1
枚黄色肉突；蕊柱粗壮，长约 1cm，具宽的蕊柱足。花期
4～6 月。蒴果。

4.5.2 种类及品种　　蝴蝶兰的原生种主要有以下几种。

白花蝴蝶兰（*P. amabilis*）：原产菲律宾、印度尼西亚、
澳大利亚等，是本属的模式种。总状花序长达 1m，有花
5～10 朵或更多，具有本属中最典型的花型，色纯白色，唇
瓣基部有黄色斑纹，具有很高的观赏价值，对于现代白色
花类的蝴蝶兰育种影响重大，也用于改良各色系的花型。

台湾蝴蝶兰（*P. aphrodite*）：又称菲律宾白花蝴蝶兰，
原产台湾和菲律宾。曾被视为 *P. amabilis* 的变种。外形与
P. amabilis 十分相似，区别在于其唇瓣中裂片为浅绿色，
抗寒性更好。对白色花类的蝴蝶兰育种贡献巨大。

桃红蝴蝶兰（*P. equestris*）：原产中国台湾小兰岛屿和
菲律宾，是最常用的杂交亲本之一，以其为杂交亲本登录
的杂交组合有 522 个，是多花蝴蝶兰的常用初代亲本，目
前培育的多花蝴蝶兰绝大部分具有桃红蝴蝶兰的血统。其
花序分支多，能开出上百朵花，花小，淡粉红色，带玫瑰色唇瓣，花期 4～5 月。

安曼蝴蝶兰（*P. amboinensis*）：是重要的杂交亲本，原产马六甲海峡的安曼（Ambon）
岛。本种有白底带斑和黄底带横条同心斑两种类型，后者的斑点遗传效果更好。其后代
萼瓣和花瓣厚蜡质，花期长。

紫纹蝴蝶兰（*P. violacea*）：又名荧光蝴蝶兰，是近年来很受欢迎的原生种，是粉红花
系原始亲本的代表种。株型紧凑，花质地厚，花绿白色，呈星状，中央和唇瓣紫色，具
萤光，花期秋冬季，极芳香。本种的花型、花质地和色彩都能显性地遗传给后代，但早
期杂交组合往往花数稀少，花序短小。本种与 *P. amabilis* 杂交产生了蝴蝶兰第一个人工杂
交组合 *P. harriettiae*。

巨型蝴蝶兰（*P. gigantean*）：是蝴蝶兰属中植株最大的原生种，在原产地的丛林中有
叶长 90cm，宽 40cm 的巨株，叶大似象耳，当地也称为象耳蝴蝶兰。花为梅花型，萼瓣
和花瓣皆往内弯曲，花质地厚重、带蜡质，花的这些特征都可以在后代中表现出来。萼
瓣和花瓣上浮雕般地分布有棕色斑点，非常独特。

曼尼蝴蝶兰（*P. mannii*）：又称版纳蝴蝶兰，花黄绿色有红褐色斑纹，唇瓣黄色。20 世
纪 60 年代，常用其与白花系杂交培育黄花蝴蝶兰，但其后代花型空疏，向后翻转，花黄色
但很快褪去，这些缺陷致使其杂交后代品质较差。因此，近代较少以本种作为亲本杂交。

薛利蝴蝶兰（*P. schilleriana*）：是粉红花类蝴蝶兰育种中最重要也是最常用的亲本，
其叶片暗绿色有美丽的银色虎纹斑，因此又被称为虎斑叶蝴蝶兰。总状花序，一株最多
可着花 170 朵，花粉红色，内深外浅，唇瓣上有红褐色斑纹。花期春末夏初，能散发出
芬芳香味。本种叶子的银色虎纹斑、芳香及多花特性都会遗传给后代。

鲁德曼蝴蝶兰（*P. lueddemanniana*）：是小花原种中应用于育种最广泛的一个原生种，
是斑点类蝴蝶兰最常用的原始亲本。花黄绿色或白色，密布许多红色斑纹，唇瓣三角状，

紫红色，花期几乎长达整年，具有极高的观赏价值。

多脉蝴蝶兰（*P. venosa*）：是黄花蝴蝶兰的重要原种亲本，底色为显性遗传，不褪色，而杂交后代的脉纹和花形则受另一亲本控制。花形星状，花色从鲜黄色到橙红色都有，上有红色褐脉纹，萼瓣和花瓣中心为白色。

史氏蝴蝶兰（*P. stuartiana*）：是多花蝴蝶兰的常用亲本。叶未成熟时有灰绿色及银灰色条纹，或带有斑驳，但于成熟后消失。花梗极长，分枝多，花数以百计。花瓣和上萼瓣纯白色，侧萼瓣和唇瓣黄色，散生褐色斑。

扁梗蝴蝶兰（*P. fasciata*）：又称横纹蝴蝶兰，被誉为蝴蝶兰黄花原种中的"皇后"，几乎所有优秀的黄花蝴蝶兰都是它的后代。原生种的花色由淡黄到深黄均有，不褪色，上有红褐色的同心圆条斑，这种条斑在遗传上能显性地遗传给后代。

桑德氏蝴蝶兰（*P. sanderiana*）：是现代粉红花系、红花系育种的重要亲本。花色粉红，越近花瓣边缘越浓。花质地厚，花型丰盈，整个花序成一弓形弧下垂，与 *P. amabilis*、*P. aphrodite* 相似，区别在于前者花期很长，从初春陆续开放持续到冬天，而后两者仅在早春开花。后代的耐热性也很好。

现代蝴蝶兰的品种按花朵直径大小分为大花种（10cm 以上）、中花种（7.5～10cm）、小花种（7.5cm 以下）。

按花色分为白花系列、红花系列、黄花系列、粉花系列等。市场常见的品种有以下几种。

红花系列：大型红花向来是蝴蝶兰的主要品种，目前国内市场上的红花占有率在八成以上。

（1）'巨宝红玫瑰'（Jiuhbao red rose）：深红色花，花朵宽 10.5cm，花梗高 62cm。

（2）'火鸟'（Sogo beach）：大型红花，花朵宽 11cm，花梗高 53cm。

（3）'红龙'（Ben yu star red dragon）：花梗长，花序排列整齐，每箭花朵最多可达 20 多个，花形大，花朵直径最大可达 15cm，颜色红艳。

（4）'大辣椒'（Big chili）：深红大花，花径 10.5cm，梗高 60cm，颜色佳，花序好。

黄花系列：目前国内市场上的黄花品种约占 10%。

（1）'富乐夕阳'（Fuller's sunset）：花梗高 35cm，花径 9cm，黄花红心。

（2）'昌新皇后'（Chain xen queen）：花梗高 25～30cm，花径 9cm，黄花红心。

（3）'兄弟女孩'（Brother girl）：黄底点线花，花朵宽 7cm，花梗高 47cm。

白花系列：蝴蝶兰白花品种在国内市场的占有率较低。

（1）'V3'（Sogo yukidian 'V3'）：大朵白花，花朵宽 11cm，花梗高 80cm。

（2）'雪中红'（Mount lip）：花梗高 40cm，花径 10.5cm，白花带红晕，有商家命名为'青涩少女'。

（3）'阳光彩绘'（Sogo lit-sunny）：迷你白花红心，花朵宽 5.5cm，花梗高 38cm。

4.5.3 生态习性 蝴蝶兰原产于热带雨林地区，为附生兰。性喜高温多湿，喜阴，忌强光直射，全光照的 30%～50% 利于开花；幼苗期适宜光照为 1 万 lx，而开花期适宜在 2 万～3 万 lx。生长适温为 25～35℃，夜间 10～20℃；冬季 10℃以下停止生长，低于 5℃容易死亡。蝴蝶兰生长以空气相对湿度以 60%～80% 为宜。生长环境要求空气清新，郁闭的环境对生长不利。根部要求通透良好，栽培基质疏松、透水、透气，忌积水。

4.5.4 繁殖方法 蝴蝶兰属单轴型兰花，一生只产生一条主茎和具有一个生长点，种苗繁殖主要采用组织培养、无菌播种繁殖和分株繁殖等方法。

组织培养和无菌播种用于大规模种苗生产。组培繁殖常用外植体为已开花花梗的下端休眠芽或叶片。由于蝴蝶兰茎尖中含有较多的酚类物质，组培时易褐变，较难成功，所以一般不用茎尖作外植体。组培苗移栽后一年左右可以开花。

蝴蝶兰无菌播种的采果适宜时期是授粉后110～130d。将剖开果实取出的种胚播于无菌培养基上，播种后150～180d便可培养出瓶小苗，出瓶小苗经1年以上栽培便可开花成为商品花。

分株繁殖通常用于少量繁殖或家庭繁殖。部分成株偶尔在基部或花茎上长出分枝或珠芽，当它长出2～3条根时剪下单独栽植即可。分株法操作简单，但相对成苗率较低。

4.5.5 栽培方法 蝴蝶兰生产的产品类型主要有盆花和切花两类。我国以盆花生产为主。这里仅以盆花栽培为例介绍其栽培管理内容。

（1）基质：蝴蝶兰是附生性兰花，在原产地以气生根附着于岩石或树干生长，从空气中吸收水分和养分。因此，基质以疏松透气的材料为佳。宜选用如水苔、树皮、树蕨根、碎砖瓦、椰子壳、纤维、陶粒等基质为宜，pH为6.5～7.0。目前国内多选用长度8～30cm的水苔作为栽培基质，或选用经过腐熟的颗粒直径在0.5～1.5cm的松树或杉树皮栽培。用清水浸泡水苔4～6h后排掉多余水分，再次注入清水浸泡水苔1～2h，捞出水苔放入甩干机脱水至排水口水流呈滴状流出为宜。除此之外，还可在甩干水苔之前用80℃以上的热水浸泡水苔30～45min，或在清水浸泡水苔的过程中充入臭氧对水苔进行消毒。

（2）栽培容器：蝴蝶兰专用的种植容器为白色透明软质塑料。尺寸按营养钵口径大小分为1.5寸、1.7寸、2.5寸、2.8寸、3.5寸、3.5寸加高等。

（3）幼苗移栽及管理：购置的组培苗先移栽至128孔的穴盘中。先在组培苗根系之间添充适量水苔，使其根系呈放射状展开，然后在根系外围均匀包裹一层水苔，将种苗分规格种植到相应的容器中，水苔松紧度应适宜。

幼苗移栽后的最适夜温23～25℃，最适日温26～28℃。光照强度5000～10 000lx。相对湿度60%～80%。当新根开始生长时进行首次施肥，此后每周一次。首次施肥宜采用氮磷钾比例为9∶45∶15的复合速溶液态肥；待根系长出2～4条新的根尖之后，改用氮磷钾比例为20∶20∶20的复合速溶液态肥。肥料稀释倍数为3000～4000倍，EC值为0.4～0.6mS/cm。

（4）上盆及换盆：当穴盘苗长出1～2片新叶，根系从穴盘的底孔伸出时，需要移栽到1.5寸或1.7寸营养钵中养护。上盆过程中应将根系生长不良、叶片暗淡无光泽的种苗淘汰。上盆时在根系外围均匀包裹水苔后，种植在1.5寸或1.7寸营养钵中，用双手大拇指沿营养钵内壁轻轻镇压水苔，使水苔与营养钵下环线持平。水苔松紧度以从外侧轻轻挤压有弹性为宜，做到上紧下松。

当小苗最大叶尖距（蝴蝶兰植株互生的两个成熟叶片叶尖之间的距离）大于10cm时进行第一次换盆，种植容器为2.5寸或2.8寸营养钵。当最大叶尖距大于20cm时第二次换盆，种植容器为3.5寸或3.5寸加高营养钵。换盆时在营养钵底部放2～3粒聚苯乙烯泡沫，或陶粒、煤渣、木炭等排水透气材料，大小以不漏出底孔为宜；退去原有营养钵，在根系外围均匀包裹一层水苔后，种植在相应的营养钵中。

（5）营养生长期环境控制及管理：生产中根据蝴蝶兰植株的大小分为穴盘苗、小苗、中苗、大苗、成熟苗 5 个阶段。穴盘苗为叶尖距 4cm 左右、2 条根系的种植组培苗,小苗是叶尖距大于 4cm、2 条以上根系的组培苗或穴盘苗,中苗是叶尖距大于 10cm 的苗,大苗是叶尖距大于 20cm 的苗,成熟苗是叶尖距大于 30cm 的苗,该时期的苗进入催花阶段。

营养生长期保持空气相对湿度 60%～80%,可通过地面洒水、开启水帘、微喷等方法增加。生长温度 15～32℃,最适昼温为 26～28℃,最适夜温为 23～25℃。穴盘苗及小苗光照强度 5000～10 000lx,中苗 10 000～15 000lx,大苗 15 000～20 000lx。

蝴蝶兰往往结合浇水进行施肥,施用氮磷钾比例为 20∶20∶20 的复合速溶肥。每周施肥一次。穴盘苗和小苗施用稀释倍数为 3000～4000 倍的液态肥,EC 值为 0.4～0.6mS/cm;中苗施肥液浓度 2000～3000 倍,EC 值为 0.6～0.8mS/cm;大苗施肥液浓度 1500～2000 倍,EC 值为 0.8～1.0mS/cm。

养护过程中应根据植株生长状况及时调整合理的株行距,避免植株叶片互相叠压。

(6)生殖生长期栽培养护要点

A.花期调控:上市前 5～6 个月开始对蝴蝶兰种苗进行高温处理,处理时间 20～30d。最适昼温 28～30℃,最适夜温 25～27℃。同时增强光照,保持光照在 20 000～25 000lx 为宜。期间施用氮磷钾比例为 9∶45∶15 的复合速溶肥 1～2 次,肥液浓度 1500～2000 倍,EC 值为 0.8～1.0mS/cm。

高温处理结束后进行低温催花,处理时间 30～45d,当花箭长到 10cm 左右时停止低温处理。最适昼温 26～28℃,最适夜温 16～18℃,昼夜温差保持在 8℃以上为宜。光照 20 000～25 000lx。

在有条件的情况下,南方采用高山催花商品性状较好。蝴蝶兰花芽分化所需的最低温度为 15℃左右,此温度处理下半月至一个月便可出现花芽分化。随着植株年龄的增加,蝴蝶兰的花芽分化率显著增加。根据植株的年龄大小、叶片面积确定蝴蝶兰上山催芽的时间。

B.水肥管理:蝴蝶兰现蕾至开花前这一时期为花期调节的敏感时期,温度、光照等环境因子的变化对蝴蝶兰的开花速度起关键作用。提高夜温、增加光照可明显加快蝴蝶兰花苞的发育速度。花梗生长 45d 左右的时间,顶端的花芽开始分化,长出花苞,业内把这个阶段称为现蕾。在现蕾阶段,温度要求最严格,夜温 16～18℃,日温 25℃。

结合浇水进行施肥,每 7～10d 施肥 1 次,交替施用氮磷钾比例为 20∶20∶20 与 10∶30∶20 的复合速溶肥 2000～3000 倍,EC 值为 0.6～0.8mS/cm。

低温处理结束后进入花期管理,期间应避免温度、湿度的骤升骤降。最适昼温 24～26℃,最适夜温 18～20℃。光照 15 000～20 000lx。相对湿度保持在 60%～80% 为宜。每 7～10d 施肥 1 次,交替施用氮磷钾比例为 20∶20∶20 与 10∶30∶20 的复合速溶肥 2000～3000 倍,EC 值为 0.6～0.8mS/cm。

C.花序管理与上市:当花蕾基本发育完成、花箭高度 20cm 时插包塑铁丝,并用塑料花夹将花箭固定到铁丝上,每个花箭使用花夹 2～3 个,以保持其直立生长。也可以根据需要将铁丝和花梗弯成需要的形态。铁丝尽量靠近植株和花箭从北侧插入,深度达营养钵底部,保持铁丝直立不倾斜。在花箭生长过程中,应经常巡视,随着花箭的不断生长及时调整花夹高度。当蝴蝶兰植株的花苞开放比例达到 50% 时即可上市销售。显蕾时清楚地看到每株花梗上的花苞数目,可以择时把蝴蝶兰的级别分出来。业内普遍采用的分级方法是:10 朵(包含 10 朵)以上是特级,8～9 朵是 A 级,6～7

朵是 B 级，5 朵（含 5 朵）以下是 C 级。

4.5.6 观赏与应用 蝴蝶兰花姿壮丽优雅，开花繁茂，花色丰富，开花期长，素有"洋兰王后"之称，是室内盆花中的珍品。可以装点厅堂、卧室等，也可以作切花。

红心蝴蝶兰花语是鸿运当头、永结同心；红色蝴蝶兰花语是仕途顺畅、幸福美满；条点蝴蝶兰花语是事事顺心、心想事成；黄色蝴蝶兰花语是事业发达、生意兴隆。

4.6 石斛兰

学名：*Dendrobium* spp.。

别名：林兰，杜兰，金钗花，千年润，黄草，吊兰花。

英名：dendrobium。

科属：兰科石斛属。

产地与分布：产于亚洲至大洋洲的热带、亚热带地区，现在各地均有栽培。

4.6.1 形态特征 多年生草本植物，落叶或常绿。茎直立丛生，细长，圆柱形或棒状节处膨大。叶革质、近革质或草质。总状花序生于上部节处或顶部，花数朵至数十朵，中萼片与花瓣近同形，唇瓣匙形，外缘多有波状皱折，花色白、紫、粉紫等，春或秋季开花（图 3-78）。

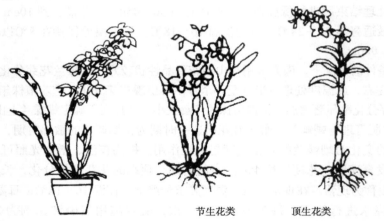

节生花类　　　　顶生花类

图 3-78 石斛兰形态及花序着生位置（引自谷祝平，1991）

4.6.2 种类及品种 石斛属为兰科中最大的一个属，包括约 1500 种植物，我国约 76 种，供药用的石斛属植物 39 种。国产石斛分布于秦岭、淮河以南，我国的云南、广西、广东、贵州、台湾为国产本属植物的分布中心。除个别种外，皆属附生兰类。

石斛兰可根据花序着生的位置分为花生于茎节间的节生类花和整个花序生于茎顶部的顶生花类（图 3-78）。在花卉生产中按花期分成春石斛系和秋石斛系。春石斛系一般作盆花栽培，秋石斛系为切花常用类别。日本的春石斛和泰国、新加坡、夏威夷的秋石斛最著名。

石斛的原生种有以下 5 种。

（1）蝴蝶石斛（*D. phalaenopsis*）：原产澳大利亚，是当今秋石斛的重要杂交亲本之一。茎粗壮直立，有纵沟；叶互生，披针形。总状花序靠近茎节端节间斜出，有花 5～8 朵，花大，直径 6～9cm，紫色、淡紫色或白色，花期秋季。

（2）报春石斛（*D. primulinum*）：原产云南。极香，茎下垂，肉质；叶纸质，卵状披针形；花序生于茎节上，花 1～3 朵，淡紫色，唇瓣白色。花期春季。

（3）美花石斛（*D. loddigesii*）：原产中国，是培育春石斛的重要亲本。茎柔弱，常下垂，肉质；叶互生，二列，长圆状披针形；花序生于老茎叶腋间，有花 1～2 朵，花瓣白色或粉红色，唇瓣白色或淡红色，中央有一大黄斑，边缘呈流苏状。花期春季。

（4）细茎石斛（*D. miniliforme*）：原产我国，是日本广为栽培的古典兰花，具有不同的花色和线艺品种。植株丛生；茎纤细，肉质；叶互生，狭披针形；总状花序生于落叶后的叶腋节间，有花 1～3 朵，花白色或粉红色，唇瓣白色，喉部黄色或红色。花期春季。

（5）石斛（*D. nobile*）：原产我国，是现代春石斛类盆栽品种的主要亲本，几乎所有春石斛品种均有它的血统。植株高大丛生；茎粗壮，肉质；叶互生，长圆形；总状花序从具叶或落叶的老茎节间长出，有花 1～4 朵，花大，花瓣基部白色，尖端部分紫色，唇瓣中央有一紫色大斑块，边缘白色，唇尖紫红色。花期春季。

石斛兰市场常见品种有：'霍山米斛'（Mount Holyoke m Hu），花白色；'凯布 1 号'（K. B. No. 1），花白色；'大熊猫 1 号'（Big panda No. 1），花红色；'粉色钻石'（Pink thamond），花粉红色；'王朝'（Dynasty），花粉红色；'泰国白'（Thailand white），花白色；'蓬皮杜夫人'（Madame pompudoaur），花紫红色；'凯萨'（Ceasai），花复色。

4.6.3 生态习性 春石斛类原产于高原山区，冬季落叶或休眠，稍耐低温，低温通过春化阶段，气温回升后开花，喜半阴，花期春季。

秋石斛类原产于低海拔热带雨林，为附生性热带兰，无明显的休眠期。喜温暖湿润，不耐寒。

石斛兰属均喜欢通风良好的环境，空气湿度 60%～80%。生长基质要求通透性强。

多数种类生长适温 18～30℃，生长期以 16～21℃更为合适，休眠期 16～18℃，晚间温度为 10～13℃，温差保持在 10～15℃最佳。白天温度超过 30℃对石斛生长影响不大，冬季温度不低于 10℃。幼苗在 10℃以下容易受冻。

常绿石斛类在冬季可保持充足水分，但落叶类石斛可适当干燥，保持较高的空气湿度。

石斛兰较喜光，夏季旺盛生长期 10:00 前最好有直射阳光，中午遮光 50%。冬季休眠期喜光线稍强。北方温室栽培冬季可不遮光，或在秋冬季遮光 20%。

4.6.4 繁殖方法 石斛兰可以用分株法、扦插法、组织培养繁殖。

分株法于开花后进行。与分株法类似的还有分栽高芽繁殖法，生长 3 年以上的春石斛植株的假鳞茎上可长出完整的小植株，当小植株具有 3～4 片叶、3～5 条根、根长 4～5cm 时，即可将其从母株上剪下，另行栽植。伤口处用 70% 的代森锰锌可湿性粉剂处理。

在石斛兰的生长期的 5～8 月，选择未开花且发育充实的当年生假鳞茎作插条，将假鳞茎剪成数段，每段具有 2～3 个节，在伤口处涂 70% 的代森锰锌可湿性粉剂消毒。扦插基质一般用椰糠，扦插前给基质喷水，扦插时基质保持湿润但不能积水。扦插后放置于半阴、湿润的环境中，温度在 25℃左右，基质保持半干燥状态，1 周内不浇水，经常喷雾，保持湿润。1～2 个月后，在茎段的节部萌发新芽并长出新根，形成新的植株，将新植株连同老茎段一起栽入新盆中，经过 2～3 年的生长即可开花。

规模化生产采用组织培养方法，一般选石斛兰的嫩枝茎尖、腋芽作外植体，也可以将经消毒的种子播种在培养基上，然后置于培养室内培养。

4.6.5 栽培管理 石斛兰生产主要有盆栽和切花生产两种类型，目前国内以盆花生产为主，海南、广州等地有少量切花生产。在此主要介绍盆栽管理的方法。

（1）栽培设施及容器：大规模栽培石斛兰要在温室进行。温室要有加温设备，以及水帘、风机等降温设备，还要有遮阳网、喷雾系统等设施，以便于升温或降温、遮阴和增加空气湿度。栽培石斛兰的容器有：塑料盆、塑料营养钵、塑料托盘、椰子壳、木框、树蕨板等。大批量生产栽培石斛兰时主要用多孔的塑料盆、塑料营养钵、塑料托盘等。

（2）上盆换盆与栽培基质：石斛兰的栽培基质有苔藓、椰丝、树皮块、火山石、碎蕨根、碎砖块、木炭、泡沫塑料块等，生产栽培上主要用苔藓，它质轻价廉，疏松透气。但苔藓用久以后容易腐烂滋生病菌并酸化产生酸性物质而毒害植株。因此使用苔藓作基质应每年更换一次新苔藓。

石斛兰的上盆或换盆一般在春季开花后或在秋季进行，炎热的夏季及寒冷的冬季都不宜进行。上盆时，先在花盆底部填一层泡沫塑料块，然后用预先浸泡的且挤干水分的苔藓把根部包紧塞进塑料盆中，苔藓一定要填紧，不能疏松，否则容易积水烂根。石斛兰栽培不宜过深也不宜过浅，以根颈部位露出基质为宜。

石斛兰栽培植株过大、根系过满或栽培基质腐烂时应进行换盆，换盆时间在春季或秋季。用苔藓作栽培基质时，应1年换1次盆。换盆时，先将植株从盆中取出，小心去掉旧的栽培基质，剪去腐烂的老根，如果植株过大可分切成几丛，每丛要有3～4个假鳞茎，分盆栽植。上盆或换盆后的植株应放在温室阴凉的地方，经常向叶面及栽培基质喷雾，以增加空气湿度，利于植株恢复生长。但栽培基质不能浇水过多，否则易烂根死亡。

随着植株恢复生长，应逐渐增加浇水次数并移到光强的地方栽培，逐渐加大施肥量，促进植株恢复生长。

（3）温度与光照调节：石斛兰喜温暖的环境，春石斛的适宜生长温度为20～25℃，夏季气温高于30℃时要进行降温。冬季最低温度不低于10℃，小苗的越冬温度要高一些，否则易受冻害。在秋季经过一段时间的低温干燥处理，有利于石斛兰的花芽分化。石斛兰大多原产于高山地区，其生长过程中需要一定的昼夜温差，适宜的昼夜温差为10～15℃。

石斛兰较喜光照，耐半阴，夏季遮光50%～60%，春、秋季中午遮光20%～30%，冬季不遮光。光照不足春石斛的假鳞茎生长细弱，不易形成花芽，且容易感染病虫害。

石斛兰喜新鲜的空气，要求通风良好的环境，要经常开窗通风。

（4）水肥管理：石斛兰浇水掌握见干见湿的原则，一般在栽培基质干透时再浇，早春每隔5～7d浇1次水，保持栽培基质湿润又不积水。4～5月气温回升，新芽开始旺盛生长，可适当增加浇水次数。夏季是石斛兰的旺盛生长期，新芽和根系生长都很快，这一阶段要有充足的水分供应，可每隔3～5d浇1次水。夏季浇水最好在10:00以前进行。秋季天气变凉，春石斛的营养生长已逐渐停止，开始进行花芽分化，应逐渐减少浇水次数，每隔5～7d浇1次水。这一阶段适当减少浇水可促进石斛兰进行花芽分化。冬季低温条件下，浇水过多，栽培基质积水，石斛兰易烂根死亡。

石斛兰喜较高的空气湿度，除正常浇水外，还应经常向叶面喷雾及向地面洒水，保持较高的空气湿度。

春夏季是石斛兰的旺盛生长期，每月可施1次用油粕和骨粉等量混合后发酵制成的固体肥料，每周喷施1次0.03%～0.05%浓度的稀薄兰花专用液肥。夏季温度很高时，停止施肥，以免损伤根系。8月停止施肥，促进花芽分化。在9月末施1次磷钾含量为

0.02%～0.03%浓度的液肥。冬季为石斛兰的休眠期应停止施肥，在石斛兰的开花期也要停止施肥。小苗期施肥应以氮肥为主，当植株长大后要增施磷钾肥。

（5）花期调控：春石斛的自然花期是在3～4月，进行花期调控可提前至元旦、春节开花。春石斛的花芽分化需要在秋末度过一个低温干燥阶段，完成春化作用才能形成花芽。若要春石斛在春节开花，一般在10月中旬开始催花。这一阶段白天保持在15～20℃，夜晚温度4～10℃，连续处理40d，即可形成花芽。如果夜温超过14℃，或持续低温时间不到40d，均会造成花芽分化不完全，影响以后开花。在低温处理阶段要停止施肥，控制浇水，保持栽培基质不过于干燥即可。干燥的基质有利于提高石斛兰的耐寒性。中午可向叶面喷雾，提高空气湿度。在花芽形成后，夜间温度要逐渐恢复到18～20℃，栽培2～3个月即可开花。经过低温干燥处理的石斛兰植株如果立即恢复到高夜温，容易使植株发生腐烂和枯萎，因此应逐渐提高温度。

（6）绑扎及其他管理：春石斛的假鳞茎高度一般在40～70cm，为了防止其倒伏，应设立支柱进行绑扎。支柱一般用3～5mm粗的包塑铁丝，1～2年生的春石斛苗，支柱高度在40～60cm，2～3年生的春石斛植株支柱高度在60～80cm。

春石斛花期过后要及时摘除残花，以减少养分消耗。3年生以上的春石斛植株上容易产生高芽，当高芽具有3～5条根、根长5cm左右时，要及时切取高芽，另行栽植，减少植株的养分消耗。

4.6.6　观赏与应用　　石斛兰花姿优美，色彩鲜艳，观赏期长，深受各国人民的喜爱，在国际花卉市场上占有重要的位置。春石斛形态雍容华贵，高雅尊荣，被誉为"成功之花"。秋石斛花枝修长，色彩秀丽，多用作艺术插花。石斛兰可作盆栽，也可作切花，可装饰窗台、客厅、书房、卧室等处。石斛兰有幸福、福气、吉祥之意。

石斛兰在西方还被作为每年6月第三个星期日的父亲节之花，在父亲节送石斛兰，代表着坚毅和勇敢。石斛兰的花语是：欢迎、祝福、纯洁、吉祥、幸福。

4.7　大花蕙兰

学名：*Cymbidium hybridum*。

别名：喜姆比兰，蝉兰，虎头兰。

英名：cymbidium。

科属：兰科兰属。

产地与分布：原始亲本原产于喜马拉雅山脉及东南亚高山上，中国四川、西藏及尼泊尔、不丹、印度、泰国等地是其原生种的主要分布地。

4.7.1　形态特征　　常绿多年生附生草本，假鳞茎粗壮椭圆形，属合轴性兰花；假鳞茎上通常有12～14节，每个节上均有隐芽，芽的大小因节位而异，1～4节的芽较大，第4节以上的芽比较小（图3-79）。隐芽依据植株年龄和环境条件不同可以形成花芽或叶芽。叶片2列，长披针形，4～10片，下垂。花葶斜生，长60～90cm，稍弯曲，有花几十朵；花被片6，外轮3枚为萼片，花瓣状；内轮为花瓣，下方的花瓣特化为唇瓣；花色有白、黄、绿、紫红或带有紫褐色斑纹。蒴果，种子十分细小。花期以春季

图3-79　大花蕙兰（引自谷祝平，1991）

为主。

4.7.2 种类及品种 大花蕙兰是由兰属中的大花附生种、小花垂生种及一些地生兰经过 100多年的多代人工杂交育成的品种群。世界上首个大花蕙兰品种为 *Cymbidium* 'Eburneo-lowianum'，是用原产于中国的独占春（*C. eburneum*）作母本，碧玉兰（*C. lowianum*）作父本，于1889年在英国首次培育而得。其后美花兰（*C. insigne*）、虎头兰（*C. hookerianum*）、红柱兰（*C. erythrostylum*）、西藏虎头兰（*C. tracyanum*）等十多种野生种参与了杂交育种。大花蕙兰的生产地主要是日本、韩国、中国、澳大利亚及美国等。

大花蕙兰栽培品种丰富，按花色分为：红色系列，如'红霞'、'亚历山大'、'福神'、'酒红'；粉色系列，如'贵妃'、'梦幻'、'修女'；绿色系列，如'碧玉'、'幻影'、'往日回忆'、'世界和平'、'翡翠'；黄色系列，如'黄金岁月'、'龙袍'、'明月'；白色系列，如'冰川'、'黎明'；橙色系列，如'釉彩'、'梦境'；咖啡色系列多见于垂花蕙兰系列，如'忘忧果'；复色系列，如'火烧'。

根据花枝可分为直立型和垂花型两种：花枝直立的称大花蕙兰，花枝下垂的称垂花蕙兰。根据植株的形态和花径，大花蕙兰可分为标准型和迷你型。根据开花时期可分为早花型、中花型和晚花型。早花型和晚花型品种不能在春节开花，除非采取有效的措施进行适当的花期调控，中花型品种能够春节开花。

常见品种介绍如下。

（1）'爱神'（C. 'Aguri'）：植株较为开展，株高80～90cm。叶片披散，叶宽2.5～3cm。花径7～8cm，花被片粉色；唇瓣有较长的爪，中部边缘卷起呈明显的耳状，中部以前全为红色覆盖，中部至基部除爪外几乎全为黄色；蕊柱外侧和唇瓣前部同色，内侧密布红色小斑点；唇瓣基部褶片2，黄色，上有散生的红色小斑点。每花葶着花10～13朵。

（2）'情人'（C. 'Chartreuse'）：植株健壮，新叶直立，株高80～100cm。外围老叶较披散，叶较细，宽1.5～2.0cm。花径8～9cm，花被片粉白色；唇瓣有较长的爪，边缘较为圆整；唇瓣前端边缘有较大的粉红色斑块，中后部及蕊柱内侧有较小的粉红色斑点；唇瓣基部褶片2，黄色，上有少量散生的红色斑点。着花较多，每花葶着花18～20朵。

（3）'苏珊娜'（C. 'Chusanne'）：植株较为开展，株高90～100cm。叶片披散，叶宽2～3cm。花径7～8cm，花被片粉紫色；唇瓣有较长的爪，边缘圆整，仅中部边缘微裂或内卷；唇瓣边缘有宽约0.5cm的粉色镶边，中后部为白色，中心为黄色；蕊柱外侧和唇瓣前缘同色，内侧色浅；唇瓣基部褶片2，黄色。每花葶着花15～18朵。

（4）'辣薄荷'（C. 'Peppermint'）：株高70～80cm，中度开张。叶宽2～2.5cm。花径8～9cm，花被片淡粉色。唇瓣前端和蕊柱内外侧均为粉红色；唇瓣有较长的爪，边缘较圆整，轻微波状皱，唇瓣基部褶片2，黄色。着花较多，每花葶着花18～20朵。

（5）'心恋'（C. 'In The Mood'）：植株健壮，株高80～90cm。叶片宽而长，叶宽3.5～4cm。花径9～10cm，花被片粉白色；唇瓣和蕊柱基部边缘散生粉红色斑点，唇瓣有较长的爪，中部波状皱；唇瓣基部2褶片，褶片为黄色。每花葶着花15～18朵。

4.7.3 生态习性 大花蕙兰喜冬季温暖、夏季凉爽的气候，适宜的生长温度为10～25℃，对于大多数品种夏季白天最高温度不宜超过32℃，冬季夜间最低温度为5℃，若低于5℃，会导致叶片发黄、花芽不发育、花期推迟；昼夜温差10℃左右为宜。大花蕙兰对水质要求比较高，喜微酸性水，对水中的钙离子、镁离子比较敏感。生长期需较高的空气湿度，如湿度过低，植株生长发育不良，根系生长慢而细小，叶片变厚而窄，叶色偏黄。大花蕙兰在兰科植物中属喜光的一类，光照充足有利于叶片生长、形成花茎和开花。除盛夏遮光 50%～60% 外，其他季节见全光。

大花蕙兰假鳞茎基部 1～2 节无腋芽，花茎一般在假鳞茎的 2～4 节抽出，芽的萌动主要受温度支配，从新芽萌发到假鳞茎生长结束通常需 8～12 个月。长日照、高温、高光强、多肥可促进新芽生长。6 月以后，株高伸长慢慢停止，花芽开始形成，花序由腋芽顶端肥大开始，2 个月可完成花序分化，花序分化完成后若夜间最低温度控制在 15～18℃则发育顺利，直至花茎伸长开花，早生品种 9～11 月开花，中生品种 12 月至次年 1 月开花，晚生品种 1～4 月开花。

大花蕙兰在新茎生长不良的短日条件下不形成花序；光照充足时叶短，假鳞茎大而充实，花芽数多。白天 20～25℃，夜间 10～15℃ 为花芽分化与形成的最佳温度，如果温度过高则花芽形成受阻，整个花序枯死，一般花茎伸长和开花的温度在 15℃ 左右。如白天大于30℃，夜间大于 20℃，则花序形成受到影响，接受 60d 的高温，花序发育全部终止。

4.7.4　繁殖方法　　大花蕙兰可以分株、分假鳞茎、播种和组织培养等方法繁殖。

兰花的休眠期，即新芽尚未伸长之前和兰花停止生长后进行分株较好。假鳞茎繁殖就是把有根无叶、或无根无叶但仍壮实、或无根有叶的假鳞茎埋入装有消毒基质的花盆中，基质至假鳞茎高度的一半，保持基质湿润，经过 2 个月左右的培养，新芽就会逐渐萌发出来。播种繁殖主要用于原生种大量繁殖和杂交育种，种子细小，在无菌条件下发芽率在 90% 以上。

组织培养适用于大批量生产大花蕙兰的新苗，常用的外植体是春季大花蕙兰萌发的新芽。

4.7.5　栽培管理

4.7.5.1　栽培设施　　必须配备温室和荫棚等栽培设施。温室能够调控温度、光照。大部分大花蕙兰品种花芽的发育需要一定的低温条件。生产中一般是在 6 月花芽分化后，将成株移至海拔 800～1000m 的高山上进行栽培，从而确保花芽的正常发育。而选择发芽发育比较容易的品种，则可以在相对较高的温度条件下，使大花蕙兰完成正常的花芽发育，从而有效降低生产成本。

4.7.5.2　栽培容器和基质的选择　　软质塑料盆轻薄且价格低廉，十分适合大花蕙兰幼苗期和中苗期的栽培。在规模化生产中，从小苗到中苗全部采用软质塑料盆进行栽培，栽培 2 年后再植入硬质塑料盆。由于大花蕙兰根系十分发达，在栽培中通常选用深桶状的黑色塑料盆。

大花蕙兰属气生性兰类，对基质的通气性要求很高。栽培基质总体要求质地疏松、团粒结构好、胶体含量少、有机质丰富，通气性好、排水性强、保温、保湿性好，以利于好气性微生物活动和增强兰菌的共生能力。在生产中，常选用珍珠岩、松树皮、碎砖、碎木炭、锯木屑等，将它们按不同比例混合后使用。不同地区可根据当地的气候环境特点和资源情况选择不同的基质。在长江流域，盆栽大花蕙兰主要用碎松树皮和苔藓作基质。北方地区，大花蕙兰的栽培全年在温室内进行，水肥完全靠人工控制，故可选用保水、透气性好、持肥力好的苔藓作为基质。

大花蕙兰栽培基质在使用前须先杀菌处理再浸泡，然后洗净挤干（晾干），保持一定湿度备用。

4.7.5.3 幼苗栽培 根据植株的大小，可栽种在 8cm×10cm 或 10cm×12cm 的深筒软塑料盆中。幼苗栽植应深浅适中，其深度在发根部位之上 1.0～1.5cm。栽植过浅，幼苗根在盆中固定不好，且生出的新根不能立即长在基质中；栽植过深，幼苗心部容易腐烂。栽植后，应及时喷洒抗菌剂，并施少量的缓释性肥料。在半阴处放置 1～2 周后，可按正常栽培管理。在此期间，应注意保持基质适当干燥，防止根系腐烂。在幼苗生长 5～6 个月根系长满盆时，换盆到 19cm×20cm 或 20cm×22cm 的大盆中。

4.7.5.4 全生育期管理

（1）温度管理：大花蕙兰的适宜生长温度为 10～25℃。因生长期和品种不同，对温度的要求有较大的变化。夏季当温室温度高于 28℃时，要开窗自然通风，或开启湿帘 - 风机降温系统降温。大花蕙兰的花芽形成后，需要一段相对低温时期其花芽才能伸长，正常开花。因此在栽培中夏季及其稍后的一段时期，要给予一定的夜间低温环境，其白天温度最好保持在 30℃以下。平地栽培者一般此时需要上山栽培。

（2）光照管理：大花蕙兰较喜阳光，光照 15 000～60 000 lx。忌阳光直晒，否则植株部分叶温会过高，容易出现灼伤；光照不足时，植株生长纤弱，叶片难直立，且光合作用弱，植株所产生的同化物也很少。不同的品种对光照度要求不同。在高海拔地区，虽然光照强，但温度低，因此植株生长良好。

（3）空气湿度：大花蕙兰喜较高的空气湿度，相对湿度要求达到 80%～90%。在北方空气干燥的季节，需定时向温室中喷水数次。叶面喷水应控制，次数不宜过多，每次只需将叶面喷湿即可。而南方地区，潮湿的季节湿度大，长期的阴雨潮湿容易引发病害，此时应加强通风透光，促进空气流动。

（4）水肥管理：大花蕙兰的栽培对水质要求较高，水应为中性或微酸性，pH 5.8～6.6，EC 值 0.05～0.20 mS/cm。由于基质排水性能较好，水分散失快，应多浇水。在干旱和高温季节，可每天浇水 1～2 次。处于冬季休眠期的植株，应少浇水或不浇水，只需保持基质不太干即可。如果浇水过多，基质过湿，根系易腐烂。

大花蕙兰植株肥大，生长迅速，需肥量较多。在整个生长期中，均需充足的肥料。在冬季休眠状态和开花期，需完全停止施肥。根据生长阶段不同，使用不同氮磷钾比例肥料，以薄肥勤施、增加根外追肥为佳。例如，生长旺期，氮肥需求量较多；花芽形成期，为了促使花芽分化和生长，磷肥需求量多。

大花蕙兰的假球茎一般都含有 4 个以上叶芽，为了不使营养分散，必须彻底摘除新生的小芽和它的生长点。这种操作应从开花期结束开始，每月摘一次芽，至新的花期前停止，这样可集中营养，壮大母球茎，使花开得更大、更多。大部分品种 9～10 月底可见花芽，如果长出叶芽应剥除，花箭确定后抹去所有新发生芽。花箭用直径 5mm 包皮铁丝作支柱，当花穗长到 15cm 时竖起。绑花箭的最低部位为 10cm，间隔 6～8cm，支柱一般选择 80cm 和 100cm 长。

4.7.5.5 花期调控 大花蕙兰的组培苗要经过 2.5～3 年的营养生长，才能够进入生殖生长。大花蕙兰的销售旺季是元旦和春节期间。因此，如何控制在春节前开花是每个生产企业的重要技术措施。开花稍晚的品种或稍早的品种可以通过加温或降温手段实现。多数品种通过夏季高山栽培实现元旦、春节开花。

4.7.5.6 上市标准 从日本、韩国进口的大花蕙兰，一般要求株高 60～80cm，每箭花朵数

15~20 朵，每盆花箭数 3~5 个，每箭开花度 50%~80%，每盆间花箭高度差异不超过 5cm。

4.7.6 观赏与应用　　大花蕙兰叶色碧绿，花大色艳，花姿粗犷，豪放壮丽，是世界著名的"兰花新星"。它具有国兰的幽香典雅，又有洋兰的丰富多彩，在国际花卉市场十分畅销。盆栽适用于室内花架、阳台、窗台摆放，更显典雅豪华，有较高品位和韵味。大花蕙兰也是切花的良好材料，水养时间长。

其他兰科花卉主要特征简介见表 3-40。

表 3-40　其他兰科花卉主要特性简介

序号	中文名称	学名	科属	株高/cm	花色	花期	繁殖方法	生态习性				观赏用途
								光照	温度	水分	土肥	
1	兜兰属	*Paphio-pedilum*	兰科兜兰属	25~40	黄、红褐		播种、分株	半阴	喜温暖	喜湿润	中肥	切花、盆栽
2	万代兰属	*Vanda*	兰科万代兰属	30~50	黄、红、紫、蓝		高芽	喜光照	耐热不耐寒	耐旱	中肥	切花、盆栽
3	卡特兰属	*Cattleya*	兰科卡特兰属	25~40	白、黄、绿、红紫	夏秋季	分株、组培、无菌播种	半阴	喜温暖	喜湿润	中肥	切花、盆栽
4	文心兰属	*Onci-dium*	兰科文心兰属	20~50	黄、棕、绿、红		分株、组培	半阴	喜温暖	喜湿润	中肥	切花、盆栽

【实训指导】

市场上兰花类花卉产品种类、分级标准及价格调查。

目的与要求：了解兰花类花卉的种类、花卉产品分级标准及价格，识别主要兰花种类及观赏特征。

内容与方法：10~12 人一组到当地花卉市场调查。

实训结果及考评：每组提交实训报告，要求写出调查的地点、时间，列出所调查的兰花种类、质量分级、价格。

【相关阅读】

1．DB46/T 144—2009．海南省地方标准．石斛兰栽培技术规程．

2．NY/T 591—2002．切花　石斛兰．农业行业标准．

3．DB41/T 602—2009．河南省地方标准．蝴蝶兰组织培养技术规程．

4．DB11/T 899—2012．北京市地方标准．盆栽蝴蝶兰栽培技术规程．

【复习与思考】

1．兰科花卉在形态上有哪些特征？

2．兰科花卉的主要观赏应用特点有哪些？

3．兰科花卉在生态习性上有哪些特点？

4．列举 8 种兰科花卉，归纳总结其习性、观赏用途、栽培管理要点。

【参考文献】

包满珠．2010．花卉学．2 版．北京：中国农业出版社．

谷祝平．1991．洋兰——艳丽神奇的世界．成都：四川科学技术出版社．

刘燕．2009．园林花卉学．2 版．北京：中国林业出版社．

卢思聪. 2014. 兰花栽培入门. 北京：金盾出版社.

殷华林. 2011. 兰花栽培实用技法. 2 版. 合肥：安徽科学技术出版社.

臧德奎. 2002. 观赏植物学. 北京：中国建筑工业出版社.

任务七　多浆植物类花卉的栽培管理

【任务提要】多浆植物无论从观赏特征还是对生态的要求均不同于一般观赏花卉，其特殊的体态近年越来越受到大众的喜爱。本任务需要掌握多浆植物的生态习性、观赏用途，掌握常见种类的主要栽培管理方法。

【学习目标】掌握多浆植物的含义、生物学特性及生长发育规律。掌握多浆植物的观赏特点和栽培管理要点。能够识别常见多浆植物 20 种以上。

1　多浆植物的生长发育及生态习性

1.1　多浆植物的含义

多浆植物也叫多肉植物，多数原产于热带、亚热带干旱地区或森林中。植物的茎、叶具有发达的贮水组织，呈现肥厚而多浆的变态状植物。

全世界共有多浆植物一万余种，它们都属于高等植物（绝大多数是被子植物）。在植物分类上隶属几十个科。

多浆植物大部分生长在干旱或一年中有一段时间干旱的地区，每年有很长的时间根部吸收不到水分，仅靠体内贮藏的水分维持生命。其表皮角质或被蜡质层、毛或刺，表皮气孔少而且经常关闭，以降低蒸腾强度，减少水分蒸发。

多浆植物主要包括仙人掌科、景天科、番杏科、大戟科、萝藦科、百合科、凤梨科、龙舌兰科、马齿苋科、鸭跖草科、菊科等在内的植物种类。

1.2　多浆植物的植物学与生物学特性

1.2.1　特殊的植物体态特征

1.2.1.1　仙人掌类的形态特征

（1）叶：仙人掌类植物为了适应长期的干旱环境以求生存，外形发生了变化，正常的扁平叶逐渐退化成圆筒状，进而又退化成鳞片状，最后完全消失。还有部分叶仙人掌属、麒麟掌属及顶花膜鳞掌属的种类具正常的扁平叶，但其大小和肉质化程度有变化。叶仙人掌属种类的叶大而薄，基本上不肉质化。根据种类及其生境条件的不同，这些圆筒形叶的大小、形状、寿命都相差很大。有的锥形叶只有 0.4～0.7cm 长，而有些种类的圆柱形叶长达 12cm。

除了上述有叶的仙人掌外，其他仙人掌类植物已没有叶，但仍可找到叶曾经存在的根据。一些专家指出，仙人掌类的刺座实为腋芽发育而成。还有些专家指出，很多种类的仙人掌，其刺座下面的突起相当于正常叶子的叶基。

（2）茎：具有正常扁平叶的原始类型的仙人掌类，其茎的特点也同大多数种类不同。它们有的如藤本状的灌木，茎的表皮通常不呈绿色，除幼嫩部分外大多木质化。具圆筒状叶的种类茎常不分节，很多种类则具扁平的节状茎。不具叶的种类由于其进行光合作用的功能主要由茎承担，因此茎在正常情况下呈绿色，也不木质化。茎的形态千变万化，更多的呈球形或近似球形，这是长期适应干旱环境的结果，因为同样的体积，球状体表面积最小，蒸腾量也减小。

（3）棱与疣状突起：除原始类型的种类外，仙人掌类的茎都具棱。仙人掌属和昙花属、令箭荷花属及部分苇枝属的种类只有2棱，量天尺属和瘤果仙人鞭属通常为3棱，而其他属种都在4棱以上。其中球形种类的棱较多些，个别的种类多达120棱，一般也有10余棱。这对于适应干旱环境有很大的意义，在旱季由于水分不断散失而体积缩小，一旦下雨则最大限度地吸水使株体迅速膨胀。

仙人掌类的茎除有棱以外，还有疣状突起。疣状突起也是植物为适应干旱环境进一步发展的结果。有了疣状突起更便于植物胀缩和散热。乳突球属的种类仔球着生在疣突中间的疣腋部，幼嫩的仔球可得到疣突和疣突先端刺的保护，避免阳光灼伤和动物侵害。因此目前所有的分类学家都认为疣状突起明显的属种是仙人掌科中最高度进化的物种。

按照种类的不同，疣状突起的形状、长短、直径大小及质地软硬都有很大区别，疣突的形状、大小和排列是进行分类的一种依据。

（4）刺座、刺和毛：刺座是仙人掌类植物特有的一种器官。从本质上讲刺座是高度变态的短缩枝，表面上看为一垫状结构。刺座上着生多种芽，有叶芽、花芽和不定芽，因而刺座上不但着生刺和毛，而且花、仔球和分枝也从刺座上长出。刺座的大小和排列方式各不相同。大多数种类的刺座呈圆形或椭圆形并间隔一定的距离。刺座一般都分布在茎上。但也有一些种类在根、花托、子房、果实等处也有刺座。

刺对于仙人掌类植物的生存有重要意义，它是一种保护机制的产物。刺的数量多少及排列、色彩、形状等各种各样，变化无穷，也是观赏的重要部位。同时它又是鉴别种类进行分类的重要依据。刺的形状主要有锥状、钩状、锚状、栉齿状和羽毛状等。按刺在刺座上的位置有中刺和侧刺（周刺）的区别，一般中刺比较强大。刺的长短相差悬殊，也有很多种类刺完全退化或仅留痕迹。

毛也从刺座上长出，长短粗细不一，色彩多样，先端决不带钩。生长在高海拔地区的种类通常被很长的毛，有白色、黄色、红色等颜色。这些长毛有效地保护植物不被高山上强烈的紫外线所灼伤。

（5）花：每一种仙人掌类植物都能开花。很多种类只要栽培得当很快就可开花，栽培中通过嫁接还可以大大提前开花。花通常着生在刺座上，仙人掌属的种类一般开在充分经受阳光的成熟片状茎上。

（6）根：除了少数乔木状的叶仙人掌属种类和仙人掌属种类外，仙人掌类的根无明显的主根，侧根伸展很远，分布在土壤的浅层，有的种类的根可伸展30m，这也是对干旱生境的适应。有些种类具膨大的肉质根或块根，在这些种类中，根代替茎成为贮水的主要器官，这些种类主要集中在岩牡丹属（*Ariocarpus*）、长疣球属（*Dolichothele*）、翅子掌属（*Pterocactus*）、块根柱属（*Peniocereus*）和部分仙人掌属（*Opuntia*）中，其中葛氏块根柱的块根重达75kg。附生类型的种类如量天尺，变态茎上有大量气根。气根有攀缘和吸收两种功能，在原产地主要是使茎能沿着树枝岩壁伸向阳光较好的地方，而一旦接触到腐殖质和水分较好的地方，原无根毛的气根会迅速长出根毛进行吸收。

1.2.1.2 多肉植物的形态特征 仙人掌科以外的多浆植物和仙人掌类相比，有如下几个特点：①有叶的种类占相当大的比例；②刺的特色没有仙人掌类鲜明，很多种类虽有强刺但被叶掩盖，只是落叶期刺才显得突出；③大部分种类花集成各种花序，花的观赏性总的来说逊于仙人掌类。

按贮水组织在植株中的不同部位，多肉植物可分为三大类型：叶多肉植物、茎多肉植物和茎干类多肉植物。

（1）叶多肉植物：贮水组织主要在叶部。茎一般不肉质化，部分茎稍带木质化。按生境干旱程度的不同，叶的肉质化程度有所区别。由于科属的不同，尽管叶多肉植物的叶有共同的旱生结构——叶肥厚、表皮角质或被蜡、被毛、被白粉等，但叶的类型极丰富。这种多样化的叶型是分类的重要依据。其中大多数是单叶，但也有复叶。复叶的类型有三出叶、掌状复叶、一回羽状复叶和两回羽状复叶。单叶的形状有线形、细圆柱形、匙形、椭圆形、卵圆形、心形、剑形、舌形和菱形等。叶缘多为全缘，有的叶缘和叶尖有齿、毛或刺。

叶的排列方式有互生、对生、交互对生、轮生、两列叠生、簇生等。海拔较高地区原产的种类叶排列成莲座形，整个株形非常紧凑，是家庭栽培观赏的理想种类。高度肉质化的番杏科种类，叶的形状有球状、扁球状、陀螺状和元宝状等。

（2）茎多肉植物：大戟科、萝摩科、夹竹桃科和牻牛儿苗科的多肉植物，贮水部分在茎部，称为茎多肉植物。它们之中的很多种类的茎和仙人掌类相似，呈圆筒状或球状，有的具棱和疣状突起但没有刺座。也有一些种类具刺，刺有皮刺、针刺和棘刺之分。

很多具粗壮肉质茎的种类通常不具叶，有的在幼嫩部分有细小的叶但常落。马齿苋科的马齿苋树和景天科的燕子掌既有粗壮的肉质茎又有肉质化的叶，而且这种叶始终存在。

（3）茎干类多肉植物：植株的肉质部分主要在茎基部，形成极其膨大的形状不一的块状体、球状体或瓶状体。无节、无棱，而有疣状突起。有叶或叶早落，多数叶直接从根颈处或从突然变细的几乎不肉质的细长枝条上长出。在极端干旱的季节，这种枝条和叶一起脱落，如薯蓣科著名的多肉种类龟甲龙和墨西哥龟甲龙就是这种类型。

但也有一些种类，在膨大的茎干上有近乎正常的分枝，茎干通常较高，生长期分枝上有叶，干旱休眠期叶脱落但分枝存在。整体上看株形和一般乔木类似，只是主干较膨大，贮水较多，如木棉科的猴面包树（*Adansonia digitata*）、纺锤树，辣木科的象腿树（*Nolina recurvata*）等。

1.2.2 具有鲜明的生长期和休眠期　　陆生的大部分仙人掌科植物原产于南美洲、北美洲的热带地区。该地区的气候有明显的雨季和旱季之分，原产该地的仙人掌科植物形成了生长期和休眠期的交替习性。在雨季吸收大量水分，迅速生长、开花、结果，旱季休眠。除仙人掌科植物外，部分多浆植物也有此特性。

1.2.3 具有很强的耐旱能力　　生理上称仙人掌科、景天科、番杏科、凤梨科、大戟科的某些植物为景天代谢途径植物，即 CAM（crassulacean acid metabolsim）植物。这些植物的代谢途径与一般植物相反，是适应长期干旱环境的结果。这些植物夜间空气湿度较大时张开气孔，吸收 CO_2，对 CO_2 进行羧化作用，将 CO_2 固定在苹果酸内，并贮存于液泡内；白天气孔关闭，降低水分蒸腾，同时利用前一晚所固定的 CO_2 进行光合作用。

多浆植物的体形变化和表面结构也与干旱环境相适应。多浆植物体态趋于球形及柱形，使贮水体积较大而表面积较小，最大限度减少蒸腾的表面积。此外，多浆植物多具棱肋，雨季时可以迅速膨大，把水分贮存于体内；干旱失水时又便于皱缩。

某些种类还有毛刺或白粉，可以减弱阳光的直射。表面角质化或被蜡质层，可以防止过度蒸腾。

2　多浆植物的繁殖与栽培管理

2.1　多浆植物的繁殖

多浆植物繁殖比较容易，常用的方法为扦插、播种，嫁接繁殖在仙人掌科中应用最多。

2.1.1　扦插繁殖

多数多浆植物可以扦插繁殖。由于其多浆不易枯萎，不仅扦插成活容易，许多种还能用叶插繁殖。切取插穗时注意保持母株的株型完整，选取茎叶成熟者，过嫩或过于老化的茎节不易成活。切下的部分先置于阴处一定时间，使伤口愈合封闭后再插入基质。扦插基质应选择通气良好、保水排水均好的材料，如珍珠岩、蛭石，含水较多的种类也可用河沙。有保护设施的情况下四季均可扦插，但以春夏为宜，雨季扦插易烂根。

2.1.2　播种繁殖

多浆植物在原产地极易结实。室内盆栽的仙人掌及多浆植物常因光照不足或授粉不良而不易结实，可采用人工辅助授粉的方法促进结实。多数果实为浆果。种子寿命及发芽率依种类和品种而异，多数种子生活力为1～2年。

种子发芽较慢，可在播种前2～3d浸种。播种期以春夏为好，多数种子在24℃条件下发芽率较高。

当幼苗足够强壮时移栽，仙人掌类尽可能在播种后第二年、幼苗长出棘刺时移栽才比较安全。

2.1.3　嫁接繁殖

主要用于仙人掌科植物的繁殖。

2.1.3.1　嫁接的作用　一些仙人掌科植物的自然变种和园艺品种，自身不含叶绿素，如常见栽培的绯牡丹（*Gymnocalycium mihanovichii* var. *friedrichii*）等，只有嫁接在绿色的砧木上才能生长开花；鸡冠状的种类根系很弱，宽阔的基部埋入土中易腐烂，嫁接能够解决以上问题并使其能表现优美姿态；嫁接苗生长快，一般比自根苗快3～5倍；分枝低及下垂的种类，嫁接在较高的砧木上易于造型；一株砧木嫁接不同形态、色彩的种类，还能够提高观赏价值。

2.1.3.2　适宜的砧木　仙人掌科许多属、种之间均能嫁接成活，而且亲和力高。一般选择繁殖快、生长迅速、植株健壮、与接穗亲和力好、形态与接穗相适应的种类作砧木。毛鞭柱属的许多种，如钝角毛鞭柱（*Trichocereus macrogonus*）、毛花柱（*T. panchanoi*），天轮柱属（*Cereus*）的秘鲁天轮柱（*C. peruvianus*）等都是柱状仙人掌的优良砧木。量天尺（*Hylocereus undatus*）的亲和性较广，特别适合缺叶绿素的种类和品种。叶仙人掌属也是很好的砧木，对葫芦掌、蟹爪、仙人指等分枝低的附生型都很适应。

2.1.3.3　嫁接的方法

（1）平接：适用于柱状和球状种类。接穗粗度较砧木稍小或相差不多，将砧木顶端和接穗基部用利刃削平，将削面吻合，注意接穗和砧木的维管束要有部分接触才利于成活。接上之后用细线纵向捆绑，使接口密接（图3-80）。

（2）劈接：多用于接穗为扁平状的种类，如蟹爪莲（*Zygocatus truncactus*）、仙人指（*Schlumbergera bridgesii*）等。常用的砧木有仙人掌属（*Opuntia*）、叶仙人掌属（*Pereskia*）、天轮柱属及量天尺属等。砧木高出盆面15～30cm，宜养成垂吊式。

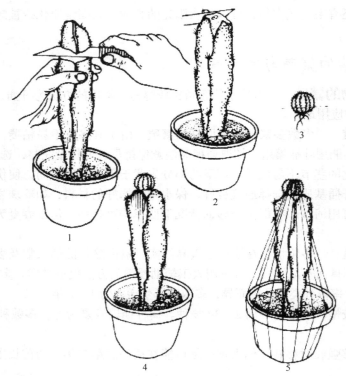

图 3-80　仙人球嫁接（平接，三棱箭为砧木）（引自傅玉兰，2001）
1. 在砧木顶部平削；2. 斜削柱棱；3. 切去接穗下部；4. 将接穗置于砧木上部；5. 绑扎固定

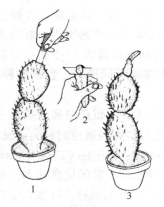

图 3-81　蟹爪莲嫁接（劈接，以仙人掌为砧木）（引自傅玉兰，2001）
1. 用利刀在砧木顶部劈插切口；2. 将接穗基部两面斜削；3. 接穗插入砧木切口

劈接时，将砧木从需要的高度横切，在顶部或侧面劈出纵向切口，使用量天尺作砧木的话可以在一个或三个棱上纵向劈切出切口，接穗下端两面削成楔形，嵌进砧木切口内，用仙人掌刺或竹针或嫁接用夹子固定（图 3-81）。

2.1.3.4　嫁接的注意事项

（1）嫁接应在生长期进行，最适季节是初夏生长旺季，选温暖及湿度大的晴天嫁接，空气干燥时，宜在清晨操作。

（2）砧木与接穗应选健壮无病、生长成熟的时期，太老、太幼嫩的均不适合。

（3）砧木接口的高低，由多种因素决定，无叶绿素的品种要接的高些，以保证有足够的光合产物供给。

（4）嫁接后接口不能进水，否则易腐烂。接后放阴处，不能日光直射。成活后由砧木生出的侧芽、侧枝均应尽早除去，以免影响接穗的生长。

2.2　多浆植物的栽培管理技术

2.2.1　光照

原产沙漠、半沙漠、草原等干热地区的多浆植物，在旺盛生长季节要求阳光适宜、水分充足。冬季低温季节是休眠时期，在干燥、低光照下易安全越冬。幼苗比成年植株需较低光照。

　　伽蓝菜、蟹爪莲、仙人指等多浆植物是典型的短日照花卉，需要经过一定的短日照才能开花。

　　附生型仙人掌原产热带雨林，终年不需强光直射。冬季不休眠，应给予充足的光照。

2.2.2　温度　　多浆植物除少数原产于高山的种类外，都需要较高的温度，25～35℃最适宜，生长期间最低温度要求在18℃以上。冬季能忍受的最低温因种类而异，多数在干燥休眠情况下能忍受6～10℃的低温。原产北美高海拔地区的仙人掌，在完全干燥的条件下能耐轻微霜冻。原产亚洲山地的景天科植物，耐寒能力较强。较大的昼夜温差有利于多肉植物的生长。

2.2.3　土壤　　沙漠型多浆植物在完全不含有机质的矿物基质（如矿渣、花岗岩碎砾）中与传统的栽培基质栽培一样生长良好。基质pH宜5.5～6.9，最好不超过7.0。附生型多浆植物的栽培基质既要求良好的排水透气性，又要求丰富的有机质。

2.2.4　水分　　多浆植物休眠期需水很少，甚至整个休眠期可完全不浇水，保持干燥可安全越冬。生长期中足够的水分能保持旺盛生长，缺水会导致植株生长缓慢。在任何时期，多浆植物根部都应防止积水，否则会造成死亡。硬水和碱性水不能用于多浆植物。

3　多浆植物的观赏应用特点

3.1　多浆植物的观赏特点

3.1.1　植株棱形、棱数各异　　很多多浆植物具有突出的棱肋，棱肋突出于肉质茎的表面，有上下贯通的，有向左或向右螺旋状排列的，有锐形、钝形、瘤状、锯齿状等多种形状；条数也各不相同。这些棱形状各异，奇特可赏。

3.1.2　茎、叶的形态多变　　多浆植物多数种类具有特异的变态茎、叶，扁形、圆形、多角形、不规则形等。正是茎、叶的变化奇特，使植株趣味横生，使得多浆植物备受欢迎。

3.1.3　刺形多变　　仙人掌类及部分多浆植物，在变态茎上着生刺座，刺座的大小及排列方式依种类不同有很多变化。刺座上除着生刺、毛外，有时着生子球、茎节或花朵。各种刺的形状、长短、颜色不同也构成多浆植物的鉴赏点之一。例如，金琥的大针状刺呈放射状，金黄色，使球体格外壮观。

3.1.4　花的色彩、形态、位置各异　　多浆植物花色艳丽，花瓣肉质滋润，具有金属光泽。多数花朵颜色为白、黄、红色。花朵的形状变化丰富，有漏斗状、管状、钟状、辐射状等。花朵着生的位置有侧生、顶生、沟生等。因此多浆植物无花时欣赏奇特的体态，开花时更加艳丽无比。

3.2　多浆植物的应用

3.2.1　盆栽观赏　　不少多浆植物体态小巧玲珑，色彩艳丽，奇特清雅，适宜盆栽室内观赏，也适宜高层建筑的阳台绿化装饰。

3.2.2　专类园布置　　由于多浆植物种类繁多，株型丰富，观赏特点各不相同，趣味性强，对生境要求具有一定的规律性，因此适合布置专类园，可以普及科学知识，使人们感受沙漠植物景观。由于多数种类的耐旱性强，也可以布置于岩石园中。

3.2.3　作篱垣　　生长旺盛、植株高大的种类可以作篱垣，起到隔离、防护作用，同时与多数的绿篱相比，风格奇特，如量天尺、霸王鞭均可作篱。

3.2.4　布置花坛或地被　　低矮、枝叶细密的多浆植物可以布置模纹花坛和作地被植物，如垂盆草（*Sedum sarmentosum*）、佛甲草（*Sedum lineare*）。

3.2.5　布置屋顶花园　　多浆植物一方面具有超强的耐旱能力，适宜在屋顶花园栽植；另一方面其年生长量小，多数种类根系较浅，也适合屋顶花园的特殊要求。多态、多色的种类为屋顶花园的景观设计提供了丰富的植物材料。

4　多浆植物栽培管理实例

4.1　金琥

学名：*Echinocactus grusonii*。
别名：象牙球，金琥仙人球。
英名：golden barrel cactus，golden-ball。
科属：仙人掌科金琥属。

图 3-82　金琥（引自宛成刚和赵九州，2013）

产地与分布：原产墨西哥中部干燥、炎热的热带沙漠地区，现在各地均有栽培。

4.1.1　形态特征　　常绿植物，植株呈球形，单生或成丛，高 1.3m，直径 80cm 或更大。球顶密被金黄色绵毛。有棱 21～37，显著。刺座很大，密生硬刺，刺金黄色，3～5cm。6～10 月开花，花生于球顶部绵毛丛中，钟形，4～6cm，黄色，花筒被尖鳞片（图 3-82）。寿命 50～60 年。

4.1.2　种类及品种　　常见园艺变种有：①白刺金琥（var. *albispinus*），为金琥的白色刺变种，刺叶雪白，比原种珍贵；②狂刺金琥（var. *intertextus*），为金琥的曲刺变种，中刺较原种宽大；③短刺金琥（var. *subinermis*），为金琥的短刺变种，刺叶为不显眼的短小钝刺，属珍贵的稀有品种。

4.1.3　生态习性　　喜光照充足，每天至少需要有 6h 的直射光照。夏季应适当遮阴，但不能遮阴过度，否则球体变长，会降低观赏价值。生长适宜温度为白天 25℃，夜晚 10～13℃，适宜的昼夜温差可使金琥生长加快。冬季应放入温室，或室内向阳处，温度保持 8～10℃。若冬季温度过低，球体上会出现难看的黄斑。

4.1.4　繁殖方法

4.1.4.1　播种法　　用当年采收的种子出苗率高。春季或秋季选择饱满的种子，浸种催芽 2d，然后播入盆土。7～10d 发芽。待仔球长至 1cm 时按 5cm×5cm 的株行距间苗。长至 4cm 即可定植，每小盆栽一个。发芽后 30～40d 幼苗球体已有米粒或绿豆大小，可进行移栽或嫁接在砧木上催长。

4.1.4.2　仔球嫁接法　　将培育 3 个月以上的实生苗嫁接在柔嫩的量天尺上催长，待接穗长到一定大小或砧木支撑不了时，可切下，晾干伤口后进行扦插盆栽。在土壤肥沃、空气流通的良好环境下，不经嫁接的实生苗生长也很快。上盆后的实生苗或嫁接仔球，应放置在半阴处，忌阳光直射，7～10d 后球体不萎缩即成活。

4.1.4.3　扦插法　　是最常用的繁殖方法，一年四季均可进行。先从母株上切取成熟小块，置于阴处半日然后扦插，这是成活的关键。扦插基质应选择通气良好、保水、排水好的材料，如珍珠岩、蛭石、河沙，插后不浇水，仅喷雾，使沙土稍湿即可。

4.1.4.4　嫁接法　　采用嫁接法繁殖，可以促进生长并提前开花。生长季节中除高温多湿期因切口易腐烂不宜嫁接外，其他时间均可嫁接，但以 9 月最为适宜。砧木选用与金琥有较强亲和力的量天尺。

4.1.5　栽培管理　　喜肥沃并含石灰质的砂壤土。要求阳光充足，但夏季仍需适当遮阴。越冬温度保持 8～10℃，盆土要求干燥。土壤及空气流通的条件下生长较快。栽培中宜每年换盆一次，换盆的适宜时间为植物休眠期结束至生长旺盛期到来之前。

4.1.6　观赏与应用　　金琥寿命很长，栽培容易，成年大金琥花繁球壮，金碧辉煌，观赏价值很高。小型个体适宜盆栽置于书桌、案几。大型个体适宜地栽群植，布置专类园。

4.2　昙花

学名：*Epiphyllum oxypetalum*。

别名：昙华，月下美人，琼花。

英名：dutchman's pipe，cactus，queen of the night。

科属：仙人掌科昙花属。

产地与分布：原产墨西哥至巴西热带雨林，现各地均有栽培。

4.2.1　形态特征　　昙花是附生肉质灌木植物，高 2～6m，老茎圆柱状，木质化（图 3-83）。分枝多数，叶状侧扁，披针形至长圆状披针形，长 15～100cm，宽 5～12cm，先端长渐尖至急尖，或圆形，边缘波状或具深圆齿，基部急尖、短渐尖或渐狭成柄状，深绿色，无毛，中肋粗大，宽 2～6mm，于两面突起，老株分枝产生气根；小窠排列于齿间凹陷处，小形，无刺，初具少数绵毛，后裸露。花单生于枝侧的小窠，漏斗状，于夜间开放，芳香，长25～30cm，直径 10～12cm；花托绿色，略具角，被三角形短鳞片；花托筒长 13～18cm，基部直径 4～9mm，多少弯曲，疏生长 3～10mm 的披针形鳞片，鳞腋小窠通常无毛。花重瓣，白色，夜间开放，数小时后凋谢；萼片筒状，红色。浆果长球形，具纵棱脊，无毛，紫红色。种子多数，卵状肾形，亮黑色，具皱纹。

4.2.2　种类及品种　　常见杂种有双色昙花（*E. bicolor*），花紫和白色。红昙花（*E. coccineum*），花鲜红色。盖氏昙花（*E. gaertneri*），花鲜红和淡紫色。橙红昙花（*E. salmoneum*），花橙红色。紫昙花（*E. violaceum*），花紫色。

4.2.3　生态习性　　性强健，喜温暖湿润的半阴环境，不耐霜冻，忌强光暴晒。适宜温度为 15～25℃，越冬温度在10～12℃，可耐 5℃左右低温。土壤宜富含腐殖质、排水性能好、疏松肥沃的微酸性砂质土，否则易烂根。

4.2.4　繁殖方法　　常用扦插和播种繁殖。

图 3-83　昙花（引自傅玉兰，2001）

扦插繁殖：扦插时间以 5～6 月最为适宜，有温室条件的可以一年四季进行。插穗选择生长充分的叶状枝 20～30cm，以生长健壮、肥厚为好，过嫩的枝条插后易腐烂或萎缩，不宜选用。切下后放在阴凉通风处 1～2d，伤口干燥后扦插，20d 后可生根，次年可开花。

播种繁殖：常用于杂交育种，从播种至开花需 4～5 年。

4.2.5 栽培管理　　盆栽常用排水良好、肥沃的腐叶土，盆土不宜太湿，夏季保持较高的空气湿度。生长期每半月施肥 1 次，初夏现蕾开花期增施磷肥 1 次。肥水施用合理，能延长花期，肥水过多，过度荫蔽，易造成茎节徒长，影响开花。

喜半阴、温暖的环境。夏季要放在荫棚下养护，或放在无直射光的地方栽培。春季和夏季生长适宜温度为白天 21～24℃，夜间 16～18℃。冬季要入温室，放在向阳处，要求光照充足，越冬温度以保持 10～13℃为宜。

冬季室温过高时，从基部常常萌发繁密的新芽，应及时摘除，以免消耗养分影响春后开花；春季随着气温的升高，不宜过多的浇水和施肥，以免引起落蕾。

盆栽昙花由于变态茎柔弱，应及时绑扎或立支柱。

为了改变昙花夜晚开花的习性，可采用"光暗颠倒"的办法，使昙花白天开放。当昙花花蕾膨大时，白天把昙花移到黑暗的暗室或用黑色塑料薄膜做的遮光黑罩子罩住，不要有一点透光，而晚上从 8 时到次晨 6 时，则用灯光照射，这样处理 7～8d，昙花就可按照人们的意愿，在白天开放。

4.2.6 观赏与应用　　昙花为著名的观赏花卉，俗称"月下美人"、"琼花"。每逢夏秋节令、繁星满天、夜深人静时，昙花开放，展现美姿秀色。适宜盆栽室内观赏。

昙花的花语：刹那间的美丽，一瞬间的永恒。

4.3　令箭荷花

学名：*Nopalxochia ackermannii*。

图 3-84　令箭荷花（引自
傅玉兰，2001）

别名：红花孔雀，孔雀仙人掌。

英名：red orchid cactus。

科属：仙人掌科令箭荷花属。

产地与分布：原产墨西哥中南部及玻利维亚，现在各地均有栽培。

4.3.1 形态特征　　附生类植物，茎直立，多分枝，群生灌木状，高 50～100cm。植株基部主干细圆，分枝扁平呈令箭状，绿色。茎的边缘呈钝齿形。齿凹入部分有刺座，具 0.3～0.5cm 长的细刺，并生有丛状短刺（图 3-84）。扁平茎中脉明显突出。花大型，从茎节两侧的刺座中开出，花筒细长，喇叭状，花被重瓣或复瓣，白天开花，夜晚闭合，一朵花仅开 1～2d，花色有紫红、大红、粉红、洋红、黄、白、蓝紫等，花期为 4～6 月。椭圆形红色浆果，种子黑色。

4.3.2 种类及品种　　令箭荷花的园艺品种至少在 1500 种以上。常见栽培的有小朵令箭荷花（*N. phyllanthoides*），变态茎较窄，花朵较小，在 10cm 以下。

4.3.3　生态习性　　令箭荷花喜温暖湿润、阳光充足、通风良好的环境，耐干燥，不耐寒，夏季怕强光暴晒。宜疏松、肥沃、排水良好的微酸性砂质土壤。

4.3.4　繁殖方法　　常用扦插及嫁接繁殖。

扦插繁殖：多用此法繁殖。温室中一年四季均可进行，但以 5～7 月扦插最好。插穗选择无病虫害、生长健壮肥厚的 2 年生叶状枝，用利刀削成 8～10cm 的一段，置阴凉通风处 1d 左右。待其伤口稍干成一层薄膜后再扦插。扦插基质为素沙即可。插后喷足水并遮阴，温度保持 15～20℃，苗床保持湿润，一般 20～30d 可长出新根。

嫁接繁殖：令箭荷花还可用嫁接法繁殖。砧木一般选用生长势强、健壮的仙人掌，宜用劈接法，室温 20～25℃ 条件下嫁接成活率最高。

4.3.5　栽培管理　　盆栽令箭荷花要求肥沃、疏松、富含有机质的石灰质砂土或壤土。

夏季保持温度 25℃ 以下，越冬温度 8℃ 以上。夏季应适当遮阴。生长期浇水见干见湿。冬季保持土壤干燥。

生长期间一般半个月施 1 次肥。盛夏高温期应停止施肥。晚秋时节对施肥应加以节制，有利于植株安全越冬。休眠期间，新上盆植株、根系损坏的植株、根茎处有伤口的植株均不可施肥。

令箭荷花要保持良好的株型和持续开花能力需要进行整形修剪工作。扦插或嫁接成活的植株，将其茎片顶端或叶痕处发生的侧芽一律抹去，迫使它从茎片的基部再发新芽。在基部发出的芽中，选择分布均匀的壮芽保留。壮芽呈紫红色，长势快，扁宽或三棱形。及早抹去又细又长形似鞭状的芽，使养分集中供给壮芽。

可以通过切除生长点的方法控制株高，即当盆栽令箭荷花的茎片长到 30cm 左右时，可将茎片先端边缘发红的生长点切除掉，茎片即停止继续长高。这样营养都集中在保留的茎片上，茎片就会长得粗壮、充实，不需设立支柱，外形也十分挺拔美观。

一般一个口径约为 30cm 大小的盆内保留 20～25 个茎片即可。要想增加茎片的数量，可于每次生长期留壮芽 3～4 个，数量不要过多，以保证所留芽的营养，使其一次就长到所需的高度。因发芽过晚或因长势不良、生长缓慢，一次达不到所需高度的茎片，需要抹除。花期过后，剪去老弱残枝。已经开过 1～2 次花的花叶枝老化，颜色灰白，开始木质化不容易开花。需要有计划地逐年修剪掉老枝。

4.3.6　观赏与应用　　令箭荷花花大色艳，花色繁多，以其娇丽轻盈的姿态、艳丽的色彩和幽郁的香气，深受人们喜爱。以盆栽观赏为主，用来点缀客厅、书房的窗前、阳台、门廊，为色彩、姿态、香气俱佳的室内优良盆花。

4.4　蟹爪莲

学名：*Zygocactus truncactus*。

别名：圣诞仙人掌，蟹爪兰，螃蟹兰。

英名：crab cactus，claw cactus，yoke cactus。

科属：仙人掌科蟹爪属。

产地与分布：原产巴西东部热带森林中，现在各地均有栽培。

4.4.1　形态特征　　附生肉质植物，常呈灌木状，无叶（图 3-85）。茎无刺，多分枝，常悬垂，老茎木质化，稍圆柱形，幼茎及分枝均扁平；每一节间矩圆形至倒卵形，长

图 3-85　蟹爪莲（引自宛成刚和赵九州，2013）

3～6cm，宽 1.5～2.5cm，鲜绿色，有时稍带紫色，顶端截形，两侧各有 2～4 粗锯齿，两面中央均有一肥厚中肋；窝孔内有时具少许短刺毛。花单生于枝顶，花冠漏斗形，玫瑰红色，长 6～9cm，两侧对称；花萼一轮，基部短筒状，顶端分离；花冠数轮，下部长筒状，上部分离，越向内则筒越长。浆果梨形，暗红色，直径约 1cm。

4.4.2　种类及品种　蟹爪莲的品种丰富，常见杂交种有白色的'圣诞白'、'多塞'、'雪花'；黄色的品种有'金媚'、'圣诞火焰'、'金幻'；橙色的'安特'、'弗里多'；紫色的品种'马多加'；粉色的品种有'卡米拉'、'迪斯托'等。大多从美国、日本、丹麦等国引进。

栽培中与蟹爪莲非常相似的为仙人指（*Schlumbergera bridgesii*），二者区别主要是仙人指的变态茎边缘没有尖齿而呈波状，花冠整齐，茎节较短。

4.4.3　生态习性　性喜凉爽、温暖的环境，较耐干旱，怕夏季高温炎热，较耐阴。生长适温 20～25℃，休眠期温度 15℃左右。喜欢疏松、富含有机质、排水透气良好的基质。蟹爪兰属短日照植物，每天日照 8～10h 的条件下，2～3 个月即可开花，可通过控制光照来调节花期。

4.4.4　繁殖方法　主要繁殖方法为扦插和嫁接。

扦插繁殖主要在春季进行，选生长健壮的蟹爪兰 3～5 节，1 节插入基质，15d 左右生根。

砧木以仙人掌、量天尺为好。用劈接法。适宜时间为 3 月下旬至 6 月中旬和 9 月中旬至 10 月中旬。嫁接的蟹爪莲株型优美，拱曲悬垂，观赏价值提高。

4.4.5　栽培管理　蟹爪莲生长适宜温度为 25℃左右，超过 30℃进入半休眠状态。冬季室温保持在 15℃左右，低于 10℃，温度突变及温差过大会导致落花落蕾；开花期温度以 10～15℃为好，并移至散射光处养护，以延长观赏期。入秋后提供冷凉、干燥、短日照条件，促进花芽分化。花期减少浇水。栽培时长期营养不良或土壤过干，花芽形成后光照条件突变，昼夜温差过大，浇水水温太低，均会使花蕾易落。

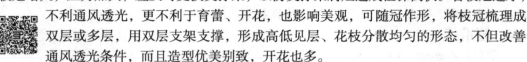

栽植蟹爪莲应根据其植株的大小合理配制支撑架，尤其是五、六年生以后的植株，枝冠增大，压力加大，应及时更换支撑架，以防支撑架腐烂造成植株倒伏。若枝冠过厚，不利通风透光，更不利于育蕾、开花，也影响美观，可随冠作形，将枝冠梳理成双层或多层，用双层支架支撑，形成高低见层、花枝分散均匀的形态，不但改善通风透光条件，而且造型优美别致，开花也多。

春季花谢后，及时从残花下的 3～4 片茎节处短截，同时疏去部分老茎和过密的茎节，以利于通风和居家养护；在蟹爪兰的培育中，有时从一个节片的顶端会长出 4～5 个新枝，应及时除去 1～2 个。茎节上着生过多的弱小花蕾，也要摘除，可促成花朵大小一致、开花旺盛。

4.4.6　观赏与应用　蟹爪莲株型垂挂，花色艳丽丰富，适合于窗台、门庭入口处和展览大厅装饰，为冬季室内的主要盆花之一。

4.5 虎刺梅

学名：*Euphorbia milii* var. *splendens*。

别名：铁海棠，麒麟花，刺梅，老虎筋。

英名：crown-of-thorns。

科属：大戟科大戟属。

产地与分布：原产马达加斯加，现在各地均有栽培。

4.5.1 形态特征 蔓生植物。茎多分枝，长60～100cm，直径5～10mm，具纵棱，密生硬而尖的锥状刺，刺长1～2.0cm，常呈3～5列排列于棱脊上（图3-86）。叶互生，通常集中于嫩枝上，倒卵形或长圆状匙形，先端圆，具小尖头，基部渐狭，全缘；无柄或近无柄；托叶钻形，极细，早落。花序2～4或8个组成聚伞花序，生于枝上部叶腋；复序具柄，长4～7cm；苞叶2枚，肾圆形，长8～10mm，宽12～14mm，先端圆且具小尖头，其部渐狭，无柄，上面鲜红色，下面淡红色，紧贴花序。蒴果三棱状卵形，长约3.5mm，直径约4mm，平滑无毛。种子卵柱状，长约2.5mm，直径约2mm，灰褐色，具微小的疣点。花果期全年。

图3-86 虎刺梅（引自傅玉兰，2001）

4.5.2 种类及品种 该种具有诸多园艺栽培品种，如花朵、叶片均较明显大于传统品种的'彩裙'、'红日'、'瑞雪'、'桔焰'、'香槟'、'魅力'等。

另外还有苞叶黄白色的浅黄铁海棠（*E. milii* var. *tananarivae*）和红色花的红花铁海棠（*E. milii* var. *splendens*）

4.5.3 生态习性 喜温暖、湿润和阳光充足的环境。稍耐阴，但怕高温，较耐旱，不耐寒。生长适温为24～30℃，冬季15℃以上才开花，否则落叶休眠。以疏松、排水良好的腐叶土为宜。若冬季温度较低时，有短期休眠现象。

4.5.4 繁殖方法 扦插繁殖。多春季进行，剪取8～15cm茎段，晾干几日后扦插，30d左右生根。

4.5.5 栽培管理 虎刺梅栽培时保证阳光充足，土壤不可过湿，长期阴湿生长不良，但土壤过干会造成落叶。

由于虎刺梅的花开在新枝的顶端，要想多开花，就必须进行适当的修剪。主枝太长，花量减少。花后将过长的和生长不整齐的枝短截，每年修剪1次。由于虎刺梅枝茎长且肉质，在适当控水后可以进行弯曲造型，形成各种外在的造型，提高观赏价值。

4.5.6 观赏与应用 虎刺梅栽培容易，开花期长，各色苞片鲜艳夺目，是深受欢迎的盆栽植物。可以布置于窗台、阳台等处。经过造型的虎刺梅可以布置宾馆、商场等公共场所。

花语：倔强又坚贞，温柔又忠诚，勇猛又不失儒雅。

4.6 生石花

学名：*Lithops pseudotruncatella*。

图 3-87 生石花（引自
宛成刚和赵九州，2013）

别名：石头花。

英名：living stone，stone face。

科属：番杏科生石花属。

产地与分布：原产南非和西非，现在各地均有栽培。

4.6.1　形态特征　多年生小型多肉植物。无茎。变态叶肉质肥厚，两片对生联结而成为倒圆锥体，外形酷似卵石；幼时中央只有一孔，长成后中间呈缝状，为顶部扁平的倒圆锥形或筒形球体，灰绿、灰褐色；2 片新叶与老叶交互对生，并随着萌生新叶代替老叶；叶顶部色彩及花纹变化丰富（图 3-87）。花从顶部缝中抽出，无柄，黄色，午后开放；花期 4～6 月。

4.6.2　种类及品种　生石花属有 70～80 种，常见栽培的有日轮玉（*L. aucampiac*）、福寿玉（*L. eberlanzii*）、琥珀玉（*L. bella*）等。日轮玉系是生石花属中最强健的种类之一，耐旱耐涝耐阴，不易徒长；日轮玉开黄花，体型为中到超大型种，超大型品种单头直径可超过 5cm；表面纹路轻微下陷，但不形成沟槽。福寿玉开白色花。琥珀玉叶球状呈淡黄棕色，顶面有较深的树枝状凹纹，褐黄色；花纯黄色。

4.6.3　生态习性　喜冬暖夏凉气候。喜温暖干燥和阳光充足环境。怕低温，忌强光。喜阳光充足，生长适温为 10～30℃。宜生长在疏松的中性砂壤土中。

4.6.4　繁殖方法　可用播种和分株法繁殖。

春季 4～5 月播种，因种子细小，一般采用室内盆播，播后覆土宜薄，盆土干时应采取浸盆法浇水，切勿直接浇水，以免冲失种子。播种温度 15～25℃。播后约半个月发芽。出苗后让小苗逐渐见光。实生苗需 2～3 年才能开花。

生石花每年春季从中间的缝隙中长出新的肉质叶，将老叶胀破裂开，老叶也随着皱缩死亡。新叶生长迅速，到夏季又皱缩而裂开，并从缝隙中长出 2～3 株幼小新株，分栽幼株即可。

4.6.5　栽培管理　生石花属于室内花卉，一年四季都要放在温室内养护，不宜露天种植，也不宜地栽。盆土要求疏松透气，排水性良好，具有较粗的颗粒。

春季的 2～4 月是生石花的蜕皮期，此时应停止施肥，控制浇水，使原来的老皮及早干枯。如果土壤透气性不好、栽培环境通风不良，会使植株腐烂。

进入盛夏要适当遮阴，避免强光直射。秋季气温凉爽，昼夜温差较大，是生石花的主要生长期，也是生石花的开花季节，要求有充足的阳光。如果光照不足，会使植株徒长，肉质叶变的瘦高，顶端的花纹不明显，而且难以开花。

4.6.6　观赏与应用　生石花小巧玲珑，形态奇特，品种繁多，色彩丰富，在国际上享有"活的宝石"的美称，适宜作室内小型盆栽花卉。

其他多浆植物主要特征简介见表 3-41。

【复习与思考】

1. 多浆植物在园林中有何作用？
2. 总结多浆植物的观赏特点。
3. 归纳你喜欢的多浆植物 8～10 种，叙述你喜欢的理由，整理其栽培管理要点。

表 3-41 其他多浆植物主要特性简介

序号	中文名称	学名	科属	株高/cm	花色	花期	繁殖方法	生态习性				观赏用途
								光照	温度	水分	土肥	
1	念珠掌	Rhipsalis salicornioides	仙人掌科丝苇属	30~40	黄	9~12月	扦插	耐阴	不耐高温	耐干旱	中肥	垂吊、挂壁盆景
2	绯牡丹	Gymnocalycium mihanovichii var. friedrichii	仙人掌科裸萼球属	30~40	粉红	春末夏初	嫁接	喜光照	耐高温	耐干旱		盆栽
3	松霞	Mammillaria prolifera	仙人掌科乳突球属	10	淡黄	春季	播种、扦插、分株、嫁接	喜光照	较耐寒	耐干旱	喜肥沃	瓶景、盆栽
4	神刀	Crassula falcata	景天科青锁龙属	5~100	橙红	7~8月	扦插	耐半阴	不耐寒	耐干旱	疏松肥沃	盆栽
5	鹿角海棠	Astridia velutina	番杏科角海棠属	25~35	红、白	冬季	扦插	喜光照	不耐寒	耐干旱	疏松肥沃	盆栽
6	龙须海棠	Lampranthus spectabilis	番杏科日中花属	30~50	紫红、粉红、黄、橙	春末夏初	扦插	喜光照	不耐寒	耐干旱	中肥	盆栽、花坛、坡地、片植
7	长寿花	Kalanchoe blossfeldiana	景天科伽蓝菜属	10~30	橙红至绯红	2~5月	扦插、组培	喜光照	喜温暖	喜湿润	肥沃	盆栽、花坛
8	大花犀角	Stapelia grandiflora	萝藦科皮花属	20~30	淡黄、黑紫	7~8月	分株、扦插、播种	耐半阴	喜温暖	耐旱	肥沃	盆栽、岩石园
9	墨牟	gasteria maculata	百合科沙鱼掌属	10~15	粉红伴绿		扦插	喜光照	喜温暖	耐旱		盆栽
10	水晶掌	Haworthia cymbiformis var. triebnet poelln	百合科十二卷属	5~10			分株	半阴	喜温暖	喜湿润	肥沃	盆栽
11	美丽石莲花	Echeveria elegans	景天科拟石莲花属	15~20	黄	7~10月	扦插	喜光照	不耐寒	耐干旱	喜肥沃	盆栽
12	四海波	Faucaria tigrina	番杏科肉黄菊属	10	黄、		分株	喜光照	喜温暖	喜干燥		盆栽、专类园
13	条纹十二卷	Haworthia fasciata	百合科十二卷属	8~15	绿黄		分株、扦插	喜光照	喜温暖	喜干燥	肥沃	盆栽
14	鬼脚掌	Agave victoriae-reginae	龙舌兰科龙舌兰属	15~20			分株、播种	喜光照	喜温暖	耐旱	疏松肥沃	盆栽

【参考文献】

成雅京，赵世伟，揣福文．2008．仙人掌及多肉植物赏析与配景．北京：化学工业出版社．

傅玉兰．2001．花卉学．北京：中国农业出版社．

宛成刚，赵九州．2013．花卉学．3 版．上海：上海交通大学出版社．

谢维苏．2011．多肉植物栽培原理与品种鉴赏．上海：上海科学技术出版社．

项目四　花卉的生产管理与产品营销

任务一　花卉的生产管理

【任务提要】花卉产品的繁殖栽培知识与技能是花卉生产者必须掌握的，同时随着花卉产销规模的扩大和从业人员的不断增加，花卉生产管理及产品经营管理水平直接关系到企业的经济效益。本任务主要介绍花卉生产管理的主要环节、花卉产品的营销渠道及策略。

【学习目标】掌握花卉生产计划制订、技术管理的基本内容及方法，具备进行花卉生产成本核算的能力。

生产管理是对生产作业、时间安排和资源配置的控制。随着花卉产业化经营的不断深入和产销规模的逐年扩大及从业人员的不断增加，花卉生产管理需要考虑的内容越来越多。没有计划地进行生产，在空间及时间的需求方面或在全部现有的生产操作方面均存在问题，整个生产经营便很难达到预期的目标，也不能适应现代花卉业的发展。

1　全国的花卉生产区划

花卉区域化布局就是根据全国各地的自然条件、农业传统和经济特点，确定其生产花卉的主要类型和发展方向，专门生产一种或几种花卉产品，形成主导产业和拳头产品，以形成花卉业的比较优势。全国范围内的花卉生产区划，可以充分发挥地方优势和特点，降低成本，提高产品质量，增强市场竞争力。

实现全国范围的花卉生产合理布局，需要一个连续、不断调整的过程，这既需要行业专家、政府部门的整体规划，也需要生产企业的不断调整。

经过20多年的花卉发展，目前我国已形成了一定的花卉生产格局。其中观叶植物和切叶生产以广东、福建、海南为重点区域，鲜切花以云南为中心的生产区域，观赏苗木以江苏、河南、河北、山东为重点生产区域，盆花以北京、上海等中大型城市的郊县为重点生产区域，山西、内蒙古为重点的种子生产区域，北京、上海、云南、广东、广西、江西为重点的种苗生产区域，甘肃、云南、青海、辽宁为重点的种球生产区域，北京、河北、内蒙古、黑龙江、新疆为重点的干花材料生产及制作区域，浙江一带为盆景生产区域。

2　具体生产单位生产场地的布局

2.1　花卉生产单位的类别　　花卉生产单位按照花卉生产的目的、经营性质和承担的任务可分为两类。

2.1.1　生产性单位　　生产性单位其目的是为了销售花卉产品，实行企业管理，进行成本核算。此类花卉单位为提高生产效率、降低成本、增加收益，应因地制宜地进行专业化的生产。从属政府机构的花木公司除进行花卉销售外，主要满足城市园林布置、会堂装饰对商品花的要求，为重大节日、外事活动供花，以生产盆花、切花为主。

2.1.2　服务性花场　　服务性花场的生产目的主要是满足各单位对花卉的需要，包括各公园、大型宾馆饭店、院校、机关部队等自办的花场,他们大多兼管本单位的园林绿化工作。服务性花场既要生产草本花卉用于园林,又要生产部分盆花甚至切花,同时承担部分良种繁育和推广任务。

2.2 花卉场地的设置

2.2.1 建立花场的可行性研究 建立以营利为目的的花场,需要进行多方面的研究论证,考虑可行性。主要涉及以下几方面。

(1)市场需求和发展前景:要考虑本花场的市场定位和产品供应范围,根据供应地区的消费水平及消费习惯,结合当地或全国花卉生产规模,考虑建立花场的必要性。

(2)当地的自然条件:我国各地自然条件差异很大,花卉的种类繁多,生态习性各异,应根据当地的自然条件确定发展的花卉种类、类型。

(3)技术力量:花卉生产是技术密集型产业,优质花卉生产对技术要求更高,技术力量的强弱直接关系到花卉产品的质量与数量,因此建立花场进行花卉生产必须有花卉技术人员和相应的管理人员。

(4)运输条件:花卉产品多数种类比较特殊,是鲜活的产品,时限性强,如鲜切花、种苗、盆花。因此这类花卉产地一定选择交通便利的地方及区域。

(5)资金:花卉行业是高投入产业。要根据资金的多少确定生产规模。从经济学的角度来看,花卉生产一定需达到一定规模才能获得收益。

2.2.2 花场的建立 进行可行分析之后,确定了生产规模、花卉种类、类型,根据花卉种类、环境条件、运输条件、安全条件等因素,选择适当的地点建立花场。花场建立要解决水电问题,根据花卉种类、产品类型建立相应的办公室、住房、工具房、库房、冷藏库、产品包装处理场地、停车场等。这些场地要根据花卉生产的布局进行安排,使整个规划有利于生产、管理、销售。根据需要配备负责人,技术、管理、财务、供销等人员。

2.3 花场的规划

2.3.1 生产性花场的布局 生产性花场是以生产某一种或某一类专门产品为目的的花圃,其布局相对简单,但对生产设备的要求较高。

根据生产功能的要求可以分为种苗区、露地栽培区、保护地栽培区,另根据需要设采后处理及贮藏车间等。

2.3.2 综合性花场的布局 综合性花场应根据各类花卉对环境条件的不同要求及栽培特点进行合理规划。主要包括以下几个分区。

2.3.2.1 温室区 温室建造时最好相对集中,但不能相互遮光。温室集中,便于管理,同时便于集中供暖,减少能源消耗。

温室区包括:①高、中、低温温室及冷室、地窖;②露地荫棚及盆花养护场地;③温室群的锅炉房及煤炭堆放地;④培养土沤制、堆放及换盆场地;⑤花盆、肥料的堆放场地;⑥种子、种球贮藏、农药贮存库;⑦农具、保温被、其他工具的贮存库。

2.3.2.2 草花区 以生产一、二年生草本花卉种苗、盆花,球根花卉、宿根花卉种苗、盆花、切花为主。要求阳光充足,土壤状况良好,便于灌溉。塑料大棚、温床、冷床常常设立于此。

2.3.2.3 苗木繁育区 以培育露地繁育的木本观赏植物苗木和大苗为主,占地面积较大，既要配备塑料大棚、冷床、温床等保护地，又要留出苗木生长、假植、包装场地。

2.3.2.4 种子繁育区 为避免花卉种子天然混杂和人为混杂，将繁殖种子的区域与一般花卉生产地隔离，达到防止异花授粉的距离。

2.3.2.5 其他花卉生产区 根据花场的需要，另外还可设置水生花卉区、兰花生产区等。

2.3.2.6 职工生活区和办公区 办公和科研用房多设在花场的中心或大门附近。职工宿舍和食堂应设在花圃的一角，不要和温室建筑群混在一起。车库和农机维修库可建在生活区的附近。

3 花卉生产计划的制订及实施

3.1 花卉生产计划的制订
花卉种类繁多，栽培方式各异，生产技术性强，商品供应时限性强，市场需求变动较大，因此应根据每年的实际情况，制订切实可行的生产计划，作为花场日常工作的依据。

花卉生产计划是花卉生产企业经营计划中的重要组成部分，通常是对花卉企业在计划期内的生产任务作出统筹安排，规定计划期内生产花卉的种类、品种、质量、数量等指标，是花卉日常管理工作的依据。生产计划是根据花卉生产的性质、企业的发展规划、生产需求和市场供求状况来制订的。

制订花卉生产计划要充分利用花卉企业的生产能力和生产资源，保证各类花卉在适宜的环境条件下生长发育，进行花期调控，按质按量按时提供花卉产品，并按期限完成订货合同，满足市场需要，尽可能地提高生产企业的经济效益，增加利润。

花卉生产计划包括年度计划、季度计划、月份计划。一般年度计划中包括季度和月份计划。生产计划的内容包括花卉的种植计划、技术措施计划、用工计划、生产用物资的供应计划及产品销售计划等，其具体内容为种植花卉的种类与品种、数量、规格、供应时间等。在制订时间标准时要考虑采用的生产程序及可能存在的干扰因素问题，以确保生产管理协调有序地进行。年度计划的制订应根据市场商品信息，结合花场的特点和实际生产能力，在前一年年底或当年的年初制订出来。制订计划的同时还应把财务计划制订出来，包括工人工资、生产所需材料、种苗、农药化肥、维修及产品收入、利润等。

3.2 花卉生产的技术管理与计划实施
技术管理是指花卉生产中对各项技术活动过程和技术工作的各种要素包括技术设备、信息、文件、技术资料、技术档案、标准规程、技术责任等技术管理的基础工作。技术管理是管理工作中的重要组成部分。加强技术管理，有利于建立良好的生产秩序，提高技术水平，提高产品质量，降低成本，提高生产效率。花卉生产单位专业化程度越高，规模越大，技术管理就越重要。技术管理不是技术，企业生产效果的好坏取决于技术水平，但在相同技术水平条件下，科学的管理与组织也同样决定了技术水平发挥的程度，最终会影响生产效果。

3.2.1 花卉技术管理的特点 花卉技术管理工作，有着自身的规律和特点。

（1）多样性：花卉种类繁多，各种各类花卉有着不同的生产技术要求，如花卉的繁殖、生长、开花、种子贮藏、包装、养护管理等。多种多样的技术要求，是花卉生产的特点之一。

（2）综合性：花卉的生产与应用涉及学科众多，如植物、生态、气象、植物保护、设施栽培、园林艺术等。

（3）季节性：花卉的栽培、养护、繁殖均有较强的季节性，季节不同，生产采用的各项技术不同，环境条件控制不同。

（4）阶段性与连续性：花卉生长发育的时期不同采用的技术措施不同，如球根花卉的休眠期的贮藏环境控制与生长发育期肯定不同，不同阶段对产品的质量标准和技术要求也不同。同时由于花卉的生长发育是一个连续的过程，各阶段相互影响，不能截然分开，技术具有延续性。

3.2.2 花卉技术管理的任务 花卉技术管理一方面要符合花卉生长发育规律和科学技术原理；另一方面要执行国家、地方花卉生产的技术标准和规范；第三方面要考虑技术工作的综合效益，即花卉技术管理要最大限度发挥社会效益、经济效益、生态效益，降低生产和环境成本。

3.2.3 花卉技术管理的内容

（1）建立健全的技术管理体系：即生产单位要设立不同级别的技术人员和技术管理人员。大型花卉生产企业可设以总工程师为首的三级技术管理体系，包括总工程师和技术部，技术部设主任工程师和技术科，技术科设各类技术人员。小型企业可不设专门机构，但要设专人负责企业内部的技术管理工作。

（2）建立健全的技术管理制度：①技术责任制。针对各级技术人员或管理人员制订相应的职权及责任，包括技术领导责任制、技术管理机构责任制、技术管理人员责任制和技术员责任制。责、权分明，充分发挥各级技术人员的积极性。②制订技术规范及技术规程。技术规范是对花卉生产质量、规格及检验方法做出的技术规定，是花卉生产中进行生产活动要执行的统一的技术准则。技术规程是为了贯彻技术规范对生产技术各方面所做的技术规定。技术规范是技术要求，技术规程是要达到的手段。技术规程和规范是进行技术管理的依据和基础，是保证生产秩序、产品质量、提高生产效益的重要前提。技术规范可分为国家标准、部门标准及企业标准，技术规程是在保证达到国家技术标准的前提下，可以由各地区、部门企业根据自身的实际情况自行制订和执行。③实施质量管理。花卉生产的质量管理是技术管理中的重要部分。根据我国实际情况，花卉的质量管理应该包括以下几个方面：贯彻国家、地方的相关政策、技术标准、规程；认真执行各项管理制度；制订保证质量的技术措施；进行质量检查，组织质量的检验评定；做好质量信息的反馈工作。④做好信息和档案工作。信息的内容主要包括资料收集、整理、检索、交流、编写等。信息全面可以使花卉生产经营者了解国内外本行业的发展趋势及技术、管理水平，帮助确定本单位的发展方向，借鉴他人的经营生产经验和成果。另外要对花卉生产管理内容进行记录，栽培种植记录一方面有助于工作合理改进，另一方面有助于作为经济分析的参考，为成本分析提供依据。

花卉生产计划制订出来后，按年度计划制订季度和每月的生产、劳力安排和经费安排，并逐月、逐季检查执行情况并记录，并加以适当调整和修订。记录内容包括以下几方面。①栽培记录：栽培记录包括栽培安排与各项操作工序，如移植、摘心、修剪、化学调控、施肥、打药、调节剂使用日期及效果、完成时间，应有员工负责记录。注明更改的工序和未被列入的计划操作。栽培环境记录包括温度、光照、湿度、土壤基质、病虫害发生等。在保护地进行花期调控时对过程中的环境及其调节记录对产品影响至关重要，需要连续的阶段性记录，有利于分析环境调控的效果和设备的质量，为以后制订栽培计划和分析成本提供依据。②产品记录：管理者应对花卉生长周期内生长发育状况详细记录，如花色、花型、高度、叶色、株型、病虫害等，还包括切花或盆花收获的数量、日期、等级等，这些记录是成本核算的依据。不同年份的记录比较，能够分析花卉生长发育情况，有助于找到不良情况的问题所在。③产投记录：通过产投记录可发现栽培中的失误，也可严格实施经营的程序。产投记录包括投入和收入两部分，其中投入又分为可变投入和固定投入，可变投入是花卉栽培中的劳动量和运费市场波动差价等；固定投入包括工资、折旧费、维修费、技术交流活动、学习办公费等。还有部分属于半固定投入，如燃料、水电等，它们随着产量的增加而增加，但不与具体的花卉产品相关。收入应根据花卉种植品种类型分别记录，按销售日期、市场供求、产品等级品质记录，有助于掌握市场动态，及时调整品种，适应市场需求。

4　花卉生产成本核算

花卉种类繁多，生产形式多样，产品也不尽相同，成本核算也不尽相同。

4.1　单株或单盆成本核算　　单株或单盆成本核算采用的方法是单件成本法，核算过程是根据单件产品设置成本计算单，即将单盆、单株的花卉生产所消耗的一切费用均计入该项产品成本计算单上。成本费用主要包括种子种球或种苗购买价值、生产管理中耗用的设备价值、肥料、农药、栽培容器、栽培基质、工人工资及其他管理费用。

4.2　大面积种植花卉的成本核算　　进行大面积种植花卉的成本核算，要明确成本核算对象，即承担成本费用的花卉产品。然后对产品生产过程耗费的各种费用进行分类，其费用按生产费用要素可分为以下几种。

　　A. 原材料费用：购入种子种球种苗费用、生长期间使用的肥料农药费用、栽培容器、栽培基质等。

　　B. 燃料动力费：包括花卉生产中进行的机械作业，如排灌作业、遮阳、降温加温、施肥打药等发生的燃料费、燃油费、电费等。

　　C. 生产及管理人员的工资及附加费。

　　D. 折旧费：生产过程中所使用的机具、栽培设备按一定的折旧率提取的折旧费。

　　E. 废品损失费用：生产过程中未达到产品质量要求的应由成品花卉负担的费用。

　　F. 其他费用：管理中其他费用，如差旅费、技术资料费、邮电通讯费、利息支出等。

表 4-1 为花卉生产成本计算表。

表 4-1　花卉生产成本项目表

花卉种类	生产成本项目										成本合计	生产成品数量	单位成本
	种子	花盆	基质	肥料	农药	机械作业费	工人工资	设备折旧费	废品损失费	其他支出			
一串红													
万寿菊													
唐菖蒲													
月季													

种植记录的研究与投入分析成为成本分析的主要工作，包括可变投入、固定投入分析。花卉栽培品种投入的项目和收入的来源与利用，通过固定投入单位面积种植计算，评估各类花卉根据它占据的面积计算。将可变投入可分配到各种花卉上。如果运用多个

销售渠道，收入不定，通过收入分析可掌握不同时期花卉的基本利润情况，能有效处理栽培区各种花卉的轮作问题，提高栽培地的利用率。在花卉用花淡季中闲置的种植床如冬春盆花一品红、瓜叶菊等留床时间短，不能再种植一茬花卉，其固定投入另需维持。

利润是由收支决定的，收入受价格、种植床利用率、产品质量和市场渠道等影响，切花的价格在专业刊物、网络上均有公布。盆花的价格相对稳定，但需求变化大，易滞销。不管需求是否增长，售出的比率提高都会引起收入的增加。提高栽培地的土地或空间利用率，提高花卉产品的产量、质量，均是提高利润的主要措施，同时重要的是减少不必要的浪费，降低成本，节约开支。

任务二　花卉的经营管理与营销

【任务提要】花卉的经营管理是以经济学理论为基础，针对花卉生产、产品特点，有效地组织人力、物力、财力等各生产要素，通过计划、组织、协调、控制等活动，以获得显著经济等综合效益的全过程。科学而系统的经营管理，能够提高企业生产效率，促进花卉生产。

【学习目标】掌握花卉经营管理的基本策略、市场预测的方法和花卉产品营销的策略。

1　花卉的经营管理

1.1　花卉经营的特点　花卉的经营既有与其他农业生产相同的地方，也有它自身的特点。

（1）花卉经营的专业性：由专业机构组织实施，形成产业优势。

（2）花卉经营的集约性：在一定空间高效利用人力、物力，降低成本，提高竞争力。

（3）花卉经营的高技术性：采收、分级、包装、贮运等环节涵盖较高的技术，花卉经营必须有一套完备的技术作后盾。

1.2　花卉的经营方式　花卉的经营方式主要有两种，专业经营和分散经营。专业经营是专门的公司进行规模化经营，分散经营主要是农户或小集体经营。

1.3　我国花卉生产经营管理现状

1.3.1　花卉生产的专业化程度不高　目前60%的花卉生产者为农户，40%为企业，主体仍然是分散的农户，生产规模小，缺乏专业的研究和生产。

1.3.2　花卉生产的技术水平不高

（1）中国花卉生产更多沿用的是传统技术，现代生产技术远远没有普及，相关技术也不配套，新引进的新优品种与现代生产设施没有很好利用，花卉产量低、质量差。

（2）经营者对花卉经营相关的采收、分级、包装、贮运等环节知识掌握、了解不够，致使花卉产品的外在质量受到严重影响。

（3）与花卉生产相关的设备不齐备、不配套，致使花卉生产效率低、花卉产品质量较低。

1.3.3　花卉生产缺乏统一规划

目前全国尚未有权威机构来制定并执行花卉生产规划，各地在品种种类布局、生产结构上存在不合理的现象，造成资源浪费、生产成本增加、特色不明显、盲目生产等问题。

1.3.4　花卉生产经营管理有了一定的发展　　经过30年的发展，我国花卉生产规模、产值效益快速增长，花卉生产的规模化、专业化水平明显提高，区域化布局基本形成，特色名牌产品日益增多，信息网络和市场流通体系初具规模，产业链不断延伸。

2　花卉的经营策略

经营策略是指花卉生产企业在经营方针的指导下，为实现企业的经营目标而采取的各种对策，如市场营销策略、产品开发策略等。经营方针是企业经营思想与经营环境相结合的产物，它规定了企业在一定时期内的经营方向，是企业用于指导生产经营活动的指针，也是解决各种经营管理问题的依据。

花卉生产肯定是以盈利为目的，在追求经济利益的同时，必须兼顾社会效益。花卉产品消费为精神层面的消费，对产品质量要求较高，成本相差不大而质优者，可占有良好的市场份额，否则会被淘汰，因此花卉质量是经营管理的重点。花卉企业在生产管理环节重视技术研究，给予花卉良好的环境条件，才能生产出最优的花卉产品，这应是花卉企业最基本的经营方针。

经营方针是由经营计划来具体实现的。经营计划的制订取决于具体的条件，如资金、技术、市场预测、花卉种类及品种选择等。另外还要根据所生产的花卉种类、品种及产品类型确定栽培区域及相关的交通运输、市场、设备物资、劳动力报酬等。

花卉生产企业在经营方针指导下，最有效地执行经营计划，根据生产地的地理条件、自然资源和花卉生产的各种要素，合理组织生产，开发市场需求的产品、品种，降低生产成本，保证产品质量，应用各种营销渠道和策略，扩大市场份额，以获得较好的经济效益。

3　花卉市场预测

市场预测是花卉生产企业为了解消费需求、变化的市场发展趋势作出的预计和推测，用于指导花卉生产经营活动。

3.1　市场需求预测　　不同的地区的人口结构、民族习惯、消费理念、经济状况不同，对花卉的消费能力、对花卉产品的消费需求不同。企业在对花卉市场需求进行预测时要考虑到产品销售区域的特点。

3.2　市场占有率预测　　市场占有率是指企业的某种产品的销售量或销售额与市场上同类产品的全部销售量或销售额之间的比率。影响花卉销售量的因素主要有花卉的品种种类、质量、价格、花期、销售渠道、包装、保鲜状况、运输方式、广告宣传等。花卉生产企业的销售量主要是与生产同类产品的其他企业的竞争，主要取决于花卉质量、价格、供应时期、包装等。

3.3　科技发展预测　　科技发展预测是指预测科学技术的发展对花卉生产的影响。随着科学技术的发展，如无土栽培、花期控制、生物技术、工厂化育苗，还有自动化温室、各类机械化智能化生产设备的问世，对花卉产品的质量、价格均有了决定性的影响。因此花卉生产企业从长远发展的角度考虑，应对科学技术的发展作出预测，以便掌握并运用高新技术，开发出优质花卉产品，在市场竞争中占有优势。

3.4 资源预测　　资源预测是指花卉企业在生产活动中对所使用的或将要使用资源的保证程度和发展趋势的预测。资源供应直接关系到花卉的生产，是花卉生长发育所必需的，如栽培基质、栽培容器、煤、油、电、水等。资源预测包括资源的需要量、潜在量、可供应量、可利用量和可代用量等。资源供应不仅影响花卉的生长发育，而且影响花卉生产成本。

4　产品的营销渠道

产品的营销渠道是指花卉生产者向消费者转移产品所经过的途径，即花卉产品的流通，是花卉生产发展的关键。

4.1　花卉产品的流通

4.1.1　流通环节　　随着花卉生产的专业化、规模化及花卉主要消费对象在城市的集中化，花卉销售形成明显的产地市场和销地市场。产地市场形成是以生产基地为依托的集货中心，即生产者市场；销地市场则形成以满足消费对象为目标的系列分销渠道。一般来说，鲜切花经过三级或四级销售环节从生产者流入消费者，即种植者→经纪人或拍卖商→批发商→零售商→顾客。这种最基本的销售系统一方面保证花卉产品的集散，另一方面满足消费者购买需求，引导顾客购花意识。

花卉产品的流通环节主要为：①从生产者转移至批发商；②从批发商到零售商；③从零售商到消费者。

4.1.2　流通体制　　花卉从生产者到消费者，中间需要不同的单位、人员，以不同的形式完成产品的流通。

首先是生产者进行花卉生产，形成产品，对产品采收，进行分级；然后产品进入运输阶段，运输由花卉公司、花农、中间商完成；产品通过运输到达批发市场，批发市场以拍卖的形式进行，也有其他传统形式销售到零售商；零售商则是花店、超市等形式，销售到消费者手中。图 4-1 是花卉流通示意图。

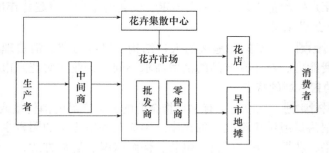

图 4-1　花卉营销网络示意图

就产品类型而言，鲜切花、观叶植物和盆花的销售渠道各有不同。

（1）鲜切花：荷兰、日本、韩国及中国台湾等国家和地区都已采用拍卖方式。但大多数花卉仍是采用议价交易，从生产者流入批发商、经纪人或零售商。目前，我国的花卉市场最基本的是农贸市场。花卉种植者供给批发商产品时，批发商有以寄售方式购买的，也有以直接购买方式交易。批发商出售给零售商时，除销售花卉本身外，经常销售些配套的货品如插花用的花泥、插座、花瓶及其装饰用饰带、配件等。

（2）观叶植物：观叶植物大多产于热带，观叶植物逐渐向亚热带地区销售。许多观叶植物通过中间商卖给批发商。相当多的批发商离零售商较近。批发商销售观叶植物一般有配套的大棚或温室，为了降低进货成本和运输成本，他们常常购进小规格产品，然后自己寄养一段时间或缓苗后配盆销售。

（3）盆花：盆花植物在荷兰是通过拍卖出售的，在我国大多由生产者直接卖给零售商，而且生产区常常位于人口较集中区，用于城镇街道节日租摆和家庭装饰。考虑到运输成本和落花落叶问题，盆花还不可能像鲜切花一样远距离运输或空运。近些年来，不少大型盆花也进行远距离运输，如从广州、昆明进入华北、东北市场。这种情况一般是卡车运输，运送点不一定很多，但每站订单需要量大。有条件的情况下可配备专用车厢，以备冬季加热和夏季降温。

4.1.3　我国花卉流通体制特点及存在问题　花卉是一种鲜活的产品，不宜久存，需要快速便捷的流通达到消费者手中，流通和交易的时间越长，耗损就越高，价值贬值程度越大。一旦流通不畅，很容易造成重大损失。因此高效的流通体系是花卉市场顺利发展的保障。经过 30 年的发展，我国的花卉市场销售和流通体制已经构成，但依然存在着一定的问题。

（1）流通环节过于繁琐：产品从生产基地到终端消费者手中要经过诸多环节，产生的费用非常大。

（2）运输耗损过大：鲜切花包装采用的是瓦楞纸包装箱，产地销售人员装箱量超出设计要求，运输过程中野蛮装卸，生产、运输过程中的保鲜处理不当或缺乏，造成花卉产品耗损大，降低了产品品质。

（3）运输成本高：由于产品本身的特点，决定了对运输的要求极为严格，尤其是时间性。现有的运输链的硬件设施尚没有形成完整的冷链运输系统，并且货物代理服务体系不完善，很难保证货品的质量和安全。

4.2　花卉营销渠道介绍

4.2.1　花卉市场　花卉市场是花卉生产者、经营者和消费者从事花卉商品交换活动的场所。各级花卉市场的建立，可以促进花卉生产和经营活动的发展，促使花卉生产逐步形成产、供、销一条龙的生产经营网络。

在花卉产品高度集中的地区形成的大型花卉市场通常由许多个花卉企业组成。例如，著名的荷兰阿斯米尔花卉市场约有 5000 个以上私人经营的农庄为之提供大量的商品，还有由国外运来委托拍卖的商品。该市场目前各主要环节均由计算机控制，每分钟可以处理 20 笔生意，交易后的花卉产品在 24h 之内可送达世界上大多数国家的销售地点。在花卉产品不集中的地区，可由专业花卉运营商完成购销活动。运营商代客户向生产者订货，再由运营商直接运货到客户的零售店。

目前国内的花卉市场建设已有较好的基础，具有一定规模和档次的批发市场，承担了 80% 的交易量。比较有名的大型花卉市场有北京莱太花卉交易中心、上海市苗木花卉市场、云南省斗南花卉市场、广东陈村花卉世界等。

4.2.2　花店　花店属于花卉的零售市场，直接将花卉卖给消费者。花店经营者应根据市场动态因地制宜地运用营销策略，顺应消费者需求选择花色品种。

此外，还有多种营销花卉的渠道，如超市的鲜花柜台、饭店的内设柜台、集贸市场摆摊设点、鲜花礼仪电报、网络销售等。

5 花卉产品营销策略

营销策略是指在市场经济条件下，为实现销售目标与任务而采取的一种销售行动方案。销售策略要针对市场变化和竞争对手，调整或变动销售方案的具体内容，以最少的销售费用，扩大占领市场，取得更好的经济效益。

花卉作为一种商品，与其他商品一样，在营销策略上同样遵循市场营销的基本规律。但花卉作为一种鲜活产品和装饰品，在营销策略上又有些独到之处。

5.1 树立新的营销观念 市场营销观念的产生，是商品经济发展的必然结果。与旧的生产观念、产品观念、推销观念相比，市场意识更强，更多地考虑消费者的需求。消费者群体构成十分复杂，如年龄、职业、收入、宗教信仰、受教育程度各不相同，而且个性、生活方式、爱好和习惯也千差万别，其对花卉种类、颜色和花型要求也因人而异。在营销策略上就要注意根据产品供求关系运用不同的营销观念，如花卉产品供不应求、生产成本过高，即出现所谓"卖方市场"时，适合运用传统的营销观念；而供过于求，尤其是鲜切花时间性强，则可采用现代的推销观念，在充分了解消费者要求情况下，从市场着眼来确定产品种类和产品结构，注重整体营销的综合运用，把顾客满意度理念贯穿营销活动的全过程，以让利作为连接生产企业与消费者之间的纽带。

5.2 分析花卉市场营销环境 现代市场营销学原理认为，市场是企业生产的起点，而不是终点。只有充分调查、分析市场营销的环境和预测发展趋势，掌握消费者市场、生产者市场、中间商市场等各类市场特点，才能制订适应市场和消费者需求的营销策略。一般而论，花卉的市场营销环境分析主要包括市场辐射区的人口环境（如人口规模、增长速度、年龄和性别等）、经济环境（如消费者收入、价格水平，甚至储蓄和信贷状况）、社会文化环境（如价值观念、用花习俗、审美情趣等）及自然环境和科技环境等。在综合分析的基础上，确定市场营销的有效策略。

5.3 实施品牌战略 花卉从原产品质量到包装质量都应有自己的品牌。目前国内外不少切花已有分级标准和级别层次，创品牌首先是花卉本身的内质和外观，这是产品营销的核心和灵魂。对花卉进行产区规划和布局，以及进行保护地设施栽培，首先就是要保证产品的内在品质。其次是注重包装质量，盆花与观叶植物的套盆与组合，各种插花装饰等，是讲究包装的基本措施。切花的分等级包装，插花制品、花束花篮的附赠品包装，如贺卡、糖果、玩具等也是包装中经常运用的营销策略。此外，标签、使用说明、售后服务都是在新的营销观念下创品牌讲究的服务质量策略，如高档盆花售后提供养护、说明书和电话跟踪服务与咨询等。

5.4 选择合适的分销渠道策略 分销渠道是指企业产品从生产者向最后消费者直接转移所有权时所经过的路线、途径或流通通道。在买方市场条件下，企业选择正确的分销渠道是使产品有效地达到目标市场的关键。在现有花卉市场中，花卉从生产基地进入消费者的所有环节及其中介机构，构成了花卉产品的分销渠道。其途径有如下几种模式。

（1）生产者→消费者。这是指生产企业自己推销，或开展鲜花速递、电话、电视、电子商务销售，这是一种最短、最直接的分销渠道。盆花、观叶植物生产者上门租摆，也是采用的这种方式。

（2）生产者→零售商→消费者。一些生产量不大、主要补充当地周年供花中旺淡季交替时供花不足的中小型花店常选择这种方式。

（3）生产者→批发商→零售商→消费者。这是一般消费品分销渠道中的传统模式，也是我国花卉市场目前广泛采用的分销渠道。许多中小型企业，尤其是生产基地规模较大、离消费者有一定距离时，采用这种方式比较经济可行。

（4）生产者→代理商→零售商→消费者。用代理商代替批发商，也就是生产者委托代理商推销花卉。代理商代表生产者将产品出售给零售商，再由零售商卖给消费者。代理商不拥有商品所有权，也不承担经营风险。许多国外生产者推销进口产品如花卉种球、种子、种苗、切花常用这种方式。

（5）生产者→代理商→批发商→零售商→消费者。代理商通过批发商，把产品售给零售商，再到消费者，是分销渠道中最长的一种形式，我国花卉种子如草花、草坪种子和水仙球等的出口等一般采用这种渠道。

花卉是鲜活产品，要尽量减少中间环节，避免花材因运输、贮藏等造成萎蔫失水和机械损伤，减少销售费用。拍卖是最快的一种销售渠道，由于拍卖市场与产地直接挂钩，晚间到货，清晨拍卖，如果各个环节衔接得好，在产地拍卖成交的货物可以在24h之内运抵目的地；如果在消费地拍卖，当天就可上货架。与其他对手交易方式相比，大大提高了交易效率。鲜花速递业是随着20世纪70年代电子通信技术的发展而快速发展起来的，国际鲜花速递网络已遍及世界142个国家和地区。在日本，将近98.8%会员（约3100家花店）通过传真方式进行订单传递，传送网络也已扩大到日本99.8%的城镇，并与国际组织联网。

5.5　定价策略

在现代市场营销活动中，价格是最活跃的一个因素。价格提高可刺激生产，但会降低市场占有率；价格降低可促进销售，但会减少销售利润率。因此企业要实现自己的经营战略目标，就要在充分了解市场环境的条件下，结合企业的内外部条件和整体营销策略制订一套既能保证自己的成本补偿和利润的实现，又能为消费者接受，且能灵活地适应市场供求变化的价格体系。

花卉产品首先要考虑产品成本，把总成本、平均成本和边际成本分别考虑和比较，以确定合理的产量和价格水平；第二要考虑花卉产品的市场特征，如消费者购买频率、花材的季节性、易损性和产品的标准化等。第三要考虑整体的营销目标，如分销策略和促销策略相匹配，形成协调的营销组合。第四要考虑花卉产品之间的差价，同一花卉从生产到消费流通过程中购销环节、地区、时间及商品质量等差别而形成相应的价格差别。

5.6　促销策略

促销策略是市场营销策略的重要组成部分之一。按内容可分为人员推销策略、广告策略、包装策略和商标策略。花卉产品的促销首要先正确分析市场环境，确定适当的促销形式。花卉市场比较集中，应以人员推销为主，它既能发挥人员的推销作用，又能节省广告宣传费用。市场比较分散，宜用广告宣传，以快速全方位地把信息传递给消费者。其次，应根据企业实力确定促销形式。企业规模小，产量少，资金不足，应以人员推销为主；反之，则以广告推销为主，人员推销为辅。再次，以花卉产品的性质来确定。鲜切花、应时盆花，观赏周期短，销售时效性强，多选用人员推销的策略。盆景、大型高档盆栽产品，应通过广告宣传、媒体介绍进行推销。最后，根据产品的寿命周期确定产品的促销形式。在试销期间，商品刚上市需要报道性宣传，多用广告和营业推销；产品成长期，竞争激烈，多用公共关系手段，以突出产品和企业特点；产品成熟饱和期，质量价格趋于稳定，宣传重点应针对消费者，保护和争取客户。此外还可以通过花卉展览、花艺比赛、花卉知识讲座等形式引导消费。

5.7　市场细分策略

市场细分，是指根据消费者的需要、购买动机和习惯爱好，把整个市场划分为若干个子市场（细分市场），然后选择一个子市场作为自己的目标市场。例如，盆花市场，根据盆花种类、价格、消费地区可分为一般盆花、高档盆花或东南亚市场、美洲市场、欧洲市场、国内市场等。一个企业可以根据自己的企业目标、定位、生产能力等确定其中一个作为目标市场，即该企业的销售活动目标的子市场，若该企业选定东南亚市场，那么它提供的产品必须是能够最大程度地满足东南亚地区消费者需要的花卉盆花产品。

选择目标市场应考虑三方面的条件：一是拥有相当程度的购买力和足够的销售量；二是有较理想的尚未满足消费需求的潜在购买力；三是竞争对手尚未控制整个市场。

根据以上要求，在市场细分的基础上，进行市场定位，然后尽力占领定位的目标市场。

5.8　网络营销策略

网络营销是指以计算机网络为媒介和手段进行的营销活动。花卉网络营销是指在互联网络的环境下，借助联机网络、电脑通讯和数字交互式媒体来获取、处理和利用各类有效信息以进行花卉产品的营销管理等电子商务活动，以提高消费者需求，使花卉产品企业有的放矢，减少生产盲目性，提高经营效益。

花卉网络营销可以在一定程度上解决目前国内花卉业营销渠道不畅通的问题。在现代贸易活动中，企业面临市场多元化的需求，通过网络进行营销也是顺应国际国内市场营销的新趋势。

花卉网络营销使国内花卉产品贸易全球化，促进企业积极参与国际竞争，促进花卉生产，也迫使花卉产品经营主体积极参与与国际的分工与合作。通过网络营销获得国际市场信息，从而通过分析、反馈，生产出适销对路的花卉产品，拓展对外国际贸易。

花卉网络营销有利于树立品牌形象。由于我国花卉生产相对分散，集约化、规模化程度不高，品牌形成对于中小企业几乎无法实现。在网络营销的环境下，可以形成多家实体企业或花农合作社共同组建的品牌产品网上企业局面。互联网为分散的企业提供了一个展示企业的平台。另外，网络营销的及时性有利于解决花卉产品交易的限时性问题。网络信息可以及时传送和反馈，买卖双方随时的沟通和联系，缩短了交易时间。

总之，花卉经营者应根据企业的内外环境，采取合理的促销形式，扩大花卉经营领域，维持和提高产品的市场占有率，提高企业的经济效益。

【实训指导】

（1）制订一份切花（盆花、种苗）生产计划。

目的与要求：掌握花卉生产计划包含的内容及制订花卉生产计划的意义。

内容与方法：根据当地花卉生产实际，选择一个切花或盆花、种苗生产的企业，在初步调查了解该企业的生产规模、生产花卉种类、类型及以前生产经营状况的前提下，每人制订一份该企业的生产计划及具体实施策略。

实训结果及考评：提交花卉生产计划一份，根据企业实际和市场需求状况评判学生制订的生产计划的可行性和科学性。

（2）对本地区盆花市场需求进行预测。

目的与要求：掌握花卉市场预测的基本方法及进行市场预测的意义。

内容与方法：根据对当地区域的地理位置、经济发展况状、人口结构、花卉消费观念及习惯等的调查、分析，对盆花市场需求进行预测。

实训结果及考评：提交盆花市场需求预测报告一份，根据预测报告的分析、依据的可靠性，结论是否合理评分。

（3）花卉生产成本核算。

目的与要求：通过花卉生产成本核算，使学生了解花卉产品生产的成本构成，分析影响企业生产效益的主要问题，提高管理意识。

内容与方法：①利用学校的教学基地、附近花卉生产企业，教师指导，调查基地或企业花卉以前生产记录，包括原材料的用量、价格、水电、人工工资支出等项目；②对花卉成本构成进行归纳、总结、分析，找出有利投入、不利投入，提出建议。

实训结果及考评：提交年度成本构成报告一份，根据报告的分析、依据的可靠性，结论是否合理评分。

【相关阅读】

1．GB/T 18247—2000（1—7）．花卉产品分级标准．

2．丁元明．1999．鲜切花生产、分级包装技术手册．北京：中国农业出版社．

【复习与思考】

1．你认为花卉的管理中技术管理与经营管理哪个更重要，还是同等重要？

2．假如你是某花卉生产企业的技术人员，从这个岗位出发，分析提高花卉生产效益的可能性和途径。

3．假如你的企业生产的花卉种类为某种盆花（或切花），撰写一份营销方案。

【参考文献】

曹春英．2010．花卉栽培．2版．北京：中国农业出版社．

傅玉兰．2001．花卉学．北京：中国农业出版社．

宛成刚，赵九州．2013．花卉学．3版．上海：上海交通大学出版社．

项目五 园林花卉应用

任务一 室内花卉的应用

【任务提要】进行花卉的生产一方面用于园林绿地中的基础栽植、集中布置，如花坛、花境；另一方面用于室内外的装饰，如盆花的摆放装饰、插花的装饰。本任务主要介绍花卉的室内装饰应用，学习室内花卉装饰的原则、方法（插花艺术、盆景本书不做介绍）。本任务学习注重花卉综合知识的应用，需要之前掌握一定数量花卉的生态习性和观赏特点。

【学习目标】掌握室内综合花卉景观设计、室内容器栽植植物应用设计的方法。能够根据室内环境特点选择适宜的花卉种类进行布置。

1 室内花卉应用概述

1.1 室内绿化的意义 随着生活水平的不断提高，人们越来越多地向往健康、生态、舒适的生活环境，"用绿化感受生活"成为现代都市人对室内环境的迫切要求，室内绿化已经成为改善室内环境的一种追求和时尚。在室内环境中运用绿化装饰，不仅可以美化室内环境，同时可以利用植物的净化作用提高环境质量、改善室内小气候，营造高雅、清新、健康的室内环境。另外，利用合理的室内绿化设计，还可以分隔、组织空间。如果说室外环境的绿化装饰设计关系现代城市发展的外表，那么室内环境的绿化装饰设计，则关系现代城市发展的实质。

1.2 室内花卉的应用方式 室内花卉是指适应室内环境条件，可以较长期栽植或陈设于室内的花卉。大部分原产于热带、亚热带地区。

室内花卉的应用方式有以下几种。

（1）室内花园：运用园林设计手法在建筑空间内进行布局建造成的小型花园即为室内花园，也就是室内园林。

（2）容器栽植：将花卉栽植于不同容器中用于室内空间造景的应用形式，包括盆栽、组合盆栽、悬吊盆栽、瓶景、箱景等。

（3）插花艺术：以鲜切花及干花作为素材进行插花艺术创作，并布置于室内空间用于造景的应用形式。

1.3 室内环境特点及对花卉的影响 通常情况下，影响花卉植物生长所需的环境因子主要包括温度、光照、水分、空气、土壤等。而室内环境是一个相对较封闭的空间，具有较特殊的气候环境，如室内具备各种人工调节措施，温差变化明显小于室外；室内多为散射光或人工照明光，因此室内环境光照较室外弱，并且在同一室内不同的位置光照强度也有着显著的差别；室内通风透气性较差，空气较干燥，二氧化碳浓度略高，湿度较室外低等。另外，室内外环境的不同使得土壤及肥料性质也存在着显著的差别。因此，室内环境对花卉植物的生长、发育、开花、结果都会产生极大的影响。通常情况下，影响室内植物的环境因素主要为光照、温度和湿度。

1.3.1 光照因子 光照因子是室内条件下植物生长的第一因子，是影响室内花卉装饰效果的重要因素。在适宜的光照范围内，光照强度越大，光照时间越长，植物的生长发育越好。室内光照一般仅为室外全光照的 20%～70%。因此，喜光花卉不宜在室内长期摆放，否则会常常引起落叶现象，同时光照强度也会影响具有色斑、条带的观叶花卉和有色花卉的色彩表现，室内光照较弱时，出现叶色变浅、变黄，斑纹模糊的现象。

一般强耐阴花卉可以在 1000～1500lx 的光照强度下正常生长，耐阴花卉需要 5000～12 000lx，半耐阴花卉 12 000～30 000lx，喜光花卉则需要 30 000lx 以上的光照才能生长。室内环境的自然光分布与当地的地理位置、建筑高度、朝向、采光面积、季节、窗外环境等因素有关。例如，北方 2 月 5 层楼的南窗台，晴天中午最亮处光照强度为 26 000lx，此时距窗 7.5m 远的位置光照仅为 700lx。在室内北向较阴处，白天仅为 20～500lx。另外。相对于室外，室内光源方向固定，植物会表现一定程度的向光性。

较喜阳的花卉有变叶木、花叶榕（*Ficus benjamina* cv. Variegate）、朱蕉（*Cordyline fruticosa*）、荷兰铁（*Yucca elephantipes*）、美洲铁（*Zamia pumila*）、苏铁、花叶鹅掌柴（*Schefflera actinophylla* cv. Variegata）、金叶垂榕（*Ficus microcaba* cv. GoldenLeave）、金边狭叶凤梨类等。既喜阳也耐阴类有橡皮树（*Ficus elastica*）、琴叶榕（*Ficus pandurata*）、垂枝榕（*Ficus benjamina*）、常春藤（*Hedera nepalensis* var. *sinensis*）、虎尾兰（*Sansevieria trifasciata*）、马拉巴栗（*Pachira macrocarpa*）、青叶鹅掌柴（*Schefflera octophylla*）、南洋杉（*Araucaria cunninghamii*）、酒瓶兰、美丽针葵（*Phoenix roebelenii*）、伞树（*Schefflera octophylla*）等。中等耐阴类有花叶万年青、龙血树（*Dracaena draco*）、观叶秋海棠（*Begonia rex*）、花叶芋、观音莲（*Sempervivum montanum*）、椒草（*Peperomia tetraphylla*）、吊兰（*Chlorophytum comosum*）、春羽（*Philodenron selloum*）、散尾葵（*Chrysalidocarpus lutescens*）、亮丝草（*Aglaonema modestum*）、袖珍椰子（*Chamaedorea elegans*）、棕竹（*Rhapis excelsa*）、鹤望兰、竹芋类、凤梨科大部分品种等。喜阴类花卉有蕨类、一叶兰（*Aspidistra elatior*）、白鹤芋（*Spathiphyllum floribundum* cv. Clevelandii）、绿巨人（*Spathiphyllum floribundum*）、龟背竹（*Monstera deliciosa*）、麒麟尾（*Epipremnum pinnatum*）、夏威夷椰子（*Chamaedorea seifrizii*）、黄金葛、喜林芋（*Philodendron*）类。

1.3.2　温度因子　在一定湿度条件下，大部分室内植物的最高适宜温度为 30℃左右，原产于热带花卉最低温度一般为 15℃，原产于亚热带花卉的最低温度为 10～13℃。通常人类工作休息的室内温度一般为 15～25℃，大多室内花卉植物在 15～24℃生长茂盛，在室内可以正常生长。室内温度条件不利于花卉的方面是昼夜温差小，甚至冬季出现夜温高于昼温的状况。

越冬温度要求在 10℃以上的花卉有网纹草（*Fittonia verschaffeltii*）、南洋森（*Polyscias guilfoylei*）、花烛、花叶万年青、亮丝草、星点木（*Dracaena godseffiana*）、铁十字秋海棠（*Begonia rex-cultorum*）、孔雀竹芋（*Calathea makoyana*）、花纹竹芋（*Calathea picturata* cv. Vandenheckei）、丽白竹芋（*Calathea picturata* cv. Argentea）、斑叶竹芋（*Calathea zebrina*）、双色竹芋（*Maranta bicolor*）、四色奥贝栉花竹芋（*Ctenanthe oppenheiwiana*）、变叶木、花叶芋、多孔龟背竹（*Monstera friedrichsthalii*）、观音莲、五彩千年木（*Dracaena marginata*）、美叶光萼荷（*Aechmea fasciata*）、丽穗凤梨（*Vriesea*）类等。

越冬温度要求在5℃以上有龙血树、朱蕉、散尾葵、三药槟榔（*Areca triandra*）、袖珍椰子、夏威夷椰子、美洲铁、橡皮树、琴叶榕、垂叶榕、马拉巴粟、虎尾兰、椒草、合果芋（*Syngonium podophyllum*）、孔雀木（*Dizygotheca elegantissima*）、吊兰、冷水花（*Pilea notata*）、吊竹梅（*Zebrina pendula*）、花叶木薯（*Manibot esculenta* cv. Variegata）、虎耳草（*Saxifraga stolonifera*）、鸟巢蕨（*Asplenium trichomanes*）、鹿角蕨（*Platycerium wallichii*）、波斯顿蕨（*Nephrolepis exaltata*）、鹅掌柴（*Schefflera octophylla*）、紫鹅绒（*Gynura aurantiana*）、单药花（*Aphelandra squarrosa*）、白鹤芋、凤梨类及喜林芋属等。

越冬温度要求在0℃以上有荷兰铁、丝兰（*Yucca smalliana*）、酒瓶兰、春羽、龟背竹、麒麟尾、天门冬、鹤望兰、常春藤、肾蕨、海芋、美丽针葵、棕竹、苏铁、一叶兰等。

1.3.3 湿度因子
植物对环境湿度的要求主要包括土壤湿度和空气湿度两个方面。通常，土壤湿度过大、盆土排水不良，植物根系将部分或全部腐烂、死亡；土壤湿度过小、供水不足，盆土下层干燥，植物根系将缺水而干死。一般情况下，人与植物的最适空气相对湿度均为50%~60%。空气湿度过大，则易使枝叶徒长、叶片腐烂、花瓣霉烂、落花、易引起病虫蔓延，空气湿度过小，植物容易黄叶、枯死、花期缩短、花色变浅。

需要高湿度的（相对湿度在60%以上）花卉有喜林芋类、花叶芋、花烛、黄金葛、白鹤芋、绿巨人、观音莲、冷水花、龟背竹、竹芋类、凤梨类、蕨类（*Pteridiaceae*）。

需要中湿度（相对湿度为50%~60%）有天门冬、金脉爵床（*Sanchezia nobilis*）、球兰（*Hoya carnosa*）、椒草、亮丝草、秋海棠、散尾葵、三药槟榔、袖珍椰子、夏威夷椰子、马拉巴粟、龙血树、花叶万年青、春羽、伞树、合果芋等。

需要较低湿度的（相对湿度为40%~50%）有酒瓶兰、一叶兰、鹅掌柴、橡皮树、琴叶榕、棕竹、美丽针葵、变叶木、垂叶榕、苏铁、美洲铁、朱蕉等。

1.4 室内花卉养护管理
室内花卉养护管理主要包括浇水、施肥和病虫害防治等方面。

1.4.1 浇水
室内花卉的水分管理根据花卉习性及土壤性质、天气情况、植株大小、生长发育阶段、生长状况、季节、容器材料大小、摆放地点而定。

湿生花卉须定时喷雾、浇水，始终保持土壤湿润。中性花卉可保持土壤见干见湿。旱生性花卉可保持宁干勿湿，一般在土壤适度干燥时才浇水。

土壤的性质不同，浇水量也不同。砂质较强的土壤储水能力差，容易干，浇水量和次数要相对多一些；黏性较大的土壤容易板结、龟裂，要比其他的土壤干得快；而疏松肥沃的腐叶土则储水能力强，故在相同的情况下浇水量和次数要比砂质大和黏着性大的土壤要少。

高气温和大风天气水分蒸发量比较快，可以适当多浇水；低气温和阴雨天气水分蒸发量比较慢，可以适当减少浇水。

花卉在生长旺盛的季节要保证供应充足的水分，花卉处于生长缓慢和休眠期时须适当减少浇水。

春季随着气温逐渐升高，逐渐进入盆栽花卉生长的旺盛季节，因此可以逐渐增加浇水量。夏季进入盆栽花卉生长迅速期，需在原有的基础上适量增加浇水量。立秋以后盆栽花卉的生长速度逐渐减缓，也应当逐渐控制减少浇水量。冬季盆栽花卉进入生长缓慢和休眠期，需在原有的基础上适量减少浇水量。

盆栽花卉的常用容器材料的差别对于含水量的保持也有不同。常见的素烧盆、陶瓷盆、木盆、紫砂盆因其透气透水性能较好，因此含水量的持续能力较低，而塑料盆则因水分、空气流通不好，其含水量持续时间则较长。另外，花盆的大小不同，盆土的干湿程度也随之不同。大盆一次的浇水量要比小盆大，而小盆比大盆干得快，故浇水的次数也要多些。

盆栽花卉摆放的位置不同也影响浇水量。摆放位置温度高、光照强，盆花的水分蒸发快，盆土易干燥，浇水的次数和浇水量相应也要增加，摆放位置温度低、光照弱，盆土水分蒸发较慢，浇水时要适当减少浇水次数和浇水量。而摆放在空调室内的花木，应增加室内的空气湿度，要少浇水、多喷水。

除此以外，室内花卉浇水主要使用自来水，自来水的温度通常较低并常混有氯气成分，因此必须要注意控制水温、调节水质，不可直接使用。应在水池或水桶等容器中放置1～2d，使水温升高、氯气挥发再用来浇水为宜。

1.4.2 施肥　　室内花卉一般不追求生长量，对肥分的要求不高，施肥宁少勿多，施肥要适宜。如需施肥，首先应考虑依据花卉的种类、长势来选择不同肥料。对于有病的或新移栽的花卉、在开花期的花卉、处于休眠期的花卉最好不要施肥，以免影响花卉的正常生理生长。以观叶为主的花木，不必施基肥，而以赏花观果为主的花木，施基肥则有利于催花促果。另外，对室内花卉施肥的时间也有要求。不同的季节施肥的时间不同。一般夏季宜在傍晚施肥，冬季宜在中午前后施肥。

1.4.3 病虫害防治　　室内花卉在栽培管理中对病虫害的防治要以防为主。与露天植物相比，室内植物大多抵抗力不强，比较嫩弱，容易感染病虫害。因此首先要加强栽培管理，使植物生长健壮，提高其抵抗病虫害的能力。另外，要随时注意环境卫生，加强通风透光，及时清除残枝落叶和虫害的植株，杜绝病虫害的来源。

2 室内容器栽植花卉的应用设计

2.1 室内容器花卉装饰的原则

2.1.1 比例要适度　　选取花卉种类和配植时，首先考虑空间大小，即室内的阔度、高度及其他陈设物的体量，不能无根据地选择自己喜欢的花卉。一般小空间应充分发挥花卉植物的个体美、姿态美，用小型盆栽、瓶花、悬吊等形式，让人感到室内空间虽小，但充实、丰富、雅致。体现"室雅无需大，花香不在多"的意趣。大空间布置些体大、叶大、色艳、色浓的植物景观，显示花卉的个体美、色彩美。

2.1.2 色彩要协调　　盆花的色彩要与室内的环境色调和谐。一般室内墙壁、地面、家具的色彩是暖色，则应选偏冷色花卉；反之用暖色花。室内空间大、采光好宜用暖色花，反之用冷色花。另外随着季相的变化可调节用花的色彩，春暖宜艳丽，夏暑要清淡，仲秋宜艳红，寒冬多青绿。

2.1.3 整体要和谐　　选择花卉种类和搭配时。要与室内陈设物的格调取得协调统一。西式陈设选用棕榈、立柱式攀缘类植物；中式客厅选择有造型的垂枝榕、兰花、盆景等。

2.1.4 中心要突出　　在一定的室内空间进行盆花的装饰，不能所有空间等均分配，要根据空间功能、大小，主次分明，中心突出。主景是装饰布置的核心，必须突出，而且要有艺术魅力，能吸引人，给人留下难忘的印象。配景是从属部分，有别于主景，但又必须与主景相协调。

主景在选材上通常利用珍稀植物或形态奇特、姿态优美、色彩绚丽的植物种类，以加强主景的中心效果。

2.1.5　环境要适应　　要根据所装饰环境的具体情况选择适宜的种类，否则装饰效果不能维持太久。同时根据房间功能来选择植物。

2.2　室内容器栽植花卉装饰的主要形式

2.2.1　摆放式　　就是将盆栽花卉直接摆放在室内地面、几架、桌柜等地方供人观赏。可单盆摆入，也可群集配植，或多层次、多方位的立体摆放。此法机动灵活性强，可以随意搬动调整位置，使室内空间的层次结构处于动态的变化之中，给人以新颖感。

2.2.2　水养式　　选用能在水中生长的观赏植物〔如富贵竹、广东万年青、合果芋、豆瓣绿（*Peperomia tithymaloides*）、水竹（*Cyperus alternifolius*）、吉祥草（*Reineckia carnea*）等〕放置在水盆或水瓶中，或插入混有少量培养土的小型水盆中养护，这是近年来室内花卉装饰的流行手法之一。清澈水面花叶浮动，给人以生机勃勃、清新明快的感受。

2.2.3　瓶景式　　把小型观赏植物放在透明的玻璃容器中栽培。瓶栽多采用封闭式的硕大玻璃瓶，将植株矮小又耐湿的植物，如羊齿类、石菖蒲、鸭趾草等栽植在瓶中，把它们培养成一个美丽的玻璃瓶景。这种玲珑剔透、清澈透明的瓶景配置在几架或书桌上，欣赏起来别有一番情趣。

2.2.4　悬垂式　　用塑料、金属或竹、木、藤等材料制成吊篮、吊盆等容器，里面装入疏松肥沃、质轻的培养基质，选枝叶悬垂的小型藤蔓植物栽植其中。然后再用金属链、绳索等将其吊挂在窗口、墙隅等空间，使其枝叶自然下垂，悬空飘曳，形成室内"空中花园"，为室内平添一番空间形式美的立体景观。此种装饰手法特别适用于室内面积较小的房间。悬挂地点最好选在没人走动的地方，同时绳索等要牢固，以防吊篮等脱落伤人。

2.2.5　壁挂式　　是现代居室墙壁美化的一种新颖手法。其主要形式分为立体壁挂、镜框式壁挂、插花式壁挂等。制作立体壁挂，宜选用株型小巧又耐阴的花卉，如观赏蕨类、西瓜皮椒草（*Peperomia argyreia*）、紫鹅绒、翡翠珠（*Senecio rowleyanus*）等。

2.2.6　攀缘式　　在客厅墙角等处栽植攀缘植物，使绿叶向上攀附，布满墙壁或天棚。这种布置方式可在室内塑造一片绿茵环境。其具体装饰方法是：在室内一角栽植上藤蔓植物，用绳索将其引上墙壁，同时在墙面上牵引绳网，让藤蔓植物顺绳匍匐缠绕遍布网面，从而形成局部绿色屏帘。也可在室内天棚上钉牢挂钩，使整个天棚布满飘垂的绿叶，室内人们宛如在绿阴遮护下活动，身居其境，感到一片清幽，凉爽宜人。

2.2.7　组合式　　就是把多种观赏植物种植于同一容器内。选择几种生长习性基本相似的小型室内观赏植物，运用艺术配植手法，合理地种植在一个容器里，使之形成花卉的群体美。

2.3　组合盆栽的花卉应用设计　　组合盆栽是指选用几种生长习性相似的观赏植物材料，运用艺术的原则和配植方法搭配种植在一个容器内的花卉应用形式。组合盆栽不仅要发挥每种植物特有的观赏特性，更要达到各种植物间相互协调、构图新颖的效果，表现整个作品的群体美、艺术美和意境美。组合盆栽不仅可以用于家庭美化，办公室绿化美化，会场布置，商场、宾馆、橱窗装饰及社交礼仪，而且还成为人们一种新的休闲

活动。组合盆栽由于其具有变化丰富、色彩多样、体量大小可控等优点越来越受到欢迎，市场前景看好。有专家预测，组合盆栽将会引发我国花卉生产新一轮的花卉流行品类。

组合盆栽作为一种特殊的栽培形式，它借鉴插花艺术的造型原理，经过构思、设计和加工制作，与容器巧妙组合成一件活的艺术作品，文化内涵丰富、艺术品位高雅、植物观赏期长，大大提升了花卉的商品价值。荷兰花艺界将其冠以"活的花艺，绿的雕塑"的称谓。组合盆栽比插花作品更富生命力，比单盆植物更具观赏性。组合盆栽是运动的花园，可根据各种需要来组合，在有限的空间里设计迷你花园，营造绿洲、沙漠等不同风格景观，大大增添了装饰活动的审美喜悦，也赋予了人们回归大自然的享受。

组合盆栽是技术含量较高的艺术创作过程，它不仅要求组合产品具有科学性，同时必须具备艺术性。因此，组合盆栽要求制作者必须具备良好的专业修养、艺术修养、鉴赏能力和独特的设计思想。在组合盆栽的制作中，需要运用植物学、花卉学、植物生态学、美学和园林设计等学科的知识，是训练学生综合能力和综合素质的有效手段。

2.3.1 组合盆栽的设计原则

2.3.1.1 设计要素 组合盆栽设计一般讲究色彩、平衡、渐层、对比、韵律、比例、和谐、质感、空间、统一 10 个设计元素。在组合设计之初，应考虑到植栽间配植后持续生长的特性及成长互动的影响，并和摆设环境的光照、水分等管理条件相配合。要设计出生动丰富的组合盆栽，需要熟练地运用各种设计元素，方能达到效果。

（1）色彩：植物的色彩相当丰富，从花色到叶片颜色，都呈现出不同风貌。在组合盆栽设计时，植物颜色的配植，必须考虑其空间色彩的协调及渐次的变化，要配合季节和场地背景，选择适宜的植物材料，以达到预期的效益。整体空间气氛的营造可通过颜色变化，引导使用人或欣赏者的视线及环境互动而产生情绪的转换，使人有赏心悦目之感。既要注重花卉间的色彩变化，又要与环境色彩有对比。

（2）平衡：平衡的形式是以轴为中心，维持一种力感或重量感相互制衡的状态。植物配植时，作品前后及上、中、下等各个局部均需适宜才不致失去平衡。妥善安排植物本身具有的色彩，并通过植物数量和体量大小的变化，达到平衡视觉的效果。

（3）渐层：渐层是渐次变化的反复形成的效果，含有等差、渐变的意思，在由强到弱、由明至暗或由大至小的变化中形成质或量的渐变效果。而渐层的效果在植物体上常可见到，如色彩变化、叶片大小、种植密度的变化等。在盆栽组合设计时，利用植物的色彩、体量大小等形成渐层，表现出一定的节奏和动感。

（4）对比：将两种事物并列使其产生极大差异的视觉效果就是对比，如明暗、强弱、软硬、大小、轻重、粗糙与光滑等，运用的要点在于利用差异来衬托出各自的优点。组合盆栽时要充分利用植物的形态大小、曲直、刚柔及色彩不同形成不同的对比。

（5）韵律：又称为节奏或律动。在盆栽设计中，无论是形态、色彩或质感等形式要素，只要在设计上合乎某种规律，对视觉感官所产生的节奏感即是韵律。

（6）比例：指在一特定范围中存在于各种形体之间的相互比较，如大小、长短、高低、宽窄、疏密的比例关系。各种或各组植物在组合盆栽中要有一定高度上的变化，不然作品便会看起来呆板无味。同时与栽培容器比例要协调。

（7）和谐：又称为调和，是指在整体造型中，所有的构成元素不会有冲突、相互排斥及不协调的感觉。在组合时要注意色彩的统一，质材的近似，有组织、有系统的排列。

以和谐为前提的设计，在适当取舍后，作品能呈现出较洗练的风貌。

（8）质感：质感是指物体本身的质地所给人的感觉（包括眼睛的视觉和手指的触觉）。不同的植物所具有的质感不同，如文心兰的柔美、富贵竹的刚直。颜色也会影响到植物质感的表现。例如，深色给人厚重与安全感；浅色则有轻快、清凉的感觉。在设计时利用植物间质感的差异，进行合理组合。

（9）空间：在种植组合盆栽时，要保留适当的空间，以保证日后植物长大时有充分的生长环境。组合时，整体作品不宜有拥塞之感，必须留有适当的空间，让欣赏者有发挥自由想象的余地。

（10）统一：是指作品的整体效果表现出统一和谐的美感。在各种盆栽设计作品中，最应注重的是表现出其整体统一的美感。统一的目的，在于其设计完满，可以让每一个元素的加入都有效果，而不破坏作品的风格。而作品中所使用的植物材料，彼此间每一个单位的存在，不破坏整体风格或主题表现。

2.3.1.2　植物的选择

（1）确定主题花卉的种类或品种：制作组合盆栽作品，要确定主题品种，即作品的焦点。一个作品中可能会用到多种花卉，但突出的只有一两种，其他材料用来衬托这个主题花材。主花的颜色奠定了整个作品的色彩基调。主题花卉材料的选择是由盆栽的目的、用途及所摆放的场合决定的。

（2）植物材料的选择方法：花卉材料是组合盆栽的主体，因此选择适宜的花卉种类、植株大小并合理栽植是决定组合盆栽效果的主要内容。选择植物配材时需要考虑的因素有4项。

a. 植物的生长发育特性和相容性：要想使一件组合盆栽作品的观赏寿命能在1个月以上，首先要考虑植物配材的相容性。即所选用植物的习性要相近，如喜光类、耐阴类，或喜湿、耐旱等。

植物的生长特性是制约选材的一个主要因素，这对组合盆栽作品的整体外观、水肥养护及病虫害防治都十分重要。制作之前要考虑所用花材的开花时间、花期长短、光照及水肥需求等因素，并按照组合盆栽中花卉的生命周期，预留好各种植物的生长空间。最好选择生长较慢的花卉种类，使组合盆栽的设计效果保持较长时间。

b. 形态搭配：植物的外形轮廓是人在欣赏时最直接的感受。根据花卉植物的外形轮廓、大小和在盆栽组合中的作用将其分为以下几种。

填充型：指茎叶细致、株形蓬松丰满，可发挥填补空间、掩饰缺漏功能，如波士顿肾蕨、黄金葛、白网纹草（*Fittonia verschaffeltti* var. *argyoneura*）、皱叶椒草（*Peperomia caperata*）等。

焦点型：具鲜艳的花朵或叶色，株形通常紧簇，叶片大小中等，在组合时发挥引人瞩目的重心效果，如观赏凤梨、非洲紫罗兰（*Saintpaulia ionantha*）、报春花等。

直立型：具挺拔的主干或修长的叶柄、花茎者，可作为作品的主轴，表现亭亭玉立的形态，如竹蕉（*Dracaena deremensis*）、白鹤芋、石斛兰等。

悬垂型：蔓茎枝叶柔软呈下垂状，适合摆在盆器边缘，茎叶向外悬挂，增加作品动感、活力及视觉延伸效果，如常春藤、吊兰、蕨类等。

另外根据植物的株型分为直立型、丛生型、蔓生垂枝型、多肉圆球型等。直立型植物具有较明显的主干或高梗花茎，如龙血树、垂枝榕、朱蕉、蝴蝶兰；丛生性植物是指没有明显主干、一株同时具有若干茎干或叶片基生成密丛状的一类植物，如散尾葵、冷水花、虎尾兰、竹芋、肾蕨、凤梨、报春花等，这类植物多给人丰满、茂盛之感；蔓生垂枝型植物茎呈下垂状，如吊兰、常春藤、虎耳草、绿铃、吊金钱（*Ceropegia woodii*）、小叶绿萝等，这类植物多用于装饰下方空间，外形柔美；多肉圆球型植物主要是仙人掌及多肉植物，外形奇特。

在进行组合盆栽创作时，要从不同的角度对植物反复观察，把植物形态最完美的一面及最佳的形态展现出来。同时不同种类组合时，注意外形的变化与体量的合理搭配。一般组合盆栽中利用直立型或焦点型的花卉作为主题花材，构成盆栽的主体高度和色彩主调，也是盆花的视觉焦点，然后用填充型、悬垂型花卉进行陪衬、色彩搭配，使作品整体形态富于变化，色彩与主题花材和周围环境相协调。选择的花卉种类在株型、叶形、叶色、花色、花型等方面具有一定的变化。

c. 色彩质感搭配：在确定主题色调的基础上，根据装饰环境的色彩选择适宜的配色方案，并利用花卉的叶片、花朵花序的不同色彩进行搭配，并考虑每种色彩花卉的体量大小。如观叶植物的组合盆栽要强调植物色彩斑纹的变化，利用植物叶片颜色的深浅，将同色系、质地类似的多种植物或品种混合配植，来强化作品的色彩。而制作观花植物组合盆栽，选定主花材时，一定要有观叶植物配材，颜色交互运用，也可采用对比、协调、明暗等手法去表现，使作品活泼亮丽，呈现视觉空间变大的效果。不同植物色彩及质感的差异，能提高作品的品质。另外还要考虑季节与花卉的色彩的呼应，比如夏季用白色或淡黄色特别清爽，春季用粉彩色系特别浪漫柔情。深浅绿色的观叶植物搭配组合香花亦十分高雅。

d. 植物的象征意义：运用植物的象征意义，来增强消费者购买组合盆栽的愿望。比如蝴蝶兰象征高贵、祥和；大花蕙兰象征幸福、快乐；凤梨象征财运高涨，用这些花卉来作组合盆栽的主花材，适宜节日祝福。

2.3.1.3　盆器选择　盆器即是盛放栽培基质的容器，也是盆花组合的一部分。盆器的选择应该根据设计组合盆栽的目的，参照盆器本身的材质、形状、大小、摆放位置与周围环境的协调性和种植植物种类等综合因素来选取，以达到整体统一、和谐共融的美感效果。一般来说，组合盆栽容器的材质和色调的选择要与周围环境相协调。例如，传统的建筑风格适合用红土陶盆、木料或石材；而白色或有色塑料、玻璃纤维、不锈钢盆器则适用于现代化的建筑风格。同时注意盆器要适宜花卉的生长发育。

2.3.1.4　其他材料的准备与装饰物运用　盆栽需要准备基质。所用基质既要考虑花卉的生长特性，又要考虑其观赏所处的环境。基质总的要求是通气、排水、疏松、保水、保肥、质轻、无毒、清洁、无污染。常用的配制材料主要有泥炭、蛭石、珍珠岩、河沙、水苔、树皮、陶粒、彩石、石米等。

部分组合盆栽为了加强主题表达，运用一些装饰物或配件。装饰物及配件的运用，必须以自然色为根本原则。它们的应用具有强化作品寓意和修饰的功能，尤其是情景式、故事性的设计，如搭配大小适宜的人偶、模型，有助于故事画面的具体化。注意它们之间的比例，避免过于突出或失真。装饰物和配件不是必须的，忌画蛇添足。

2.3.2　组合盆栽的构图　组合盆栽的结构和造型要求平衡与稳重，上下平衡，高低错落，层次感强。器皿的高矮、大小与所配植的花卉相协调。

　　植株与花盆的比例选择得当与否往往决定了组合盆栽整体构图是否均衡稳定。一般来说，最高植株的高度应不超过花盆高度（对于高度大于宽度的花盆）或花盆宽度（对于高度小于宽度的花盆）的 1.5～2.0 倍。

　　组合盆花花卉种植数量不宜过多，应根据容器的大小来确定花卉数量，一般小盆 2～3 种配合，中盆 3～5 种配合，大盆花 5～7 种配合。在花卉组合盆栽时，应使花卉之间保留适当的空间，以保证日后花卉长大时有充分的生长环境。同时，整体作品不宜有拥塞之感，必须有适当的空间，让欣赏者发挥自由想象的余地。

　　组合盆栽的构图常用的形式有两种：非对称式构图和对称式构图（图 5-1，图 5-2）。对称式构图是以花盆的中轴为中心，对称地分布着相同品种的植株；主体花材位于花盆中心，植株越矮离中心越远，整个组盆的轮廓像一个等腰三角形。非对称式构图是在中轴线两边配植不同的植物，但视觉上体量相当。比如前低后高的设计方法就属于非对称式构图。

图 5-1　不对称构图

图 5-2　对称构图

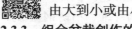　　组合盆栽时通过植物高低错落起伏，色彩由浓渐淡或由淡渐浓的变化，体积由大到小或由小到大的变化来产生动感，使作品富于变化，具有节奏感。

2.3.3　组合盆栽创作的步骤

　　（1）构思创意：根据场地、装饰环境进行构思，确立表达主题。

　　（2）确定花卉种类、数量：首先要确定主体植物（或主景植物），主体花卉的颜色奠定了整个作品的色彩基调，也和作品的应用目的、摆放场合密不可分。主题植物的体积一般不超过整体组合作品的 1/3～1/2。然后选择陪衬植物，配植的植物可以选择小型的或垂吊的类型，一般是主体植物高度的 1/5～1/2，注意色彩、质感的变化。

　　（3）选择确定盆器。

　　（4）栽植：将粗颗粒的栽培基质放入花盆底部 2～3cm，然后将主题花材按设计方案栽植于相应的位置。注意非对称设计时主题花材一般置于花盆一侧约 1/3 之处，不栽植于中央位置，而对称式设计则将焦点花置于中轴上。然后栽植其他花材。全部栽植完成后再调整花卉的位置和方向，并进行必要的修剪、整理。

（5）栽植后的管理：浇透水后置于遮阴处缓苗。然后根据所应用花卉种类置于合适的光照、温度环境中。

2.3.4　组合盆栽作品的评判标准　　组合盆栽作品的评价一般从 5 个方面来考虑：主题表达与创意造型（占总分的 30%）、植栽设计与应用（占总分的 20%）、色彩（占总分的15%）、造型美感（占总分的 30%）、清洁（占总分的 5%）。

主题表达与创意造型包括设计的意境和表达、作品名称及主题说明、整体造型、植物造型、配件应用 5 个部分的评价。设计的意境和表达主要是评价组合盆栽作品设计的主体是否得以合理地表现，意境表达是否准确；作品名称及主题说明主要是评价作品名称是否准确，主题说明表达的是否贴切合理；整体造型主要评价作品的整体结构和形态是否合理；植物造型主要是评价组合盆栽造型的创意是否独特；配件应用主要评价在辅助材料应用上的创意是否新颖。

植栽设计与应用主要评价组合盆栽作品植物的选择是否合乎主题；不同植物生态属性是否相容；植物组合技巧和组合的难易度及可操作性。

色彩主要评价作品的色彩用量和比例是否合适，色彩搭配是否协调。

造型美感主要评价作品整体是否协调统一，焦点位置是否合适，作品的平衡感和作品结构的稳定性，作品立体造型是否合理，作品的比例尺寸是否合理，作品是否具有韵律感、节奏感。

清洁主要评价选手在操作过程中和完成作品后对废弃材料的处理。要求操作场地干净无杂物。

3　室内综合花卉景观设计

室内花卉是连接人与自然的纽带，在室内引入植物，除了能满足人们对自然界的绿色视觉需求外，还可以调节室内气温、改善室内空气质量、陶冶生活情操。运用花卉进行室内绿化，可以丰富室内绿化的形式、增添色彩、营造香馨氛围。

3.1　室内花卉应用设计原则

3.1.1　遵循合理性原则　　设计者应全面了解室内空间的主要性质和功能，从选材起就应考虑选择与室内空间风格相适宜的素材，确定恰当的主题，选择适宜的花卉品种和装饰形式，营造良好的室内花卉装饰效果，这样有利于花卉装饰的合理性、创意性及个性化的开发。

3.1.2　遵循科学性原则　　根据不同种类花卉的生长习性、生态习性、观赏特性的差别，以及室内不同区域光照、湿度、温度的差异，科学应用花卉装饰。

3.1.3　遵循构图统一的形式美原则　　室内花卉景观设计要考虑构图统一的形式美原则，从比例与尺度、对比与调和、韵律与节奏、主从与重点、联系与分割等方面综合考虑设计。

3.2　室内公共空间花卉景观设计　　室内花卉的景观设计主要应用于公共和家居两大室内空间，二者根据性质和使用人群的不同，在选材、布局、装饰风格上都有着各自不同的特点。公共室内空间一般包括办公写字楼、酒店、会展场地、婚庆场地、茶艺馆等。这类空间通常人流较大、空间面积较大、采光条件良好，植物应用多以室内花园的形式构筑。花卉的景观设计可以结合多种形式的景观元素，如水景、山石、小品、灯光、雕塑、地面铺装等，利用建筑的空间、角度、构筑结构物等营造多角度错落丰富的室内植物景观。

公共空间的花卉景观设计应遵循以人为本的原则，根据实际条件，为人流提供足够的活动和休息空间。综合考虑植物、室内水景、山石、灯光、地面铺装、建筑格局与风格等各种要素，以植物为主进行景观设计。

室内花园通常采用群植的方式形成大小不等的室内人工群落，形成局部相对湿度较大的小环境以利于植物生长发育。面积较大的室内空间还可以应用园林绿地的花卉布置形式如花坛、花境、花架等，同时充分利用建筑室内的立面、柱体、台架、墙壁进行多种形式的花卉布置，并结合盆栽植物装饰，形成平面构图上的点、线、面分布合理，竖向空间高低错落的丰富室内植物景观。

【实训指导】

（1）组合盆栽设计与应用。

目的要求：使学生掌握组合盆栽设计的方法与栽培要点，感受花卉的选材、配搭、栽植对组合盆栽造景效果的影响。

内容与方法：8～10人一组，资料调查，自定主题风格；根据主题进行选材，包括花卉、容器及其他装饰物，草绘设计图纸；依据设计图纸进行组合盆栽的设计与栽培；作品讨论、撰写心得。

实训结果及考评：提交作品照片，教师选取优秀作品课堂汇报（建议10min）。根据设计图的表现效果、组合盆栽效果评分。

（2）学校学术报告厅、会议室、大的办公室盆花装饰设计。

目的要求：使学生掌握公共空间的花卉装饰设计要点，感受与家居花卉装饰设计的区别。

内容与方法：8～10人一组。资料调查，制订方案；选材，包括花卉、容器及其他装饰物；各室内空间装饰设计实践，拍摄装饰效果照片；作品讨论、撰写心得。

实训结果及考评：提交图纸，教师选取优秀作品课堂汇报（建议10min）。根据设计图的表现效果、组合盆栽效果评分。

【相关阅读】

1. 卜复鸣. 2014. 花卉应用. 北京：中国劳动社会保障出版社.
2. 张燕，杨安珍. 2013. 室内花卉装饰艺术. 北京：电子工业出版社.
3. 沈玉英. 2012. 城乡花卉应用技术. 杭州：浙江大学出版社.
4. GB/T 18247. 中华人民共和国国家标准——主要花卉产品等级第2部分：盆花，第3部分：盆栽观叶植物.

【复习与思考】

1. 室内花卉的应用形式有哪些？与园林应用相比，有哪些不同之处？
2. 请设计一盆室内容器花卉组合盆栽，用图示表示，并表明所用花卉种类、规格、花色。
3. 从网上搜索一个室内空间，然后进行室内综合花卉景观设计，画出平面图、效果图，列出所用花卉种类统计表。
4. 总结适合室内盆栽观赏的观叶类花卉、观花类花卉、耐阴花卉、阴性花卉、阳性花卉、垂挂类花卉各20种。

【参考文献】

陈雅君，毕晓颖．2010．花卉学．北京：气象出版社．

董丽．2010．园林花卉应用设计．2版．北京：中国林业出版社．

孔德政．2007．庭院绿化与室内植物装饰．北京：中国水利水电出版社．

王莲英，秦魁杰．2011．花卉学．2版．北京：中国林业出版社．

任务二　花卉的园林应用

【任务提要】 主要介绍草本花卉的园林应用形式——花坛、花境等绿地中集中布置形式，学习花坛、花境的设计。本任务学习注重花卉综合知识的应用，需要之前掌握一定数量花卉的生态习性、观赏特点。

【学习目标】 本任务介绍几种花卉在园林中的应用形式，主要包括花坛、花境、花丛与花群等。能够掌握进行以上设计的基本原理，熟悉常用花卉的生态习性和观赏特性。实践能力重点是能够根据场地进行花坛、花境的设计与组织施工。

1　花坛的设计

1.1　花坛概述

花坛是在具有几何形轮廓的植床内种植各种不同色彩的花卉，运用花卉的群体效果来体现图案纹样，或观赏盛花时绚丽景观的一种花卉应用形式。花坛以突出鲜艳的色彩或精美的纹样来体现装饰效果，具有美化环境、组织交通、分隔和屏障、渲染气氛等作用。一般多设于广场和道路的中央、两侧及周围等处。可以作主景，也可以作配景。花坛也可以利用盆花布置。

早期的花坛具有固定地点，几何形植床边缘用砖或石头镶嵌，形成花坛的边界。随着时代的变迁和发展，特别是现代科学技术的发展，使花坛在形式、类型和应用上有了很大的不同，更开放、灵活、自由。

1.2　花坛的类型

1.2.1　依花材及表现形式分类

（1）盛花花坛：也叫花丛花坛，主要表现花卉群体盛开时绚丽的景观和鲜艳的色彩。主体花材为一、二年生花卉，如一串红、万寿菊、非洲凤仙、四季秋海棠、金盏菊、雏菊、三色堇、金鱼草、美女樱等。

（2）模纹花坛：主要表现花卉群体组成的精美纹样和图案。主体花材为低矮的观叶植物。模纹花坛所表现的主题是由植物组成的装饰纹样或空间造型来体现，植物本身的个体美和群体美居于次要地位。模纹花坛又可分为毛毡花坛、浮雕花坛和彩结式花坛。

毛毡花坛主要由各种低矮的观叶植物组成精美的图案，植物修剪成同一高度，表面细致平整，宛如华丽的地毯。

浮雕花坛是根据花坛纹样，植物高度有所不同，部分纹样凸起或凹陷，整体上有浮雕的效果。

彩结式花坛是花坛纹样模仿绸带编结成的彩结式样，图案线条粗细一致，并以草坪、砾石或卵石为底色。

（3）现代花坛：是以上两种类型花坛的组合或结合，如立体花坛中的立面为模纹花坛，基础部分为盛花花坛。

1.2.2 依空间位置分类

（1）平面花坛：花坛与地面基本一致，主要观赏花坛的平面效果，包括沉床花坛或稍高于地面的花坛。

（2）斜面花坛：花坛设置在斜坡或台阶上，或人工搭建成斜面，花坛表面为斜面，为主要观赏面。坡地布置花坛时坡度不宜太大，以免水土流失。

（3）高台花坛（花台）：花坛明显高于地面，常设置成台座。面积较小，多设于广场、庭院、阶旁、出入口等地。

（4）立体花坛：花坛向空中伸展，具有竖向景观，是一种超出花坛原有含义的布置形式，可以单面、四面观赏，造型多样，主题表现丰富，常用低矮的观叶植物种植于具有一定结构的立体造型骨架上。近年应用很广泛。

1.2.3 依花坛的组合形式分类

（1）独立花坛：单个花坛独立设置，常作为某一环境中的中心。通常设置于建筑广场中央、道路交叉口、公园或风景区的进出口、建筑物的前庭后院等处。

（2）花坛群：在面积较大的地方，由多个独立花坛组成一个既协调又不可分割的整体，即花坛群。花坛群中各花坛形式、色彩应统一协调，突出其整体感。花坛群中有主体花坛作为中心，周围其他花坛构成一定图案，形成一个构图整体。

（3）花坛组：在同一环境中设置联系不够紧密的多个单体花坛。

1.2.4 依花卉的栽植形式分类

（1）地栽花卉花坛：花坛具有固定种植床，可以是沉床式、平床式和高设花坛（花台）。

（2）盆栽花卉花坛：在铺装场地或草坪上以盆花布置的临时性或季节性花坛。节日时经常会以这种形式进行布置。

（3）移动式花坛（花钵）：将同种或不同种的花卉，按照一定的设计意图种植于各种类型的容器中，布置于园林绿地、道路广场、露台屋顶等处以装点环境。

花坛还有一些其他分类，如按功能分为钟表花坛、节日花坛、主题花坛、标题花坛等。

1.3 花坛植物的选择

根据花坛种类不同，可以选用相应的植物材料。这里仅以盛花花坛和模纹花坛为例，介绍两者在植物选择上的要求。

1.3.1 盛花花坛植物材料的选择

结合实际应用中的情况，盛花花坛以观花草本植物为主，包括一、二年生花卉、球根花卉、宿根花卉，也可以选择常绿或观花灌木点缀其中，作为辅助材料。

（1）花材的总体要求：布置盛花花坛的植物要求易繁殖，缓苗快，耐移栽，植株低矮紧凑。一、二年生花卉是盛花花坛的主要材料，其种类繁多，色彩丰富，成本较低，维持观赏效果的时间比较长，如藿香蓟、鸡冠花、彩叶草、凤仙花等。盛花花坛的另一种主要材料为多年生的宿根和球根花卉，其色彩艳丽，开花整齐，花期较长，但成本较高，如大丽花、风信子、郁金香等。

（2）株型、株高与花期的要求：适合作盛花花坛的花卉应株丛紧密、着花繁茂，理想的植物材料在盛花时应完全覆盖枝叶，要求花期较长，开放一致，至少保持一个季节的观赏期。如为球根花卉，要求栽植后开花花期一致。植株高度依种类不同而异，但以选用 10～40cm 的矮性品种为宜。

（3）花色、花型及搭配的要求：花色明亮鲜艳，有丰富的色彩幅度变化，纯色搭配及组合较复色混植更为理想，更能体现色彩美。不同种花卉群体配合时，除考虑花色外，也要考虑花朵的质感相互协调才能获得较好的效果。

1.3.2　模纹花坛植物材料的选择　　为了满足人们观赏的需要，模纹花坛一般设置较为低矮，所以植物的高度和形状对表现模纹花坛纹样有较明显的影响。只有低矮、细密的植物才能表现精美细致的华丽图案。

（1）生长速度的要求：一般采用多年生且生长速度缓慢的观叶草本植物，可以维持图案稳定不变，如五色苋类、景天类、各种草坪草等。有些一、二年生花卉可以成片栽植，也可作为图案的点缀，如孔雀草、矮一串红、四季秋海棠等，但要考虑其生长速度不同来进行搭配。对于观赏期相对较短的花卉一般不作为主体图案材料，如香雪球、雏菊、三色堇等。

（2）植物质感的要求：枝叶细小、株丛紧密、萌蘖性强、耐修剪的花卉，可以保证在不断修剪后仍可以形成纹样清晰的图案，能够维持较长的观赏期。枝叶粗大的植物材料或者观花植物在表达精细图案时不易达到理想效果。

另外，选用的花材还要求便于经常更换及移栽布置、繁殖容易。

1.4　花坛的设计

1.4.1　花坛设计的原则

（1）以花为主：任何形式的花坛，不论其主题如何，也以观赏植物为主。即使是以雕塑、喷泉为中心的主题花坛，其周围的花坛组成也是以观赏花卉为主，花卉的体量占主要成分。

（2）立意为先：花坛的设计立意是前提，主题内容的确定是立意的首位和主要依据。即使是没有主题的纯观赏花坛，也需要根据周围环境、观赏季节等确定花坛类型、图案、植物材料等。

（3）考虑时空要求：花坛的设计要随着时间的发展和观念的变化，从内容到形式有相应的调整，使之具时代气息。例如，现代花坛的供水系统应用为更多的立体主题花坛应用提供了可能。

（4）提高花坛的文化品位：主要是主题花坛的主题表达，包括民族文化、外来文化的表达形式和内容。例如，中国传统的龙的图案、云卷图案的应用，现代公园中的自然式和规则式花坛布置。

1.4.2　花坛与环境的关系　　花坛的布置是为装饰周边环境，因此无论花坛是作主景还是作配景，都需要与周围环境既协调又要有对比。对比包括空间构图、色彩、质地等方面。水平方向展开的花坛与规则式广场周围的建筑物、乔灌木形成空间构图的对比，周围建筑物、铺装与花坛在色相上的对比则是色彩的对比，建筑物及道路、广场硬质景观与花坛植物材料的质地对比。

花坛设计时还要考虑与周围环境的协调。花坛的风格要与周围的布置、建筑物的风格协调统一，如若周围建筑物为中国古典建筑，则花坛图案以云卷等图案为宜；作为主景的花坛的轴线，应与周围建筑物的轴线方向一致；花坛或花坛群的平面轮廓应与广场的平面轮廓基本一致；作为纪念碑、雕塑等基础装饰的配景花坛，其风格应简约大方、不应喧宾夺主；医院、机关、大专院校花坛造型要端正庄重，色调清淡素雅，给人以严肃、大方、宁静、清新的气氛。

主景花坛的外形应是对称的，平面轮廓应与广场相一致。在人流集散量大的广场及道路交叉口，为保证功能作用，花坛外形可与广场不一致，但构图风格与周围建筑物要协调。人流量大、喧闹的广场不宜采用轮廓复杂的花坛。作为配景的花坛群通常配置在主景主轴两侧，且至少是一对花坛构成的花坛群，如出入口两侧对称的花坛；若主景是多轴对称的，只有主景花坛可以布置于主轴上，配景花坛只能布置于轴线两侧。

花坛的大小也要与布置的空间环境协调，一般花坛面积不大于广场面积的1/3，不小于广场面积的1/5。在建筑物或公园出入口的地方，花坛的位置不要影响人流的出入，花坛的高度不要影响行人的视线。一般花坛观赏轴线最大为8～10m，否则会使观赏图案变形。草坪上的花坛可以更大些。为便于观赏花坛的纹样，常常将花坛设计成中央隆起，斜面与地面的角度多在30°～60°。斜面越大，施工难度越大，同时一般花坛高度控制在不超过人的视平线。

1.4.3 花坛的图案设计   花坛的外部轮廓主要是几何图形或其组合，如正方形、长方形、梅花形、菱形、三角形等，外部轮廓以线条简洁为宜。

盛花花坛的内部图案应主次分明，简洁美观，要求为大色块效果，忌在有限的面积中布置过于复杂的图案。模纹花坛内部纹样较精细、复杂些，但点缀及纹样不要过于窄细，红绿草不可窄于5cm，一般草花宽度至少2株；过窄难于表现图案。模纹花坛的内部图案选择内容广泛，如文字、国旗、国徽、肖像、花篮、花瓶、动物，还有时针花坛、日历花坛等。

1.4.4 花坛植物选择

（1）盛花花坛：以开花时整体色彩为主，表现不同花卉的群体及相互配合形成的色彩、优美的外貌，而不在于种类的繁多。要求图形简洁、轮廓明显，体型有对比。这种花卉自然生长，不修剪，不整形，色彩明快协调。可以是某一季节观赏的花坛如春季花坛、夏季花坛等，要注意季节的更替。宜选用色彩鲜明艳丽、花朵茂盛的花卉。常选花期相近的2～3种，互相配植，植株高大的种类植于花坛中央，低矮的种类布置于四周或花坛边缘。常用花卉有三色堇、金盏菊、金鱼草、紫罗兰、石竹类、百日草、一串红、万寿菊、孔雀草、美女樱、凤尾鸡冠、翠菊、菊花、水仙、郁金香、风信子等。

部分盛花花坛中心可选美人蕉、扫帚草、苏铁、蒲葵、海枣（*Phoenix dactylifera*）、海桐、叶子花（*Bougainvillea glabra*）、橡皮树等株型整齐、高大的花卉材料，与外部的低矮花卉形成体型对比，增强立体效果。这种盛花花坛常用盆花布置。此类花坛往往需要选择植株低矮、枝叶美丽、稍匍匐或下垂的花卉作为花坛边缘材料。下垂的花卉镶边可遮挡容器，保证花坛的整体性和美观。适合镶边的花卉有垂盆草、天门冬、沿阶草、葱莲（*Zephyranthes candida*）等。

（2）模纹花坛：以色彩鲜艳的各种低矮紧密、株丛较小的花卉为主，在一个平面配植出各种细腻的图案、花纹。低矮细密的植物才能形成精美细致的华丽图案。布置模纹花坛典型的材料为五色苋（*Alternanthera bettzickiana*），五色苋为苋科虾钳属的植物，叶色有绿、绿褐色、茶褐色、红色等；另外还有小叶红（*A. amoema*），苋科宿根植物，叶色暗紫红色；尖叶红叶苋（*Iresine lindenii*），叶色暗紫色；白草（*Sedum lineare* var. *alba-*

margine），叶片白绿色。以上多数种类扦插繁殖，易生根。其他低矮观赏类花卉如香雪球、雏菊、孔雀草、一串红、四季秋海棠等多作点缀，若作图案主体，观赏期相对较短。

1.4.5 花坛的色彩设计 花坛的色彩是吸引观赏者的重要因素，也是园林中美的焦点。尤其是盛花花坛，其展现的就是色彩美，因此色彩设计显得尤为重要。花坛的色彩设计一方面考虑与周围环境既要协调又要有对比，另一方面考虑图案表现的要求和花坛布置的时期和需要，如夏季选择冷色调为主使人有凉爽的感觉，节日花坛使用暖色调会烘托浓重热烈的气氛。花坛的色彩设计应用方案主要有以下几种。

（1）对比色应用：即使用色环中对比色来布置花坛。这种色彩设计活泼而明快，引人注目。运用对比色时一般两种色彩面积不相等，应有主次，如堇紫色＋浅黄色（三色堇紫色＋三色堇黄色；藿香蓟＋黄早菊；荷兰菊＋黄早菊；紫鸡冠＋黄早菊），橙色＋蓝紫色（金盏菊＋雏菊，金盏菊＋三色堇）。绿色＋红色（扫帚＋红鸡冠）。

（2）暖色调应用：色环上 90 度以内的两种色彩搭配为类似色应用，花坛色彩均为暖色调花卉则是暖色调花搭配。这种色彩设计鲜艳、热烈、庄重。色调不鲜艳或明度较低时可加白色以调剂，如红＋黄或红＋白＋黄（黄早菊＋白菊＋一串红；金盏菊或黄三色堇＋白雏菊或白三色堇＋红色美女樱）。

（3）同色调应用：即花坛采用同一色相的花材进行配植。这种方案应用较少，小面积花坛及花坛组或花台可以采用，不作主景，如白色建筑物前用纯红色花材。

花坛配色方案并不复杂，关键在于设计者要充分了解各种适宜布置花坛花卉材料的花色、花期、株型、株高、花朵或花序的形态及质感，同时要了解能否或者容易进行花期控制，能够选择适宜的花卉种类达到设计的色彩方案目标。花坛设计要求所用的花卉材料同期开放，才能展现设计者的色彩设计效果。

另外要注意一个花坛配色不宜过多，一般规模的花坛应用 2～3 种色彩，大型花坛4～5 种。

1.5 花坛设计图的绘制
花坛设计图包括总平面图、花坛平面图、立面图、说明书或设计说明、植物材料统计表。

1.5.1 总平面图 主要画出花坛周围建筑物边界、道路分布、广场轮廓及花坛的外形轮廓。常采用 1/1000～1/500 的比例。

1.5.2 花坛平面图 画出花坛的外部轮廓及内部纹样，图中由内向外依次用阿拉伯数字或英文字母标出图案中设计的植物代号，并与植物材料统计表中的序号一一对应。较大的盛花花坛常以（1：100）～（1：50）、模纹花坛以（1：30）～（1：20）的比例画出花坛平面图。

1.5.3 立面图 如果花坛是平面的，不需画立面图。若是有立面设计，则需要画立面图。单面观、规则式圆形或几个方向图案对称的花坛只需画出主立面图即可。如果为非对称的图案，需有不同立面的设计图。图 5-3 为花坛设计图。

1.5.4 说明书或设计说明 对花坛环境状况、立地条件、花材特殊要求、设计意图及设计图不能表达的内容进行说明。

1.5.5 植物材料统计表 把花坛所用花材按平面图的标号或字母顺序列出，同时需要写出花卉中文名称、拉丁文、花色、规格（株高、冠幅）、用量。

设计时根据要求可以做一季观赏设计，也可以做不同季节花卉种类的换植计划及图

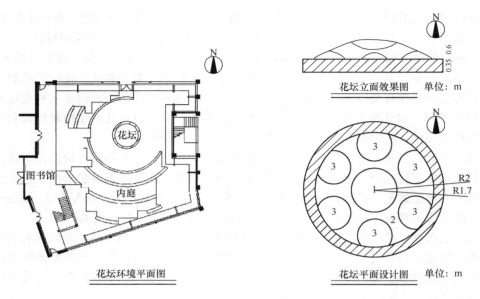

图 5-3　花坛设计图
1. 一串红；2. 万寿菊；3. 美女樱

案变化方案。

　　花坛用花量取决于栽植面积和单位面积的定植株数。不同的花卉、不同的品种达到盛花时的冠幅大小不同，因此单位面积定植株数不同。表 5-1 为常见花坛用花的单位面积用花量。

表 5-1　花坛花卉定植密度参照表

花卉种类	一串红	万寿菊	百日草	大花美女樱	金盏菊	雏菊	紫罗兰
参考密度/（株/m²）	20～25	20～25	25～30	25～30	16～25	25～36	25～36
花卉种类	三色堇	金鱼草	荷兰菊	非洲凤仙	矮牵牛	小菊	郁金香
参考密度/（株/m²）	25～36	25～36	16～25	16～25	20～25	10～16	50～80

$$某一种花卉用花株数=\frac{该花卉栽植面积}{株距×行距}=\frac{1m^2}{株距×行距}×该花卉所占花坛面积$$
$$=花坛中该种花卉的面积×密度$$

　　每种花卉实际用量还要加上 5%～15% 的耗损量。

1.6　花坛施工

1.6.1　一般花坛的施工

　　（1）花坛种植床的准备：花坛如果不是以盆花布置，多数情况需要准备种植床。为使花坛的边缘有明显的轮廓，且使种植床内的泥土不致水土流失而污染路面或广场，同时也防止游人踩踏花坛，花坛种植床周围常砌上边缘石进行保护，边缘石也有一定的装饰作用。边缘石高度一般 10～15cm，大型花坛不超过 30cm。种植床边缘还可以用其他建筑材料如砖、竹筒、原木等制作。也有些绿地中的花坛没有做边缘处理，直接以花坛花卉材料整齐栽植实现与周围绿地的清晰分界。

种植床准备好后需要准备土壤，为保证花坛花卉生长保持良好状况，种植土壤一定适宜所栽花卉要求，具有良好的物理性状和肥力状况。定植前要深翻土壤，施入基肥。一、二年生花卉要求土壤厚度 20～30cm，宿根花卉、球根花卉及小灌木需要 30～40cm 土壤。整理土壤时要做出排水坡度。

（2）施工放线：在苗床上用石灰、锯木屑或干沙按图纸放线，用皮尺、绳子、木桩、铁锹等勾画出线条。复杂细致的图案或文字，先用硬纸板镂空，铺在种植床上，再按图案撒上白灰或干沙等。

（3）栽植：选择阴天或傍晚移栽或定植。如果是裸根移植，移植前 2d 应浇一次透水，以便起苗时能够带土。现在花坛用花多为穴盘苗或盆栽苗，栽植时将营养钵去掉定植即可，由于没有伤根，这样的植株移栽成活率很高，几乎达到 100%。栽植时先内后外，先上后下。栽植时注意随时调节定植高度，使栽后花卉高度基本一致，保证图案纹样平整。栽植密度以花卉植株达到最大时冠幅相接不露出地面为准。栽后浇透水一次。

1.6.2　立体花坛的施工

（1）钢架的制作：构架制作是整个立体花坛施工的关键，应由结构工程师负责，主要解决构架承受力问题，由美术工艺师负责造型制作。造型钢架必须能准确地体现设计的效果，也要有一定的安全性、稳定性、抗风能力、承受荷载等，同时要进行防锈防腐处理。

（2）覆遮阳网：在钢架表面覆盖双层遮阳网，传统立体花坛覆盖的是蒲席。遮阳网应用密度较大的类型，如 80% 以上的遮光率。两层网之间填入培养土，遮阳网每隔 15cm 绑缚 16～22# 铅丝进行固定。

培养土要求营养丰富，质轻，主要用泥炭、珍珠岩等配制，填充基质厚度一般 15cm。

大型立体花坛内部需要安装滴灌或喷灌系统。

（3）栽植：根据设计图案放线，先将图案边缘栽植上相应种类的花卉植株，然后再向图案内栽植。一般先上后下。先用竹签或铁签向基质打孔，然后插入花卉根系。

1.7　花坛的日常管理

1.7.1　浇水　　花苗栽好后，在生长过程中要不断浇水，以补充土中水分不足。浇水的时间、次数、灌水量则应根据气候条件及季节的变化灵活掌握。如有条件还应喷水，特别是对模纹花坛、立体花坛，要经常进行叶面喷水。

每天浇水时间，一般应安排在上午 10 时前或下午 2～4 时以后。如果一天只浇一次，则应安排傍晚前后为宜；忌在中午、气温正高、阳光直射的时间浇水。每次浇水量要适度，既不能仅表面湿润，也不能水量过大。土壤经常过湿，会造成花根腐烂。浇水时应控制流量，不可太急，避免冲刷土壤。

现在立体花坛经常应用专业的供水系统浇水，每盆花均与最末端水管相接，需水时打开水源开关即可灌溉。

1.7.2　施肥　　初次栽植花坛花卉时，应深翻土壤，并施入大量有机肥料，为植物提供生长所需充足的养分和维持良好的土壤结构。对于季节性花坛或临时性花坛，定植后不再施肥。永久性花坛和以多年生花卉为主要花材的花坛，可以在生长季喷施液肥

或结合休眠期管理进行固体施肥。

1.7.3　中耕除草与修剪　　适时中耕除草，及时修剪，可使植株生长健壮，花多且大而艳。盛花花坛多数不需要修剪，可以利用修剪促使某些种类花卉二次开花以延长花坛观赏期，如矮牵牛、一串红等。以五色草为主的模纹花坛需要及时修剪，保持纹样平整、整齐，并保持较矮的高度。

除草可减少杂草和植株争夺养分水分，减少病虫害来源。除草应在杂草发生之初尽早进行，坚持除小、除了。对多年生杂草，要在杂草开花结实前将其连根除净。

1.7.4　花卉的更换　　由于各种花卉都有特定的花期且花期有限，要使花坛尤其是重点美化区域的花坛保持三季或四季有花，保持较好的观赏效果，就必须根据季节和花期进行花卉的更换。更换时可以图案不变，更换花卉种类，或图案及花卉种类全部更换。

2　花台与花钵的设计

2.1　花台的设计

2.1.1　花台的概念　　花台也称高设花坛，是将花卉种植于明显高出地面的台座上而形成的花卉景观。花台面积一般较小，台座高度多在 40～60cm，多设于广场、庭院、阶旁、出入口两侧、墙下等处。

2.1.2　花台的类型　　花台按形式分为规则式和自然式两种。规则式花台台座形状为圆形、正方形、长方形、梅花形等规则形状和几何图形，这类花台一般布置于规则式园林中，不同形状、大小的花台相互结合、组合，非常适合现代的建筑广场。自然式花台常布置于自然式园林中，结合环境、地形，形式较为灵活，如山坡、山脚的花台，常根据山坡的走势和道路安排呈富于变化的曲线。在中国传统的园林中，庭院中、粉墙下或角隅处，常以山石砌筑自然式花台，配以植物，形成与整体园林风格和谐的花台。

2.1.3　花台植物的选择　　用于花台的植物没有特殊的限制，根据花台的形状、大小及所处的环境进行选择和配植。规则式花台常常与盛花花坛的布置类似，选择色彩鲜艳、株型整齐、花期一致且集中的草本花卉，如一串红、鸡冠花、小菊、水仙等；也可以种植一些低矮、花期长、花色鲜艳的花灌木，如月季、'金山'绣线菊、天竺葵等；常绿观叶植物或彩叶植物如麦冬、彩叶草等，也可以作为花台的边缘布置，并保持花台周年良好的景观。规则式花台的色彩设计也可以参考盛花花坛的设计。

自然式花台多进行不规则的配植方式，植物种类的选择更为灵活，花灌木、宿根花卉最常用，如麦冬、芍药、牡丹、玉簪、南天竹（*Nandina domestica*）、迎春（*Jasminum nudiflorum*）、红枫（*Acer palmatum* cv. Dissectum Ornatum）、鸡爪槭（*Acer palmatum*）、五针松（*Pinus parviflora*）、山茶、竹子等，也有在山石上布置藤本植物，如爬山虎（*Parthenocissus tricuspidata*）等。不同的植物进行疏密有致、高低错落的搭配。

2.2　花钵的设计与应用

2.2.1　花钵的概念　　花钵是指将花卉按照一定的设计意图种植于各种类型的容器中，布置于园林绿地、道路广场、露台屋顶等处，对环境进行装饰的一种花卉应用形式。特点是移动方便、布置灵活，是可移动的花坛。

2.2.2　花钵的类型

（1）按花钵的植物配植方式：分为规则式花钵及自然式花钵。规则式花钵是从早期的盆栽花卉演变而来，即在有装饰性的容器中栽植单一种类色彩鲜艳的花卉，形成装饰型景物。布置于道路、出入口、广场等处。后来逐渐融入花台、花坛的设计手法，在面积较大的花钵中用一种以上的色彩组成简单的规则式图案，仍然是以草本花卉为主。

规则式花钵景观单调，与自然式园林景观不太协调。近年来，人们将花艺设计、盆景及园林植物配植的理论及手法应用于容器栽植，根据植物在株型、花色叶色、质地等观赏特征的变化，将不同植物组合配植在一个容器中，形成高低错落、色彩协调的微型自然群落，称为自然式花钵。可以布置于广场、道路、绿地边缘、屋顶露台及室内环境。

（2）按花钵的应用形式分：分为单体花钵、组合式花钵。

单体花钵即单体种植容器栽植花卉形成的装饰性景物，可独立成景，也可以彼此组合或与其他装饰的背景环境组合成景。

组合花钵是将种植容器组合起来，按照整体景观要求设计植物的配植方式，形成一组或图案丰富、或高低错落的可移动式植物景观。组合花钵可以营造丰富多彩的植物景观，可以布置较大的空间。组合花钵中的每一个单体均是整体景观的一部分。

2.2.3 花钵的体量 花钵可繁可简，体量可大可小，其大小取决于装饰环境的尺度。通常大型花钵高可达200cm以上，多布置于街道、大型广场等处。小型花钵通常低于50cm，通常布置于窗台等处，在室内的称为组合盆栽。大部分花钵大小在50~200cm。除了高度，还有面积大小也是衡量花钵大小的元素。花钵的大小一定要与环境尺度大小相适应。

2.2.4 花钵的容器 欧洲传统的园林中应用装饰性的石质容器栽植植物点缀环境由来已久，我国传统庭院中也以陶盆、木桶等栽植花卉，装点花园。随着社会的发展及园林风格的演变，同时随着材料工业和制造工艺的发展，现在花钵容器的材质、形状、色彩越来越丰富，如石质、陶瓷、木质的传统材质，现在的塑料、混凝土、钢化玻璃等材质，造型上也从传统的盆、钵、桶、箱发展成各种异型造型，甚至利用车、船造型，与配植的植物一起营造别具一格的艺术效果。

在选择容器的材质、形状、造型时，要与环境协调统一，要便于移动，组装方便，经济节约，经久耐用。同时不能喧宾夺主，花钵的主题是花卉材料。

2.2.5 花钵的植物选择 规则式花钵一般选择株高整齐、色彩鲜艳的草本花卉或株型圆润的常绿或花叶兼美的灌木，如矮牵牛、美女樱、四季秋海棠等布置花坛的花卉及倒挂金钟、树月季等。自然式布置的花钵通常选择不同株型、不同株高的花卉，根据体量大小可以是草灌结合，也可以草本花卉为主，既有构成焦点的直立型花卉，也有覆盖于容器边缘的垂蔓性花卉，还需要考虑不同色彩和质地的植物。

用不同植物组成的花钵，注意选择的植物生态习性相近。尤其对土壤和水分的要求，否则植物不能保持较长时期良好的状态，影响景观的稳定性。

2.2.6 花钵的应用 花钵布置形式灵活多样，根据环境空间的具体情况，机动灵活地运用花钵，使之成为主景或配景。组合花钵常常形成局部空间的主景，是各类花卉展览及街道、广场常用的布置方式。单体花钵体量较小，可独立成景，也可以对称式、陈列式、散点式或群集式组合成景，或以不同方式置于绿地中，与地栽植物有机融合，提高绿地的景观效果。

3 花境的设计

花境是源于欧洲的一种花卉布置形式。最初在英国私人花园中，主人将自己喜欢的、能在当地越冬的花卉种植于花园中，其中以管理简便的宿根花卉为主，这种花园在19世纪曾风靡英国。19世纪后期，英国的园艺学家 Willian Robinso 极力提倡自然花园，欣赏植物个体的自然美，通过宣传，得到一些造园者的响应。这一时期，英国的画家和园艺家 Gertrude Jeckyll 模拟自然界多种野生花卉交错生长的状态，运用艺术手法，开始将宿根花卉按照色彩、高度及花期搭配在一起成群种植，开创了称为花境的景观优美的全新花卉种植形式。这种形式因其优美的景观在欧洲受到普遍欢迎。

随着时代的变迁，花境的形式和内容也发生了许多变化，但其基本形式和种植方式保留了下来，花境也越来越受到我国群众的喜爱，成为园林中的一类主要花卉景观。

3.1 花境的概念

 花境是模拟自然界林地边缘地带多种野生花卉交错生长的状态，经过艺术设计，将多年生花卉为主的植物以平面上块状混交、立面上高低错落的方式种植于带状园林地段而形成的花卉景观。花境是园林中从规则式构图到自然式构图的一种过渡的半自然式的带状种植形式，以表现植物个体所特有的自然美及它们之间自然组合的群落美为主题。

花境具有以下特点。

（1）种植床呈带状，种植床两边的边缘线是连续不断的平行直线或是有几何轨迹可循的曲线，是沿长轴方向演进的动态连续构图，这是其与带状花坛和自然花丛的不同之处。

（2）花境植床的边缘可以有边缘石也可以没有，但通常要求有低矮的镶边植物。

（3）花境内部是植物的块状混交，立面要高低错落，其基本构成单位是花丛，每个花丛是同种花卉植物集中栽植。

（4）花境内部植物配置要有季相变化，每季均至少有3~4种花卉为主基调开放，形成鲜明的季相景观，同时开放的花卉要较均匀分布于花境平面上。

（5）花境以在当地能露地越冬的多年生花卉为主，一次栽植，多年观赏，养护管理比较简单。

3.2 花境的类型

3.2.1 从设计形式分类

（1）单面观赏花境：花境从一面观赏，多临近道路。花境常以建筑物、矮墙、绿篱、树丛为背景，前面为低矮的观赏植物，整体上前低后高，是传统的花境形式。

（2）双面观赏花境：多设置于道路、广场、草地中央，植物种植上总体中间高两侧低，可以两面观赏。

（3）对应式花境：在园路两侧，广场、草坪、建筑周围，呈左右二列式对应的两个花境。在设计上作为一组景观统一考虑，多用拟对称手法，力求富有韵律的变化之美。

3.2.2 依花境所用的植物材料分类

（1）草花花境：花境内所用的植物全部为草本植物，包括一、二年生花卉、宿根花卉、球根花卉及观赏草等。为体现花境的特点，以宿根花卉为主，搭配一些一、二年生花卉、球根花卉来延长观赏期，体现季相景观和局部色彩。

（2）灌木花境：花境所用的植物以观花、观叶或观果且体量较小的灌木为主，包括各种常绿的针叶树种，如矮紫杉、沙地柏等。

（3）混合式花境：以小型灌木和多年生花卉为主配制而成的花境，是园林中常见的花境布置形式。

（4）专类花境：由同一属不同种类或同一种不同品种植物为主要材料的花境。做专类花境的植物要求花期、株型、花色等有丰富的变化，从而能体现花境的特点，如百合类、鸢尾类、菊花类、观赏草类等。

除上述分类外，还有按色系分类的花境，如单色系花境、双色系花境、多色系花境等。随着社会的发展，传统的花境以多年生花卉为主、展现四季或三季景观，但在各种园林花卉展览时常常布置单季花境，园林中也逐渐出现了以花境的形式展示季节性的花卉景观，如以郁金香、水仙为主的花境，展示的是色彩斑斓的春季景观，春季过后更换花卉。此外，根据花境的布置环境也可以有阳地花境、阴地花境、旱地花境、滨水花境等。

3.3　花境设置的位置　花境可应用于公园、街心绿地、风景区、道路两侧、家庭花园等，适合周边设置，或充分利用园林绿地中路边、水边等带状地段。尤其是园林中建筑、道路、绿篱等人工构筑物与自然环境之间，起到过渡的作用。

3.3.1　建筑物墙基前　在高度4～5层、色彩明快的建筑物前，花境作为基础种植，软化建筑物的线条，缓和建筑物与地面形成的强烈对比的直角，使建筑与周围的自然风景和园林风景更协调。这类花境是单面花境，以建筑物立面为背景，花境的色彩应与墙面色彩取得对比的统一。挡土墙前也可以布置类似的花境，还可以在墙基种植攀缘植物或在上部栽植垂蔓性植物形成绿色屏障，作为花境的背景。

3.3.2　道路旁　在道路的一侧、两侧或中央设置花境。具体可以进行以下设植：①在园路一侧设置花境供游人漫步欣赏花境及另一边景观；②在道路尽头若有雕塑、喷泉等园林小品，可在道路两侧设置对应式花境，两列花境形成一个构图整体，形成对应演进的连续构图；③在道路中央设置两面观赏花境。花境的中轴线与道路中轴线重合，道路两侧可以是行道树或草地。花境高度一般不高于人的视线。

3.3.3　绿地中较长的植篱、绿墙前　以各种绿色植篱为背景是欧洲园林中最常见的花境布置形式。绿色背景使花境色彩展示充分，同时花境又能活化单调的绿篱。此外，游廊、栅栏篱笆前也是布置花境的适宜场所。

3.3.4　宽阔的草坪上　在宽阔的草地上、树丛间设置双面花境，可丰富景观并组织游览路线。通常在花境两侧辟出游步道，以便观赏。

3.3.5　宿根园、家庭花园中　在家庭花园或其他类型的小花园中设置花境，一般在花园的周边设置花境。

3.4　花境的设计

3.4.1　种植床设计

（1）种植床的形状：种植床多呈带状，两边是平行或近于平行的直线或自然曲线。单面花境后面边缘线多采用直线，前面可用直线或自由曲线。双面花境边缘线基本平行。

（2）方向：对应式花境要求长轴沿南北方向展开，以使左右两个花境光照均匀，从而较长时间保持设计效果。其他花境可自由选择方向。但要注意花境朝向不同，光照条件不同，要根据花境具体位置选择适宜植物。

（3）大小：花境的大小取决于环境空间的大小。通常花境长轴不限，但为管理方便及体现植物布置的节奏、韵律感，可以把过长的种植床分为几段，每段长度不超过20m为宜，两段之间可留1～3m的间歇地段，设置座椅或其他园林小品。

花境的短轴长度有一定要求。从花境自身的观赏效果和观赏者视觉要求出发，花境应具一适当的宽度，过窄不易体现群落的景观，过宽超过视觉鉴赏范围造成浪费，也给管理造成困难。一般混合花境、双面观赏花境比宿根花卉、单面观赏花境宽。各类花境适宜宽度为：单面观混合花境4～5m，单面观宿根花境2～3m，双面观花境4～6m。家庭花园中花境可设置1～1.5m，一般不超过庭院宽的1/4。较宽的单面花境种植床与背景间可留出70～80cm的小路，既便于管理又利于通风。

（4）种植床的形式：种植床依环境条件及装饰要求可设计成平床或高床，且有2%～4%的排水坡度。土质较好、排水力强的土壤和设置于绿篱、树墙前及草坪边缘的花境宜用平床，床面后面稍高，前缘与道路或草坪相平。排水差的土质上、阶地挡土墙前的花境，为了与背景协调，可用30～40cm的高床，边缘用不规则的石块镶边，使花境具有粗犷风格。还可以用蔓性植物覆盖边缘石，形成柔和的自然感。

3.4.2 背景设计　　单面观的花境其背景是花境的一组成部分。花境的背景依设置场地的不同而不同。理想的背景是绿色的树墙或植篱。园林中装饰性的围墙也是理想的花境背景。建筑物的墙基及各种栅栏作背景则以白色或绿色为宜。若背景的颜色或质地不理想，可在背景前种植高大的绿色观叶植物或攀缘植物，构成绿色屏障。背景和花境可以有一定的距离，也可不留距离，根据管理需要和设计要求综合考虑。

3.4.3 边缘设计　　花境边缘不仅确定了花境的种植范围，也便于前面的草坪修剪和园路清扫工作。高床边缘可用自然的石块、砖、碎瓦、木条等垒砌而成。平床多用低矮植物镶边，以15～20cm高为宜。可用同种植物，也可用不同植物，以后者更近自然。镶边花卉可以是多年生花卉，也可以是低矮灌木，但镶边植物最好是四季常绿或观赏期较长，如马蔺、酢浆草、葱兰、沿阶草等。若花境前面为园路，边缘也可用草坪镶边，宽度至少30cm以上。若要求边缘分明、整齐，还可以在花境边缘与环境分界处挖20cm宽、40～50cm深的沟，填充金属或塑料条板，防止边缘植物侵占路面或草坪。

3.4.4 种植设计

（1）植物选择：是花境设计的基础。进行花境的设计必须全面了解植物的生态习性、观赏特性，从而正确选择适宜材料，这是种植设计成功的根本保证。花境植物应选择适应性强、耐寒耐旱、在当地自然条件下生长强健且栽培管理简单的多年生花卉，根据花境的具体位置，综合考虑其生态因子，尤其是对光照、温度和土壤的要求。花境主要植物应在当地能露地越冬；在花境中背景及高大材料可造成局部的半阴环境，这些位置宜选用耐阴植物。此外，如对土质、水肥有特殊要求，可在施工中和以后管理上逐步满足。

根据观赏特性选择植物是花境景观体现的保证。因为花卉的观赏特性对形成花境的景观起决定作用。种植设计正是把植物的株形、株高、花期、花色、质地等主要观赏特点进行艺术性地组合和搭配，创造出优美的群落景观。

选择植物应考虑以下几个方面：①在当地露地越冬，不需特殊管理的宿根花卉为主，兼顾一些小灌木及球根和一、二年生花卉；②花卉有较长的花期，且花期能分散于各季节。花序有差异，有水平线条与竖直线条的交叉，如羽扇豆、火炬花、蛇鞭菊的竖向线条，黑心菊、松果菊、薯草等的横向线条。同时花色要丰富多彩；③有较高的观赏价值，如芳香植物、花形独特的花卉、花叶均美的材料、观叶植物等。某些观赏价值较高的禾本科植物也可选用。但一般不选用斑叶植物，因它们很难与花色调和。

适宜布置花境的植物材料种类较花坛广泛，几乎所有的露地花卉均可选用，其中尤以宿根花卉、球根花卉最为适宜，最能发挥花境的特色。这类花卉栽植后能够多年生长，无需年年更换，比较省工，如玉簪、石蒜、萱草、鸢尾、芍药、金光菊、蜀葵、芙蓉葵（*Hibiscus moscheutos*）、大花金鸡菊（*Coreopsis grandiflora*）等。球根花卉因其枝叶较少，园地易裸露，可在株间配植低矮的花卉种类。花境中各种花卉的配植必须从色彩、姿态、株形、数量及生长势、繁衍能力等多方面搭配得当，形成高低错落、疏密有致、前后穿插，花朵此开彼谢的景观，一年内富有季相变化，四季有花观赏。一般花境一旦布置成功，能多年生长，供长期观赏。

由于花境布置后可多年生长，不需经常更换，因此对各种花卉的生态习性必须切实了解，有丰富的感性认识，并予以合理的安排，才能体现出上述的观赏效果，如荷包牡丹（4～5月花期）与耧斗菜（春至秋均有花）在夏季炎热地区仅在上半年生长，炎夏时休眠，这就需在株丛间配植夏秋生长茂盛而春至夏初不影响其生长观赏的其他花卉，如卷丹及秋菊。石蒜类根系较深，开花时多无叶。如与浅根性、茎叶葱绿匍匐的爬景天混植，不仅不影响生长，且互有益处。

另外，相邻花卉，其生长势强弱与繁衍速度应大致相似，否则设计效果不能持久。

（2）色彩设计：色彩是花境景观中最主要的表达内容，花境的色彩主要由植物的花色来体现，植物的叶色，尤其是少量观叶植物的叶色也同样重要。在花境的色彩设计中可以巧妙地利用不同的花色来创造空间或景观效果。例如，把冷色占优势的植物群放在花境后部，在视觉上有加大花境深度、增加宽度之感；在狭小的环境中用冷色调组成花境，有空间扩大感。在平面花色设计上，如有冷暖两色的两丛花，具有相似的株形、质地及花序时，由于冷色有收缩感，若使这两丛花的面积或体积相当，则应适当扩大冷色花的种植面积。利用花色可产生冷、暖的心理感觉，花境的夏季景观应使用冷色调的蓝紫色系花，给人带来凉意；而早春或秋天用暖色的红、橙色系花卉组成花境，可给人暖意。在安静休息区设置花境宜多用使用暖色调的花。

花境色彩设计中主要有4种基本配色方法：①单色系设计。这种配色法不常用，只为强调某一环境的某种色调或一些特殊需要时才使用。②类似色设计。这种配色法常用于强调季节的色彩特征时使用，如早春的鹅黄色，秋天的金黄色等。有浪漫的格调，但应注意与环境协调。③补色设计。多用于花境的局部配色，使色彩鲜明、艳丽。④多色设计。这是花境中常用的方法，使花境具有鲜艳、热烈的气氛。但应注意依花境大小选择花色数量，若在较小的花境上使用过多的色彩反而产生杂乱感。

花境的色彩设计不是独立的，必须与周围环境的色彩相协调，与季节相吻合。较大的花境在色彩设计时，可把选用花卉的花色用水彩涂在其种植位置上，然后取透明纸罩在平面种植图上，抄出某季节开花花卉的花色，检查其分布情况及配色效果，可据此修改，直到使花境的花色配置及分布合理为止（图5-4）。

（3）季相设计：花境的季相变化是其特征之一。理想的花境应四季有景可观，寒冷地区可做到三季有景。花境的季相是通过种植设计实现的。利用花期、花色及各季节

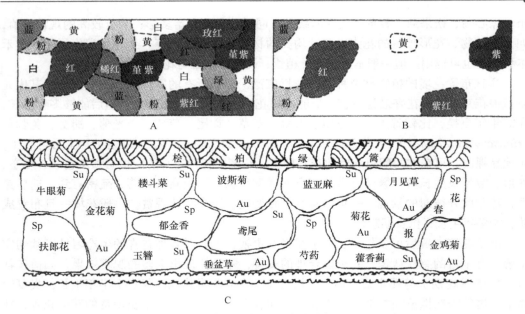

图 5-4　花境的色彩和季相设计（引自董丽，2010）

A. 花境的色彩分布；B. 某一季节花色分布；C. 按季节同期开花的花境色
彩设计示例；Sp. 春季开花；Su. 夏季开花；Au. 秋季开花

所具有的代表性植物来创造季相景观。植物的花期和色彩是表现季相的主要因素，花境中开花植物应连接不断，以保证各季的观赏效果。花境在某一季节中，开花植物应散布在整个花境内，以保证花境的整体效果。春季开花的种类有金盏菊、飞燕草、桂竹香（*Cheiranthus cheiri*）、紫罗兰、荷包牡丹、耧斗菜、风信子、花毛茛、郁金香、蔓锦葵（*Callirhoe involucrata*）、石竹类、马蔺、鸢尾类、铁炮百合、大花亚麻（*Linum grandiflora*）、芍药等；夏季开花的种类有蜀葵、射干、美人蕉、大丽花、天人菊、唐菖蒲、姬向日葵、萱草类、矢车菊、玉簪、百合、宿根福禄考、桔梗、晚香玉、葱兰、千屈菜等；秋季开花的种类有荷兰菊、菊花、雁来红、乌头（*Aconitum carmichaeli*）、百日草、鸡冠花、凤仙、万寿菊、醉蝶花、麦秆菊（*Helichrysum bracteatum*）、硫华菊、翠菊、草芙蓉、千屈菜等。

　　（4）平面设计：花境的基本单元即是自然式的花丛，平面设计时以花丛为单位，进行自然斑块的混植，每个斑块为一个单种的花丛，一般一个设计单元（如 20m）以 5 种以上的种类自然混交组成，每种花卉花丛可以重复出现在花境单元中，各花丛大小、形状有变化。每个花丛大小、形状与设计要表达的效果有关，如是主景花材还是配景花材，是主色还是配色等。竖向线条的花丛应较水平线条的花丛小，才能形成错落有致的对比，花后叶丛景观较差的植物面积宜小些。为使开花植物分布均匀，又不因种类过多造成杂乱，可把主花材植物分为数丛种在花境不同位置，再将配景花卉自然布置。在花后叶丛景观差的植株前方配植其他花卉给予遮掩。使用少量球根花卉或一、二年生草花时，应注意该种植区的材料轮换，以保持较长的观赏期。

　　对于过长的地段，可设计一个演进单元进行同式重复或 2～3 个单元交替重复演进。但要做到整个花境要有主题，多样统一。

（5）立面设计：花境要有较好的立面观赏效果，应充分体现群落的美观，使植株高低错落有致，花色层次分明。立面设计应充分利用植株的株形、株高、花序及质地等观赏特性，创造出丰富美观的立面景观。

A. 植株高度：用于布置花境的花卉种类不同，高度变化极大，可供充分选择。单面花境的立面安排一般原则是前低后高；双面花境中央高两面低。在实际应用时，整个花境高低植物可有穿插，以不遮挡视线和观赏时不被遮挡即可。

B. 株形与花序：它们是与景观效果相关的另两个重要因子，是植物个体姿态的重要特征。根据植株枝叶与花朵或花序构成的整体外形，可把植物分成水平型、直线型及独特型三大类。水平型植株浑圆，开花较密集，多为单花顶生或各类伞形花序，开花时形成水平方向的色块，如三七景天、蓍草、金光菊等。直线型植株耸直，多为顶生总状花序或穗状花序，形成明显的竖线条，如火炬花、一枝黄花、飞燕草、蛇鞭菊等。独特型花形兼有水平及竖向效果，如鸢尾类、大花葱、石蒜等。花境在立面设计上最好有这三大类植物的外形比较。

C. 植株的质感：不同质感的植物搭配时要尽量做到协调。粗质地的植物显得近，细质地的植物显得远。花境是一种近赏的植物景观，在设计中可以充分展示植物丰富的质地特征。

表 5-2 为常见花境植物材料表。

表 5-2　常见花境植物材料表

中名	拉丁学名	科名	株高 /cm	花色	花期（月）	备注
丛生福禄考	*Phlox subulata*	花荵科	10～15	粉、白、红	3～5	
马蔺	*Iris lactera* var. *chinensis*	鸢尾科	30～50	蓝紫	4～5	耐阴湿、盐碱
铃兰	*Convallaria majalis*	百合科	20～30	白	4～5	喜阴
玉竹	*Polygonatum odoratum*	百合科	20～30	白	4～5	
荷包牡丹	*Dicentra spectabilis*	罂粟科	30～60	粉、白	4～5	
华北耧斗菜	*Aquilegia yabeana*	毛茛科	50～60	堇紫	4～5	
岩生庭芥	*Alyssum saxatile*	十字花科	15～30	蓝紫	4～6	
芍药	*Paeonia lactiflora*	芍药科	50～100	紫、红、白、粉、黄、复色	5	
拟鸢尾	*Iris spuria*	鸢尾科	70～90	黄、蓝	5	
牛舌草	*Anchusa azurea*	紫草科	60～90	蓝紫	5～6	不耐移植
乌头	*Aconitum carmichaeli*	毛茛科	150～180	蓝紫	5～6	
桃叶风铃草	*Campanula persicifolia*	桔梗科	30～100	蓝紫	5～6	
多叶羽扇豆	*Lupinus polyphyllus*	豆科	90～150	各色	5～6	喜酸性土
聚花风玲草	*Campanula glomerata*	桔梗科	40～100	白、蓝紫	5～9	喜石灰质土
常夏石竹	*Dianthus plumarius*	石竹科	20～30	粉、白	5～10	
瞿麦	*D. superbus*	石竹科	50～60	粉	5～10	
德国鸢尾	*Iris germanica*	鸢尾科	40～80	白、蓝紫、橙、复色	5～6	
黄菖蒲	*Iris pseudacorus*	鸢尾科	60～100	黄	5～6	可浅水生长
杂种耧斗菜	*Aquilegia hybrida*	毛茛科	80～90	紫红、红、黄	5～7	
宿根天人菊	*Gaillardia aristata*	菊科	60～90	橙、橙红	5～10	
费菜	*Sedum kamtschaticum*	景天科	30～40	黄	6	可观叶

中名	拉丁学名	科名	株高/cm	花色	花期（月）	备注
长药八宝	*Sedum spectabile*	景天科	30~50	粉、红	7~9	可观叶
垂盆草	*Sedum sarmentosum*	景天科	10~15	黄	6	可观叶
宿根福禄考	*Phlox paniculata*	花荵科	40~60	粉、紫、白	6~10	
大滨菊	*Leucanthemum maximum*	菊科	60~100	白	6~7	
东方罂粟	*Papaver orientale*	罂粟科	60~100	紫、红、黄、白、粉、橙	6~7	
蛇鞭菊	*Liatris spicata*	菊科	60~100	紫、紫红	6~8	球根花卉
蓝亚麻	*Linum perenne*	亚麻科	40~60	蓝	6~7	
西洋蓍草	*Achillea millefolium*	菊科	60~100	粉、紫、白	6~8	
蜀葵	*Althaea rosea*	锦葵科	150~180	紫、红、粉、白、黄	6~8	
萱草	*Hemerocallis fulva*	百合科	60~80	黄	6~8	杂交种有低矮品种
芙蓉葵	*Hibiscus moscheutos*	锦葵科	100~200	紫、红、粉、白	6~9	
石碱花	*Saponaria officinalis*	石竹科	20~80	粉、白	6~9	
大花金鸡菊	*Coreopsis grandiflora*	菊科	30~60	黄	6~9	
石竹	*Dianthus chinensis*	石竹科	30~50	紫、红、粉、白、复色	5~9	
美洲鸭跖草	*Tradescantia rdflexa*	鸭跖草科	30~60	紫、蓝紫	6	
皱叶剪秋罗	*Lychnis chalcedonica*	石竹科	30~60	红	6~9	
紫萼	*Hosta ventricosa*	百合科	20~40	紫	6~7	主要观叶
玉簪	*Hosta plantaginea*	百合科	30~50	白	6~7	主要观叶，喜阴
火炬花	*Kniphofia uvaria*	百合科	40~80	橙、黄、复色	6~9	
射干	*Belamcanda chinensis*	鸢尾科	50~100	橙	7~9	
落新妇	*Astilbe chinensis*	虎耳草科	40~80	红、粉	7~9	
桔梗	*Platycodon grandiflorum*	桔梗科	30~100	蓝紫、白	7~9	
大花萱草	*Hemerocallis iddendorfii*	百合科	70~80	橙	7~9	
紫菀	*Aster tataricus*	菊科	30~80	堇紫	7~9	
毛叶金光菊	*Rudbeckia serotina*	菊科	30~90	黄	6~9	
随意草	*Physostegia virginiana*	唇形科	30~50	粉、粉紫、白	6~9	
美国薄荷	*Monarda didyma*	唇形科	50~80	紫、粉、粉白	6~9	
钓钟柳	*Penstemon campanulatus*	玄参科	40~60	紫、红、粉、堇紫	7~10	
野菊	*Chrysanthemum indicum*	菊科	20~100	黄	8~10	
松果菊	*Echinacea purpurea*	菊科	50~100	紫、红、白、黄	6~10	
荷兰菊	*Aster novi-belgii*	菊科	40~70	紫、蓝紫	6~9	
小菊	*Dendronthema ×grandiflorum*	菊科	30~50	红、粉、白、黄、橙、紫	9~10	
花叶芦竹	*Arundo donax* var. *versicolor*	禾本科	100~200			叶片白绿相间
阔叶麦冬	*Liriope platyphylla*	百合科	30~40			观叶

3.5　花境设计图的绘制
花境设计图可用钢笔墨线图，也可用水彩、水粉、彩铅等多种工具绘制。

3.5.1　花境总平面图　　用平面图表示，标出花境周围环境，如建筑物、道路、草坪及花境所在位置（图5-5A）。依环境大小可选用（1∶100）～（1∶500）的比例绘制。

3.5.2　花境平面图　　即种植施工图。绘出花境边缘线，背景和内部种植区域，以流畅曲线或弧线表示，避免出现死角，以求接近种植物后的自然状态。在种植区编号或直接注明植物（图5-5B）。可选用（1∶50）～（1∶100）的比例绘制。需附植物材料表，包括植物名称、株高、花期、花色、密度及用量等（表5-3）。特殊的要求可在备注栏中补充说明。

3.5.3　花境立面效果图　　可以一季景观为例绘制，也可分别绘出各季景观（图5-5C）。

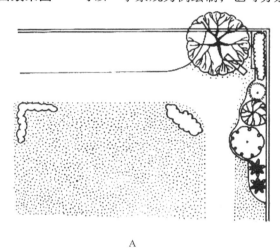

A

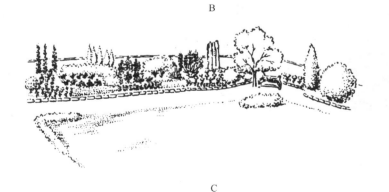

图5-5　花境设计图（引自吴涤新，1999）

A. 花境环境平面图；B. 花境平面图（图中标号为对应的植物材料表中的花卉
种类）；C. 花境一季效果图

选用（1∶100）～（1∶200）的比例。

此外，还应提供花境设计说明书，简述作者设计意图及管理要求等，并对图中难以表达的内容做出说明。

表 5-3　花境植物材料表

编号	中名	拉丁学名	株高 /cm	花色	花期（月）
1	蜀葵	*Althaea rosea*	1.5～2.0	黄	6～8
2	小菊	*Dendronthema×grandiflorum*	30～40	a. 紫 b. 白	9～10
3	火炬花	*Kniphofia uvaria*	70～90	橘红	6～9
4	冰岛罂粟	*Papaver nudicaule*	30～40	红	5～6
5	桃叶风铃草	*Campanula persicifolia*	30～80	堇紫	5～6
6	金鸡菊	*Coreopsis grandiflora*	30～50	黄	6～9
7	大花萱草	*Hemerocallis middendorfii*	50～80	橙	6～8
8	鸢尾	*Iris tectorum*	30～40	蓝紫	5
9	西洋蓍草	*Achillea millefolium*	60～90	粉	6～7
10	黄菖蒲	*I. pseudacorus*	60～90	黄	5～6
11	松果菊	*Echinacea purpurea*	60～90	红	6～10
12	蛇鞭菊	*Liatris spicata*	60～100	紫	7～8
13	毛地黄	*Digitalis purpurea*	60～80	粉紫	5～8
14	大滨菊	*Leucanthemum maximum*	50～80	白	5～7
15	宿根福禄考	*Phlox paniculata*	50～60	玫红	6～10
16	宿根天人菊	*Gaillardia aristata*	40～60	黄 - 橙红	5～10
17	二月兰	*Orychophragmus violaceus*	30～50	堇紫	3～5
18	丛生福禄考	*Phlox subulata*	20～30	粉红	3～5
19	半枝莲	*Portulaca grandiflora*	15～20	各色	6～10

注：表中编号为 2 的小菊在花境中不同位置应用两种不同颜色，在"花色"一栏中列出，与平面图对应

3.6　花境的种植施工及养护管理

3.6.1　整床与放线　　花境一经栽植可多年观赏，因此对土壤要求较高，土质差的地段在栽植前需要改良或换土，对土壤有特殊要求的植物可在其种植区域局部换土，低洼地在土壤下层添加石砾为排水层。对于萌蘖性过强、易侵扰其他花卉的植物，可在种植边界挖沟，埋入砖或石板等进行隔离。土壤深度一般需要 60cm。栽植前深翻，施入有机肥，整平床面。

图 5-6　花境植床放线

　　按平面图用白灰或干沙在植床内放线（图 5-6）。

3.6.2　栽植　　大部分花卉栽植时间以早春为宜，春季开花种类尽量提前至刚刚萌动时移栽。必须秋季栽植的种类如芍药则按季节栽植，或者先用其他种类花卉如一、二年生花卉替代。栽植密度以植株覆盖床面为限。若栽植小苗，可密度大些，花前再适当疏苗，防止初期裸露土面杂草滋生。若栽植成苗，则按设计密度定植。定植后保持土壤湿润直至成活。

3.6.3　养护管理　　花境种植后，进行常规的水肥、中耕除草、病虫害防治等管理。随着时间的推移，会出现局部植物生长过密或稀疏的现象，需要及时疏苗或补苗调整，保

证景观效果。花后枯萎的花梗、枯黄的叶片应及时清理。灌木种类应及时修剪，保持一定的株型与高度。

精心管理养护的花境可以保持3～5年的景观效果。

【实训指导】

（1）花卉应用形式调查。

目的与要求：了解目前当地园林绿地中草本花卉的主要应用形式，掌握主要常见花卉应用形式中常用花卉种类及其观赏特性，分析当地园林绿地花卉应用的特点。

内容与方法：①根据学校附近园林绿地具体情况分片区，然后将学生进行分组，一般5～10人一组；②按调查教学法组织该项调查内容的实施，包括调查方案上交与审核，调查工作的开展，调查内容的总结与成果汇报，该项目的成绩考评等。

实训结果及考评：每组提交调查报告，要求调查报告中包括调查方案或计划、调查结果、结果分析、存在问题及改进建议等内容。项目考评包括方案、结果汇报时的组内学生互评成绩、全班学生互评成绩，教师综合评价成绩，各占一定比例构成综合成绩。

（2）给定场地的花坛设计。

目的与要求：掌握花坛设计的方法、设计图的绘制方法，掌握花坛植物的特点及常用花坛植物的观赏特点。

内容与方法：①教师选定场地，可以是学校某一场地，也可以是教师指定学校外的某一场地，布置任务，提出要求（如设计盛花花坛，用花种类不少于3种等）；②每人进行花坛设计。

实训结果及考评：每人提交完整的花坛设计图，包括植物材料统计表和设计说明，根据花坛植物选择、色彩设计、图案设计、设计图质量等内容进行评分。可以安排学生汇报，全班学生评分结合教师评分进行考核。

（3）给定场地的花境设计。

目的与要求：掌握花境设计的方法、设计图的绘制方法，掌握常用花境植物的观赏特点。

内容与方法：①教师选定场地，可以是学校某一场地，也可以是教师指定学校外的某一场地，布置任务；②每人进行花境设计。

实训结果及考评：每人提交完整的花境设计图，包括植物材料统计表和设计说明，根据花境种植设计、设计图质量等内容进行评分。可以安排学生汇报，全班学生评分结合教师评分进行考核。

【复习与思考】

1. 归纳能用于布置花坛、花境的花卉种类。

2. 花坛色彩设计应注意哪些方面？

3. 总结花坛与花境有哪些方面的不同。

4. 利用"五一"、"十一"前时间观察花坛施工过程，要求拍下施工照片10张以上。

【参考文献】

董丽. 2010. 园林花卉应用与设计. 2版. 北京：中国林业出版社.

吴涤新. 1999. 花卉应用与设计（修订本）. 北京：中国农业出版社.

朱秀珍. 2001. 花坛艺术. 沈阳：辽宁科学技术出版社.